2.

m

Hans-Peter Rodenberg

SEE IN NOT

Die größte
Nahrungsquelle
des Planeten:
eine Bestands-
aufnahme

marebuchverlag   SPIEGEL TV

Inhalt

Einleitung: Sind die Meere noch zu retten?

Wir sind wahrscheinlich die letzte Generation, die Thunfisch, Barsch und Kabeljau noch auf der Speisekarte findet. Der Countdown läuft bereits. Und die Projekte zur Rettung der Ozeane stehen gerade erst am Anfang ihrer Entwicklung, sie geben Anlass zur Hoffnung, mehr nicht. Der konventionelle Fischfang ist an seine Grenzen gestoßen. Nach jahrzehntelanger Überfischung gleichen weite Teile des Meeresbodens einer Unterwasserwüste. Kaum ein Grundfisch, der nicht irgendwo auf der Welt in seiner Existenz bedroht ist. Überbesiedlung an den Küsten und zunehmende Verschmutzung durch Abwasser und landwirtschaftliche Rückstände tun ein Übriges. Ein Viertel aller Salzwasser-Korallenriffe, deren Fauna und Flora bisher ein unermüdlicher Nahrungsnachschub für Millionen von Menschen waren, ist bereits zerstört. Nur zwei Prozent aller Riffe weltweit sind nicht akut durch Überdüngung, Verschmutzung, steigende Temperaturen des Wassers oder Überfischung bedroht.

Aber noch ist Zeit zur Umkehr. Unbedingt notwendig ist nach Meinung von Meeresbiologen und anderen Experten vor allem die strikte und breit angelegte Durchsetzung von nachhaltiger, das heißt ökologisch verträglicher Fischerei. Erste Beispiele wie in Alaska zeigen ermutigende Resultate. Darüber hinaus empfehlen Wissenschaftler weltweit internationale Schutzgebiete, in denen das Fischen verboten ist, damit von hier aus eine Regeneration der strapazierten Fischbestände erfolgen kann. Des Weiteren muss es darum gehen, zur Entlastung neue Quellen für die Ernährung des Menschen aus dem Meer zu finden. Noch weitgehend unerschlossen sind die Mikroorganismen und Algen der Meere. In Japan beispielsweise haben Tang und Algen als Nahrungsmittel eine uralte Tradition und gelten als besondere Delikatessen. Voraussetzung ist in jedem Fall die ökologisch verträgliche Nutzung.

Bereits Tatsache in aller Welt sind Aquakulturen. Aber auch hier stehen wir erst am Anfang. Ein unkontrollierter Ausbau der Aquakulturen könnte für die Meere ähnlich verheerende Folgen haben wie einst der Ackerbau in den USA für die Prärien. Das meint jedenfalls der bekannte Unterwasserforscher Robert D. Ballard. Alles in allem ist Besonnenheit gefragt – und die sorgfältige Erforschung der diffizilen Ökosysteme der Ozeane.

Weltweit sind über eine Milliarde Menschen von tierischem Eiweiß aus dem Meer abhängig, Seefisch gehört mit seinem hohen Anteil an mehrfach ungesättigten Fettsäuren zu den gesündesten Lebensmitteln überhaupt. Der gegenwärtige katastrophale Zustand unserer Meere und die fundamentalen Folgen für die Ernährung der Menschheit waren der Grund, dieses Buch herauszubringen. Das Kernstück bilden Reportagen aus allen Regionen der Erde, aus Thailand, Sibirien, Norwegen und Großbritannien, aus Deutschland, Japan und den USA. Ihr Ziel ist es, den heutigen Erkenntnisstand zur Ernährung aus dem Meer praxisnah, kritisch-informativ und spannend darzustellen.

Deutschland

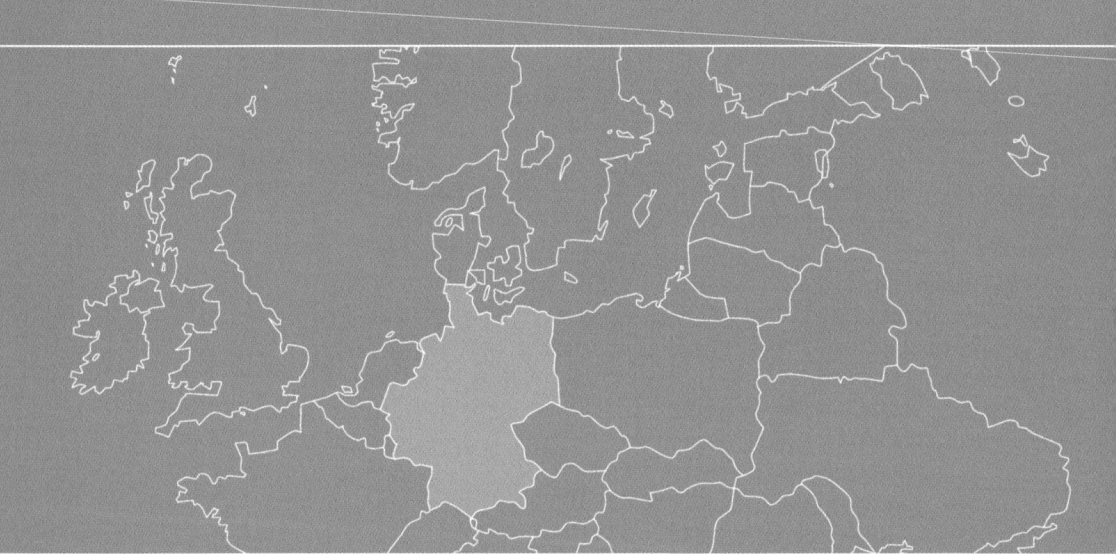

Kurs Nordmeer

Unterwegs mit der *Susanne,*
einem der letzten deutschen Hochseetrawler

Es ist ein diesiger Tag, das Meer ist leicht kabbelig, und von Nordwesten weht eine frische Brise. Seit fünf Tagen kreuzt die *Susanne* in der nördlichen Nordsee. Kapitän Manfred Rahr «geht auf Blaue», das heißt, er fängt mit seinem Trawler fast ausschließlich Seelachs. Das dreißig Meter lange Schiff mit dem strahlend blauen Rumpf ist einer der letzten deutschen Hochseetrawler. 19 Jahre hat die *Susanne* nun schon auf dem Buckel, aber eine Ausmusterung kommt noch nicht infrage. Immerhin 3,5 Millionen Euro hat der Kutter gekostet – auf heutige Verhältnisse umgerechnet. In der deutschen Fischerei-Industrie ist man vorsichtig geworden mit Neuinvestitionen, denn von Jahr zu Jahr wird die Fangsituation schwieriger. Die Bestände haben unter der jahrelangen rücksichtslosen Überfischung gelitten. So können die absoluten Zahlen bei den Fangquoten nur gehalten werden, indem die Kutter immer länger auf See bleiben, indem das technische Gerät immer auf dem neuesten Stand gehalten und effizient genutzt wird. Früher hat Kapitän Rahr auch Kabeljau und Schellfisch gefischt, aber das lohnt nicht mehr. «Es wird bald keine deutsche Hochseefischerei mehr geben», sagt Rahr mit leicht bitterem Unterton und lehnt sich in seinem Sessel auf der Brücke zurück. «Hochseekutter dieser Größe gibt es nur noch sechs Stück.» Von den deutschen Häfen sind die Anfahrtswege zu lang, die großen Speisefische kommen nur noch weit draußen im Nordatlantik, vor allem vor Grönland, in ausbeutbaren Beständen vor. Außerdem sind die erlaubten Fangquoten drastisch reduziert worden. Auch die *Susanne* hat ihren Teil zur Überfischung der Nordsee und der angrenzenden Meere beigetragen – nur hört das Kapitän Rahr nicht so gerne.

Am Spätnachmittag wendet die *Susanne* und geht mit voller Kraft auf Heimatkurs. Zeit ist Geld, auch auf hoher See. Der Kapitän und die Mannschaft werden nach Fangmenge bezahlt. Je schneller die Kühlräume des Hochseekutters gefüllt sind, desto besser. Wenn dann das Entladen auch noch flott läuft, kann die *Susanne* sofort wieder draußen sein. Das hebt den monatlichen Schnitt und erhöht die Summe, die am Monatsende auf dem Gehaltskonto steht. Ruhe kommt auch nicht auf, nachdem das Fanggeschirr eingeholt und unter Deck aufgeklart ist. Zum Arbeitsalltag für die Mannschaft gehört außer dem Fischfang die Instandhaltung der *Susanne*. Die dicke Farbschicht, mit der das Schiff versehen ist, kann

Überkommende See
auf der *Susanne*

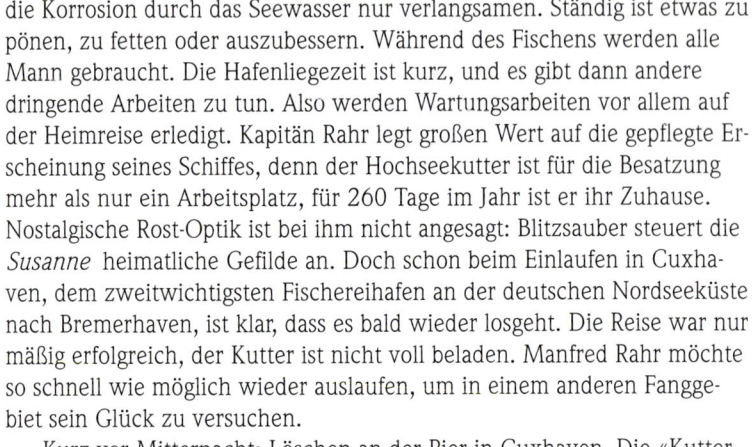

die Korrosion durch das Seewasser nur verlangsamen. Ständig ist etwas zu pönen, zu fetten oder auszubessern. Während des Fischens werden alle Mann gebraucht. Die Hafenliegezeit ist kurz, und es gibt dann andere dringende Arbeiten zu tun. Also werden Wartungsarbeiten vor allem auf der Heimreise erledigt. Kapitän Rahr legt großen Wert auf die gepflegte Erscheinung seines Schiffes, denn der Hochseekutter ist für die Besatzung mehr als nur ein Arbeitsplatz, für 260 Tage im Jahr ist er ihr Zuhause. Nostalgische Rost-Optik ist bei ihm nicht angesagt: Blitzsauber steuert die *Susanne* heimatliche Gefilde an. Doch schon beim Einlaufen in Cuxhaven, dem zweitwichtigsten Fischereihafen an der deutschen Nordseeküste nach Bremerhaven, ist klar, dass es bald wieder losgeht. Die Reise war nur mäßig erfolgreich, der Kutter ist nicht voll beladen. Manfred Rahr möchte so schnell wie möglich wieder auslaufen, um in einem anderen Fanggebiet sein Glück zu versuchen.

Löschen der Ladung bei Nacht

Kurz vor Mitternacht: Löschen an der Pier in Cuxhaven. Die «Kutterfisch-Zentrale» ist Deutschlands größter Verarbeiter von Frischfisch aus Kutterware und Handelspartner der «Deutschen See», des nationalen Marktführers im Handel mit Fischen und Meeresfrüchten. Die hundertprozentige Tochter der Bremer Erzeugergemeinschaft «Nordsee», ein Zusammenschluss von Fischern aus Hamburg, Bremerhaven und Cuxhaven, ist auch Eigentümerin der «Kutterfisch Salz- und Trockenfisch» und mehrheitlich an der Ausrüstungsfirma «Cux-Trawl» und der «Kutter- und Küstenfisch Rügen» in Saßnitz beteiligt. Neben den firmeneigenen Trawlern *Christina Jarchau*, *Mercator*, *Nymphe* und *Sachsen-Anhalt* hält die Gesellschaft Beteiligungen an weiteren fünf Schiffen – darunter auch an der *Susanne* von Kapitän Rahr. 165 Mitarbeiter an Bord der Schiffe und sechzig an den Standorten Cuxhaven und Saßnitz sind bei der Gesellschaft beschäftigt. Nur etwa ein Fünftel des Fangs geht in die öffentliche Auktion, der Rest wird direkt an die Restaurantkette «Nordsee» verkauft.

Bis in die frühen Morgenstunden sind 16 Mann damit beschäftigt, 70 Tonnen Seelachs aus dem Schiffsbauch zu holen, 120 Tonnen könnte die *Susanne* fassen. Wenn alles «flutscht», ist der Laderaum in vier bis fünf Stunden leer. Die Aufgaben sind klar verteilt. «Raumtsmänner» ziehen den Fisch aus dem Eis und füllen ihn in Plastikkisten, «Lukenmänner» und «Stechläufer» nehmen die Kisten entgegen, der «Eselmann» kontrolliert die Winde. «Sortierer», «Wieger» und «Karrer» sorgen in einer Halle an der Pier dafür, dass die 1.400 Zentner Fisch nach Art und Größe gewogen, geordnet und in Auktionskisten gestapelt werden. 10.000 Euro kostet die Reederei das Löschen der *Susanne*. Was nicht versteigert werden soll, geht gleich in die Weiterverarbeitung: Ab sechs Uhr früh laufen in einer Nebenhalle die Filetiermaschinen, nur die Feinarbeit geschieht noch von Hand. Die Fische sind bereits an Bord aufgeschnitten und ausgenommen worden. Hier an Land schneidet zunächst eine Maschine dem Fisch den Kopf ab, dann gelangt er über einen Steilförderer zur visuellen Zwischenkontrolle durch zwei Personen, die ihn in die eigentliche Filetiermaschine einfüttern. Dort trennt ein Messer automatisch das Filet von den Gräten, dann löst die Maschine die Schuppenhaut ab, und der Fisch kommt über ein Förderband zur Endkontrolle. Frauen entfernen im Akkord die Bauchlappen von den Filets und überprüfen den Fisch auf Parasiten, Gräten, Blut- und Druckstellen. «Die Ware ist in drei Stunden in Bremerhaven», sagt Horst Huthsfeldt, einer der beiden Geschäftsführer der «Kutterfisch-Zentrale», stolz. «Dort wird der Fisch in der Logistikabteilung der ‹Deutschen See› für den Transport zusammengestellt, und morgen früh kann man ihn in Läden überall in Deutschland kaufen.»

Die Fischauktion beginnt pünktlich um sieben Uhr morgens in einer anderen Halle des Fischereihafens. Es herrscht angespannte Aufmerksamkeit, nur die Stimme des Auktionators, der die Partien ansagt und die Gebote entgegennimmt, klingt blechern durch die Lautsprecher. Großhändler und Fischeinkäufer aus der Umgebung haben das Angebot begutachtet und können nun nach Hinterlegung einer Bürgschaft die Ware ersteigern. Der vereidigte Auktionator garantiert, dass alles mit rechten Dingen zugeht. Man versteht sich auch ohne Worte; Handzeichen oder ein Blick reichen. Gerd Amman, der Auktionator, ist seit 15 Jahren dabei, viele der Händler noch länger. «Manchmal gucke ich ihn an, dann weiß er schon. Oder es wird kurz genickt», sagt Fischgroßhändler Uwe Engel, der von der Qualität der Ware angetan ist. Er nimmt einen der Fische hoch, riecht an den Kiemen und erklärt, warum er so zufrieden ist. «Erst mal riecht das richtig gut nach Seewasser. Zweitens gehen die Lamellen

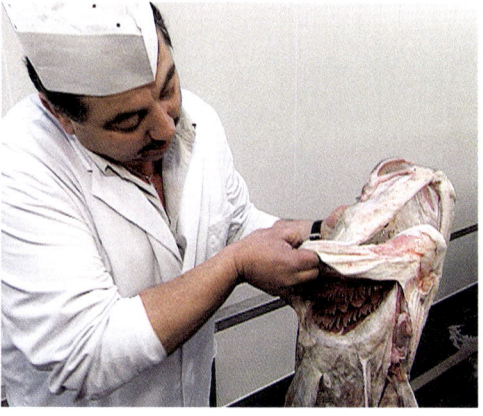

schön auf, kleben nicht zusammen und sind nicht gräulich. So kann ich beurteilen, wie gut der Fisch ist.» Knapp zwanzig Stunden nach Anlanden tritt der fangfrische Seelachs die letzte Etappe seiner Reise in deutsche Restaurants und Fischgeschäfte an – per Lkw.

Knapp einen Tag nachdem sie in Cuxhaven eingelaufen sind, bereiten die Männer an der Pier schon wieder das Gerät der *Susanne* zum Auslaufen vor. Auch hier gilt es, so schnell wie möglich zu arbeiten. Jeder Tag, den die *Susanne* im Hafen liegt, kostet die Reederei mehr als 4.000 Euro. Geschirr und Netze müssen gründlich auf Abnutzung und Schäden überprüft und wenn nötig ausgebessert werden. Unter der ständigen Belastung ermüden die Komponenten und dehnen sich mit der Zeit. Gelernte Netzmacher kümmern sich um letzte Kleinigkeiten. Besonders wichtig ist die korrekte Länge aller Netzbestandteile. Selbst geringste Ungenauig-

Links: Arbeit an der Filetiermaschine

Rechts: Fischprüfung

Am Ausrüstungskai

keiten können mitunter weitreichende Konsequenzen haben, zum Beispiel ein Ausscheren des Netzes. Außerdem sind Ausmaße und Form der Maschen und des Schleppnetzes per Gesetz präzise festgelegt. Man will den Beifang reduzieren: Jungfische oder artfremde Seetiere sollen gar nicht erst im Netz hängen bleiben. Die Fischer riskieren empfindliche Geldstrafen, wenn sie die in den Europäischen Amtsblättern festgelegten Vorgaben nicht einhalten. Sie messen mit einem Zollstock die schweren Ketten nach und beschließen, ein Glied herauszunehmen. Das 120 Meter lange und an seiner Öffnung etwa 60 Meter breite Netz besteht aus Perlon und Polyester. Es wird auf 400 Meter Tiefe herabgelassen und knapp über dem Meeresboden hinter dem Schiff hergeschleppt. Neben 130 Tonnen Brennstoff und 25 Tonnen Frischwasser bunkert die *Susanne* 40 Tonnen Eis im Schiffsbauch. Genug, um 2.400 Zentner Seelachs mehrere Tage zu kühlen und fangfrisch zurück in den Hafen zu bringen. Über einen langen, drehbaren Rutschenarm, der an einer Eismaschine hängt, gelangt das zerkleinerte Eis in die Kühlabteilungen im Laderaum. Um den Proviant für die Besatzung kümmert sich der Kapitän höchstpersönlich. Eine Auswahl à la Chef: Steaks, Eisbein, Gehacktes, Kassler, Rollbraten, Rippchen, Schnitzel – dreißig Kilo Fleisch kommen an Bord. Gute Verpflegung ist unerlässlich für die Stimmung an Bord. Die Männer werden rund um die Uhr zupacken müssen, mehr als drei Stunden Schlaf sind eine Seltenheit, wenn das Fanggebiet einmal erreicht ist.

Ausgerüstet für mindestens zehn Tage auf See, heißt es am frühen Nachmittag: «Leinen los!» Der erfahrene Kapitän steuert die *Susanne* ohne Lotsen aus dem Cuxhavener Fischereihafen. Sobald die *Susanne* in See sticht, liegt die Verantwortung für Schiff und Besatzung allein beim Kapitän. Ein Gefühl, das Manfred Rahr nicht missen möchte und dessent-

Reparaturarbeiten am Fanggeschirr

wegen er immer noch dabei ist – trotz sinkenden Einkommens und trotz immer härter werdender Plackerei. «Ich kann machen, was ich will, keiner kann mir etwas sagen. Entscheidungen, die ich treffe, die habe ich für mich zu treffen, letztlich auch für meinen Arbeitgeber, aber es ist meine Verantwortung.» Mit voller Kraft voraus dampft die *Susanne* in Richtung Norden. Die 1.000 PS starke Maschine verleiht dem Hochseekutter eine

Auslaufen in Cuxhaven

Reisegeschwindigkeit von zwölf Knoten und treibt ihn in zweieinhalb Tagen zum ersten Fanggebiet nordöstlich der Shetland-Inseln.

Die wenigen deutschen Kutter müssen seit der Überfischung einiger Arten deutlich weiter in Richtung Norden fahren, um lohnende Fischschwärme aufzuspüren. In der südlichen Nordsee ist schon lange nichts mehr zu holen, und das gilt inzwischen für fast alle traditionellen Fanggründe. Überfischung und steigende Kosten sind die Hauptgründe für den Niedergang der einstmals großen deutschen Hochseeflotte. Noch bis in die 1970er Jahre waren deutsche Schiffe vor den Küsten Labradors, Neufundlands und Neuschottlands oder in der Barentssee, wie die östliche Spitze des Europäischen Nordmeers heißt, zu finden. Aber der mit der Verknappung der Fischbestände immer härter werdende internationale Kampf um die Fanggründe mit Ausweitung der nationalen Hoheitszonen auf 200 Meilen und Quotenregelungen der betroffenen Länder für ausländische Fangtonnagen setzten dieser Expansion ein Ende. Kosten und Ertrag standen schließlich in keinem Verhältnis mehr. Hinzu kamen die Selbstbeschränkungen der EU. Heute dominieren fernöstliche Flotten mit ihrer günstigen Kostenstruktur die Weltmeere.

Die Anreise gibt der Mannschaft der *Susanne* Zeit, das Fanggerät vorzubereiten. Währenddessen muss sich Steuermann Hans-Jürgen Goik um die Maschine kümmern. Außer drei Matrosen und dem Kapitän hat die *Susanne* nur noch den Steuermann an Bord, einen Maschinisten gibt es nicht. In der deutschen Fischerei sind die Zeiten der schwimmenden Fischfabriken, auf denen bis zu siebzig Männer arbeiteten, vorbei. Für Goik gilt es, die Temperaturen zu kontrollieren, die Ölstände zu überprüfen oder nach Leckagen zu suchen. Ein Maschinenschaden während des Fischens könnte das Schiff in eine gefährliche Situation bringen, weil es durch das nachgeschleppte Netz nur eingeschränkt manövrierfähig ist. Auf jeden Fall würde man kostbare Zeit verlieren. Gelernt hat Goik den Job nicht. Zwar gehört Maschinenkunde auch zur Ausbildung beim Steuermannspatent, aber das Wesentliche hat er sich selbst beibringen müssen. Kapitän Rahr versucht derweil über Kurzwelle einem Kollegen Tipps für gute Fangplätze zu entlocken. Kein leichtes Unterfangen, denn auf See geht Konkurrenz vor Kollegialität.

Der Weg durch die nördliche Nordsee führt die *Susanne* an Hunderten von Bohrinseln vor der norwegischen Küste vorbei. Ein gutes Fanggebiet, aber mit besonderem Risiko. Der vorgeschriebene Sicherheitsabstand zu den Bohrinseln beträgt 500 Meter. Wird er nicht eingehalten, handelt sich Kapitän Rahr unter Umständen eine Anzeige und ein saftiges Bußgeld ein. Da heißt es oft abwägen: Lohnt die Aussicht auf einen ertragreichen Fang das Strafgeld und bei wiederholten Verstößen die Verbannung aus den jeweiligen Hoheitsgewässern? Ein bisschen Schlitzohrigkeit gehört da schon zur Entscheidungsfindung. «Auf die Norweger sind wir angewiesen», kommentiert Rahr trocken. «Aber bei den Engländern, da kommt das nicht darauf an, die sind in der EU, da lassen wir das auch schon mal auf eine Anzeige ankommen.» Die Freiheit der Meere ist längst Geschichte: Seit Juli 2002 ist das Mitführen einer Art Black Box vorgeschrieben,

über die das Bundesamt für Seeschiffahrt per Satellit jede volle Stunde die Position des Schiffes abfragen kann. Auch die *Susanne* ist mit einem solchen Gerät ausgerüstet. Bei Einfahrt in ein Fanggebiet, wie die norwegische Wirtschaftszone, muss sich der Schiffsführer beim dortigen Fischereidirektorat anmelden. Auch das Verlassen des Gebietes erfolgt nur mit Zustimmung der Behörden. Zusätzlich muss jedes Schiff zwölf Stunden vor Einlaufen in einen Hafen bei den Fischereibehörden die ungefähre Ankunftszeit und Größe des Fangs angeben.

Auf der Brücke

Eineinhalb Tage nach Auslaufen erscheint am frühen Abend schließlich das Gerüst der nördlichsten der norwegischen Bohrinseln als leuchtender Punkt auf dem Radarschirm, die Magnus-Bohrinsel. Kapitän Rahr wittert die erste Möglichkeit, das Netz auszusetzen. Gerade im Nahbereich der Bohrinseln halten sich oft größere Schwärme von Seelachs auf. Noch herrscht unter Deck Ruhe vor dem Sturm, aber jederzeit kann der Kapitän das Kommando zum ersten Arbeitseinsatz geben. In der Messe, dem Aufenthaltsraum des Schiffes, entspannen die Matrosen Johann und Geronimo vor dem Fernseher, auf dem ein Video läuft. Die beiden sind Portugiesen. Seit fast vier Jahrzehnten arbeitet Geronimo in seinem harten Beruf. Er war neun Jahre alt, als er das erste Mal auf See hinausfuhr. Am Anfang, sagt er, da habe es noch Spaß gemacht. Aber nach so langer Zeit sei vieles Routine geworden. Und jünger werde man schließlich auch nicht. Doch irgendwo müsse das Geld ja herkommen. Auf der Brücke wird Kapitän Rahr währenddessen langsam ungeduldig. Er hat noch keinen Fischschwarm aufgespürt, auch nicht in der Nähe der Bohrinseln. Wenigstens wird es keine Anzeige geben, denn er ist außerhalb des 500-Meter-Sicherheitsabstandes geblieben. Langsam drängt die Zeit, mehr als zwei Tage ist die *Susanne* jetzt unterwegs, und es ist noch kein Fisch im

Mit Schwimmschleppnetzen wird das freie Wasser zwischen Wasseroberfläche und Grund (Pelagial) befischt. Sie heißen deshalb auch Pelagialnetze. Die Tiefenlage des Netzes wird über die Schleppgeschwindigkeit und die Schleppleinenlänge gesteuert. Netzsonden kontrollieren während des Fangvorgangs laufend das Netz

Kutter. Der Kapitän muss Entscheidungen treffen. Erfahrung und die richtige Nase für gute Fischgründe haben ihn selten getäuscht. Am späten
Abend lässt er zum ersten Mal das Fanggerät ins Wasser. Bevor das Netz,
das seine Männer während der Anfahrt vorbereitet haben, zum ersten
Einsatz kommt, werden noch mehrere batteriebetriebene Sonden befestigt, unerlässliche Instrumente im modernen Fischfang, denn sie kontrollieren den Abstand der so genannten Scherbretter. Die sorgen dafür, dass
durch die Strömung die Öffnung des Netzes auseinander gespreizt wird.
Manfred Rahr kann während des Aussetzens nur per Sichtkontakt die Arbeiten auf dem Achterdeck kontrollieren. Er bedient die Winden von der
Brücke aus. Hier steht auch der so genannte Fischfinder, ein spezielles
Echolot, das dem Hochseefischer anzeigt, ob er auf der richtigen Fährte

ist. Dabei wird alles, was sich unter dem Schiff befindet – seien es Fische oder Unebenheiten des Meeresbodens, Wracks und Riffe –, graphisch auf dem Bildschirm dargestellt. Der Kutter wird das Netz fast die ganze Nacht hindurch schleppen. Und im Normalfall gibt der Kapitän alle zwei bis vier Stunden Order zum Einholen und Aussetzen des Netzes.

Die *Susanne* ist ein so genannter Hecktrawler, ein Schiffstyp, der sich ab den 1950er Jahren von England aus in der Hochseefischerei durchgesetzt hat. Bis dahin hatte man das Netz über das seitliche Schanzkleid ausgesetzt und dann hinter sich hergezogen. «Seitentrawler» hießen die Schiffe deshalb. Noch früher hatte man mit der Angelleine gefangen. Die Hochseefischerei ist immer eine kräftezehrende und gefährliche Tätigkeit gewesen. Oft mussten die Männer bis zu den Hüften im eiskalten Wasser der überkommenden Brecher stehend das schwere Netz einholen. Zwar gab es schon früh technische Hilfsmittel, aber das Einbringen des Netzes über das Schanzkleid erfolgte weitgehend durch Menschenkraft. Vor dem Deckhaus befand sich die Netzwinde mit zwei großen Trommeln für die beiden «Kurreleinen», Stahltrossen, an denen das Netz hing und die über zwei steuerbordseitige Galgen nach querschiffs umgelenkt wurden. Der Seitentrawler lag quer zum Wind über dem Fanggrund, damit das Netz beim Aussetzen vom Schiff wegtreiben konnte. Jede See, jede Böe ließ den Kutter schwer krängen, sodass sich die Männer festklammern mussten, um nicht über Bord zu gehen. Wer von einem Brecher erfasst wurde, verschwand in der Regel auf Nimmerwiedersehen.

Der Netzstert mit dem Stertknoten, der das Ende des Netzes während des Fischens geschlossen hält

Beim Einholen des Netzes wurden zunächst die Scherbretter an Bord gehievt. Als Nächstes kam das Grundgeschirr, große am Netzmund nebeneinander aufgereihte Eisenkugeln, die beim Schleifen über den Meeresboden wie Rollen wirkten. Heute schleppt man die Netze nicht mehr direkt über den Boden, sondern hält sie in einer bestimmten Wassertiefe. Das Einholen des Netzes war der härteste Teil der Arbeit. Im Rhythmus der Schiffsbewegungen riss man mit den Händen oder mit Eisenhaken das Netz über die Bordwand. Um das gefüllte Ende des Netzes, den Stert, an Bord zu bekommen, schlang man ein Seil darum und hievte es mit dem Stertbaum Stück für Stück an Bord, bis der Stert über dem Deck hing. An seinem Ende befand sich ein besonderer Knoten, der beim Schleppen das Netz verschloss und nun geöffnet wurde, sodass sich der Fang auf das Deck ergoss, das in ein regelmäßiges System von Holzfächern eingeteilt war, damit die Massen von Fisch nicht bei den Schiffsbewegungen hin- und herrutschten. Danach begann das Ausnehmen und Stauen der Fische von Hand, damit der Fisch so schnell wie möglich in die Laderäume kam und der nächste Fischzug vorbereitet werden konnte. An diesem Vorgehen hat sich bis heute wenig geändert, außer dass das Netz nun mit Maschinenkraft über das Heck auf einer Schlippe eingeholt wird und die Verarbeitung unter Deck ebenfalls mit Maschinenhilfe geschieht. Die Arbeit am Oberdeck bleibt wegen der oft heftigen Schiffsbewegungen gefährlich.

Vier Stunden nach Ausbringen des Netzes fängt Willy mit den Vorbereitungen für das Frühstück an. Der portugiesische Fischer heißt eigentlich Manuel Ildebrondo, wird aber der Einfachheit halber an Bord nur

Willy genannt. Der Job in der Kombüse, für den er keine Ausbildung hat, bringt dem 52-jährigen Matrosen keine Extrabezahlung und muss während der Freiwache absolviert werden, also der Zeit, in der er eigentlich freihat. Willy und seine Kollegen Johann und Geronimo stammen aus demselben Dorf in Portugal und sind verschwägert. Sie alle sind Fischer in dritter Generation – mit Leib und Seele. Da ihr Job trotz aller technischen Hilfsmittel risikoreich bleibt, ist ein bisschen Gottvertrauen durchaus hilfreich. «Meine Frau betet für mich und sagt, dass ich mit Gott gehen soll und dass Gott mich heil zurückbringen wird», sagt Johann. Und Geronimo fügt hinzu: «Gerade wenn schlechtes Wetter ist, müssen wir an Deck sehr vorsichtig sein. Wir müssen aufeinander aufpassen und immer schauen, was der andere macht und ob ihm vielleicht etwas passiert.» Aber zurück nach Portugal wollen alle drei nicht, wenigstens nicht im Augenblick. «Zum Geldverdienen ist es für uns viel besser, in Deutschland zu arbeiten», sagt Willy. «Wir bekommen ungefähr fünfmal mehr, als wir in Portugal als Fischer verdienen würden.»

Manfred Rahr ist nicht in der Stimmung für ein gemütliches Frühstück. Der Kapitän ist nervös. Ganze fünf Stunden war das Netz draußen. Jetzt hofft er auf einen zufrieden stellenden Hol, wie eine an Bord gehievte Netzladung genannt wird. Er ruft die Männer an Deck. Die Arbeitskleidung der Crew besteht aus gelbem Ölzeug, Helm und einer Schwimmweste. Bei Kontakt mit Salzwasser füllt eine Patrone die Weste sofort mit Luft, sodass auch jemand, der bewusstlos oder schwer verletzt ist und den Mechanismus nicht selbst auslösen kann, über Wasser gehalten wird. Aus langjähriger Erfahrung weiß jeder genau, was er zu tun hat. Die riesige Winsch läuft an und holt Glied für Glied die zwei schweren Ketten ein, an denen das Netz hängt. Tropfend tauchen die Scherbretter aus dem

Wasser. «Eigentlich müsste man jedes Kettenglied kontrollieren und schauen, ob etwas gebrochen ist», meint Manfred Rahr. Aber der Zeitdruck ist zu groß. Fünf Tonnen Metall müssen per Hand an den Schiffsseiten gesichert werden. Die Kette mit ihren vielen Gliedern ist der gefährlichste Teil des Geschirrs. Knochenbrüche oder sogar abgerissene Gliedmaßen sind die häufigsten Unfälle beim Hieven und Aussetzen des Netzes. «Wenn du ein Stück zu viel anhievst und es steht zufällig gerade einer in der Schlippe, kann das für den Mann sehr gefährlich werden. Mit Sicherheit wird er dann außenbords gerissen.»

Der Kapitän flucht auf der Brücke, das Netz sieht kaputt aus, und, fast schlimmer noch, der Stert scheint nicht ausreichend mit Seelachs gefüllt zu sein. Tatsächlich ist die Ausbeute mickrig. Dafür hat sich Kapitän Rahr glücklicherweise in einem anderen Punkt geirrt: Das Netz hat den Hol unbeschadet überstanden. Allerdings funktionieren die Sonden nicht einwandfrei. Eigentlich sollen sie die Position der Scherbretter exakt anzeigen. Ist ihr Abstand und damit die Öffnung des Netzes zu klein, kann das Netz absinken, über den Grund schleifen und zerreißen. Vermutlich hat die *Susanne* das Netz stundenlang hinter sich hergeschleppt, obwohl es nicht weit genug geöffnet war. Wenn das Instrument defekt ist, entspricht der finanzielle Verlust dem Anschaffungspreis eines Kleinwagens. Nach

genauer Inspektion erweist sich eine Sonde als irreparabel. Die Pechsträhne will nicht abreißen.

Links und rechts: Ausbringen des Netzes bei Nacht

Kapitän Rahr lässt das Netz an Bord und entscheidet, sechs Stunden kostbare Zeit zu opfern und einen Fangplatz vierzig Meilen nördlich der Shetland-Inseln anzusteuern. Nicht nur aus finanziellen Gründen wird es Zeit für einen großen Hol – auch die Stabilität des Kutters steht und fällt mit den mehr oder weniger gefüllten Laderäumen. Der Schwerpunkt des Schiffes liegt zu hoch, und die Menge an Brennstoff reicht nicht aus, um das Schiff ausreichend zu stabilisieren, zumal bei starkem Seegang. Die besten Fangzeiten für Fische wie Seelachs und Kabeljau liegen in der kalten Jahreszeit. Dies bedeutete für Schiffe und Besatzungen schon immer härteste Wetterbedingungen mit hohem Seegang und starken Stürmen. Die Netze wurden bis Windstärke acht ausgesetzt, denn in einer begrenz-

Der «Fischfinder» der
Susanne, mit dem die
Fischschwärme aufge-
spürt werden

ten Zeit musste so viel wie möglich gefangen werden. Gerade in der Früh-
zeit der deutschen Hochseefischerei um die Wende zum 20. Jahrhundert
sind im Winter immer wieder Kutter verloren gegangen. Bei vielen darf
angenommen werden, dass sie in den arktischen Temperaturen der Fanggebiete vor Island und in den nördlichen Breiten an Oberdeck überfroren
und untergingen. «Schwarzen Frost» nennen die Seeleute diesen plötzlichen, tückischen Eisbefall.

Der Wind hat weiter aufgefrischt. Bei Windstärke fünf neigt sich die
Susanne jetzt merklich auf die Seite. Bis zu vierzig Grad krängt das Schiff
bei schwerer See. Mann über Bord bedeutet in der drei Grad kalten Nordsee akute Lebensgefahr. Bei dieser Temperatur bleibt ein Mensch drei
Minuten bewegungsfähig, nach fünf Minuten ist er so unterkühlt, dass er
seine Bewegungen nicht mehr kontrollieren kann, danach verliert er das
Bewusstsein und ertrinkt. Eine zweite Schwimmweste, die über eine Leine mit dem Schiff verbunden ist und die dem Mann zugeworfen werden
kann, soll ein Abtreiben nach dem Überbordgehen verhindern. Ist der
Mann mit dem Kopf irgendwo aufgeschlagen und treibt bewusstlos im
Wasser, bleiben nur noch die eigene Weste, die Augenschärfe seiner Ka-
meraden und die Navigationskunst seines Kapitäns. Im Klartext: Angesichts der begrenzten Manövrierfähigkeit eines Fischtrawlers mit ausge-
setztem Netz sind seine Überlebenschancen gering. Bei höheren Wind-
stärken schreibt die Seeberufsgenossenschaft deshalb vor, dass die
Matrosen Sicherheitsleinen anlegen. Eingeschränkte Bewegungsfreiheit
und Zeitmangel lassen sie diese Vorgabe aber mitunter vergessen. Auch
Manfred Rahr gibt zu, dass er froh ist, als Kapitän nicht mehr an Deck
arbeiten zu müssen.

Netz ausbringen, Netz einholen, dieser Rythmus bestimmt den Alltag
an Bord. Nach sechs Stunden Anmarschfahrt Richtung Shetland-Inseln
und drei weiteren Stunden Schleppen ist es wieder so weit. Das Netz hebt
sich aus dem Wasser, und achtern versammeln sich Tausende von Seevö-
geln. Gern gesehene Gefährten – Seefahrer glauben, dass in jeder Möwe
die Seele eines toten Seemannes weiterlebt. Kapitän Rahrs Entscheidung
weiterzufahren hat sich gelohnt: Endlich ist der Stert prall gefüllt mit Seelachs. Keine Selbstverständlichkeit, denn manchmal finden sich ganz andere Dinge im Netz – von allen nur denkbaren Haushaltsgegenständen bis
hin zum Autowrack. Trotz internationaler Verbote ist die See noch immer
eine beliebte Müllhalde. Seit vier Jahren fährt Manfred Rahr mit seinen
portugiesischen Fischern. Jeder Handgriff sitzt, es braucht keine Worte.
Mit vereinten Kräften lösen die Portugiesen den Stertknoten, und drei
Tonnen Fisch fallen durch die hydraulisch aufgehende Bunkerluke in den
Verarbeitungsraum, die so genannte Fabrik des Schiffes. Durch den Stress
des Eingesperrtseins, den ungeheuren Druck beim Zusammenziehen des
Netzes und die Unmöglichkeit, außerhalb ihres angestammten Elements
zu atmen, sind die Fische bereits tot. Es gilt jetzt, sie so schnell wie möglich auszunehmen und auf Eis zu legen, um sie frisch zu halten. Drei Förderbänder transportieren den Seelachs zu den Schlachtmaschinen. Der
Fisch wird dort automatisch aufgeschnitten und ausgenommen, aber noch
nicht filetiert. Etwa zwei Stunden brauchen die Matrosen, um den Fang

zu verarbeiten. Größere Fische, die nicht in die Maschinen passen, müssen per Hand ausgenommen werden. Mehr als 100 Kilo Eingeweide schneiden Manuel und seine Kollegen in einer Schicht aus dem Seelachs und dem so genannten Beifang. Heute besteht der Beifang größtenteils aus Rotbarsch, ein paar Lengfischen sowie einem Heringshai – eine begehrte Delikatesse, die sofort zur Seite gelegt wird. Der Beifang von ande-

ren Fischen, die nicht zu der Fischart gehören, die eigentlich gefischt werden sollte, ist allerdings ein erhebliches Problem. Er ist mit dafür verantwortlich, dass immer mehr Fischarten dezimiert werden, die eigentlich geschützt werden sollen, weil ihre Bestände bedrohlich zurückgegangen sind. Auch Rotbarsch und Heringshai gehören nach der Roten Liste der International Union for Conservation of Nature and Natural Resources (IUCN) inzwischen zu den bedrohten Arten. Steuermann Hans-Jürgen Goik meint zwar, dass ihnen nur etwa fünfmal im Jahr ein Heringshai ins Netz gehe, aber das passiert eben unzähligen anderen Fischern auch.

Den härtesten Job an Bord hat Geronimo im Laderaum der *Susanne*. Sorgfältig muss er Fisch und Eis schichten. Abfließendes Schmelzwasser soll den Fang kühlen, darf ihn aber noch nicht tieffrieren, da er an Land noch weiterverarbeitet werden muss. Trotz der Eisestemperaturen ein schweißtreibender Job, der mehr Sorgfalt erfordert, als man vermuten würde. «Wenn das Wetter schlecht ist, muss ich sehr aufpassen, dass ich die Ladung gleichmäßig verteile und einzelne Kammern mit Brettern abteile, damit der Fisch zwischen dem Eis nicht hin- und herrutscht», erklärt der Portugiese. Während der Fangzeit stehen die Männer Tag und Nacht am Heck oder am Band. Der Steuermann ist zugleich Vormann und behält den Überblick. Nach getaner Arbeit im Eis kann Geronimo dann auf der Brücke Meldung machen: «Manni, 59 Korb Seelachs, ein Korb Mix und ein Korb Rotbarsch.» Das sind mehr als drei Tonnen Fisch mit einem Hol, denn ein Korb, das traditionelle Fangmaß, entspricht ungefähr einem Zentner Gewicht. Mit einem lapidaren «Gut, okay» signalisiert der Kapitän, dass er dieses Mal zufrieden ist.

Auch die weitere Reise verläuft erfolgreich. Nach etwas mehr als einer Woche sind die Laderäume gefüllt. Die *Susanne* hat es noch einmal

Links: Einholen des Netzes

Rechts: Öffnen des Sterts

gepackt. Aber wie lange wird es noch so weitergehen? Laut jüngstem Bericht der Bundesforschungsanstalt für Fischerei in Hamburg hat sich der Seelachsbestand in der Nordsee und westlich von Schottland wieder etwas erholt. Die Wissenschaftler stellen seit dem Jahr 2000 eine deutliche Erhöhung der Mengen pro Hol innerhalb der festgesetzten Gesamtquote fest. Zusätzlich zeigten Stichproben direkt an Bord der Fischereifahrzeuge und bei den auf dem Fischmarkt in Cuxhaven angelandeten Exemplaren, dass auch der Bestand an geschlechtsreifen Fischen wieder angestiegen ist. Dieser Bestandserholung vorausgegangen waren allerdings die harten Einschnitte in die Fangquoten der letzten Jahre. Umweltschutzorganisationen wie Greenpeace halten es denn auch für verfrüht, Entwarnung für den Seelachs zu geben. Die Fischindustrie selbst bleibt gespalten. Immerhin macht Seelachs ein Drittel des Fangvolumens der deutschen Hochsee-

Entwicklung der Exporte verschiedener Meeresprodukte weltweit

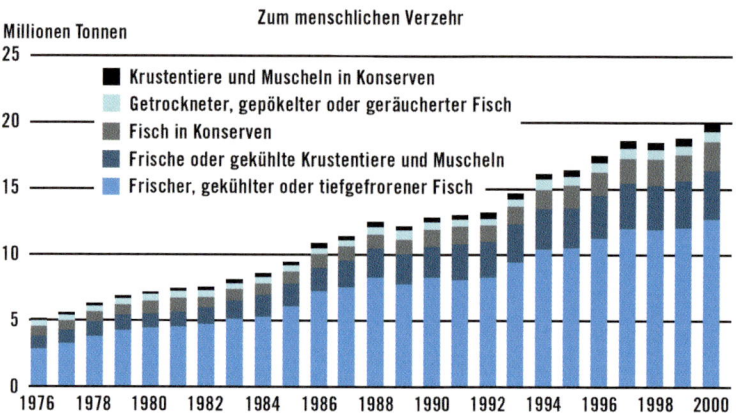

Zum menschlichen Verzehr

Millionen Tonnen

- Krustentiere und Muscheln in Konserven
- Getrockneter, gepökelter oder geräucherter Fisch
- Fisch in Konserven
- Frische oder gekühlte Krustentiere und Muscheln
- Frischer, gekühlter oder tiefgefrorener Fisch

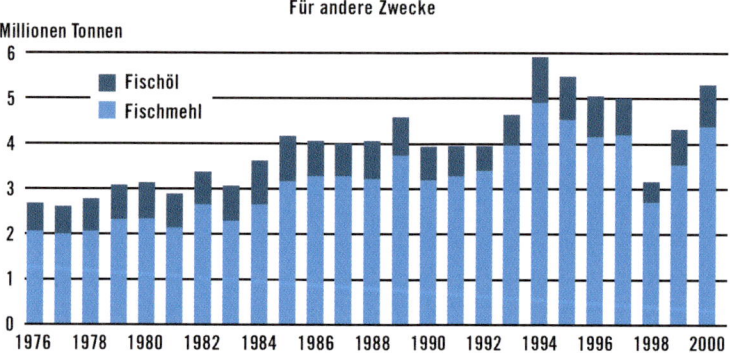

Für andere Zwecke

Millionen Tonnen

- Fischöl
- Fischmehl

fischerei aus. «Die eingerichteten Sperrgebiete und Schutzzonen finden selbstverständlich unsere Zustimmung», meint Geschäftsführer Huthsfeldt von der «Kutterfisch-Zentrale». Er fühlt sich dem Erhalt der Fischbestände verpflichtet, hofft allerdings auch auf Verständnis für die spezielle Lage der deutschen Hochseefischer: Bruttoraumzahl und Kilowattleistung aller hiesigen Fischereischiffe machten nur 3,4 Prozent der gesamten EU-Kapazitäten aus. Während die dänische Flotte jedes Jahr etwa 1,5 Millionen Ton-

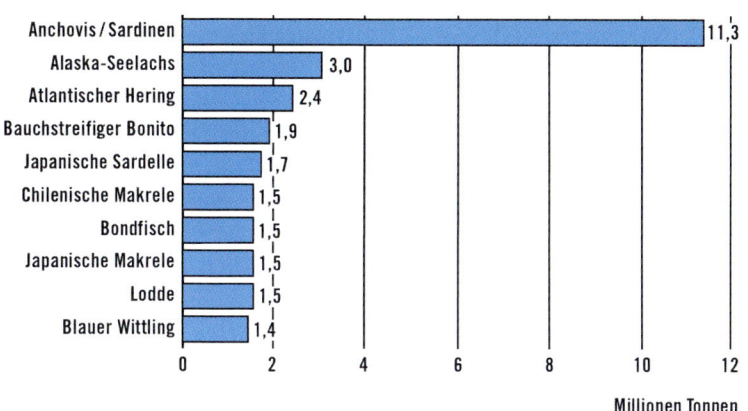

Anchovis / Sardinen	11,3
Alaska-Seelachs	3,0
Atlantischer Hering	2,4
Bauchstreifiger Bonito	1,9
Japanische Sardelle	1,7
Chilenische Makrele	1,5
Bondfisch	1,5
Japanische Makrele	1,5
Lodde	1,5
Blauer Wittling	1,4

Wichtigste Speisefische weltweit (2000)

Millionen Tonnen

nen Fisch allein zur Produktion von Fischmehl fange, brächten es die deutschen Kollegen auf gerade einmal 250.000 bis 280.000 Tonnen Speisefisch.

Die leichte Entspannung der Situation wird jedoch den weiteren Niedergang der deutschen Hochseefischerei nicht aufhalten. Nachdem die Bundesrepublik nach der Wiedervereinigung die Hochseeflotte der ehemaligen DDR abgebaut hat, sind heute nur noch 13 Fang- und Verarbeitungsschiffe von über 500 Bruttoregistertonnen Größe unter deutscher Flagge in der Hochseefischerei tätig. Und die Erträge sinken. Obwohl er mit seinem Schiff gute Gewinne einfährt, fühlt sich Manfred Rahr mit seinen Kollegen von der Politik im Stich gelassen. «Wir haben keine Lobby, Deutschland ist die einzige Küstennation der EU ohne Fischereiminister. Viele Fischereiminister setzen sich aktiv für ihre Fischer ein. Deutschland sagt zu allem ja und amen, und es wird nichts unternommen. Die ganze Flotte, nicht nur die Hochseeflotte, sondern auch die Kutterflotte, müsste von Grund auf erneuert werden.» Da dies politisch nicht gewollt sei, komme es geradezu zwangsläufig zu einer Überalterung der Fischer: «Auf keinem Schiff hier in der Nordsee oder in der Hochseefischerei ist Nachwuchs zu finden, das heißt junge Menschen, 15, 16 Jahre alt, so wie wir früher angefangen haben. Warum soll ich als junger Mensch einsteigen in einen Beruf, in dem ich keine Perspektive mehr habe?» Dass es neben den gewachsenen Ansprüchen an den Lebensstandard auch die jahrelange Überfischung durch immer größere Schiffe und Hochseefangflotten war, die zum heutigen Abbau der deutschen Hochseefischerei beigetragen hat, das sagt der Kapitän nicht.

Kurs Nordmeer

Deutsche Hochsee-fischerei

Die *Sagitta*, der erste deutsche Hochsee-Fischdampfer

18. Jahrhundert

Friesische Walfänger fahren bis ins Nordmeer.

Frühes 19. Jahrhundert

Küstennahe «kleine Hochseefischerei» in der Nordsee von Finkenwerder und Blankenese aus. Frischfisch bleibt auf Anlandeplätze und unmittelbar benachbarte Märkte beschränkt.

Ab 1860

Industrielle Herstellung von Eis. Der Ausbau des Eisenbahnnetzes macht den Transport von Frischfisch ins Inland möglich.

1884

Bau des ersten deutschen dampfgetriebenen Hochsee-Fischtrawlers *Sagitta* nach englischem Vorbild durch Friedrich Busse, Fischgroßhändler in Geestemünde. Fassungsvermögen: 950 Korb, also etwa 4,8 Tonnen. Die alte Angelleinenfischerei wird durch die Fischerei mit dem Schleppnetz ersetzt.

Um 1900

Die Wesermündung entwickelt sich zum Zentrum des deutschen Fischdampferbaus. Ganze Gewerbezweige sind auf die Hochseefischerei ausgerichtet und geben Tausenden von Familien Arbeitsplätze: Reedereien, Eiswerke, Netzmacher, Speditionen, Schiffsausrüster, Fischhändler. Bremerhaven wird zum größten Fischereihafen des Kontinents.

1926

Einführung der Dampfturbine auf Fischkuttern.

1928

Die neue «Maierform» der Schiffsrümpfe sorgt für eine verbesserte Seegängigkeit durch den stark ausladenden Vorsteven.

Ab 1930

Ausrüstung der Schiffe mit Echolot.

1936

Anfängliche Förderung der Hochseefischerei durch die nationalsozialistische Regierung zwecks nationaler Eigenversorgung und wirtschaftlicher Unabhängigkeit.

II. Weltkrieg

Requirierungen und hohe Schiffsverluste beenden den Erfolg der deutschen Hochseefischerei. 244 Fischereifahrzeuge gehen verloren. 1945 sind nur noch 58 Kutter einsatzfähig.

1946

Lockerung des alliierten Bauverbots für Fischkutter. Bau von 34 wegen ihrer Größe «Westentaschentrawler» genannten Kuttern mit jeweils 393 Bruttoregistertonnen und einer Fangkapazität von jeweils etwa 3.600 Korb.

1952

Der erste Seitentrawler der DDR wird in Rostock in Dienst gestellt. 1967 ist das Kombinat VEB «Fischfang Rostock» mit 101 Schiffen die größte deutsche Fischfangreederei.

1957

Der erste deutsche Hecktrawler wird ausgeliefert. Einführung von Gasturbinenantrieb und automatischen Fischwaschmaschinen.

1960er

Einführung des dieselelektrischen Antriebs. 70 Meter lange «Super-Seitentrawler» mit einer Staukapazität von 6.000 Korb Frischfisch und 120 Tonnen Frostware werden gebaut. Die Besatzungsstärke beträgt 35 Mann.

1964

Indienststellung der *Bonn*, mit 87,7 Metern Länge das bis dahin weltweit größte Fischereifahrzeug. Auf diesem Typus von schwimmenden Fischfangfabriken arbeiten zwischen 55 und 65 Mann. Kapazität des Tiefkühlladeraums 1.000 Kubikmeter für rund 770 Tonnen Fisch, gelagert bei minus 28 Grad Celsius.

1972

Indienststellung des Vollfrosters *Karlsburg*. Daten: 95 Meter Länge, 3.577 Bruttoregistertonnen, 15,8 Knoten, 74 Mann Besatzung, Kapazität von 930 Tonnen Frostfilet, Fischöl- und Trantanks sowie Fischmehlraum.

1980er

Die Überfischung und die Ausdehnung der nationalen Hoheitsgewässer und Wirtschaftszonen auf 200 Meilen führt zum Niedergang der bundesdeutschen Hochseefischerei.

1990er

Nach der Wiedervereinigung Deutschlands Auflösung auch der DDR-Hochseeflotte.

2003

Nur noch 13 deutsche Hochseekutter von über 500 Bruttoregistertonnen Größe sind im Dienst.

Kurs Nordmeer

Norwegen | Neuseeland | Japan

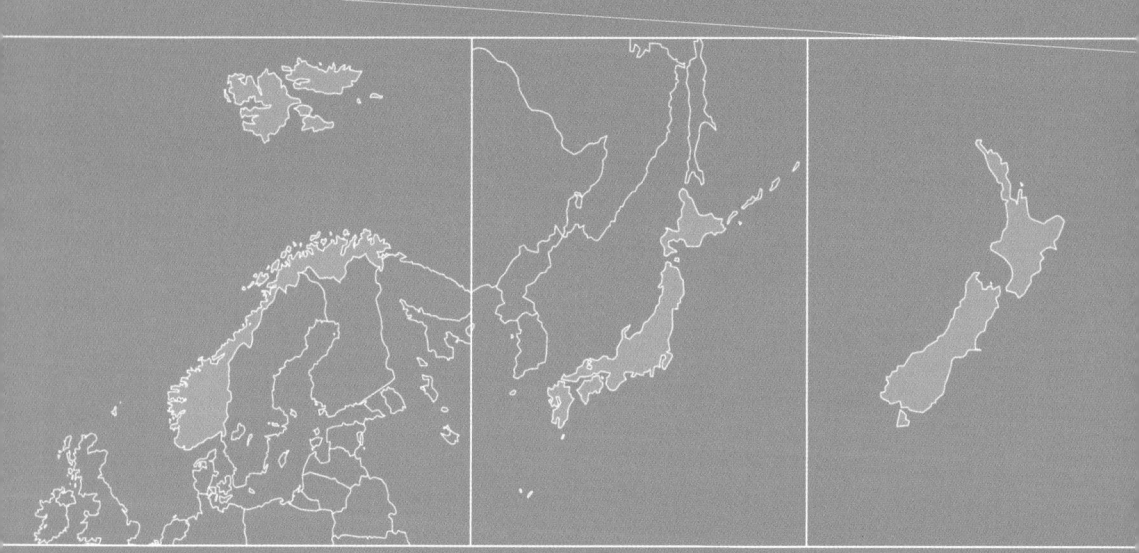

Gejagt, geschützt, geliebt – die Wale

Waljagd in Norwegen und Japan
Walrettung in Neuseeland

«… es war nicht so sehr seine ungewöhnliche Körpergröße, die ihn von den anderen Pottwalen unterschied, sondern … eine eigentümliche schneeweiß gefurchte Stirn und ein hoher, pyramidenförmiger weißer Buckel. Dies waren seine hervorstechendsten Merkmale, die Kennzeichen, mit denen er, selbst auf den endlosen, unvermessenen Meeren, seine Identität auf weite Entfernung denen preisgab, die ihn kannten. Der Rest des Körpers war mit denselben Tönen so gestreift, gefleckt und marmoriert, dass er schließlich den auffälligen Beinamen der ‹Weiße Wal› erhalten hatte, ein Name, der durch seine lebendige Beschreibung buchstäblich und tatsächlich gerechtfertigt war, wenn man den Wal bei Sonne im Zenit durch die dunkelblaue See gleiten sah, eine milchstraßenartige Woge von goldglänzender Gischt hinter sich lassend. Es waren weder seine ungewöhnliche Größe noch seine bemerkenswerte Färbung oder sein deformierter Unterkiefer, die dem Wal eine natürliche Schrecklichkeit verliehen, sondern seine beispiellose, intelligente Bösartigkeit, die er bestimmten Berichten nach immer wieder in seinen Angriffen bewiesen hatte. Mehr noch als all dies lösten seine tückischen Rückzüge unvergleichlichen Schrecken aus. Mit allen offenkundigen Anzeichen der Angst vor seinen triumphierenden Verfolgern davonschwimmend, hatte er, wie mehrmals bekannt wurde, plötzlich eine Kehrtwende gemacht und sich auf sie gestürzt, um ihr Boot in Teile zu zertrümmern oder sie voller Entsetzen zurück zu ihrem Schiff zu jagen.»

So beschrieb Herman Melville, der große amerikanische Schriftsteller der See, 1851 in seinem Buch *Moby Dick* ein besonders tückisches Exemplar der Gattung Wal. Seit Jahrtausenden gibt das größte Säugetier unseres Planeten dem Menschen Rätsel auf. Man hat versteinerte Walknochen hoch im Himalaya gefunden. Der Weg der Evolution, auf dem die Wale vom Land ins Meer zurückkehrten, ist nach wie vor ein Geheimnis. In Mythen, Sagen und Geschichten spielen Wale immer wieder eine wichtige Rolle, ob im antiken Griechenland oder im alten Rom, bei den Indianern Nord- und Südamerikas oder bei den Aborigines, den Ureinwohnern Australiens. Weil die Jagd auf die Riesentiere schwierig ist und in einer dem Menschen feindlichen Umwelt, dem Meer, stattfindet, ranken sich viele Heldenlegenden um den Walfang. Mensch und Wal, das ist eine maritime Beziehungskiste der ganz besonderen Art.

Wenn die Tage in Nord-Norwegen lang und länger werden, treffen die Fischer auf den Lofoten die Vorbereitungen für die jährliche Walfang-Saison. Sorgfältig werden die winzigen Fischkutter für die große Jagd umgerüstet. Holzlatten, auf denen das Fleisch der erlegten Wale abkühlen soll, werden probeweise verlegt, Proviant und Eis gebunkert, die Harpunen mit den Sprengeinsätzen bereitgelegt. Pro Boot kosten schon die Vorbereitungen rund 18.000 Euro. Reich ist hier noch keiner mit der Waljagd geworden. Für die Bedenken der internationalen Gemeinde gegen den Walfang hat man denn auch nur Kopfschütteln übrig. Erlaubt ist allein das Erlegen von Zwergwalen, und die Fischer fühlen sich zu Unrecht von Umweltschützern geächtet, denn nach neuesten Berechnungen sollen in den Fanggebieten wieder mehr als 100.000 Zwergwale schwimmen.

Fischerhafen auf den Lofoten

Einst war der Wal der König der Meere. Bis er fast ausgerottet wurde. Rücksichtslos machte man bis in die 1960er Jahre vor allem Jagd auf die Großwale. Im 19. Jahrhundert lebte eine ganze Industrie vom fabrikmäßigen Töten der Großsäuger. Im 20. Jahrhundert verdienten Großreeder wie Onassis mit den Walen ihre ersten Millionen. Auch norwegische Fangflotten beteiligten sich damals am gewinnträchtigen Walfang im Südpolarmeer. Die norwegischen Zwergwalfänger von heute sind dagegen kleine Fische. Das meint jedenfalls Ernst Dahl, der wie viele andere Norweger als einfacher Matrose noch am industriellen Walfang teilgenommen hat. Er beteuert: «Niemand hier will den Zwergwal ausrotten, so wie das damals mit dem Großwal im Südatlantik geschehen ist. Aber wir brauchen die Einnahmen, sonst können wir als Küstenbevölkerung hier nicht überleben.» Die Norweger gerieten in das Kreuzfeuer öffentlicher Kritik, als sie sich 1986 weigerten, das Moratorium zur internationalen Ächtung des Walfangs anzuerkennen. Erst auf Druck der USA hin stellte Norwegen dann 1988 den kommerziellen Walfang ein – «freiwillig», da keine wissenschaftlich fundierten Kenntnisse über den Bestand der Zwergwale vorlagen. Von der norwegischen Regierung wurden daraufhin insgesamt zwanzig Millionen Euro für ein Forschungsprogramm bereitgestellt, das vor allem die Zahl der Zwergwale im nordöstlichen Atlantik ermitteln sollte. Als man 1992 triumphierend verkünden konnte, dass eine Population von 70.000 Tieren gezählt worden war, hatten die norwegischen Walfänger eine Legitimation, den Walfang wieder aufzunehmen.

Einer, der damals Sturm gegen die Entscheidung der Norweger lief, war Paul Watson, ehemalige Greenpeace-Legende und Gründer der militanten «Sea Shepherds». Der Kanadier mit dem Kampfnamen «Grauer Wolf, klares Wasser» ging mit den Fischern hart ins Gericht: «Für mich gibt es keinen Unterschied zwischen norwegischen Walfängern und Kokaindealern. Sie verstoßen gegen internationale Abkommen und müssen verfolgt werden wie jede andere kriminelle Organisation.» Wo Watson Unrecht vermutete, zeigte er denn auch keine Berührungsängste. Mal rammte er mit seinem Schiff *Whales Forever* seine Gegner in Grund und Boden, mal versenkte seine Gruppe kurzerhand Teile der isländischen Walfangflotte, indem sie deren Flutventile öffnete. Dabei nahm es der

«Schützer der Weltmeere» selber mit dem Seerecht nicht so genau. Um seine Walfänger zu verteidigen, fuhr Norwegen 1994 schließlich härteres Geschütz auf und schickte seine Küstenwache ins Gefecht. Gegen die Fregatte *Andenes*, die als norwegische Abordnung am Ersten Golfkrieg teilgenommen hatte, war auch Watson machtlos. Mit beschädigtem Schiff musste er schließlich abdrehen und in Richtung Shetland-Inseln flüchten. Die Niederlage vor den Lofoten bescherte ihm zwar den Spott der Norweger, aber auch weltweite Spenden von angeblich zwei Millionen Dollar. Ein norwegisches Gericht verurteilte ihn in Abwesenheit wegen der Versenkung eines der Kutter vor den Lofoten zu 120 Tagen Haft.

Die Lofoten sind eine Inselgruppe vor der norwegischen Küste nördlich des Polarkreises. Die Fanggebiete werden von der norwegischen Regierung festgelegt. Sie liegen zwischen dem 70. Breitengrad und Spitzbergen im Nordpolarmeer. «Wir fahren jetzt am Kap von Andenes vorbei westwärts», sagt Jan Kristiansen, der seit 36 Jahren als Skipper den Kurs auf der *Jan Björn* bestimmt. «Ab hier können wir den Wal jagen, wo wir wollen.» Geschossen wird mit modernen Sprengharpunen. Damit die Wale schneller sterben, sagen die Fischer; bloß der Optik wegen, meinen die Tierschützer: damit die Tiere nicht so zugerichtet aussehen. Der Sprengstoff befindet sich in einer Patrone hinter der Spitze und explodiert erst,

wenn die Granate schon im Körper ist. Etwa 2.500 Euro kostet eine Patrone, nicht eben wenig für die Fischer. In den Sommermonaten ziehen die Zwergwale entlang der norwegischen Küste zu ihren Futterplätzen im Nördlichen Eismeer. Beim Aufspüren der bis zu zehn Meter großen Säuger sind gute Augen, langjährige Erfahrung und viel Geduld die einzigen Hilfsmittel. Zwar hat Kristiansen inzwischen eine Gruppe Wale gesichtet, aber er zögert noch. Nur bei kapitalen Exemplaren lohnt sich der Einsatz der teuren Sprengharpunen.

Der erste Schuss von der *Jan Björn* sitzt. Der Zwergwal versucht im Todeskampf noch einmal abzutauchen, treibt dann aber regungslos an der Oberfläche. Die Wissenschaftlerin an Bord der *Jan Björn* atmet hörbar auf. Internationale Proteste haben die norwegische Regierung veranlasst, auf jedem Boot Kontrolleure einzusetzen, die den Fang überwachen. Auch

Links: Bereitmachen der Sprengladung für die Harpune

Rechts: Erlegter Zwergwal

die Verwendung der teuren Sprenggranaten geht auf diesen internationalen Druck zurück. Mit der Stoppuhr hat Hedwig Rüd den Todeskampf des harpunierten Wals überwacht. «Ich glaube, das war ein Volltreffer. Wenn die Harpune ins Herz trifft, ist der Wal sofort tot, auch wenn er noch mit der Flosse schlagen sollte. Das sehen wir aber erst genau, wenn wir ihn hochgezogen haben.» Hedwig Rüds Untersuchungen haben das Ziel, das Ausmaß des Stresses beim Sterben der Tiere zu untersuchen. Durch die Granaten sterben sechs von zehn getroffenen Walen einen raschen Tod, so die offizielle Statistik. Auch kleinste Details werden festgehalten. «Hier trage ich ein, wie groß der Wal ist, wo er erlegt wurde, welche Körperteile getroffen wurden, aus welcher Entfernung geschossen wurde.»

Forschung aus Angst vor weltweiter Ächtung. Ein Aufruhr, den die Menschen auf den Lofoten nicht verstehen. Für sie ist die Waljagd einmal im Jahr einfach ein Teil ihrer angestammten Lebensweise, nichts weiter als ein Mittel, den Lebensunterhalt zu verdienen – ebenso normal wie das Fischen von Heringen oder das Sammeln von Vogeleiern. Und dieses Leben ist schon mühevoll genug. «Wir leben nur vom Meer. Ohne den Reichtum des Meeres könnte hier im Norden niemand existieren. Wir können doch nicht nur vom Schnee leben. Und der ist das Einzige, was wir im Überfluss haben.» Dass die effizienten modernen Methoden der

Historischer Stich, der einen Eindruck vom Gedränge der Walfangschiffe im Polarmeer im 18. und 19. Jahrhundert vermittelt

Waljagd weitreichendere Folgen haben als die traditionelle Jagd ihrer Vorväter und dass sich das Gleichgewicht Mensch und Wal insgesamt verschoben hat, das will nicht in die Köpfe der Fischer. Derart positives globales Denken fällt noch schwer, hier, am Ende der Welt.

In der Tat ist die Vorstellung, dass die Meeressäuger schützenswerte Tiere sind, noch sehr jung. In der westlichen Welt galt der Wal bis fast in

die Neuzeit hinein als Ungeheuer und war deshalb zum Abschlachten freigegeben. Die Jagd auf die großen Tiere ist immer von der Aura des Heldentums umgeben gewesen. Die Ersten, die sich im europäischen Bereich organisiert an die Meeresriesen heranwagten, waren die spanischen Basken. Mit kleinen Booten paddelten sie spätestens seit dem 10. Jahrhundert auf den Golf von Biscaya hinaus. Ihr Jagdziel war ein Bartenwal, der um die 15 Meter lange Nordkaper oder auch Biscaya-Glattwal, den die Basken «sarda» nannten – ein verwegenes Unterfangen, das nicht selten für die Jäger tödlich ausging. Als die Bestände in der Biscaya aufgrund der steigenden Nachfrage nicht mehr ausreichten, wagten sich die Walfangflotten vor bis in den Nordatlantik und das Polarmeer. Begehrt war neben dem Fleisch vor allem die Speckschicht, die an Land zu Öl verkocht wurde, das man bevorzugt als Brennstoff für Lampen nutzte. Verwertet wurde letztlich fast alles. Aus den Knochen stellte man Werkzeuge wie Messer und Spaten her, und die biegsamen Barten, mit denen die Wale Krill aus dem Wasser filtern, wurden zu Peitschen, Bogen, Schilden oder schmuckvollen Schnitzereien verarbeitet. Wie nicht anders zu erwarten, weckte diese vielseitige Verwendbarkeit schnell die Habgier der Monarchen aller Nationen. Bereits im Frühmittelalter ließ der englische König den Wal zum «königlichen Tier» und damit zu seinem Eigentum erklären. Der französische König Ludwig XII. erhob im 15. Jahrhundert eine Steuer auf den Ertrag eines jeden erlegten Wals.

Bis zum Anfang des 17. Jahrhunderts blieben die Basken im Walfang dominierend. Durch den Aufstieg des europäischen Handelsbürgertums begannen jedoch zunehmend auch geschäftstüchtige Kaufleute in England und den Niederlanden im internationalen Seehandel mitzumischen. Sie lernten schnell von ihren baskischen Vorbildern, und bereits um die

Anbordhieven eines Zwergwals

Mitte des 17. Jahrhunderts war die baskische Vorherrschaft gebrochen. In einer Art «usurpatio maris» kündigten die beiden Nationen ihren Lehrmeistern an, deren Walfangschiffe zu versenken, sollten sie sie außerhalb des Golfs von Biscaya antreffen. Fortan machten sich englische und niederländische Walfangkapitäne gegenseitig die ertragreichen Fanggründe im Nordatlantik streitig. Die Rivalität führte 1651 sogar zu einem Seekrieg zwischen den beiden Nationen, aber in den 1680er Jahren gingen die Niederländer schließlich als Sieger hervor. Für die Wale war die Konkurrenz und Beutegier der europäischen Nationen fatal. Bald beschränkte man sich nicht mehr darauf, die Tiere während ihrer alljährlichen Wanderung zum äquatorialen Atlantik zu jagen, sondern hetzte ihnen rücksichtslos das ganze Jahr bis ins östliche Polarmeer nach.

Zu einem Industriezweig mit unstillbarem Bedarf wurde der Walfang vollends, als die Amerikaner, die seit etwa 1650 Küstenwalfang betrieben, zu Beginn des 18. Jahrhunderts mit ihren Walfangschiffen auf den Weltmeeren aufkreuzten. Von Long Island, Nantucket, Martha's Vinyard oder New Bedford aus brachen amerikanische Schiffe mit Besatzungen aus aller Herren Länder auf, um Pott-, Grönland- und Buckelwalen, Nord- und Südkapern den Garaus zu machen. Das moderne Massenschlachten begann. Bewaffnet mit der biblischen Weisheit, alle Geschöpfe hätten nur den einen Daseinszweck, dem Menschen auf die eine oder andere Weise zu dienen, machten die neuenglischen Walfänger sich kaum Gedanken darüber, welchen Schaden sie unter den Walpopulationen anrichteten. Bereits Anfang des 19. Jahrhunderts waren die einstmals großen Herden der Nordkaper im Nordatlantik so dezimiert, dass sich die Jagd auf sie nicht mehr lohnte. Nach dem Nordkaper wurde der Pottwal ins Visier genommen, bis auch seine Art im Atlantik selten wurde. Daraufhin verlagerte sich die Jagd in den Pazifischen und in den Indischen Ozean. Hier waren die Bestände so immens, dass kein Waljäger sich vorstellen konnte, sie würden jemals erschöpft sein.

1864 meldete der Norweger Svend Foyn sein Patent für eine Harpunenkanone mit Explosivladung an, eine Erfindung, die er in den Folgejahren ständig verbesserte. Die Mechanisierung des Walfangs setzte ein. In den ersten Jahrhunderten des Walfangs waren hauptsächlich langsam schwimmende Wale getötet worden. Furchenwale wie der riesige Blauwal, der Finnwal und der Seiwal waren zu groß und zu schnell, als dass die Jäger sie vom Boot aus mit Handharpunen hätten erlegen können. Außerdem verloren die toten Tiere rasch ihren Auftrieb und gingen unter. Nun begann auch die Jagd auf die schnelleren Großwalarten. Es kamen wendige, dampfgetriebene Fangschiffe auf; Luft wurde in den erlegten Wal gepumpt, um das Absinken zu verhindern. Im 20. Jahrhundert verarbeiteten riesige Fabrikschiffe das Öl und Fleisch von Dutzenden von Walen gleichzeitig. Echolot und Suchflugzeuge kamen zur Ausrüstung der Walfänger hinzu. Der Countdown für die riesigen Meeressäuger hatte begonnen. Allein zwischen 1898 und 1990 wurden nach offiziellen Angaben der Walfänger trotz mehrfach eingeführter Beschränkungen über 2,7 Millionen Großwale getötet. Gab es zu Beginn des 20. Jahrhunderts allein in der südlichen Hemisphäre schätzungsweise 250.000 Blauwale, finden sich heute weltweit nach Angaben von Umweltschützern nur noch rund 1.000. Von ehemals 500.000 Finnwalen gibt es nur noch 12.000. So fatal wurde die Lage, dass 1982 schließlich alle Walfangnationen mit Ausnahme von Norwegen, Peru, Russland und Japan einem totalen Walfangstopp zustimmten, der 1986 in Kraft trat. Ausschlaggebend war weniger das jahrelange Drängen des World Wildlife Fund, von Greenpeace und anderen Umweltorganisationen, sondern schlichtweg, dass für die Industrie bei derart ausgedünnten Beständen kein Profit mehr zu machen war.

Im Reich der aufgehenden Sonne ist der küstennahe Walfang seit dem 17. Jahrhundert als Jagd auf pazifische Buckelwale, Nordkaper und gelegentlich auch Grönlandwale heimisch, die auf ihren Wanderungen an der japanischen Küste entlangziehen. Die japanischen Waljäger fuhren dazu in Flottillen von Großbooten aufs Meer hinaus, die jeweils mit etwa 15 Ruderern besetzt waren. Ungefähr zwanzig der Boote umzingelten den Wal und trieben ihn in ein riesiges, von anderen Booten gehaltenes Netz. Das gefangene Tier wurde dann mit Speeren verwundet, bis ein Mann auf das geschwächte Tier hinaufklettern konnte, um eine Schleppleine zu befestigen, mit der man es an Land zog. Daneben benutzten die japanischen Walfänger Harpunen, an denen mit Luft gefüllte Tierblasen befestigt waren, um den tauchenden Wal zu ermüden und seinen Standort zu kennzeichnen. Im Wesentlichen blieb es bei dieser Methode, bis sich Japan 1854 auf Druck der USA hin für den westlichen Handel öffnen musste und Anschluss an die Technologien der westlichen Walfangländer fand. Im 20. Jahrhundert konkurrierten japanische Walfangflotten gleichrangig mit denen aus Europa, der Sowjetunion oder den USA. Nach Inkrafttreten des internationalen Walfangverbots 1986 beschloss die japani-

sche Regierung ein Forschungsprogramm, das erlaubt, jährlich bis zu 440 Wale im Südpolarmeer zu töten. Faktisch wird das Moratorium damit unterlaufen, aber trotz internationaler Proteste hielten die Japaner an dieser Praxis auch fest, als das Südliche Eismeer 1994 offizielles Walschutzgebiet wurde. In dem Gebiet rund um die Antarktis finden fast neunzig Prozent aller Großwale ihre Nahrungsgrundlage.

Schon durch seine schiere Größe fällt das Schiff auf, das in der Morgensonne im Hafen von Shimonoseki liegt. Die *Nisshin Maru* ist ein Walfang-Fabrikschiff. Jedes Jahr im November vollzieht sich das gleiche Schauspiel. Begleitet von einem Harpunenschiff, bricht die *Nisshin Maru* für sechs Monate zu einem 20.000-Meilen-Trip in die Antarktis auf. An Bord sind 99 Mann: Mannschaft, Offiziere – und Wissenschaftler. Sie sollen wissenschaftliche Informationen und Daten über die Wale sammeln und zugleich einen lukrativen Fang mit nach Hause bringen. Mit an Bord ist der Filmemacher und Aktivist Marc Voitier, dessen Film über die Reise der *Nisshin Maru* später von japanischen Gerichten verboten werden wird. Wie jedes Jahr beginnt die Reise harmlos, mit einer offiziellen Feier des japanischen Schiffsverbandes, zu der alle Teilnehmer angetreten sind. Martialisch wird Haltung angenommen, Reden werden geschwungen, und Verbeugungen folgen auf Verbeugungen. Die Familien sind stolz auf das, was ihre Männer und Väter tun, für sie ist diese Arbeit das Normalste auf der Welt. Auf der diesjährigen Reise der *Nisshin Maru* geht es um die Minkewale. 750.000, so die Japaner, soll es von ihnen geben. Um die genaue Größe der Population festzustellen, ist es japanischen Angaben zufolge unabdinglich, eine Reihe von Tieren zu töten. Stichprobenartig – versteht sich.

Ein Fangboot läuft auf das japanische Walfang-Fabrikschiff *Nisshin Maru* zu

Viele der Männer an Bord haben ihr halbes Leben als Walfänger verbracht. Die meisten von ihnen sind inzwischen gegen den industriellen Walfang, wie er seit 1986 geächtet ist, aber sie können nicht anders als mitzufahren, sogar wenn die Bedingungen immer schlechter werden. Sie sind Staatsangestellte und müssen nehmen, was ihnen angeboten wird. «Die Regierung musste Geld sparen. Und damit fingen sie bei den Arbeitern an», erzählt Yoshiharu Nisshiio, Labortechniker an Bord, im Interview mit Marc Voitier. «Seitdem ist mein Gehalt um 25 Prozent gekürzt worden, und das zu einer Zeit, in der ich meine Mutter, meine Frau und meine zwei Kinder versorgen muss. Seit ein paar Jahren kann ich mir kein Auto mehr leisten.»

Während der Anreise wird die Crew der *Nisshin Maru* zusammengerufen und gebrieft. Der Ablauf der kommenden Monate steht schon auf dem Hinweg präzise fest. 330 Minke- oder Zwergwale sollen die Harpuniere erlegen, so der Auftrag. Bei 4,6 Tonnen Fleisch pro Tier werden die Männer im Fabrikteil des Schiffs in dem vor ihnen liegenden halben Jahr mehr als 1,5 Millionen Kilogramm Walfleisch und Speck aufbereiten und verarbeiten. Eineinhalb Wochen nachdem die *Nisshin Maru* und ihr Begleitschiff mit voller Kraft in die frostigen Gefilde des Südlichen Eismeers gedampft sind, ist es dann so weit. Auf dem Fangboot beziehen einige der Männer ihren Posten hoch oben im Mast, 25 Meter über dem Meeresspiegel. Je früher die Wale ausgemacht werden, desto höher ist die Wahrscheinlichkeit, sie zu erlegen. Es dauert eine Weile, aber dann wird der erste Zwergwal gesichtet. Die Harpune wird geladen: Bestückt mit einer explosiven Granate, soll sie den Wal innerhalb von Sekunden innerlich in Stücke reißen. Vom Ausguck des Harpuniers dirigiert der Bootsmann das Schiff auf die Wale zu. Wenig später erfolgt der Schuss. Anders als beim offen kommerziellen Walfang schießen die Harpuniere nicht auf den Kopf, sondern irgendwo auf den Rumpf des Tieres, da für die wissenschaftliche Untersuchung wichtige Teile des Ohrs unversehrt bleiben sollen. Der Todeskampf der Wale dauert auf diese Weise mitunter quälend lang.

Westliche Empfindsamkeit stößt hier allerdings auf taube Ohren. Was am Walfang grausam sein soll, will Saino Tamura, Erster Offizier auf dem Fangboot, nicht verstehen und verweist zur Begründung auf westliche

Unsitten. In Europa würden Hühner, Rinder und Schweine in engen Käfigen und Ställen gehalten, man tue so, als gehörten sie zur Familie, und würde sie dann doch schlachten und essen. Das sei doch viel grausamer. Der Wal ist getroffen und lebt. Die Widerhaken der Harpune sitzen einen halben Meter tief. Der Mann an der Kanone macht sich fertig für den zweiten Schuss. «Weil alle Welt eine humane Tötung fordert», erklärt Tamura, «haben wir Harpunen entwickelt, die sofort im Körper explodieren. Dadurch wird die Zeit, die wir brauchen, um das Tier zu töten, auf ein Minimum verkürzt.» Aber die Praxis sieht anders aus. Auch der zweite Schuss tötet den Wal nicht. Schließlich werden zwei mit Stromkabeln versehene Lanzen in das Tier gerammt. Da dies für die Lanzenwerfer gefährlich werden kann, arbeitet man nicht mit Starkstrom, sondern mit einer Spannung von nur 220 Volt. Die Folge: Der Wal zittert langsam und qualvoll seinem Ende entgegen – 23 Minuten lang. Hinrichtungen auf dem elektrischen Stuhl gehen schneller. Diese Tötungsmethode ist von der International Whaling Commission (IWC) in einer entsprechenden Resolution verboten worden, aber Japan ignoriert bis heute den Beschluss.

An Deck des Fangfabrikschiffes wird jeder Wal von einer Wissenschaftlergruppe untersucht. Die Körper werden exakt vermessen, die inneren Organe gewogen und seziert. Auch der Magen wird geöffnet. Anhand seines Inhalts können die Forscher genau nachvollziehen, welche Route das Tier zurückgelegt hat. Durchaus ein wissenschaftlicher Erkenntnisgewinn, wenn er denn zweckfrei wäre. So aber dienen die Informationen dazu, den Walen leichter auf die Spur zu kommen. Der für die japanischen Wissenschaftler bei weitem interessanteste Teil eines Wals befindet sich im Kopf: die so genannte Schutzmarke. Die Wale lagern an ihren Ohrzapfen hornähnliche Schichten an, jedes Jahr eine. Ähnlich wie bei Bäumen lässt sich so ihr Alter bestimmen. Im Licht der drastischen Einschränkungen der Fangquoten nicht weiter überraschend, kommen japanischen Studien aufgrund der Untersuchungen der Schutzmarken zu dem Schluss, dass das Alter der Tiere zunimmt, die Bestände der Minkewale also wieder wachsen. Überraschend ist eine andere Schlussfolgerung, die Voitier von einem der Wissenschaftler an Bord vorgestellt wird: «Wir haben herausgefunden, dass Zwergwale das Gleiche fressen wie Blauwale, und das in derselben Umgebung. Es gibt Forscher, die deshalb davon ausgehen, dass sich wegen der natürlichen Zunahme von Minkewalen die restlichen Walbestände nicht wieder regenerieren können, einfach weil die Minkewale den anderen Tieren die Nahrung wegfressen.» Das Argument ist absurd. Tatsache ist, dass die jahrzehntelange Dezimierung der Wale im südlichen Polarmeer zu einer deutlichen Zunahme der Hauptnahrungsquelle der Blauwale geführt hat, des Krills, dem nun der natürliche Fressfeind fehlt. Etwa die Hälfte der erlegten weiblichen Wale an

Oben: Zerlegen an Deck

Links: Getöteter Zwerg-
wal vor dem Bug eines
japanischen Fangschif-
fes

Bord der *Nisshin Maru* ist schwanger. Anhand der Schutzmarke und des
Fötus wollen die Wissenschaftler in Erfahrung bringen, ab welchem Alter
die verschiedenen Wale geschlechtsreif werden. Einige Forscher behaup-
ten, dass ein Minkewal-Weibchen seine Geschlechtsreife im Alter zwischen 13 und 14 Jahren erreicht, andere halten die Tiere bereits mit sechs
oder sieben Jahren für geschlechtsreif. Ob allerdings dieser Expertenstreit
das Töten von Schwangeren und Föten rechtfertigt, soll hier dahingestellt
bleiben.

Nach 155 Tagen auf See macht Tanifuji Shigeru, der Kapitän der *Nisshin Maru*, seine letzte wissenschaftliche Eintragung ins Logbuch. Das
Walfangschiff kehrt mit seinem Begleitboot nach Japan zurück. In den Labors an Bord: neue Informationen über antarktische Wale und Delphine
und mehrere tausend Präparate vom Minkewal. «Für uns sind die Größe

Wale

Chronik des kommerziellen Walfangs: Zahl der getöteten Tiere

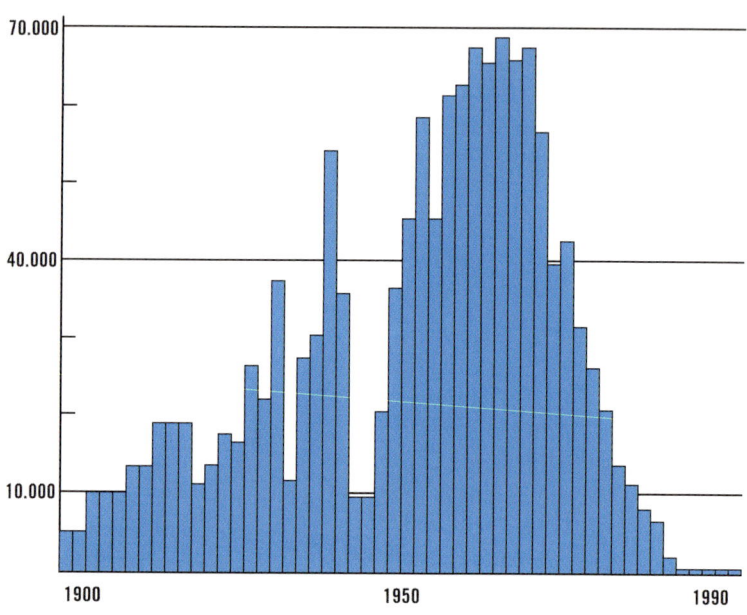

der Walbestände, das Alter der Walfamilien und ihre Lebensweise die wichtigsten Informationen», fasst Dr. Fujise Yoshihiro, der wissenschaftliche Leiter an Bord, die Forschungen gegenüber Voitier zusammen. «Zur Analyse des Rohstoffs Wal sind die gesammelten Daten unerlässlich. Das ist vergleichbar mit der Erforschung der Entwicklung des Menschen.» Dass die dazu notwendigen Zerlegearbeiten mit denen des kommerziellen Walfangs weitgehend identisch sind, ist praktisch und erlaubt die spätere Entsorgung der getöteten Tiere in den Delikatessenläden der Sushi-Nation. Nach Ansicht nichtjapanischer Experten sind Analysen dieser Art schlichtweg überflüssig. Statistische Angaben über die Walbestände sind auch ohne Schlachtfeste zu haben. «Inzwischen gibt es anerkannte, nicht letale Forschungsmethoden, die Japan jedoch nicht anwendet. Japan tötet jeden Wal, der untersucht wird», kommentiert Jörg Feddersen, Biologe bei Greenpeace. «Die japanische Walforschung hat nur ein Ziel: zu beweisen, dass der kommerzielle Walfang möglich ist. Alle Forschungen sind darauf ausgerichtet festzustellen, wie alt die Tiere sind, ob schwanger oder nicht schwanger. Und diese Daten dienen – soweit sie überhaupt öffentlich gemacht werden – einzig und allein dazu, zu zeigen, dass es genug Wale gibt und man den kommerziellen Walfang fortsetzen kann. Das hat mit Wissenschaft nichts zu tun. Entscheidend ist, dass das Fleisch von diesen Walen auf dem japanischen Walfangmarkt landet.»

Ein Kilo Walfleisch kostet umgerechnet bis zu 300 Euro in Japan. Es gilt als Delikatesse, und nur sehr wenige Menschen können sich das leisten. Laut Angaben von Greenpeace haben die Forscher der Sushi-Nation im Jahr 2002 neben der Quote von 440 Zwergwalen in antarktischen Gewässern im Namen der Wissenschaft weitere 100 Minkewale, 50 Brydewale und 39 Seiwale im Nordpazifik getötet. Ein einträgliches Geschäft mit Jahresumsätzen von 100 Millionen Dollar und mehr. Höchst profitable

Japan

Meeresbiologie, deren Ergebnisse im Vorhinein feststehen. Der Kapitän der *Nisshin Maru* sagt es unverblümt vor Voitiers laufender Kamera: «Wir wünschen uns, dass sich die Situation bald ändert, denn eines ist doch klar: Wir wollen so schnell wie möglich wieder Wale jagen und sie kommerziell vermarkten dürfen.»

Von 1986 bis 2002 starben nach Angaben von Greenpeace über 16.000 Wale durch die Harpunen der Walfänger Japans und Norwegens. Speziell die Bestände der Zwergwale haben sich im Laufe der letzten Jahre auf der Nordhalbkugel auf weniger als die Hälfte reduziert. Im April 2002 forderte Japan auf der Artenschutzkonferenz in Gigiri (Kenia) zudem, den eingeschränkten Handel mit Grauwalen aus dem nordöstlichen Pazifik zuzulassen. Doch die «Rettet den Wal»-Lobby der vergangenen Jahre hat immer mehr Staaten dazu gebracht, die Tiere nicht mehr allein ihren Jägern zu überlassen, sondern der IWC beizutreten, auch wenn sie selbst nicht am Walfang beteiligt waren. So kamen in der Vergangenheit stets Mehrheiten gegen Anträge nach japanischem Muster zustande. Es ist aber fraglich, ob das so bleiben wird. Wie der Leiter der Japanischen Fischereiagentur, Maseyuku Komatsu, im Juli 2001 in einem Interview offen zugab, ist Japan seit einiger Zeit dazu übergegangen, seine Entwicklungshilfegelder so einzusetzen, dass ärmere IWC-Mitgliedstaaten projapanisch abstimmen und neue Mitglieder für die IWC gewonnen werden, die japanische Interessen unterstützen. Auf dem IWC-Treffen 2003 in Berlin kam zwar die so genannte Berlin Initiative mit 25 Ja- zu 20 Nein-Stimmen knapp durch. Sie stärkt die Möglichkeit der IWC, sich in Zukunft nicht nur mit den Großwalen, sondern mit weiter gehenden Fragen zu befassen wie der Gefährdung der Delphine, der Überfischung der Meere, der Vergiftung der Ozeane oder dem Beifangproblem. Zwei Anträge auf neue Schutzgebiete für Wale im Südpazifik und im Südatlantik, die von Australien und Neuseeland sowie Brasilien und Argentinien gestellt wurden, scheiterten jedoch an der notwendigen Dreiviertelmehrheit. Allerdings fand auch Japan keine ausreichende Mehrheit für seinen Antrag, das seit 1994 bestehende Walfangverbot im Südpolarmeer wieder aufzuheben.

Manchmal müssen die Wale nicht nur vor dem Menschen geschützt werden, sondern auch vor sich selbst. Ortswechsel: Farewell Spit, im Norden der neuseeländischen Südinsel. Hier ereignet sich seit Jahrhunderten regelmäßig ein Drama. Die Landzunge begrenzt eine hufeisenförmige Bucht, die während der Ebbe trockenfällt und Jahr für Jahr Dutzenden von Walen zum Verhängnis wird. Als seien sie magnetisch angezogen, steuern die Herden auf das Ufer der Golden Bay zu und stranden dort, um qualvoll zu sterben. Von November bis März suchen darum ständig Flugzeuge das Meer ab. Viele der Piloten sind Freiwillige, andere werden von der Regierung für die Kontrollflüge bezahlt. Orten die Flieger Wale mit Strandkurs, alarmieren sie die Helfertruppe am Boden. Je früher verirrte Tiere entdeckt werden, desto größer ist die Chance, sie vom Ufer fern zu halten.

So auch an diesem Novembertag. Es ist Frühling auf der Südhalbkugel, eigentlich ein Grund zur Freude. Aber als Wayne Young, einer der Piloten, aus dem Seitenfenster seiner einmotorigen Maschine schaut, ist er beunruhigt. Deutlich erkennt er eine Gruppe von Grindwalen, die auf die Bucht zuhält, und es sind weit mehr Tiere, als die ersten Warnungen aus der Luft erwarten ließen. Von nun an zählt jede Minute. Ruhig meldet Young über Funk Position, Kurs und ungefähre Anzahl der Tiere an die Bodenstation. Wenige Minuten später werden die ersten Schlauchboote ins Wasser geschoben und nehmen Kurs auf die Stelle, die Young ihnen genannt hat. Die Truppe zur Rettung der Wale weiß genau, was zu tun ist. Mit ohrenbetäubendem Lärm versucht sie, die Tiere zu verschrecken und zum Abdrehen zu bewegen. Bis zum Abend geht das so, unermüdlich. Aber was schon oft funktioniert hat, ist dieses Mal umsonst. Die Tiere steuern weiter geradewegs auf die Küste zu. Am nächsten Morgen zeigt sich der vollkommene Fehlschlag: Trotz intensiver Bemühungen sind die Wale in die Bucht geraten und sitzen in der Falle. Neunzig Grindwale sind gestrandet.

Es beginnt ein einzigartiger Großeinsatz. Mehr als 300 Walhelfer in Neoprenanzügen versuchen, die Tiere vor dem sicheren Tod zu retten. Sie wissen, das Schlimmste liegt noch vor ihnen. Denn in wenigen Stunden zieht sich das Wasser zurück, und bei Ebbe liegen die Meerestiere bewegungsunfähig auf dem Trockenen. Die Bucht von Farewell Spit hat sich

Helfer mit Walen im flachen Wasser

bereits in eine morastige Sandgrube verwandelt. Mit einem Bagger wird ein Kanal gegraben. Wenn die Flut kommt, soll er sich mit Wasser füllen und den Walen einen Fluchtweg öffnen. Doch bis dahin vergehen noch viele Stunden, in denen die Sonne die Wassertiere quält. An Land wird die Fettschicht der schwarzen Giganten, die sie im eiskalten Meer hervorragend schützt, zum tödlichen Gefängnis. Werden die Körper nicht ständig gekühlt, heizen sich die Kolosse immer weiter auf, bis sie schließlich an Überhitzung sterben. Außerdem brennt die Sonne schmerzhafte Wunden in die Haut der Tiere. Sonnencreme und Tücher sind nur ein unzureichender Schutz. Am laufenden Band erneuern die Helfer die feuchten Laken und bespritzen die Tiere mit Wasser.

Immer neue Freiwillige finden sich ein. Für die Menschen in Neuseeland ist die Mithilfe bei der Rettung gestrandeter Wale inzwischen so et-

was wie eine alljährliche Routine geworden. Offizielle und inoffizielle Stellen arbeiten eng zusammen. Rund um die Uhr wird in den Fernsehnachrichten und im Radio dazu aufgerufen, an der Rettungsaktion teilzunehmen. Die Ausstattung dafür ist relativ simpel: Eimer, Tücher und Schaufeln. Das Wichtigste ist Wasser, immer wieder Wasser, damit die Wale nicht austrocknen und um die Schmerzen zu lindern, da etliche Tiere Hautabschürfungen und offene Wunden vom unnatürlichen Liegen im Sand haben. Zu den wichtigsten Grundmaßnahmen gehört das Aufrichten der Wale. Durch das abfließende Wasser fallen die gestrandeten Wale auf die Seite und bleiben in einer Position liegen, die ihnen die Atmung enorm erschwert. Außerdem laufen die Wale in dieser Position Gefahr, ihren Gleichgewichtssinn zu verlieren. Ohne ihn würden sie bei einsetzender Flut im Kreise schwimmen und erneut stranden. Vordringlichste Aufgabe der Helfer ist also, den Wal wieder auf den Bauch zu rollen. Um auch unerfahrene Helfer einsetzen zu können, stehen parallel zu den Rettungsarbeiten ausgebildete Männer und Frauen bereit, um die Freiwilligen vor Ort in die entsprechende Technik einzuweisen. Crashkurse für Lebensretter sozusagen – gesponsert von der britischen Kosmetik-Kette The Body Shop. Der Erste-Hilfe-Kasten ist in diesem Fall ein Kleintransporter, bis oben hin gefüllt mit Schaufeln und riesigen Schlingen zum Freibuddeln und Verlagern der Tiere.

Bis weit ins 20. Jahrhundert waren gestrandete Wale für die Menschen in den Küstenregionen ein wichtiger Bestandteil ihrer Nahrung. Ein Pottwal konnte ein ganzes Dorf ernähren. Erst mit wachsendem Wohlstand durch die Industriegesellschaft hat der Mensch seine Liebe zum Wal entdeckt, siegte das Mitgefühl für die leidende Kreatur über Jagdinstinkt oder schlichte Gleichgültigkeit. «Wale sind hier immer gestrandet. Jedes

Jahr», erinnert sich Oskar Climo, der seit fast siebzig Jahren in der Nähe von Farewell Spit lebt, in einem Interview mit Marc Voitier. «Früher hat sich keiner darum gekümmert, was mit ihnen passiert. Sie blieben einfach liegen und starben. Und wenn sie tot waren, wurden sie einfach wieder ins Meer geschoben, oder die Farmer haben sie, wenn sie in der Nähe wohnten, begraben.» Und seine Frau fügt hinzu: «Zum Teil haben sich die Leute Fleischstücke aus den noch lebenden Walen herausgeschnitten. Erst später, kurz bevor die neuen Gesetze herauskamen, erhielten Oskar und ein Nachbar die Erlaubnis, das Leiden der Wale zu verkürzen und sie zu erschießen.» Oskar Climo und seine Frau Betty waren die Ersten auf der Insel, die anfingen, die gestrandeten Wale zu registrieren, um Informationen an das damals noch zuständige Museum von Wellington weiterzugeben.

In Neuseeland isst heute niemand mehr Walfleisch. Seit 1964 gilt ein generelles Fangverbot. Nur Wissenschaftler haben heute noch Erlaubnis, sich Stücke Walfleisch abzuschneiden. Zentrum der neuseeländischen Walforschung ist die Abteilung für Veterinär-, Tier- und biomedizinische Wissenschaften der Massey-Universität in Palmerston. Ein Dutzend Wissenschaftler aus der ganzen Welt untersucht in diesem Institut seit Jahren das Phänomen der Strandung. Hunderte von Walen wurden bereits seziert und auf Krankheiten untersucht. Denn noch immer stehen die Wissenschaftler vor einem Rätsel. Was treibt die intelligenten Meeressäuger immer wieder in die Todesbucht? Das Phänomen der verirrten Wale ist nicht auf die Küste Neuseelands begrenzt. Auch vor Australien und im Atlantik verlieren Jahr für Jahr Hunderte von Walen die Orientierung, geraten an die Strände und verenden dort. Selbstmord, eine populäre Theorie, scheidet für die Wissenschaftler aus. Den Freitod zu suchen setze voraus, dass man die Bedeutung des Todes kenne, wisse, was es heißt, nicht mehr zu existieren, gibt Per Madie, der leitende Wissenschaftler am Institut, zu bedenken. Über ein solches Wissen verfügten, nach heutigem Kenntnisstand, Tiere jedoch nicht. Und wenn der Instinkt, am Leben zu bleiben, verloren gehe, sei das nicht das Gleiche, wie wenn ein Mensch sich bewusst entscheide, in den Tod zu gehen.

Vor der Autopsie wird für jeden Wal eine Maori-Zeremonie abgehalten. Denn für die Ureinwohner Neuseelands sind die Wale heilige Wesen, und ihnen gebührt ein würdiger Abschied. Die Ureinwohner verstehen sich als Hüter der Seelen gestrandeter Wale. Sie glauben, dass die Wale ursprünglich Hunde waren, deren Geist ins Meer gegangen ist. Kommt die Zeit zum Sterben, wollen die Wale wieder zu ihrem Ursprung an Land zurückkehren. Ohne die Einwilligung des Häuptlings dürfen die Wissenschaftler deshalb keinen Wal sezieren. «Der Wal ist für uns ein altes Familienmitglied», erklärt ein Maori-Sprecher. «Er gehört zu unserer Gemeinschaft. Die Wale haben uns auf dem Weg von Hawaii nach Neuseeland begleitet. Sie haben unseren Kanus Schutz vor dem schlechten Wetter gegeben. Und sie haben uns den Weg gewiesen. In der Zukunft werden sie zu uns und unseren Kindern zurückkommen und uns Glück bringen.» Ist die Maori-Zeremonie beendet, wird mit der wissenschaftlichen Arbeit begonnen. Routiniert wird die Fetthaut entfernt und dann das Tier in seine

Einzelteile zerlegt. Die Registrierung anatomischer Abweichungen ist für die Ursachenforschung genauso wichtig wie die Untersuchung des Tieres nach Spurenelementen oder die Entnahme von Proben für die Erbgut-Analyse. In einem Punkt ist man sich bisher einig: Wenn ein einzelner Wal strandet, kann das viele Gründe haben, zum Beispiel Verletzungen oder Verfolgung durch einen Hai. Wenn aber viele Wale stranden, muss eine Gesetzmäßigkeit dahinter stehen.

«Wir wissen, dass die Massenstrandungen verstärkt in bestimmten Regionen auftreten, den so genannten Walfallen», sagt Dr. Linda Mellor von der Massey University. «Die Form der Bucht ist hierfür entschei-dend», erklärt sie Marc Voitier das ungewöhnliche Phänomen. «Es kann sein, dass die Wale durch die Landkrümmung entlang der Bucht irritiert werden, da sie annehmen, vom Wasser umringt zu sein. So könnten sie

 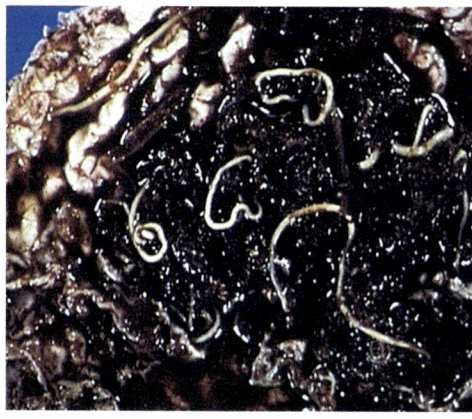

die Orientierung verlieren. Ein sehr leicht abfallender Sandstrand wird möglicherweise über ihr Sonarsystem nicht erkannt.» Die Golden Bay ist nach einhelliger Meinung der neuseeländischen Wissenschaftler eine sol-che Walfalle. Bei Ebbe herrscht in der Bucht häufig starker Wind, der große Mengen Sand vom Strand ins Meer weht. Die entstehenden Sand-bänke können von den Tieren nicht rechtzeitig geortet werden. Zusätz-lich verursacht der Wind Kreuzwellen, die das Orientierungsvermögen der Wale durcheinander bringen. «Im Gegensatz zu dem Menschen und den Tieren, die auf dem Land leben, bewegt sich der Wal vollkommen frei in einer dreidimensionalen Umgebung», erklärt Per Madie. «Für uns gibt es nur rechts und links. Wale können sich auch nach unten oder oben bewegen. Man geht davon aus, dass sie über ein Navigationssystem verfügen, das speziell für diese Umgebung entwickelt ist. Sie benutzen das magnetische Feld der Erde, um sich zu orientieren. In der Bucht scheint dieses System aus irgendeinem Grund nicht zu funktionieren.» Neben Parasiten, die sich im Gehirn der Tiere festsetzen und ihr Orientie-rungsvermögen beeinträchtigen, machen die Wissenschaftler auch die Ab-fälle der menschlichen Zivilisation für das Walstranden mitverantwort-lich. Bei einigen Walen fanden sich Plastikreste im Magen, die den Ma-genausgang blockierten. In der Folge konnte der Wal die Essensreste

Links: Sezieren eines verendeten Wals

Rechts: Parasiten im Walgehirn

Wale

Besprühen der Wale mit Wasser, um ihr Austrocknen zu verhindern

nicht verdauen und war schließlich zu schwach, um gegen die starke Strömung anzuschwimmen, wurde an Land gespült und strandete. Weitere Untersuchungen im Labor ergaben, dass auch die zunehmende Verschmutzung der Ozeane mit Giftstoffen und anderem Chemieabfall den Tieren zu schaffen macht. Unter anderem vermuten die Wissenschaftler, dass das Gehirn der Wale durch zu viel Quecksilber in seiner Funktion beeinträchtigt wird und dadurch bestimmte elektrochemische Prozesse im Walgehirn fehllaufen.

Die Aktivisten in Farewell Spit interessiert die Frage, warum die Wale sich so verhängnisvoll falsch verhalten haben, erst einmal wenig. Es ist inzwischen Nachmittag geworden. Immerhin konnten mit der Mittagsflut 45 Tiere dazu bewegt werden, in Richtung offenes Meer zu schwimmen. Die andere Hälfte der Gruppe starb vor den Augen der Helfer. Jetzt droht an einer anderen Stelle der Bucht erneut Gefahr. Eine noch größere Gruppe Wale ist dort mit der Flut angekommen und im flachen Wasser gestrandet. Etwa 150 Tieren droht der Tod. Während die Helfer versuchen, das letzte ablaufende Wasser zu nutzen, um zwischen den Walen mehr Abstand zu schaffen, beginnen die Tiere miteinander zu kommunizieren – durch Schreie und Quieken, aber auch durch außerhalb des menschlichen Hörbereichs liegende Ultraschalltöne, so genannte Klicks. Ein anrührendes Schauspiel. Bei Sonnenuntergang sind Retter wie Wale total erschöpft. Fast alle Tiere liegen auf dem Trockenen. Die ganze Nacht lang betreuen die freiwilligen Helfer der Rettungseinheit die hilflosen Wale.

Kurz vor dem Morgengrauen werden mit Unterstützung der Armee neue Freiwillige hergebracht. Ingrid Wisser und Kay Stark, zwei der OrganisatorInnen der Hilfsaktion für die Wale, sind unaufhörlich damit beschäftigt, den Einsatz der größtenteils unerfahrenen Aktivisten zu überwachen und, wenn nötig, zu korrigieren. Allen Beteiligten machen inzwischen Müdigkeit, körperliche Anstrengung und das ständige Stehen im Wasser zu schaffen. Allein dreißig Wale haben die letzte Nacht nicht überlebt. Darunter auch ein erst wenige Wochen alter Baby-Wal. Der vielleicht letzte und entscheidende Teil der Rettung beginnt. Bei steigender Flut im Morgengrauen konzentriert sich die gesamte Energie der Helfer jetzt darauf, die überlebenden Wale gleichzeitig ins offene Meer zu treiben. Wale bewegen sich in Gruppen, die wie Familien funktionieren, sie lassen keinen Artgenossen im Stich. Die Rufe der Zurückgebliebenen würden sie immer wieder an den Strand locken. Wenn nur ein Wal am Strand zurückbleibt, ist die gesamte Aktion gefährdet.

In Ufernähe haben die Retter einen Wal entdeckt, der wahrscheinlich eines der drei Leittiere der Herde ist. Die Tierschützer nehmen an, dass die anderen Wale ihm folgen werden. Deshalb versuchen sie, ihn jetzt auf einer Art Schlauchboot möglichst weit ins Meer hinaus zu schaffen. Der Transfer ins Meer scheint zunächst reibungslos zu funktionieren und das erhoffte Ergebnis zu bringen, bis sich unerwartet einige Wale von der Gruppe trennen und in die falsche Richtung schwimmen. Das könnte die gesamte Rettungsaktion in Gefahr bringen, und mehrere Helfer laufen ihnen entgegen, um sie zurückzutreiben. Steve Whitehouse, einer der Koordinatoren der Aktion, entscheidet, vom ursprünglichen Plan abzugehen.

Die Wale müssen zu der anderen Gruppe hinüber- und dann alle zusammen ins Meer hinausgeführt werden. Glücklicherweise machen die entflohenen Wale nach einem Kilometer eine Kehrtwende und schwimmen von da an in die richtige Richtung. Am Strand hat sich inzwischen eine 400 Meter lange Menschenkette gebildet. Sie soll verhindern, dass die Meeressäuger noch einmal den falschen Kurs einschlagen. Der Morgen vergeht quälend langsam. Erst gegen Mittag macht sich vorsichtig Erleichterung breit. Die Leittiere schwimmen tatsächlich Richtung offenes Meer und nehmen die anderen mit. Zur Vorsicht geleiten die Boote die Herde noch zehn Kilometer hinaus ins tiefe Wasser, ihrem neuen, zweiten Leben entgegen. Die Aktion war ein Erfolg. In den drei Tagen seit der ersten Sichtung sind 200 Grindwale von Menschenhand gerettet worden.

Vor mehr als hundert Jahren schrieb Alfred Brehm, der große deutsche Zoologe, mit Blick auf seine Zeit über die Wale, es sei abzusehen, «dass bei einer ebenso unumschränkten wie unvernünftigen Verfolgung auch die früher reichsten Fanggründe verarmen müssen». In den letzten Jahren hat der dramatische Schwund der Bestände dieses letzten Großsäugetiers unseres Planeten die Menschen rund um die Welt aufgerüttelt – nicht zuletzt durch die spektakulären Aktionen von Umweltschutz-Organisationen wie Greenpeace. Auch wenn japanische und norwegische Walfänger das Moratorium zum Schutz der Wale durch Nichtanerkennung oder pseudowissenschaftlichen Walfang unterlaufen, ändert das nichts daran, dass die Zahl der Walfänger drastisch abgenommen hat. Brehm irrte – der Mensch ist zu Selbstbeschränkung und Vernunft fähig, und sei es aus Mitleid.

Schwanzflosse eines Südlichen Glattwals

Wale

Wale

Die Urahnen der heutigen Wale, die vor sechzig Millionen Jahren den Sprung ins kalte Wasser gewagt haben, waren wahrscheinlich hunde- bis pferdegroße, Fleisch fressende Huftiere. Im Laufe der Zeit verkümmerten die Hinterbeine, und eine quer stehende Schwanzflosse, die «Fluke», entwickelte sich, die Vorderläufe verwandelten sich in flossenartige «Flipper», das Fell wurde zu einer isolierenden Fettschicht, und die Nasenöffnung wanderte an die Oberseite des Kopfes. So ausgestattet eroberte der Wal die Weltmeere – und gilt bis heute als deren König.

Wale werden in Bartenwale und Zahnwale unterteilt. Bis auf den Pottwal sind alle Großwalarten Bartenwale, das heißt, sie haben anstelle von Zähnen lange, vom Oberkiefer parallel herabhängende Hornplatten. Durch diese Barten, die wie ein Sieb wirken, filtern sie aus dem Wasser ihre Hauptnahrung heraus, den Krill, kleine Planktonkrebstierchen. Furchenwale wie Blau-, Finn-, Sei-, Buckel- und Zwergwale haben im Kehlbereich zusätzlich lange Falten, die es ihnen erlauben, ihre Mundhöhle um ein Vielfaches zu vergrößern. Bis zu vier Tonnen Wasser können diese Walarten aufnehmen, um es dann mit Hilfe des Mundbodens durch die Barten wieder hinauszupressen. Auf ihrer langen Wanderung von den an Nahrung reichen arktischen oder antarktischen Gewässern in die subtropischen und tropischen Zonen orientieren sie sich wahrscheinlich am Magnetfeld der Erde. In den nahrungsärmeren, aber dafür wärmeren Breiten gebären sie ihre Jungen, die noch in ihrem ersten Lebensjahr mit ihnen die Rückwanderung antreten. Ein Blauwaljunges beispielsweise muss in den ersten Lebensmonaten bis zu achtzig Kilogramm täglich zunehmen, um die für die kälteren Gewässer überlebensnotwendige Fettschicht zu bilden.

Die Zahnwale, zu denen die Pott- und Schnabelwale, aber auch Delphinarten wie Orca, Kleiner Schwertwal, Grindwal und Großer Tümmler gehören, haben zur Orientierung ein besonderes Echolotsystem entwickelt. Sie senden hochfrequente Töne, so genannte Klicks, aus und orientieren sich an den zurückgeworfenen Schallwellen. Die Wissenschaft weiß noch nicht genau, mit welchen Organen sie diese Geräusche hervorbringen. Mehrheitlich wird jedoch angenommen, dass die Wale das Echo knapp unterhalb der Nasenlöcher produzieren, dann nach vorne stoßen und mit der so genannten Melone, einem Gebilde aus Fett, Muskeln und einigen Blutgefäßen, modifizieren, je nachdem in welche Richtung die Tiere das Signal aussenden wollen. Dass diese Walarten aufgrund der Beschaffenheit ihrer Netzhaut visuell nur zwischen Schwarz, Weiß und Grau unterscheiden können, ist völlig ausreichend, um in den dunklen Tiefen der Ozeane Beute zu lokalisieren. Pottwale beispielsweise tauchen bis zu 2.000 Meter tief und bleiben dabei bis zu 74 Minuten unter Wasser. Für die Pottwale sind ihre hervorragenden Taucheigenschaften entscheidend, denn sie ernähren sich von flinken Fischen und Tintenfischen – unter ihnen auch die Riesenkalmare, die inklusive ihrer Fangarme bis zu 18 Meter lang werden.

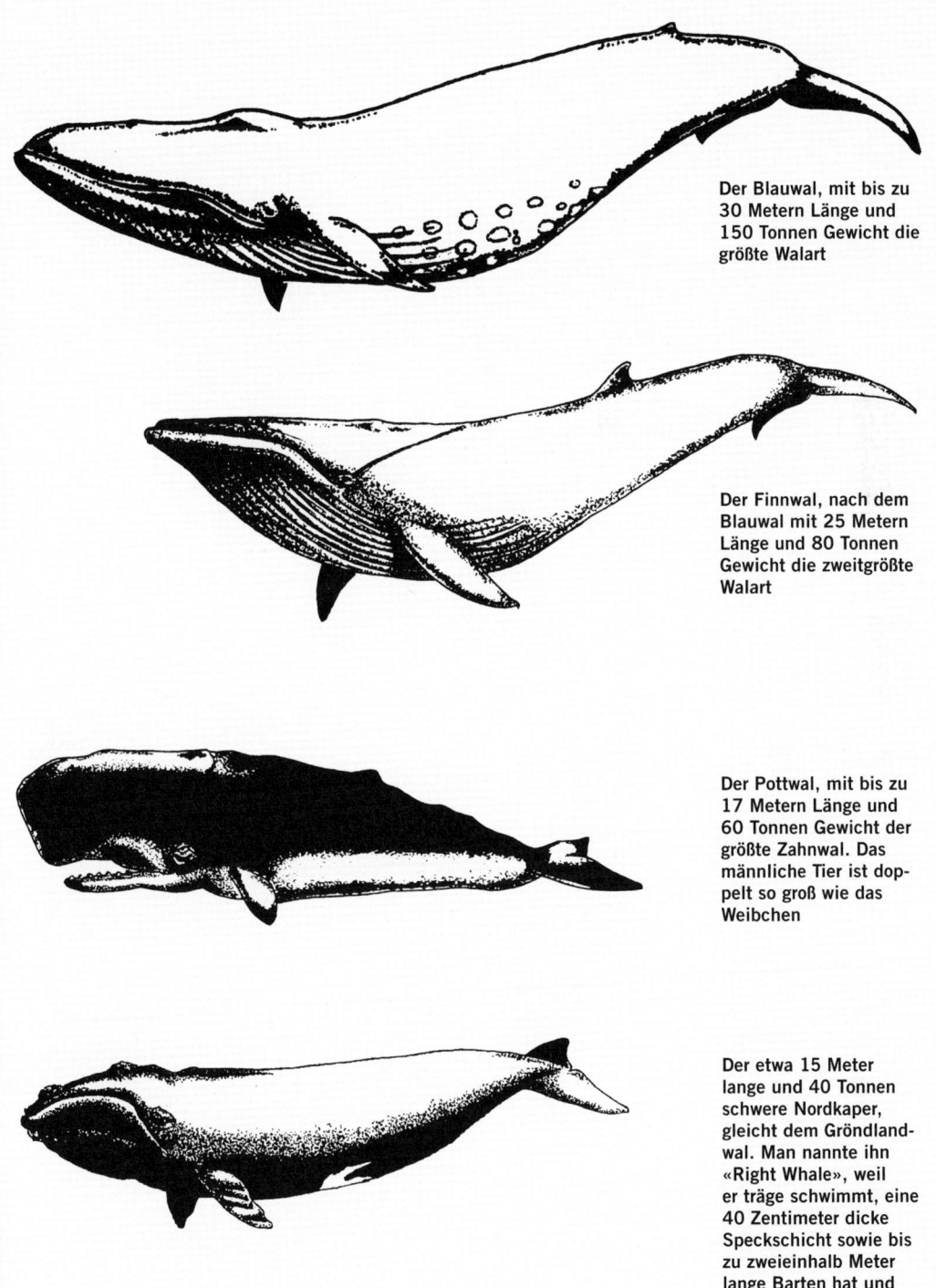

Der Blauwal, mit bis zu
30 Metern Länge und
150 Tonnen Gewicht die
größte Walart

Der Finnwal, nach dem
Blauwal mit 25 Metern
Länge und 80 Tonnen
Gewicht die zweitgrößte
Walart

Der Pottwal, mit bis zu
17 Metern Länge und
60 Tonnen Gewicht der
größte Zahnwal. Das
männliche Tier ist dop-
pelt so groß wie das
Weibchen

Der etwa 15 Meter
lange und 40 Tonnen
schwere Nordkaper,
gleicht dem Gröndland-
wal. Man nannte ihn
«Right Whale», weil
er träge schwimmt, eine
40 Zentimeter dicke
Speckschicht sowie bis
zu zweieinhalb Meter
lange Barten hat und
an der Oberfläche trieb,
wenn er erlegt war

Dänemark

Fische für die Fische

Regenbogenkrieger auf der Jagd
nach dänischen Gammelfischern

23. Juni 1996, Feindfahrt im Morgengrauen: Das Greenpeace-Schiff
Sirius durchpflügt die Nordsee auf der Suche nach dänischen Fischkuttern. Mit an Bord ein Fernsehteam. Ein Aufklärungsflugzeug der Umweltschützer hat die gegnerische Armada vor der schottischen Küste gesichtet. Auch dort harren an Bord aufnahmebereite Kameras der Dinge, die
da kommen werden. Die «Aktion Gammelfisch» tritt in ihre heiße Phase.
Auf der Brücke der *Sirius* macht sich Nervosität breit. Nur noch wenige
Schlucke Öko-Kaffee, dann ist eine Seeschlacht zu erwarten. Der Feind
ist gestellt und obendrein auf frischer Tat ertappt. Der Ausguck weist auf
die Kutter, die um das Greenpeace-Schiff herum auf dem unruhigen Meer
tanzen: «Sie machen kaum Fahrt, das heißt, sie fischen vermutlich gerade, der dort fischt garantiert. Im Moment zähle ich eins, zwei, drei, vier,
fünf, sechs – und das Marineschiff.»

**Auf der Brücke
der *Sirius***

Bei der Seeschlacht, die hier heraufzieht, geht es nicht darum, die
Landkarte zu verändern. Es geht um winzige silbrige Fische, allerdings
um Milliarden von ihnen. Die gefischten Sandaale sollen an Land zu Fischmehl verarbeitet werden, zum Teil für die Turbo-Tiermast, vor allem aber
für die Fischfarmen, die so genannten Aquakulturen. Die meisten der in
den Fischfarmen gezüchteten Arten sind Raubfische, die eiweißhaltiges
Futter benötigen. Es geht also um Fische für die Fische. Und das, obwohl
die Rechnung eigentlich nicht aufgeht, denn die Zucht von Meeresfischen
ist ein ökologischer Nettoverlust: Um ein Kilo Meeresfisch oder Garnelen
auf den Farmen zu produzieren, werden laut der Welternährungsorganisation FAO (Food and Agricultural Organization) gut fünf Kilo Fischmehl
benötigt, hergestellt aus Sandaal, Sprotten, Stintdorschen, Schellfisch und
anderen «minderwertigen», da vom Menschen für den eigenen Verzehr
nicht goutierten Arten. Dass in den engmaschigen Netzen der Gammelfischer auch der Herings- und Kabeljau-Nachwuchs hängen bleibt, steigert
das Ganze zum ökologischen Desaster. Hinzu kommt, dass die Gammelfischerei nicht durch Quoten reguliert ist. Folge ist, wie zu erwarten, eine
Überfischung in erheblichem Ausmaß, die empfindlich in die maritime
Nahrungskette eingreift. Neben der Vernichtung des Nachwuchses wird
durch die Gammelfischerei unzähligen anderen Nordsee-Meeresbewoh-
nern die Nahrung entzogen, immerhin 80.000 Tonnen pro Jahr. Um diese
ökologisch bedenkliche Praxis zu sanktionieren, sind große Nahrungsmit-

Sandaal

telkonzerne wie Unilever dazu übergegangen, kein Fischöl mehr zu beziehen. Die Produzenten von Iglo-Tiefkühlkost haben sich zudem verpflichtet, bis spätestens 2005 ihren gesamten Fischeinkauf aus bestandsscho-
nender Fischerei zu beziehen.

Seit es zu Aktionen von Greenpeace gegen die dänische Fischereiflotte
gekommen ist, begleiten dänische Kriegsschiffe die Fischer. Wirklich tätig
werden dürfen sie jedoch nur in ihren Hoheitsgewässern. Die Regenbogenkrieger dagegen greifen hier und jetzt an. Drei robuste Schlauchboote,
auf denen in großen Lettern «Greenpeace» prangt, jagen mit jeweils drei
bis fünf Mann in Ölzeug in Richtung der Trawler. Während die Fischer
ihre Netze einholen, sind sie abgelenkt, und die Aktivisten können sich
fast unbemerkt nähern. Wollen die Fischer ihre Netze neu auswerfen,
sind die Schlauchbootbesatzungen zur Stelle – mit einer einfachen, aber
wirksamen Taktik. Mit unablässigen Störmanövern versuchen sie, das
Ausbringen der riesigen Schleppnetze zu verhindern. So werden Beton-
klötze an Netz und Leinen befestigt, damit die Fischer gezwungen sind,
das Netz wieder einzuholen. Diesmal wollen die Dänen jedoch nicht
kampflos klein beigeben. Einer der Greenpeace-Leute hat entdeckt, dass
sie ihre Signalraketen bereitmachen. Die Raketen, die in Seenotsituatio-
nen die Aufmerksamkeit auf sich ziehen beziehungsweise Rettungstrupps
den Weg weisen sollen, sind eine fürchterliche Waffe. Sie brennen besonders lange. Da heißt es in den Schlauchbooten, die Feuerlöscher bereitzu-
halten.

Greenpeace streitet für das ökologische Gleichgewicht. Die Dänen
verstehen den Kampf als Bedrohung ihrer beruflichen Existenz, und so
dampft nun von allen Seiten Verstärkung heran, um den Spieß umzudre-
hen. Ganze 24 Stunden ist der Trawler *Thingholt* mit voller Kraft Richtung Schottland gesteuert. Über Funk haben den Kutter laufend Frontbe-
richte aus dem Krisengebiet erreicht. «Pelle hat Greenpeace bis zur Zwölfmeilenzone verfolgt», meldet der Kapitän der *Thingholt* an seine Kollegen,
«Orla war auch dort. Die Verbindung war schlecht, ich konnte aber verstehen, dass er noch näher an die Küste fahren wollte.» Hans Smedegard
weist auf den Radarschirm: «Hier sieht man Schottland. Hier ist Greenpeace. Und da sind viele dänische Kutter, vielleicht zwanzig bis vierzig.»

Da man auf der *Thingholt* beim vorangegangenen Fischzug vor Schottlands Küste selber unschöne Erfahrungen mit Greenpeace-Kämpfern gemacht hat, nimmt man den Konflikt durchaus persönlich. Eine menschliche Barriere sollte den Trawler damals an der Weiterfahrt hindern, doch der Kutter blieb auf Kurs, ohne Rücksicht auf Verluste. «Einer von denen hatte sich hier festgeklammert», erzählt Vormann John-Anker Hametner kopfschüttelnd und zeigt auf den Bug seines Schiffes. «Hier vorne saß er zehn Minuten lang. Und dann konnte er sich nicht mehr halten. Das ist verdammt gefährlich, wenn er in die Schiffsschraube gekommen wäre, hätte ihn das zerfetzt.»

Einholen des Netzes

Unterstützung der Kollegen ist eines, die Sorge um den eigenen Schnitt ein anderes. Selbstverständlich, dass die *Thingholt* auf dem Weg nach Schottland weiterfischt. Dabei «beichtet» Kapitän Smedegard vergangene Sünden. «Ich habe selber viele Jahre für Greenpeace gespendet und sie auch aktiv unterstützt. Aber in den letzten Jahren sind doch nur total verrückte Aktionen von denen gelaufen. Heute sind die Menschen umweltbewusster geworden, so richtig braucht man Greenpeace daher nicht mehr. Und diese Aktion schon gar nicht.» Keiner der Fischer hat Verständnis für die Regenbogenkrieger. Vormann Hametner greift sich einen der kleinen Fische aus dem Fang. «Dieses Schiff hier hat allein an einem halben Tag 275 Tonnen von denen gefischt. Also muss es ja genug davon geben.»

Vor der schottischen Küste hat sich die Lage zugespitzt. Inzwischen ist nicht mehr eindeutig auszumachen, wer eigentlich wen verfolgt, das Greenpeace-Schiff die Fischkutter oder umgekehrt. Die Lage erscheint unübersichtlich, Angreifer und Verfolgte finden sich ständig in wechselnden Rollen. Die Crew der *Sirius* sieht den Kampf durchaus mit gemischten Gefühlen. «Es ist härter, gegen Fischer vorzugehen als gegen Ziele wie Shell oder ICI oder die Atomindustrie», gibt John Castle, der Kapitän der *Sirius*, zu. «Wir greifen sozusagen ganz normale Leute an. Ich muss mich ständig zwingen, daran zu denken, dass sie den anderen Fischern und sich selbst die Lebensgrundlage entziehen, dass sie das Ökosystem zerstören und damit alle dort lebenden Arten und Kreaturen.» Während auf Deck die Schlauchboote für die nächste Attacke vorbereitet werden, erzählt einer der Regenbogenkrieger aus seinem Leben vor Greenpeace. «Ich war Fischer in Alaska, bin auf einem Fischerboot groß geworden. Ich musste tief in meiner Seele suchen, bevor ich die Seite wechselte. Seit drei Jahren, seit ich bei Greenpeace bin, habe ich darüber nachgedacht, was ich tun würde, wenn wir gegen einfache Fischer vorgehen müssten. Aber die Kampagne ist richtig. Die dezimieren hier die Bestände. Das habe ich schon vor Alaska miterlebt. Da ist ein riesiger Bestand auf null gegangen. Deshalb ist das, was wir hier machen, absolut korrekt.»

Die dänischen Fischer vom Kutter nebenan sind bewusstseinsmäßig noch nicht so weit. Sie vertrauen auf handfestere Argumente. Ganz banal kündigen sie über Funk an, dass sie die *Sirius* jetzt versenken werden. Die zunächst Verfolgten sind jetzt in der Übermacht und wollen diesen Vorteil ausnutzen. Vor der schottischen Küste wird das Sandaal-Scharmützel endgültig zum Seegefecht. Die Besatzung des Kutters *Pernille Kim* hat mit Leuchtraketen auf die Aktivisten geschossen. Andere Schiffe sind dazugekommen und versuchen, die beiden Schlauchboote von Greenpeace zu rammen. Die Aktivisten zeigen sich redlich bemüht, der brenzligen Situation noch etwas Gutes abzugewinnen. «Da sind eins, zwei, drei, vier, fünf Schiffe, die gerade beginnen, uns zu jagen. Das sind fünf Schiffe, die nicht fischen. Klasse, eine ganze Menge Fisch, der nicht gefangen wird! Hey, es sind sogar sieben!» Die einzige Chance der Umweltschützer, ihren Verfolgern zu entkommen, besteht darin, die britische Zwölfmeilenzone zu erreichen. Dort, so hoffen sie, wird die Royal Navy ihrer Versenkung nicht tatenlos zusehen. Unter voller Kraft laufend, schafft die *Sirius* es in letzter Minute. Ihrer britannischen Majestät Schiff *Shetland* greift ein und fordert mit Verweis auf die britischen Hoheitsgewässer die Dänen auf, die Verfolgung abzubrechen.

Aus der verlorenen Seeschlacht wird, je nach Betrachtungsweise, ein taktisch glänzender Etappensieg. «Ja super, das war genauso, wie wir uns eine Aktion vorstellen», sagt Jens Flothmann, ein deutscher Greenpeace-Aktivist an Bord der *Sirius*, erschöpft, aber stolz. «Einerseits dadurch, dass wir eine Zeit lang oder über einen langen Zeitraum ein Schiff daran gehindert haben, das Netz zu setzen. Und dann ist dazugekommen, dass dieses Schiff viele andere Schiffe gerufen hat, die zu Hilfe gekommen sind. Das

Links und rechts: Sandaale im Bunker eines Kutters

ist genau der Erfolg, den wir erzielen können und den wir erzielen wollen. Neun Schiffe, die nicht fischen, mehr können wir hier nicht erreichen.» Doch die *Thingholt* ist zwar zu Hilfe geeilt, sie fischt aber ungestört südlich des Kampfgebietes bis tief in die Nacht. Dreißig Millionen Sandaale hat sie in den zwei Tagen ihrer Anfahrt schon aus dem Meer geholt.

Spektakuläre Aktionen wie die geschilderte sind Anfang des dritten Jahrtausends selten geworden. Was aber nicht heißt, dass die Situation der Nordsee sich verbessert hat. Das Seegebiet zwischen Dänemark, Großbritannien und Deutschland ist ökologisch gefährdet, die Fischbestände sind alles andere als üppig. Das bestreiten auch die dänischen Fischer nicht, die sich wochenlang mit den Greenpeace-Kämpfern erbitterte Gefechte lieferten. Dennoch ist der Streit um die Gammelfischerei in der Nordsee komplizierter, als es auf den ersten Blick aussieht. Er ist in gewisser Weise symptomatisch für die Situation der Fischerei weltweit. Aus ihrer Sicht können die Fischer nicht anders, als weiterzufischen. Ihre Lebensgrundlage beruht auf dem Ertrag aus dem Meer. «Greenpeace kann uns nicht aufhalten, ganz sicher nicht», meint John-Anker Hametner. «Sonst gehen viele kleine Städte in Dänemark kaputt. Und dort nicht nur die Fischer. In Thyboron leben wirklich alle vom Fischen.» Die Betriebsblindheit ist also hausgemacht.

Die Nationalitäten mögen sich unterscheiden, aber die Reaktion ist überall ähnlich. Als 2003 die Europäische Union die Fangquoten für den Kabeljau aufgrund des drastischen Rückgangs der Bestände im Nordseegebiet auf die Hälfte reduzierte und nur noch eine Fangzeit von 15 Tagen im Monat zuließ, waren wütende Reaktionen bei den betroffenen Nordseeanrainern die Folge. Während der Sonder-Hearings des schottischen

Parlaments beschwor Carol MacDonald das Gespenst der Arbeitslosigkeit
der gesamten Küstenregionen herauf, deren Bewohner weitgehend von
der Fischerei leben. Die Sprecherin einer Gruppe von selbst ernannten
Repräsentantinnen der Küstengemeinden sah auf ihre Heimat eine unaus-
weichliche Welle von Alkoholismus, Kriminalität und Suiziden zukom-
men. Der für die Fischerei zuständige Unterstaatssekretär für Fischerei,
Wasser und Naturschutz, Elliot Morley, musste sich vorhalten lassen, in
der EU «versagt» und die britischen Interessen ungenügend vertreten zu
haben. Um den eigenen Argumenten Munition zu verschaffen, verwies
man auf die Krise der Heringsfischerei in den 1970er Jahren. Die Bestände, so Danny Couper von der Scottish Merchants' Federation, hätten sich
zwar erholt, aber die Infrastruktur an Land, die Fisch verarbeitenden Betriebe und der Markt für Heringe seien zu diesem Zeitpunkt bereits unwi-
derruflich zerstört gewesen. Auch in dieser hitzigen Debatte kam die Tatsache nicht zur Sprache, dass es die Fischer selbst gewesen waren, die mit
der rabiaten Überfischung der Bestände ihre Lebensgrundlage sehenden
Auges vernichtet hatten.

Im Kampf um Wählerstimmen kommt es jedoch immer wieder zu
dem Szenario, dass die Politiker der jeweiligen Länder dem Druck ihrer
nationalen Fischindustrie nachgeben und alles daransetzen, die internationalen Vereinbarungen aufzuweichen, Vereinbarungen, die in der Regel
ohnehin kaum mehr sind als ein Minimalkonsens der verschiedenen
nationalen Interessengemeinschaften. Es ist ein Teufelskreis: Mit Verweis
auf angeblich ungesicherte Zahlen und die zu erwartenden negativen
wirtschaftlichen Folgen für die Region werden bestandserhaltende Maßnahmen geblockt und Entscheidungen auf die lange Bank geschoben. In
der Zwischenzeit wird munter weiter überfischt. Hat sich aufgrund der
Verschleppung der notwendigen Einschränkungen der Fangquoten die
Situation weiter zugespitzt, geht es nicht mehr um die Schonung, sondern
um die Rettung der Restbestände. Die gesetzlichen Maßnahmen fallen
daher weit drastischer aus als zunächst geplant – und stoßen auf völliges
Unverständnis der Betroffenen.

Einen Hoffnungsschimmer gibt es für die von der Gammelfischerei
bedrohten Fischarten: In der Volksrepublik China arbeiten Wissenschaftler

an der Entwicklung alternativer eiweißreicher Futtermittel. So erproben sie den Einsatz von auf Maiskolben gezüchteter Hefe in der Tierfütterung. Diese Methode ist weitaus billiger als der Gammelfischfang, und das Futter kann zudem von den lokalen Züchtern selbst produziert werden.

dpa-Meldung
vom 17. Februar 2003

bdt0206 4 vm 333 dpa 0228

USA/Wissenschaft/Umwelt/

Mit zerstörerischen Fangmethoden bedroht sich die Fischerei selbst =

Denver (dpa) – Fast ein Viertel aller gefangenen Meerestiere wird tot oder sterbend wieder ins Wasser geworfen, weil die Tiere ungewollt ins Netz gegangen sind. Auf der weltgrößten Wissenschaftstagung in Denver (US-Staat Colorado) forderten Forscher die Fischindustrie eindringlich auf, besser spezialisierte und weniger zerstörerische Fanggeräte zu verwenden. Massenhafte ungewollte Beifänge und die Verwüstung von Lebensräumen durch Schleppnetze und ähnliches Gerät bedrohten den Fortbestand der Fischerei.

Allein für die USA belaufe sich die Bilanz der Beifänge auf rund eine Million Tonnen für das Jahr 2000, darunter vom Aussterben bedrohte Meeresschildkröten, Delphine, Haie und Seevögel. «Angesichts des dokumentierten Rückgangs der weltweiten Fischfänge ist diese Art der Verschwendung inakzeptabel», sagte Larry Crowder von der Duke University in Durham (North Carolina) auf der Jahrestagung der Amerikanischen Gesellschaft zur Förderung der Wissenschaft (AAAS). Viele der verwendeten Fanggeräte könnten den gewünschten Fang nicht von anderen Meerestieren trennen, die zu klein, nicht zu verkaufen oder zu wenig profitabel sind, um sie an Land zu bringen.

Die größte Zerstörung richten nach übereinstimmendem Urteil von Fischern, Umweltschützern und Wissenschaftlern die Grundschleppnetze an. Die Netze haben ein Geschirr, das über den Seeboden gezogen wird, dabei den Meeresgrund aufwühlt und Korallenriffe zerschlägt. Diese Lebensräume seien jedoch von elementarer Bedeutung für das Nachwachsen neuer Fischgenerationen. Seien sie erst zerstört, wackele die gesamte Nahrungspyramide.

«Der Schaden auf unserem Ozeanboden ist möglicherweise großflächiger und schlimmer als das Abholzen des tropischen Regenwaldes», sagte Elliott Norse vom Marine Conservation Biology Institute (MBI) in Redmond (Washington).

Die Grundstellnetze, in deren engen Maschen sich Fische mit ihren Kiemen verfangen, und Hochsee-Schleppnetze rangierten auf den Plätzen zwei und drei der Verursacherliste. Am unteren Ende der Skala stehen Ringwadennetze zum Einkreisen von Thunfischen und mit Haken bestückte Fangleinen, deren ökologische Folgen als relativ gering betrachtet wurden.

Oftmals würden schon kleine Veränderungen reichen, um das Problem des Beifangs effektiv zu reduzieren, erklärte Lance Morgan vom MBI. An den Hauptleinen eines Schleppnetzes angebundene im Wind flatternde Bänder würden beispielsweise Seevögel davon abschrecken, nach im Netz zappelnden Fischen zu tauchen und dabei selbst gefangen zu werden.

dpa sch/tim xx hu

172259 Feb 03

Fische für die Fische

Thailand

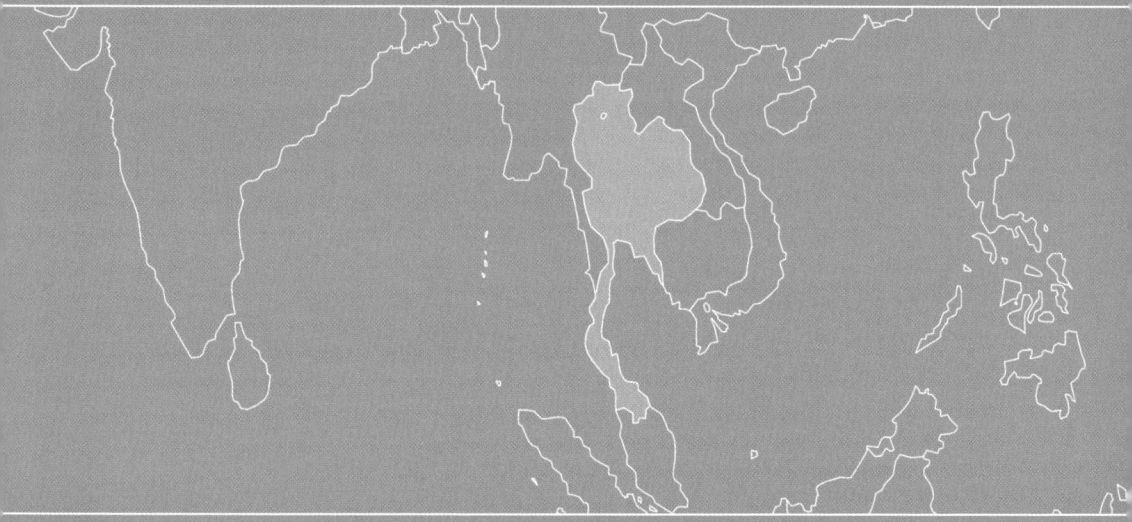

Scampi für den Westen

Der Preis der Garnelen-Aquakulturen für die Dritte Welt

Gesund soll unser Essen sein – und billig. Doch das eine schließt das andere aus. Denn Voraussetzung, beispielsweise für das billige Steak, ist die Massentierhaltung. Und die gibt es nicht ohne den massiven Einsatz von Masthilfsmitteln und Medikamenten. Dass heute alles schneller, effektiver und in größeren Mengen produziert wird, geht auf Kosten der Tiere und der Gesundheit des Verbrauchers. Industriell produziert wird auch, was bei uns als Delikatesse gilt: Shrimps oder Scampi. Die Meerestiere werden im Binnenland gezüchtet, in Zuchtbecken, die mit Meerwasser oder künstlich gesalzenem Süßwasser voll gepumpt werden. Die Auswirkungen auf die Böden sind verheerend. Die armen Länder decken den reichen Ländern nicht nur den Tisch, sie tragen auch noch die ökologischen Folgen. Einer der weltweit größten Garnelen-Produzenten ist Thailand, das im Jahr 2002 250.000 Tonnen der vermeintlich edlen Krustentiere exportiert hat – vor allem nach Europa.

Tempel im Fischerdorf Sakla

Sakla ist ein kleines Dorf in dem von zahllosen Kanälen durchzogenen Mündungsgebiet des Chao-Phraya-Flusses südlich von Bangkok. Aus den Lautsprechern des kleinen Tempelbezirks in der Dorfmitte dröhnt blechern die Mittagsandacht. Eine Verkäuferin legt auf ihrem Stand Blütenketten aus, mit denen die Buddhastatuen oder die Hausaltäre geschmückt werden. Von den Kanälen, den Klongs, klingt das ohrenbetäubende Knattern der «Longtails» herüber, der schlanken schnellen Boote, mit denen hier der Verkehr und der Handel über die Wasserwege abläuft. Automotoren, die drehbar auf dem Heck angebracht sind und in die zwei oder drei Meter lange Schraubenwelle mit dem Propeller auslaufen, dienen als Antrieb und als Steuer zugleich. In dem Film *Der Mann mit dem goldenen Colt* vollbrachte James Bond atemberaubende Kunststücke mit einem solchen Flitzer. Das Dorf wirkt sauber, und seine Bewohner strahlen Zufriedenheit aus. Ursprünglich waren die Menschen hier in der Gegend Reisbauern. Das fruchtbare Schwemmland des Chao Phraya war ideal für den Anbau des asiatischen Hauptnahrungsmittels. Aber wo sich früher endlose Reisfelder ausdehnten, findet man jetzt Garnelenteiche. Aus armen Bauern wurden wohlhabende Shrimp-Züchter. «Für ein Kilo Reis bekamen wir zwei bis fünf Baht, für ein Kilo Krabben erhalten wir 200 bis 400 Baht», sagt einer von ihnen. «Um mit dem Reis so viel wie mit den Krabben zu verdienen, brauchten wir die vierzigfache Fläche.»

Links: Thailändischer Garnelenzüchter beim Ausleeren der Körbe

Rechts: Wachstumsbeschleuniger

In der «normalen» Garnelenzucht werden die Tiere vier Monate in einem Teich gemästet, dessen Wasser während der gesamten Mastperiode nicht ausgetauscht wird. So wachsen die Krabben in ihren eigenen Exkrementen auf. Damit die Garnelen das überleben, werden dem Wasser unter anderem Antibiotika, Fungizide und Algizide zugefügt. Auch das Futter kommt nicht ohne Zusätze aus. Den Züchtern wird erzählt, dass es Vitamine sind, die den Appetit anregen. Die Namen der Futtermittel deuten an, wozu sie gut sein sollen. Sie heißen «Speed Plus» und «Turbo». Tatsächlich werfen die Shrimps ihren Panzer früher als gewöhnlich ab, scheinen also schneller zu wachsen. Für die Garnelenfarmer zählt, dass der Einsatz des Tuning-Futters sich rechnet. Fette Tiere sind gefragt, gesund müssen sie nur aussehen. «Wenn wir die Zusätze ins Futter geben, erhalten wir nach vier Monaten vierzig Shrimps pro Kilo. Geben wir nichts dazu, erhalten wir achtzig pro Kilo.» Ausschlaggebend für den Verkauf ist aber nicht die Anzahl der Tiere, sondern allein die Größe der Garnelen pro Kilo. Bei dreißig Garnelen kriegen die ehemaligen Reisbauern 400 Baht, ungefähr einen Euro, pro Kilo, bei vierzig sind es nur 350 Baht und bei achtzig Shrimps gerade einmal 250 Baht. Die Größe bestimmt den Preis. Denn der Konsument im fernen Europa oder Amerika will nicht viele Garnelen pulen, sondern schieres Fleisch essen.

Sind die Garnelen am Ende einer Mastperiode «geerntet» worden, wird das Brackwasser durch Wehre abgelassen und in die umliegenden Kanäle geleitet. Der Teich liegt dann für mindestens ein halbes Jahr brach. Denn der Boden ist verseucht von Salz, Exkrementen und diversen Zusätzen. Die Garnelen, die in dieser Gülle groß geworden sind, haben währenddessen längst ihre Reise nach Übersee angetreten. Sie landen schließlich auf unserem Teller, wie so vieles, das längst nicht mehr das ist, wonach es schmeckt, und von dem man nie so richtig weiß, unter welchen Bedingungen es produziert wurde.

In den Garnelenfeldern um Sakla herum, das im Einflussbereich der Tiden des Golfs von Siam liegt, ist die Situation etwas anders. Die Garnelenbauern öffnen hier während der Flut die Schleusen zu den Kanälen, sodass Shrimps und andere Meerestiere, die sich im Wurzelbereich der Mangroven an den Kanälen und Wasserläufen aufhalten, durch das hineindrückende Wasser in die Felder gespült werden. 15 Tage lang werden die Felder im Wechsel der Tide so aufgefüllt und die Tiere gemästet, bevor das Wasser bei Ebbe abgelassen wird und Garnelen und andere Meerestiere am Wehr mit Netzen aufgefangen werden. Andere Felder dienen allein der Muschelzucht. Aber selbst hier klagen die Männer über die Verschmutzung des Wassers und Krankheiten bei den Garnelen. «Manchmal können wir einen Großteil der Ernte an den Schleusen wegwerfen», sagt Amornrat Plengsrisuk, ein älterer Garnelenzüchter. Er streitet zwar ab, bei der Fütterung Medikamente zuzusetzen, aber ein Blick auf etliche achtlos herumliegende Plastikbehälter neben seinem Haus lässt ernsthafte Zweifel an seiner Beteuerung aufkommen. Zwar hat die thailändische Regierung entsprechende Futtermittelzusätze verboten, aber bei Stichproben in den Niederlanden wurde im Februar und November 2002 in thailändischen Shrimps der Wirkstoff Nitrofuran nachgewiesen, ein Antibiotikum, das im Verdacht steht, beim Menschen Krebs zu verursachen. In den ländlichen Regionen Thailands herrscht, allen wirtschaftlichen Fortschritten zum Trotz, noch immer Armut. Und für die Züchter steht zu viel auf dem Spiel, als dass sie es sich leisten könnten, eine ganze Ernte zu verlieren. Denn Garnelen reagieren sehr empfindlich auf giftige Substanzen im Wasser – so sehr, dass die japanische Stadt Yokohama sich diesen Umstand zunutze machen und Shrimps zusammen mit Zahnkarpfen, die ähnlich sensibel reagieren, als Frühwarnsystem in der städtischen Wasserversorgung einsetzen will.

Mit der Globalisierung haben die westlichen Länder arbeitsintensive Teile ihrer Agrarproduktion zunehmend ausgelagert und kaufen in den Ländern der Dritten Welt ein, deren Kapazitäten auf ständigen Zuwachs ausgerichtet werden müssen. Westliche Chemiekonzerne haben wenig Skrupel, ihre Medikamente auf die profitträchtigen Wachstumsmärkte Asiens und Südamerikas zu werfen. In Bangkok präsentieren alle zwei Jahre europäische, japanische und amerikanische Pharmafirmen ihre neuesten Produkte auf der «VIV Asia», einer Messe für industrielle Tierproduktion. Chemie soll helfen, dass Garnelen immer schneller, immer weiter wachsen, dass Hühner noch mehr Eier legen, Schweine noch dicker werden und Lebensmittel noch billiger produziert werden können. Das Interesse der Bauern und Züchter an den Mastmitteln und Medikamenten ist entsprechend groß. Einer der Aussteller, korrekt in Schlips und dunklem Anzug, nimmt eine Packung aus dem Sortiment an seinem Stand. «Wenn man diesen Wachstumsbeschleuniger dem Fischfutter zusetzt, erhöht sich die Wachstumsrate sofort um fünfzehn bis zwanzig Prozent.» Seine Zuhörer nicken zustimmend. Ihren Gesichtern ist anzusehen, dass sie im Geist schon die Versprechungen in bare Münze umrechnen.

In der freien Natur verbringen Garnelen den ersten Teil ihrer Entwicklung im Brackwasser der Flussmündungen. Dort legen die geschlechtsreifen Elterntiere ihre Eier ab und befruchten sie. Im Wurzelgeflecht der Mangrovenwälder in den Mündungen und den angrenzenden Lagunen und Meeresbuchten wachsen die Jungtiere auf. Erst mit zunehmendem Alter ziehen sie flussaufwärts, um dann zum ersten Laichen in den Brackwasserbereich zurückzukehren. Danach verlassen die erwachsenen Gar-

Arbeiterinnen beim Sortieren der Shrimps

nelen die Küsten und ziehen hinaus aufs offene Meer. Erst zur nächsten Eiablage kommen sie wieder in die Mangrovengebiete zurück. In Ecuador hat man sich diesen Zyklus zunutze gemacht und fischt die Garnelenlarven im Küstenbereich mit feinmaschigen Netzen in einem frühen Entwicklungsstadium ab. Eine Methode mit fatalen ökologischen Folgen, denn dabei kommen Milliarden von Larven um, die der maritimen Nahrungskette verloren gehen. In Ländern wie Indien, China, Malaysia oder Thailand ist man dazu übergegangen, in speziellen Feldern oder Becken bis zu eine Million Eier künstlich zu befruchten. Es folgt eine Kette von Metamorphosen, bis die Garnelenlarven etwa eine Woche nach dem Ausschlüpfen ihr letztes Entwicklungsstadium erreicht haben. Sobald ihre Kiemen ausgebildet sind, werden sie in die mit Wasser bedeckten Felder gesetzt, um zur Erntereife gezüchtet zu werden. Die reifen Garnelen sind Fleischfresser und werden zu 25 bis 50 Prozent mit Fischeiweiß gefüttert. Ein Großteil des Fangs, den die thailändische Fischereiflotte noch im weitgehend leer gefischten Golf von Siam macht, sind kleinere Fischarten, die zu Fischmehl verarbeitet an die örtliche Aquakulturindustrie weitergegeben werden.

Die thailändischen und andere tropische Garnelen kommen nicht frisch in den internationalen Handel wie die hochwertigeren Meerestiere

Trockenfisch auf dem Markt in Sakla

Hummer, Languste oder Flusskrebs, die zum Teil noch lebend aus den Produktions- in die Verbraucherländer exportiert werden. Nach der Ernte auf der Farm in Thailand werden die Garnelen noch vor Ort oder in einer nahe gelegenen Fabrik gefrostet. Dies kann mit Vorderteil und Panzer geschehen oder nach vorheriger Entfernung. Bei der «Cocktailgarnele» sind Vorderteil und Panzer bis auf das letzte Segment und die fächerförmige

Schwanzflosse entfernt, damit sie beim «Dippen» in die Sauce bequem gehalten werden kann. Ebenfalls entfernt wird meist der dunkle Darm der Garnelen – aus optischen Gründen, denn sein Verzehr ist in der Regel für den Menschen nicht schädlich. Beim Tieffrieren werden die Garnelen mit einer Glasur versehen, um keinen Frostbrand zu bekommen, einem Schutzmantel aus Wasser, der in der Regel etwa zehn Prozent ihres Gewichts ausmacht. Die Frostung muss relativ schnell geschehen, weil die Zellmembranen sonst durch die Ausdehnung des Wassers beim Gefriervorgang zerstört und die Garnelen nach dem Auftauen zäh statt zart werden. Im Laden werden die aufgetauten Tiere für den westlichen Feinschmecker auf Eis angerichtet. Wer sie mit dem Etikett «frisch» auszeichnet, versucht den Kunden zu täuschen. Seriöse Händler bezeichnen ihre Ware mit dem Hinweis «aufgetaut – nicht wieder einfrieren».

Die Befürworter der industriellen Garnelenzucht sehen in ihr gern die Lösung für Ernährungsprobleme, Armut und Arbeitslosigkeit in der Dritten Welt. So allerdings, wie die industrielle Garnelenproduktion im Augenblick in den meisten Produktionsländern gehandhabt wird, bedient sie fast ausschließlich die Luxuswünsche westlicher Konsumenten und bringt einigen wenigen kapitalkräftigen Investoren gute Renditen. Arbeitsplätze werden kaum geschaffen. Eine Studie der Universität Chittagong in Bangladesch kommt sogar zu dem Ergebnis, dass Shrimp-Farmen mehr Arbeitsplätze vernichten als neu schaffen. Ein Reisfeld von vierzig Hektar erfordert fünfzig Arbeiter, so die Rechnung der Wissenschaftler, ein Garnelenfeld dagegen gerade einmal fünf. Auch wenn einige der ortsansässigen Bauern von der Umwandlung des Reisanbaus in die Shrimp-Zucht profitieren – am Großteil der Bevölkerung der betroffenen Regionen geht der Geldsegen vorbei. Die einfachen Menschen haben wegen des großen Ka-

Wehr und Auffang-becken für die Garnelen

pitalbedarfs bei der Zucht, Frostung und Verteilung kaum die Möglichkeit, selbst aktiv zu werden. Bei ihnen bleiben kurzfristige Einnahmen aus Verpachtung und Hilfsarbeiterjobs, während sie die ökologischen Folge-kosten, wenn die Produktion weitergezogen ist, voll und ganz alleine zu tragen haben. Das Geschäft mit den Garnelen geht zunehmend in die Hände internationaler Konzerne über, die mit dem notwendigen Kapital die Kette von der Produktion bis zu den Absatzkanälen kontrollieren. Mehrfach ist es darum in Asien und Lateinamerika schon zu blutigen Zu-sammenstößen zwischen Einheimischen und den Betreibern der Farmen gekommen.

Thailand mit seinen großflächigen Zuchtflächen im Mündungsgebiet des Chao Phraya und im Süden des Landes steht mit der Verunreinigung des Wassers, der Umwandlung ganzer Küstenregionen in Zuchtbecken-Landschaften und den fatalen Folgen für die Ökologie nicht allein. Ob in Indien, Bangladesch, Indonesien, Vietnam oder auf den Philippinen, bis nach China sind viele Küstenregionen betroffen. In Asien machen die Zuchtteiche schon jetzt allein 1,2 Millionen Hektar der landwirtschaftlich genutzten Fläche aus. Dazu kommen etwa 200.000 Hektar Garnelentei-che an der Westküste Südamerikas, vornehmlich in Ecuador, aber auch in Mexiko, Kolumbien und Honduras. Alle diese Länder produzieren in ers-

ter Linie für die Menschen in Europa, Japan und den USA. Dort gelten
Shrimps als Edeltierchen, und der jährliche Pro-Kopf-Verbrauch liegt zwischen 1,2 und 3 Kilo. Insgesamt entfällt etwa ein Fünftel des Welthandels
mit Meerestieren auf diese Länder. Allein Deutschland importiert jährlich
7.000 Tonnen Garnelen, die USA sogar 350.000 Tonnen.

Wie lange die Böden der Zuchtländer diese extensive Ausbeutung
aushalten, weiß niemand. Für die etwa einen Meter tiefen Zuchtbecken
werden Reisfelder zerstört und Mangrovenwälder abgeholzt. Mangroven,
mit ihren langen, im Wasser stehenden Wurzeln, schützen als natürliche
Wellenbrecher die Küste bei Stürmen. Als bei großflächigen Überflutungen nach einem Wirbelsturm 1999 in Indien mehrere tausend Menschen
starben, machten heimische Wissenschaftler neben menschlichem Versagen das Fehlen der ehemals vorgelagerten Mangrovenwälder verantwortlich. Zugleich ist das verzweigte Labyrinth der Mangrovenwurzeln Habitat für eine Vielzahl von Fisch- und Krebsarten und damit Erwerbsgrundlage für die ortsansässige Kleinfischerei. Nimmt man den Menschen an
der Küste und den Mündungen der großen Flüsse diese Grundlage, werden die ehemals eigenständigen Fischer in die Hilfsarbeit gedrängt, und
der Bevölkerung wird eine weitere angestammte Nahrungsquelle entzogen.

Nach fünf bis zehn Jahren – manchmal geht es auch schneller – sind
die Felder durch Sedimente aus Algen, Futterresten, Düngemitteln und
den Fäkalien der Tiere so verunreinigt, dass die Wasserqualität für die
Zucht nicht mehr ausreicht und neue Teiche angelegt werden müssen.
Zurück bleibt eine belastete Brache, auf der aufgrund der Versalzung auch
nicht ohne weiteres wieder Reis angebaut werden kann. Ähnlich katastrophal ist die Energiebilanz bei der Zucht. Garnelen reagieren empfindlich auf Sauerstoffmangel, ihr Frischwasserbedarf ist enorm. Um den Sauerstoffgehalt des Wassers konstant zu halten, ist eine ständige Nachregulierung durch künstliches Hineinblasen von Luft notwendig. Für eine
Tonne Garnelen benötigt man fünfzig Millionen Liter Wasser, davon die
Hälfte Süßwasser – und das in Regionen der Welt, die ohnehin nur über
beschränkte Grund- und Trinkwasservorräte verfügen. Das frische Meerwasser muss, da die neu angelegten Teiche tiefer im Landesinneren liegen, über lange Rohrleitungen dorthin gepumpt werden. Über den Boden

Thailändische Garnelen-
züchter im Mündungs-
gebiet des Chao Phraya

gelangt es ins Grundwasser. Ganze Dörfer mussten in Asien schon wegen des gestiegenen Salzgehalts im Trinkwasser mit teurem Wasser aus Tank-wagen versorgt werden. Das abgelassene Wasser mit seinem hohen Ge-halt an Fäkalien und chemischen Zusätzen zur Gesunderhaltung der Gar-nelen führt zu einer erheblichen Belastung der Flüsse und Kanäle. Das Ab-sterben der Pflanzenwelt, vor allem der verbliebenen Mangroven, hat eine Erosion der Ufer zur Folge. Fast alle Garnelen produzierenden Länder mussten außerdem bereits mehrfach so genannte «Red Tides» verzeich-nen, ein Umkippen der geschädigten Ökologie durch übermäßige Konzen-tration der Mikroalge Karena brevis, die ein Nervengift produziert. Der Name «rote Flut» bezieht sich auf die Rotfärbung des Wassers während der Blüte dieser Alge. In der Konsequenz wurden Fische und Muscheln für den Menschen ungenießbar.

Die Fischzucht in Teichen und Aquakulturen hat gerade in Asien eine lange Tradition. In küstennahen Reisfeldern, die ohnehin überflutet wur-den, hat es von jeher auch Garnelenzucht gegeben. Eine intensivierte Zucht in überschaubaren Mengen kann darum einen sinnvollen Beitrag zur Ernährung der dortigen Bevölkerung leisten. Riesige Monokulturen er-reichen jedoch das Gegenteil, sie fügen der Umwelt kaum zu reparierende Schäden zu, und sie zerstören die Lebensgrundlagen der Bauern, kleinen Fischer und Fischzüchter. «Diese Tiere leben besser als wir», sagt ein phil-ippinischer Fischer. Sein bitterer Kommentar wird in einem Text der Men-schenrechtsorganisation Food First Information and Action Network (FIAN) zitiert. «Sie haben Elektrizität, wir nicht. Sie haben sauberes Was-ser, wir nicht. Sie haben Nahrung im Übermaß, wir hungern.» In Thailand kam es zu massiven Protesten der Reisbauern gegen eine Ausdehnung der Garnelenfarmen ins Inland. 1998 reagierte die thailändische Regierung

endlich auf die heftig geführte öffentliche Diskussion, indem sie alle neu-
en Farmprojekte stoppte und Aufforstungsprogramme für die Mangroven
initiierte. Mittlerweile ist an den Uferböschungen wieder neues Mangro-
vengrün zu sehen, aber die Umsetzung des Verbots der Neuanlage von
Farmen erweist sich nach wie vor als schwierig. Die Züchter verlangen
Schadenersatz oder bestechen die örtlich zuständigen Beamten und legen
illegal weiter neue Farmen an. Im Februar 2000 fand in Bangkok eine
von der Welternährungsorganisation FAO und dem Network of Aquaculture Centres in Asia-Pacific (NACA) organisierte Konferenz statt. In der
so genannten Bangkok Declaration wurde für den weiteren Ausbau der
Aquakulturen ausdrücklich die Beachtung der Interessen der ortsansässigen Bevölkerung und der Nachhaltigkeit der Produktion gefordert. Zwei
Jahre später befasste sich auch eine Expertengruppe der UNO mit der Frage der Aquakulturen in Entwicklungsländern und kam zu ähnlichen
Schlüssen.

Inwieweit solche Absichtserklärungen allerdings in der Praxis tatsächlich umgesetzt werden können, ist eine andere Frage. Jedenfalls beginnt
man in den Ländern der Dritten Welt zu erkennen, dass Aquakulturen in
der jahrelang praktizierten Form zwar kurzfristige Gewinne abwerfen, die
ökologischen Folgen jedoch langfristig hohe Kosten verursachen. Im Juli

Garnelenteich, aus dem
das Wasser abgelassen
wurde

2003 taten sich auch in Lateinamerika Fischer und Nichtregierungsorga-
nisationen zusammen, um in einer groß angelegten Aktion gegen die industrielle Shrimp-Zucht und die Zerstörung der Küstenmangroven zu pro-
testieren. Weltweit haben traditionelle Fischergemeinschaften inzwischen
am Rückgang ihrer Erträge gemerkt, dass sie reagieren müssen, wenn sie
verhindern wollen, dass die Abwässer aus der Zucht und die Küstenero-
sion ihre ohnehin oft spärlichen natürlichen Nahrungsgrundlagen zu vernichten drohen. Die Versprechungen, dass auch sie von den Aquafarmen
profitieren würden, haben sich zudem als leer erwiesen. Die Fischer haben erkannt, dass die Gewinne aus den Aquakulturen oft genug allein in
die Taschen der Konzerne fließen und noch nicht einmal den Züchtern
vor Ort zugute kommen. Damit scheint international allmählich auf allen
Ebenen ein Umdenken einzutreten.

Scampi, Shrimps, Garnelen

«Krabben», «Shrimps», «Garnelen», «Scampi», «Krebse», «Prawns» – sowohl die deutschen als auch die englischen Bezeichnungen werden nicht einheitlich verwendet. Zoologisch gesehen ist «Shrimps» einfach nur der englische Name für Garnelen. Auch die Tiere, die man für gewöhnlich mit oder ohne Mayonnaise im (wiederum fälschlicherweise so genannten) «Krabbencocktail» findet, sind Garnelen. An der Nordseeküste werden sie zum Teil als «Granat» bezeichnet.

Echte Krabben erkennt man an ihren großen Scheren und daran, dass sie sich seitwärts bewegen wie die Taschenkrebse auf den Wattflächen der Nordsee. Zu den Krebsarten gehören neben den echten Krabben und Hummern auch die Langusten und die Flusskrebse. Der Schwanz von Krebsen und Hummern ist im Querschnitt rund oder sogar breiter als hoch. Der von seinem Panzer befreite Garnelenschwanz ist dagegen im Querschnitt immer höher als breit. Es gibt an die 2.000 verschiedene Arten von Garnelen. Die kleinen Garnelen heißen auf Englisch «Shrimps», auf Französisch «Crevettes». Die großen werden auch Riesengarnelen oder auf Englisch «Prawns» genannt. Kaltwassergarnelen wie der Nordseegranat gelten, weil sie langsam wachsen und deshalb besonders aromatisch sind, als hochwertig. Die Warmwassergarnelen der Tropen wachsen doppelt so schnell und schmecken weniger intensiv.

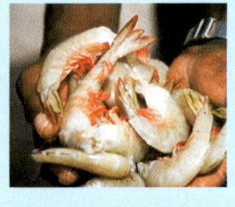

Hand voll «Shrimps»

Krebstier- und Garnelenarten:

Schiffskielgarnele, Bärengarnele, Giant Tiger Prawn, Géante tigrée	15–35 cm	56 % des Weltmarktes, fälschlicherweise auch als Scampi bezeichnet	Tropisches Asien, Indischer Ozean, südostasiatischer Pazifik
Western/Northern White Shrimp	17–20 cm		Süd- und zentralamerik. Pazifik
Japanischer Kuruma Shrimp	20–30 cm	16 % des Weltmarktes	Indischer Ozean, Südwestpazifik, Zucht in Japan und Australien
Hauptmannsgarnele, Fleshy Prawn	15–18 cm	6 % des Weltmarktes	China und Westkorea
Shrimp	18 cm		Amerikanische Ostküste

Nordseegarnele, Granat, Brown Shrimp, Common Shrimp, Crevette grise, Gambaretto grigio	6 cm	fälschlicherweise auch als Krabbe bezeichnet	Nordsee
Tiefseegarnele, Hummerkrabbe, Grönlandshrimp, Pink Shrimp, Common Prawn, Deep Sea Prawn, Crevette rose, Gamba	8–10 cm	nur Tiefsee- vorkommen	Französische Nordküste, Mittelmeer, Nordatlantik
Ostseegarnele	6 cm		Ostsee
Languste, Stachelhummer	45 cm	in 50–100 Metern Tiefe	Mittelmeer, Ost- atlantik, amerika- nische Atlantik- küste, verwandte Arten im Indi- schen Ozean und Pazifik
Hummer, Amerikanischer Hummer, Lobster	20–30 cm, bis 80 cm (Amerik. Hummer)	in mindestens 40 Metern Tiefe	Nordsee, amerikanische Nordostküste
Kaisergranat, Buchstabenkrebs, Norway Lobster, Danish Lobster, Langoustine, Scampi	12–22 cm	in 40–80 Metern Tiefe	Mittelmeer, Nord- see, Skagerrak, Norwegen, Island
Flusskrebs, Edelkrebs	16–25 cm	geschützt	Mitteleuropa (ausgestorben)
Süßwassergarnele, Rosenberg Prawn, Giant River Prawn, Green Tiger Prawn	25–32 cm		USA, Israel, Vietnam, Malaysia, Thailand
Chilegarnele, Cameron nailon	6–12 cm		Chile

Norwegen

Lachs für Aldi

Die Delikatesse von der Mastfarm

Einst war er unangefochten der Fisch für die Besserverdienenden. Neben Kaviar und Hummer zierte er die Tafeln der Hautevolee und neureichen Schickeria von Sylt bis Marbella – der Lachs. Aber vieles ist nicht mehr, was es einmal war an der Lebensmittelfront. Aus dem Lachs ist das «Huhn der Meere» geworden; eingepfercht in schwimmende Käfige vor den Küsten Norwegens, Chiles, Schottlands oder der Färöer, wächst er turboschnell heran. Modernste Zuchttechniken haben aus der wild lebenden Delikatesse ein Massenprodukt gemacht. So kann auch der Normalverbraucher am Glanz der großen weiten Welt teilnehmen, und damit lässt sich Geld verdienen, sehr viel mehr als bei den Reichen. Die Masse macht's. Aber Massenzucht bedeutet auch Anfälligkeit für Krankheiten, genetische Veränderung und Verdrängung der Wildbestände durch Artenmischung. Fastfood-Fans und Feinschmecker sind gleichermaßen irritiert, wenn allmählich die Kehrseite der massenhaften Verfügung des Edelfischs offenkundig wird.

Gegrillter Lachs

Theoretisch bieten die Fjorde Norwegens mit ihrem sauberen, kalten Nordsee- und Nordmeerwasser ein ideales Habitat für die Lachse. Und praktisch sind sie das auch immer gewesen, denn seit Millionen von Jahren kommen die großen Wanderfische hierher, um die Flüsse hinaufzuschwimmen und zu laichen, bevor sie wieder ins Meer zurückkehren. Mit dem wachsenden Wohlstand in den westlichen Ländern und der damit einhergehenden steigenden Nachfrage nach Lachs lag es daher nahe, die Gewässer für die Zucht zu nutzen. Mitte der 1970er Jahre entstanden in Norwegen die ersten Aquakulturen, Anlagen, in denen die Lachse in einer weitestgehend kontrollierten «natürlichen» Umgebung unter Zufuhr von Nahrung in großen Mengen bis zur Schlachtreife herangezogen wurden. Voller Überschwang sah man damals in solchen Zuchtanlagen die Zukunft der Nahrung aus dem Meer, glaubte sogar, eine Lösung für die drohende Überfischung der Bestände gefunden zu haben. Ganz nebenbei war die Zucht schlichtweg billiger als die Jagd nach dem Wildlachs «in freier Wildbahn». Im Fjord bei Ålesund befindet sich eine solche Anlage. Sie gehört dem Konzern Pan Fish. Die Lachse werden in riesigen Freiwasserbecken gehalten, die durch Netze gegen die offene See abgegrenzt sind. Unweit der Becken befindet sich eine Futterinsel. Von dort wird das Futter über Schläuche in die einzelnen Becken gepumpt. Kameras und

Links: Der Ort Ålesund an der norwegischen Küste

Rechts: Lachszuchtbecken

Sensoren überwachen die Fütterungen. Legen die Fische eine Fresspause ein, schaltet sich die Anlage automatisch ab. So wird kein Futter vergeudet.

Lachsfleisch muss rosa sein – eben lachsfarben –, so kennt man es vom Wildlachs, und so will es der Verbraucher. Aber an sich ist es von Natur aus einfach weiß, wie das anderer Fische auch. Der Wildlachs erhält die begehrte Färbung durch den Verzehr kleiner Krebse und anderer Schalentiere, die sich wiederum von entsprechenden Pflanzen, Bakterien und Pilzen ernähren. Die Farbstoffe in den Panzern der Krustentiere lagern sich am Ende der Nahrungskette im Fleisch des Lachses ab und geben ihm den charakteristischen Farbton. Beim Wildlachsfleisch ist dies im Wesentlichen Astaxanthin, ein karotinähnlicher Stoff. Bei der Lachszucht wird die natürliche Nahrungskette aufgelöst und durch künstliche Beimischungen ersetzt. «Die gewünschte Farbe des Lachses können wir nur durch den Zusatz von künstlichem Farbstoff erreichen», erklärt Kurt Myrvang, der bei Nor Aqua, einer Tochterfirma von Pan Fish, für die Fütterung und Aufsicht der Gehege zuständig ist. Eine günstige Gelegenheit für die innovative Nahrungsmittelindustrie, aus der Sehnsucht des Endverbrauchers nach Natur Profit zu schlagen. Der norwegische Käfiglachs ist rot dank eines Farbstoffs von BASF. In einer Broschüre mit dem vielsagenden Titel *Tierfutter – Der Weg zum Erfolg: Lucantin® Pink – Sichtbar gesteigerter Wert* preist der deutsche Chemiegigant sein künstliches Färbemittel für den Fischzuchtmarkt an. In der aufwendig gestalteten Werbeschrift wird genau beschrieben, wie viel künstlicher Farbstoff unter welchen Bedingungen dem Futter beizufügen ist. Auch unerwünschte Veränderungen der Färbung durch Schwankungen im Farbstoffgehalt beim Tiefgefrieren oder Räuchern werden genau berechnet. Alles natürlich im Sinne des Konsumenten. Der soll sich entspannt zurücklehnen können, um seinen «natürlichen» Lachs mit der charakteristischen rosa Färbung zu genießen.

Lachse züchten, das heißt eben manchmal Gott spielen. Der beste Lachs, darin sind sich die Experten einig, bleibt der atlantische Wildlachs. Durch Züchtung und gezielte Beeinflussung bei der Nahrungsaufnahme hoffen die Norweger eines Tages bei ihren Mastlachsen Qualität und Far-

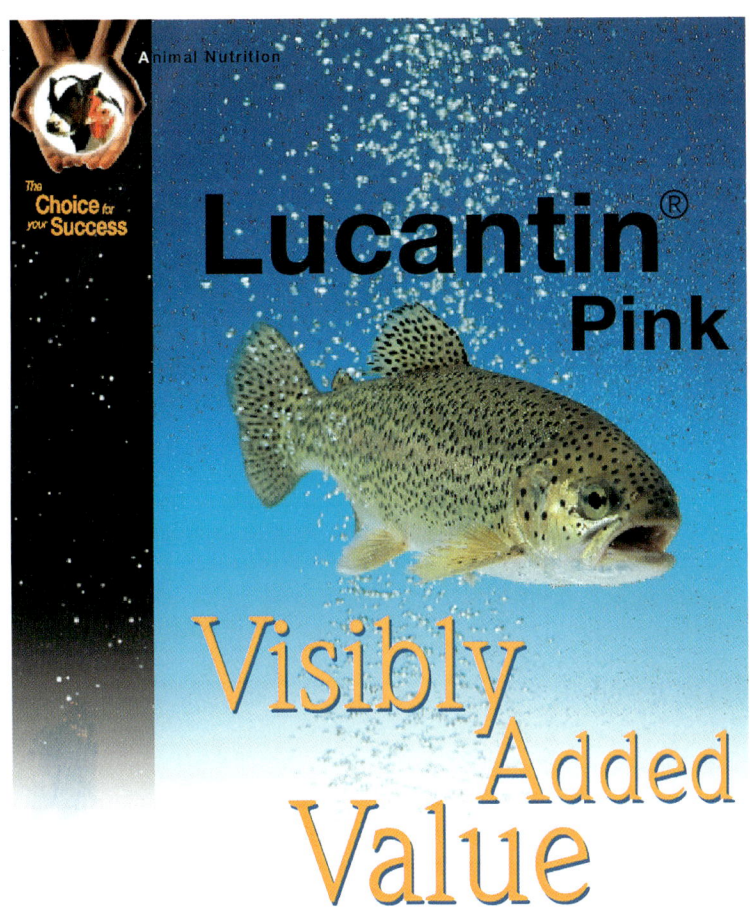

Animal Nutrition

The Choice for your Success

Lucantin® Pink

Visibly Added Value

BASF

be des Atlantik-Lachses zu erreichen. Und wenn die Natur nicht so will wie der Mensch, muss eben die moderne Chemie helfen. Ein Wildlachs lebt drei bis vier Jahre, bevor er sein Fanggewicht erreicht hat, ein Zuchtlachs braucht dafür nur zwölf bis achtzehn Monate – das Turbofutter macht es möglich. Sein gesamtes kurzes Leben verbringt der Zuchtlachs auf engstem Raum. Der Qualität des Fleisches ist die Intensivzucht nicht gerade zuträglich, deshalb muss nachgebessert werden. Anders als beim Wildlachs, wo natürliche Auslese die Stärkung der Art garantiert und die natürlichen Anforderungen die Resistenz der Tiere gegen Krankheiten und Parasiten erhöhen, sind Zuchtlachse äußerst krankheitsanfällig. Und da die Zuchtanlagen nur durch Netze gegeneinander abgegrenzt sind, können sich Krankheiten epidemieartig schnell unter den Tieren verbreiten. Mit fatalen Folgen nicht nur für die Zuchttiere, sondern auch für die

Atlantischer Lachs

umgebende Wasserwelt. Mitte der 1980er Jahre bereitete beispielsweise eine Furunkulose-Epidemie den norwegischen Züchtern Kopfzerbrechen. Der Erreger war, wie sich herausstellte, mit jungen Farmfischen aus Schottland eingeschleppt worden und griff mit rasender Geschwindigkeit nicht nur auf die Mastfarmen über, sondern auch auf die Wildbestände im Umkreis. Wenige Jahre später schreckte der Saugwurm Gyrodactylus die Züchter auf. Der Wurm fraß sich durch die Haut der Fische, die daran eingingen. Das Insektenvertilgungsmittel Rotenon setzte der Seuche zwar ein Ende, tötete aber neben den Saugwürmern auch eine Vielzahl anderer Meerestiere.

In den 1990er Jahren kam die norwegische Lachsindustrie erneut ins Gerede. Aus Angst vor weiteren Infektionen waren dem Futter massenhaft Antibiotika beigemischt worden. Veterinärmediziner entdeckten immer wieder Reste dieser chemischen Keulen im Fleisch, deren Gefahren für den ahnungslosen Esser nicht zu unterschätzen sind. Denn die leichtfertigen Antibiotika-Gaben der Massentierhaltung töten die Erreger nicht vollständig ab, sondern ermöglichen die Entwicklung resistenter Stämme. Einige Bakterieninfektionen beim Menschen waren infolgedessen mit Antibiotika nicht mehr zu behandeln. All dies wäre durch simple Hygiene und artgerechte Haltung der Tiere zu vermeiden gewesen, stellt Karsten

Impfung eines Junglachses

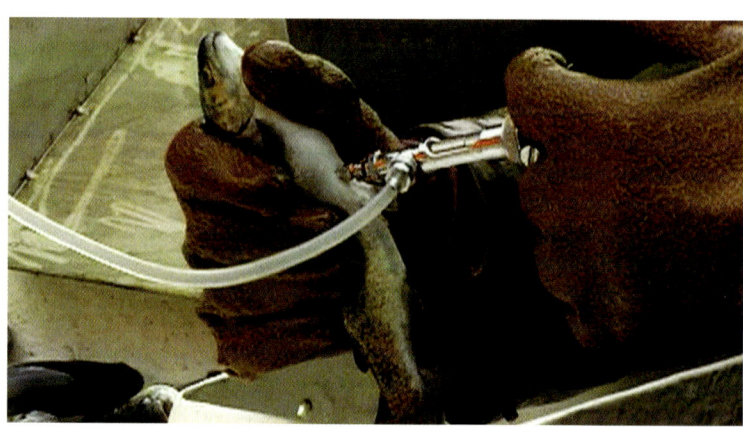

Fehlhaber, Professor für Lebensmittelforschung an der Universität Leipzig, fest. «Die Wirkung der Antibiotika zur Verbesserung des Masterfolgs ist immer nur dann gegeben, wenn hygienische Mängel überdeckt werden sollen.» Inzwischen wurde der Antibiotika-Einsatz drastisch reduziert – und ersetzt, soweit möglich, durch präventive Impfungen gegen Parasitenbefall. Die chemische Keule, scheint es, ist für die Züchter immer noch das Mittel der Wahl. «Es ist heutzutage unmöglich», verteidigt Cato Lyngøy von Pan Fish die Position der Züchter, «intensive industrielle Tierproduktion ohne den Einsatz von Impfstoffen zu betreiben.» Die Antwort der Natur ist die Lachslaus, die sich an Lachsen und Seeforellen festsaugt und im Schleim der Fischhaut vermehrt. Durch ihr seuchenartiges Auftreten greift sie auch auf die Wildlachsbestände über. Mit Medikamenten wie Ivermectin und Malachitgrün, die laut Stiftung Warentest im Fleisch der

Morgenfütterung der Lachse in der Zuchtanlage von Sietnes im Bergsoyfjord

angelieferten Tiere bislang nicht nachweisbar sind, schlagen die Züchter bei ihren Tieren zurück. Den Wildlachsen allerdings hilft das wenig.

Um den Stress im Wasser zu mindern, haben die norwegischen Züchter begonnen, die Bestandsdichte zu reduzieren und die Käfige aus den Fjorden hinaus ins Meer zu verlagern. Durch artgerechtere Haltung und mehr Bewegungsfreiheit will man die natürlichen Abwehrkräfte der Tiere stärken. Ursprünglich sollte die Lachszucht nicht nur die Produktion erhöhen, sondern zur Erholung der völlig erschöpften Wildbestände beitragen. Stattdessen belastet die Zucht, wie beim Übergreifen der Lachslaus, immer wieder die Wildpopulation. In den norwegischen Flussmündungen und Fjorden beträgt das Verhältnis von Zuchttieren zu Wildlachsen 50:1. Häufig lassen die Züchter von Krankheit befallene Bestände einfach frei, um sich die Entsorgung zu ersparen oder einen Versicherungsfall herbeizuführen. Ausbruch von Zuchtfischen heißt das dann. Tatsächlich kommen auch immer wieder gesunde Tiere frei, etwa bei Stürmen, und wandern ihrem Instinkt folgend die örtlichen Flüsse hinauf. Fast jeder dritte geangelte Lachs entpuppt sich in manchen Flüssen als Ausreißer aus den Aquakulturen, wie die Lachs- und Meeresforellen-Sozietät meldet. Wissenschaftliche Untersuchungen haben bestätigt, dass sich Zuchttiere und Wildlachse kreuzen. Eine genetische Veränderung der Wildlachsstämme ist damit vorprogrammiert. Schätzungen sprechen davon, dass innerhalb von zwei Dekaden der norwegische Wildlachs vom Zuchtlachs verdrängt wird. Was man noch nicht weiß, ist, inwieweit dabei lebenswichtige Instinkte verändert oder gar ausgelöscht werden.

Tatsächlich ist die Situation der Wildlachsbestände weltweit besorgniserregend. In 84 Prozent der traditionellen Lachsflüsse der Vereinigten Staaten gilt der Lachs als ausgestorben. Kanadische Fischer und Angler

**Abfischen der ausge-
wachsenen Lachse**

hatten 1975 knapp 2.800 Tonnen Wildlachs gefangen. 1999 waren es nur
noch 143 Tonnen. Auch in Nordamerika stehen den verbliebenen Wild-
fischen riesige Aquakulturen gegenüber, die sich in der Nähe der atlantischen Grenze zwischen Kanada und den USA ballen. Sie stießen im Jahr
2002 auf US-amerikanischer Seite etwa 22.000 Tonnen und auf kanadi-
scher Seite 15.000 Tonnen Zuchtlachs aus. Andrew Goode von der Atlantic Salmon Federation schätzt, dass sich etwa zwanzig Millionen Tiere in
den Gehegen drängen. Allein im Jahr 2000 fanden 50.000 bis 80.000 von
ihnen den Weg in die Freiheit. Der Aquakultur-Goldrausch hat eine völlig
unzureichende Umsetzung und Kontrolle bestehender Gesetze zur Folge.
Neben der Überfischung und der Vermischung mit Zuchtlachsen wird der
Rückgang des Wildlachses auch auf allgemeine Veränderungen in der Natur der Küstengewässer zurückgeführt, für die Umweltkritiker die immer
stärkere Siedlungsdichte an den Küsten und den «Treibhauseffekt» verantwortlich machen. Durch die Erwärmung des Wassers seien die für Lachse
idealen kühlen Futtergründe mit einer Temperatur von vier bis acht Grad
Celsius deutlich geschrumpft. Allerdings hat sich diese Theorie noch nicht
wissenschaftlich erhärten lassen.

Ähnlich katastrophal ist die Situation in Großbritannien. Durch sorg-
lose Verschmutzung mit Industrieabwässern und Einsickerung von Rück-
ständen aus der Landwirtschaft waren viele der traditionellen britischen
Lachsflüsse wie Themse, Mersey, Taff, Tyne, Tee oder Clyde bereits Mitte
des 20. Jahrhunderts nahezu tot, eine Tendenz, die sich bis Ende des Jahrhunderts auch in den ländlichen Regionen des Vereinigten Königreichs
fortsetzte. Noch 1975 hatten sich schottische Angler- und Netzfischer
über 400.000 gefangene Wildlachse gefreut. 1999 waren es nur noch
traurige 55.000. An der schottischen Westküste ist der Atlantische Lachs

inzwischen so gut wie verschwunden. Stattdessen findet man dort riesige Lachsfarmen. Im Jahr 2002 waren vierzig Prozent des schottischen Exports an Lebensmitteln Produkte aus Aquakulturen. Insgesamt werden in Großbritannien jährlich 100 Millionen Pfund Sterling mit Zuchtlachs umgesetzt. Um die gefährdeten Wildpopulationen angesichts von Massenfreisetzungen aus Netzgehegen wenigstens genetisch zu erhalten, plant man, laut Brian Simpson, die Einrichtung einer Genbank. Simpson ist einer der offiziellen Vertreter der Scottish Quality Salmon, einer Interessengemeinschaft der schottischen Mastbetriebe, unter deren Label sich rund siebzig Prozent der Lachsfarmen Schottlands mit 6.500 Angestellten versammeln.

Auch in Regionen, die sich für die industrielle Lachsproduktion wenig eignen, sind die Wildlachsbestände eingebrochen, zum Teil aus unerfindlichen Gründen. Zum Beispiel am schottischen River Conon, der nordwestlich von Inverness in den Cromarty Firth mündet. Hier hat man alles Mögliche getan, um dem «King of Fish» das Leben zu erleichtern. Eine Art Fun-Park für bleibewillige Lachse entstand. Die Elektrizitätsgesellschaft musste an ihren Staudämmen ein kompliziertes System von Speicherseen und Tunnelröhren einrichten, deren Schleusen, durch Sensoren aktiviert, die Wanderung der Tiere ohne Störung ermöglichen sollen. In einer Fischfalle werden zusätzlich Tausende von geschlechtsreifen Lach-

Sammelbehälter mit abgetrennten Lachsköpfen. Nur der Rumpf mit Schwanzflosse wird weiterverarbeitet

sen gefangen, um ihnen Eier und Samen zur Bestandsauffrischung zu entnehmen. Aber von den künstlich aufgezogenen Sälmlingen überlebt nur etwa ein Prozent. Obwohl die britische Regierung für jeden im Conon gefangenen Fisch rund achtzig Euro investiert hat, sind die örtlichen Angler unzufrieden. Immer wieder kommt es vor, dass sie in der gesamten, teuer erkauften Lizenzwoche die Leine einholen, ohne dass etwas daran zappelt. Ihr Held ist der Isländer Orri Vigfússon. Der Schnapshersteller prangert mit der von ihm gegründeten und geführten Ein-Mann-Stiftung North Atlantic Salmon Fund als Quelle allen Übels Berufsfischer an, die auf See ihre Netze auslegen. Zwar ist die Treibnetzfischerei in Schottland seit 1964 verboten, und die von ihm angeführten Fangstatistiken erweisen sich teilweise als frei erfunden, aber das stört die erbosten Angler am Conon wenig.

Junglachse in Test-röhren zur Prüfung ihres Geruchssinns

Welche Dimensionen das Geschäft mit dem Lachs hat, beginnt zu ahnen, wer einen Blick in die konzerneigene Zuchtstation von Pan Fish in Norwegen wirft: In jedem der zwei Dutzend Becken dort werden 60.000 bis 70.000 kleine Lachse aufgepäppelt, um später in die Käfige im Meer ausgesetzt zu werden. Zwanzig Prozent der so genannten Smolts bleiben in dieser Phase der Zucht auf der Strecke, und auch in den Käfigen ist der Schwund noch einmal beträchtlich. Trotzdem laufen die Geschäfte bestens, wie Cato Lyngøy stolz feststellt: «Die Zahl der Fische in den Käfigen wird sich bis zur Ernte von 1,3 auf 1,1 Millionen verringern. Am Ende werden das 4.500 Tonnen Lachs sein – mit einem Verkaufswert von rund 16 Millionen Euro.» Heute produzieren allein die Norweger jährlich weit über 300.000 Tonnen Mastlachs, das sind mehr als 10.000 Güterwaggons voll – und knapp die Hälfte der Weltproduktion. In der Hauptsaison wachsen in den rund 2.000 norwegischen Mastanlagen um die 100 Millionen Lachse für den noch immer unersättlichen Weltmarkt heran. Die Zucht ist eine Goldgrube für Norwegen. Karl Almas, Chef der Abteilung Fischerei und Aquakultur im norwegischen Forschungsinstitut SINTEF, ist sich sicher: «In dreißig Jahren werden in Norwegen Meeresprodukte das Nordseeöl als wichtigste Einkommensquelle abgelöst haben.» Noch vor Ort voll geladene russische Großflugzeuge donnern mehrmals pro Woche bis nach Japan, das inzwischen eines der Hauptabnehmerländer ist. Pro Monat gehen weitere 400 Güterwaggons mit 13.000 Tonnen Lachs in die Europäische Union. Allein Deutschland bezieht jährlich rund 85.000 Tonnen Lachs aus Norwegen.

Längst ist die Lachsindustrie in internationale Beziehungen eingebunden. Das größte Fischzuchtunternehmen Norwegens gehört Holländern. Umgekehrt haben sich die Norweger in Chile, Schottland, Irland und auf den Färöer-Inseln eingekauft. Das norwegische Unternehmen Hydro Seafood mit Anlagen in Norwegen, Schottland und Irland ist einer der führenden Akteure in der europäischen Lachszucht sowie größter Verteiler und Verkäufer von Lachs auf dem Weltmarkt. Obwohl sie sich einig sind, dass Aquakulturen angesichts des Welthungers bei artgerechter Haltung durchaus eine Zukunftsperspektive darstellen könnten, fürchten

Lachsangeln auf dem River Tay in Schottland

manche Experten, dass bei den Geldmengen, die auf dem Spiel stehen, letztlich die Profitgier über die ökologischen Bedenken siegen wird.

Wildlachs

Zur Familie der so genannten Eigentlichen Lachsfische gehören 66 Arten, die im Süßwasser und in den Meeren vorkommen. Der Atlantische Lachs lebt im nördlichen Atlantik sowie in der Nord- und Ostsee und hat eine Durchschnittslänge von 50 bis 100 Zentimetern bei einem Gewicht zwischen 1,5 und 10 Kilogramm. Seltene Exemplare erreichen 150 Zentimeter und ein Gewicht von über 40 Kilogramm. Der Atlantische Lachs ist ein Wanderfisch, der in klaren, kiesigen Bächen in Europa oder Nordamerika sein Leben beginnt. Nach dem Ausschlüpfen aus dem Ei ist er etwa zwei Zentimeter lang und trägt einen großen Dottersack vor dem Bauch,

Links: Der flache Teil des Iliuliuk River auf Unalaska Island ist ein bevorzugter Laichplatz für Lachse

Rechts: Nach dem Laichen verendeter Königslachs im Iliuliuk River

aus dem er, während er sich für vier Wochen im Kies versteckt, seine Nahrung zieht. Mit wachsender Größe wagt er sich als «Fry» zunächst an kleine Schwebetiere, Wasserflöhe und schließlich Insektenlarven und Bachflohkrebse. Mit knapp einem Lebensjahr stellt er als «Parr» seine Nahrung auf kleine Fische um und schreckt auch vor Kannibalismus an der eigenen Art nicht zurück. Nach rund zwei Jahren wird der junge Lachs, der jetzt etwa zehn bis zwanzig Zentimeter groß ist, für einige Stunden für die speziellen Gerüche seines Geburtsgewässers empfindlich, die sich ihm nun einprägen und sein Wanderverhalten fortan prägen. Als «Smolt» zieht er nun mit seinen Artgenossen zum Meer. Er wandert, nach einer kurzen Umstellungszeit vom Süß- zum Salzwasser, über Tausende von Kilometern quer durch den Atlantik bis hin nach Grönland, wo europäische und amerikanische Lachse aufeinander treffen. Dabei ernährt er sich von Krebsen und kleinen Fischen.

Nach etwa drei Jahren wandern die inzwischen auf mehr als einen Meter Länge herangewachsenen Lachse zurück zu ihren Heimatflüssen. Wahrscheinlich orientieren sie sich dabei am «Geruch» und «Geschmack» des Wassers der Flüsse. Auf ihrer Wanderung stromaufwärts können sie sich, um kleinere Hindernisse zu überwinden, mit einem kräftigen Schwanzschlag bis zu drei Meter hoch und fünf Meter weit katapultieren.

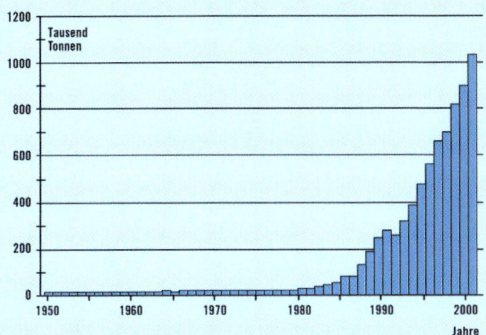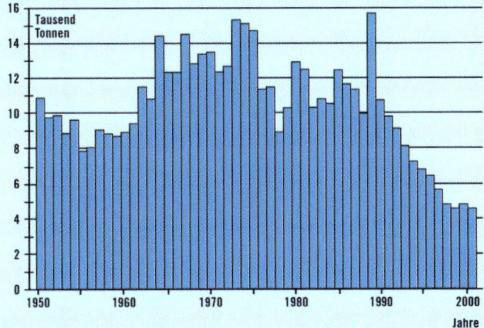

Beim Laichen schwimmen sie nach dem Balzritual Seite an Seite, schmiegen sich schließlich an der von dem Weibchen ausgehobenen Laichgrube aneinander und stoßen gleichzeitig Eier und Samen aus. Danach wird eine neue Grube angelegt, und das Laichen beginnt erneut. Die Fortpflanzung, die mehrere Tage dauert, hinterlässt die erwachsenen Lachse völlig erschöpft. Die meisten Tiere sterben jetzt. Nur etwa fünf Prozent von ihnen überleben, lassen sich zum Meer hinabtreiben und wandern nach ein bis zwei Jahren wieder flussaufwärts.

Neben dem Atlantischen Lachs gibt es die nordpazifischen Hakenlachse Alaskas und Kanadas, von denen der Königslachs, der Rotlachs und der Silberlachs die wichtigsten sind. Der Königslachs wird in Anlehnung an die Chinook-Indianer auch als Chinook bezeichnet. Dieser größte Lachs seiner Gattung lebt meist fünf bis zehn Jahre im Salzwasser, bevor er zwischen Mitte Mai und Mitte Juli zum Laichen die Flüsse hinaufzieht. Etwas später, zwischen Juni und August, folgt ihm der kleinere Rotlachs oder Sockeye, dessen silbrige Haut sich zu dieser Zeit scharlachrot einfärbt. Er ist einer der meistgefangenen Fische und daher für die Konservenindustrie von großer Bedeutung. Der bis zu 108 Zentimeter lange Silberlachs oder Coho, dessen silbrige Haut im Bereich der oberen Flanken und am Schwanz schwarz gepunktet ist, gehört wegen seiner Schmackhaftigkeit mit dem Königslachs zu den beliebtesten pazifischen Lachsarten. Er zieht zwischen August und November die Flüsse hinauf.

Durch Überfischung und Staudämme erreichen allerdings immer weniger Wildlachse ihre Laichgebiete. Wissenschaftler der Universität von Washington schlagen darum Alarm. Denn durch das Ausbleiben der Fische gerät das gesamte Ökosystem in den betroffenen Gebieten unter Druck. Die flussaufwärts ziehenden Lachse sind Nahrungsquelle für Bären, Nerze und andere Raubtiere, und die nach dem Laichen verendenden Fische spenden wichtige Nährstoffe für die Tier- und Pflanzenwelt an den Flüssen. Die vom Wasser aus den Kadavern ausgeschwemmten Nährstoffe gelangen in den Boden und werden durch gewässernahe Bäume und Sträucher aufgenommen. Wie die Forscher festgestellt haben, werden die ufernahen Gebiete der US-Bundesstaaten Oregon und Washington durch den Rückgang der Wildlachsbestände heute nur noch mit sechs Prozent der Nährstoffe versorgt, die sie vor hundert Jahren durch die Laichzüge der Lachse erhielten.

Vergleich der Produktionsmengen (links) und Fangmengen (rechts) von Atlantischem Lachs weltweit in tausend Tonnen. Der Anstieg in der Produktion erklärt sich aus der Zucht in Aquakulturen

Etikettenschwindel beim Food-Design

Allerorten wird der Verbraucher heute getäuscht. Der Lachs, den wir essen, kommt nicht aus gebirgswasserklaren Flüssen, sondern von Aquafarmen, die Shrimps nicht aus den blauen Gestaden tropischer Ozeane, sondern von riesigen Feldern in dubiosem hygienischem Zustand. Alles noch zu verdauen. Aber es geht weiter. Viele Produkte in den Supermärkten sind überhaupt nicht das, was sie vorgeben zu sein. Der Konsument kauft eine Illusion: Ob Erdbeerjoghurt, Kartoffelpüree oder Suppe aus der Tüte – der Geschmack kommt oft aus dem Labor. «Nahrungs-Designer» nennen sich die Leute stolz, die das verantworten

Alle zwei Jahre werden die neuesten Erfindungen der Food-Designer auf der «Food Ingredients» präsentiert, einer Fachmesse der Aromen und Geschmäcker. Hier ist man unter sich, und nur ein sehr argloser Zeitgenosse wird sich wundern, dass auf einer Messe für Inhaltsstoffe in Lebensmitteln vor allem Pharma- und Chemiekonzerne wie Hoffmann-La Roche, Hoechst oder BASF ausstellen. Nirgendwo wird so deutlich wie hier, wie weit sich unsere Ernährung von der Natur emanzipiert beziehungsweise entfremdet hat. Glaubt man den Anbietern, sind Produkte aus der Natur vollkommen überflüssig geworden. Die schöne neue Welt des Essens ist bunt, sauber und maschinengerecht pulverisiert. Echte Naturstoffe sind teilweise schlichtweg zu teuer. Mango-Aroma aus dem Labor kostet nur den Bruchteil einer echten Frucht. Wer glaubt, die gesunde Farbe in seinem Karotten- oder Multivitamingetränk komme von frischen Möhren oder Orangen, der irrt. Sie stammt direkt aus dem Labor eines Chemiegiganten. Carotin 10CWG GR nennt sich das Wundermittel. Das magische Wort, das beim Verbraucher alle Alarmglocken klingeln lassen sollte, heißt «naturidentisch».

Sinnestäuschung ist angesagt. Längst hat die Lebensmittelindustrie Verfahren entwickelt, um aus minderwertigem Fleisch scheinbar hochwertiges zu designen. Aus Japan kommt ein Wunderpulver mit dem Namen «Activa», ein Enzym, das über kleine Fleischteilchen gestreut wird, die gekühlt in nur zwei Stunden zu etwas mutieren, das aussieht wie ein richtiges, gewachsenes Stück Fischfleisch. Die in «Activa» enthaltene Transglutaminase stellt in kurzer Zeit Proteinbrücken zwischen den einzelnen Partikeln her. Auf diese Weise lassen sich auch Teile einarbeiten, die sonst in den Abfall wandern würden. Und so wirbt die Herstellerfirma Ajinomoto offen damit, dass sich auf diese Weise kleine Scampi zu repräsentativen Portionen zusammenkleben lassen. Ist die Bindungsreaktion abgeschlossen, kann man das Fleisch kochen, braten, schneiden, einfrieren, was immer man will. Der Kunde, der im Supermarkt ein solches Stück Fleisch kauft, wird kaum etwas merken. In der Branche wird das als «Resteveredlung» bezeichnet. In den USA muss Fleisch, das mit Hilfe von

Enzymen in Form gebracht wurde, gekennzeichnet werden. In Deutschland ist eine solche Deklaration für den Zusatz von Enzymen nicht vorgeschrieben.

Manchmal tut es auch einfach nur der Name. «Hummerkrabben» mag gut klingen, solche Tiere gibt es aber nicht. Zwar gehören Hummer und Krabben beide zur großen Klasse der Krebstiere, aber Krabben haben im

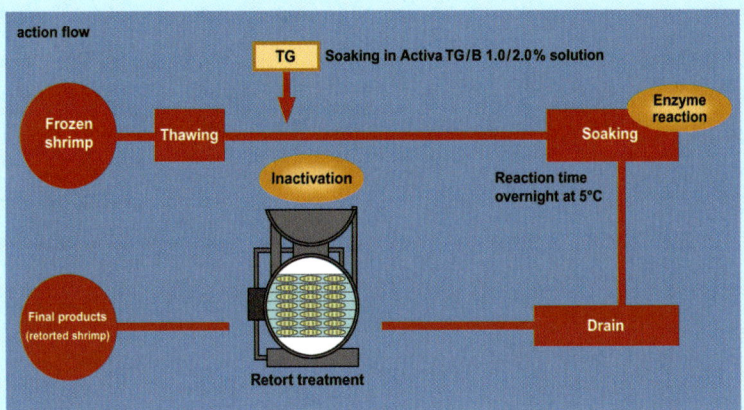

Schematische Darstellung der Wirkungsweise von «Activa», mit der der japanische Hersteller Ajinomoto auf seiner Website für das Produkt wirbt

Unterschied zu Hummern einen flachen, breiten Rücken und laufen seitwärts. Und wenn auf der Packung «echt spanischer» Gambas «Product of China» steht, dann ist etwas faul. Auf Chinas Garnelenfarmen werden tropische Garnelen gezüchtet. Spanische Gambas aber sind Tiefseegarnelen, wie sie an der französischen Nordküste, im Mittelmeer und Nordatlantik vorkommen. Und die sind, wenn sie von den lohnintensiven Fangflotten Europas frei gefischt werden, eben teurer als das industrielle Zuchtprodukt aus Fernost.

Die Kreativität der Nahrungsmittelindustrie scheint unerschöpflich. Als «Landhummer» beispielsweise versuchte man Krokodilfleisch zu vermarkten. Das Futter der Tiere, die in tropischen Ländern wie Thailand gezüchtet werden, ist angereichert mit Wachstumsförderern, und ihre Lebensbedingungen sind alles andere als artgerecht: Vierzig Krokodile drängeln sich in einem Becken von rund dreißig Quadratmetern. Früher wurde das Fleisch der thailändischen Zuchtkrokodile vor allem nach China exportiert. Seit in Europa BSE und MKS die Verbraucher heimischer Fleischarten verunsichern, wächst der Markt auch hierzulande. 1999 erhielt eine Krokodilfarm südwestlich von Bangkok eine Bestellung aus Deutschland über 1,4 Tonnen. Tendenz der Nachfrage steigend. Und weil bei dieser industriellen Aufzucht dieselben Krankheiten drohen wie bei anderen Tieren in der Massenhaltung, werden auch dieselben chemischen Mittel zur Vorbeugung eingesetzt. So ergeht es einem thailändischen Mastkrokodil kaum besser als einem europäischen Mastlachs. In den Restaurants erscheinen beide angereichert mit chemischen Zusatzstoffen als Delikatesse auf dem Teller. Dem Feinschmecker bleibt die Wahl des kleineren Übels.

Südafrika

Flossen für die Potenz

Haifischfang vor Südafrika

Sie sind der Albtraum jedes Seemanns; so sehr fürchtete man sie, dass man in früheren Zeiten ihre Rückenflossen als magische Abschreckung an den Großmast nagelte. Haie sind die größten und gefräßigsten Räuber der Meere. Fast jeder, der zur See fährt, weiß Schauergeschichten über sie zu erzählen. Zu einer Legende geworden ist der Untergang des amerikanischen Kreuzers *Indianapolis* im Zweiten Weltkrieg, der nach einem Torpedotreffer durch ein japanisches U-Boot in nur zwölf Minuten sank. Von 1.199 Mann überlebten nur 316, angeblich weil ein großer Teil der im Wasser schwimmenden Besatzung Haifischen zum Opfer fiel. Nicht umsonst spielte Steven Spielbergs Blockbuster *Der Weiße Hai*, der 1974 alle Kassenrekorde brach, im Originaltitel auf das mit rasiermesserscharfen Zähnen besetzte, furchteinflößende Maul dieser Fischart an: *Jaws* – Kiefer. Bis heute weckt der Hai Urängste – aber auch Faszination. Hoch abgesichertes Hai-Tauchen ist zu einem beliebten Nervenkitzel für betuchte Urlauber geworden; Schiffsfahrten mit Haifisch-Fütterung gehören zu den Höhepunkten des touristischen Angebots in den tropischen Gegenden der Welt. Präparierte Haikiefer sind begehrte Trophäen und Urlaubsmitbringsel, obwohl der Handel mit ihnen in vielen Ländern verboten ist. Der faszinierende Raubfisch, der schon seit mehreren hundert Millionen Jahren die Ozeane der Erde bevölkert, gehört längst selbst zu den bedrohten Tierarten.

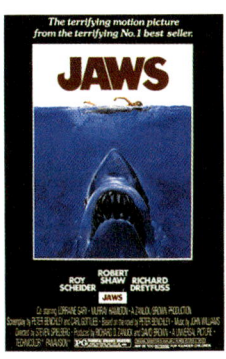

Amerikanisches Kinoposter des Kassenhits *Der Weiße Hai* von Steven Spielberg

Das atemberaubende landschaftliche Panorama am südlichsten Zipfel Südafrikas lässt kaum vermuten, dass sich zu Füßen des Tafelbergs eines der Gewässer mit der dichtesten Haipopulation der Erde befindet. Das Kap der Guten Hoffnung, die Atempause für die Seefahrer der Welt auf ihrem Weg von oder nach Indien und Ostasien, ist das Reich von «Jaws» höchstpersönlich. Kein Wunder, dass ihm erbarmungslos nachgestellt wurde. Inzwischen haben einzelne Länder Schutzbestimmungen für den Weißen Hai erlassen, um die Art vor dem Aussterben zu bewahren. Den Anfang machte Südafrika 1991, es folgten Namibia, die USA, Australien und Israel. Doch noch immer trocknen in den Docks von Kapstadt Tausende von dreieckigen Flossen im Wind. Zwar ist die eine Art vorerst gerettet, aber die Ausrottung der anderen Haiarten geht erbarmungslos weiter. Hauptantrieb der florierenden Jagd sind nicht mehr die Ängste der Seeleute, sondern Standesdünkel und die Potenzprobleme chinesischer

Männer. Haifischflossensuppe ist im Reich der Mitte ein Statussymbol,
Pulver aus Haifischflossen gilt dort seit Urzeiten als der Manneskraft för-
derlich. Und Kapstadt ist der Stützpunkt der großen Thunfischflotten aus
Japan und Taiwan. Ihre Schiffe bringen nach rund viermonatiger Ausfahrt
etwa 150 Tonnen Albacore-Thunfisch von Südamerika und den Falkland-
Inseln zurück, eine Fracht, die auf den Märkten von Hongkong und Tokio
immerhin rund sechs Millionen Dollar wert ist. Beinahe wichtiger ist für
Crew und Eigner der Beifang tief unten in den Bäuchen der Schiffe: die
Haifischflossen. Sie bringen in Fernost weitere Millionen von Dollars ein.
Und fast ebenso gnadenlos, wie sie die Tiere abschlachten lassen, kämpfen
chinesische Gangster untereinander um die Kontrolle des lukrativen
Marktes.

Haifischfleisch ist in vielen Ländern der Dritten Welt normaler Bestandteil der Ernährung. Bei nachhaltiger Fischerei, zum Beispiel durch
Beschränkung der Fangmenge und das Einhalten von Schonzeiten, wären
die Bestände nicht gefährdet. Seit den 1980ern ist jedoch weltweit ein
drastischer Anstieg der Fangzahlen zu beobachten. 1999 wurden in Hongkong, dem Zentrum des Handels mit Haiflossen, laut Angaben der Behörden knapp 7.000 Tonnen Flossen für die Wiederausfuhr deklariert. Die
meisten von ihnen gingen nach Taiwan, Singapur, Malaysia, Korea oder
China. Allein China importierte 3.000 Tonnen. Galt dort bis 1987 Reichtum noch als politisch unerwünscht, wollen heute die aufstrebenden
Klassen in Schanghai, Hongkong und Peking zeigen, was sie haben. Haifischflossensuppe steht seit 2.000 Jahren unter Chinesen für gehobenen
Geschmack und soziale Distinguiertheit. Keine Hochzeit, kein soziales
Zusammenkommen vom Geschäftsessen bis zum chinesischen neuen Jahr,
bei dem die Delikatesse fehlen darf. Bis zu 120 Euro bezahlt man für das
Gericht in den besseren Restaurants. Die Suppenflossen bestehen aus ge-
schmacklosen Knorpelstäbchen, die geleeartigen Nudeln ähneln. Bei der
Zubereitung werden die Flossen zunächst in kochend heißes Wasser gelegt, in dem sie über Nacht bleiben. Danach lässt sich die Haut abziehen
und, nach erneutem Kochen, können die Knorpel herausgenommen werden. Je dicker und größer diese Knorpel sind, desto kostspieliger sind die
Haifischflossen. Eine teure Suppe wiederum ist gut für das Renommee ei-

ner Familie, weil sie zeigt, dass sie sich diesen Luxus leisten kann, also bedeutend ist. Und so machen inzwischen festlandchinesische, taiwanesische, japanische und koreanische Flotten rücksichtslos Jagd auf die großen Raubfische.

Noch mehr Profit für die Haifänger bringt ein anderer Markt: Haifischflossen gelten in Fernost als Mittel zur Stärkung schwindender Manneskraft. Die getrockneten und in granulatähnliche Teilchen zermahlenen Flossen werden in kleinen Portionen auf dem ostasiatischen Markt zu einem Preis verkauft, der weit über dem liegt, was das Fleisch einbringen würde. Nach den Erfolgsaussichten des Wundermittels befragt, wird allerdings schnell Skepsis spürbar. «Ich nehme an, wenn ich in Ostasien geboren wäre, würde ich daran glauben», meint ein junger Chinese in Kapstadt. «Aber ich sehe Impotenz eher als psychologisches Problem. Wenn man beim Anblick einer Frau keinen hochkriegt, helfen auch keine Haifischflossen.» Der zweifelhafte Wunderglaube bringt unzähligen Haien den Tod und den an ihrer Standhaftigkeit zweifelnden Herren wenig mehr als einen dubiosen Hoffnungsschimmer. Eine Gruppe allerdings profitiert kräftig: die Händler. In Hongkong oder auf dem südafrikanischen Markt bringt eine Tonne zerriebener Haifischflossen derzeit bis zu 60.000 Euro ein.

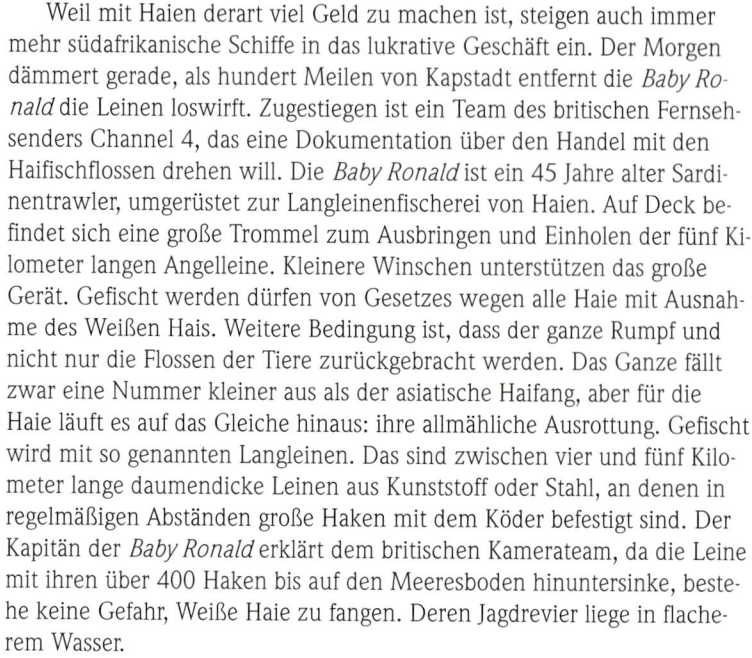

Weil mit Haien derart viel Geld zu machen ist, steigen auch immer mehr südafrikanische Schiffe in das lukrative Geschäft ein. Der Morgen dämmert gerade, als hundert Meilen von Kapstadt entfernt die *Baby Ronald* die Leinen loswirft. Zugestiegen ist ein Team des britischen Fernsehsenders Channel 4, das eine Dokumentation über den Handel mit den Haifischflossen drehen will. Die *Baby Ronald* ist ein 45 Jahre alter Sardinentrawler, umgerüstet zur Langleinenfischerei von Haien. Auf Deck befindet sich eine große Trommel zum Ausbringen und Einholen der fünf Kilometer langen Angelleine. Kleinere Winschen unterstützen das große Gerät. Gefischt werden dürfen von Gesetzes wegen alle Haie mit Ausnahme des Weißen Hais. Weitere Bedingung ist, dass der ganze Rumpf und nicht nur die Flossen der Tiere zurückgebracht werden. Das Ganze fällt zwar eine Nummer kleiner aus als der asiatische Haifang, aber für die Haie läuft es auf das Gleiche hinaus: ihre allmähliche Ausrottung. Gefischt wird mit so genannten Langleinen. Das sind zwischen vier und fünf Kilometer lange daumendicke Leinen aus Kunststoff oder Stahl, an denen in regelmäßigen Abständen große Haken mit dem Köder befestigt sind. Der Kapitän der *Baby Ronald* erklärt dem britischen Kamerateam, da die Leine mit ihren über 400 Haken bis auf den Meeresboden hinuntersinke, bestehe keine Gefahr, Weiße Haie zu fangen. Deren Jagdrevier liege in flacherem Wasser.

Links und rechts: Verladebereite Bündel von Haiflossen für einen chinesischen Frachter

Die nächsten Stunden vergehen damit, dass die Crew an der Hauptleine alle zehn Meter eine Kurzleine mit Haken und Sardinen als Köder befestigt. Mit den etwa 400 Haken können sie an einem guten Tag 200 kleinere Haie fangen – für große ist das Gerät zu schwach. Denn sobald die Haie merken, dass sie festsitzen, beginnen sie sich heftig zu wehren. Der Winsch würde dies nichts ausmachen, aber die Leine wäre den brachialen Kräften nicht gewachsen. Es dunkelt bereits, als alle Vorbereitungen abgeschlossen sind. Der Kapitän weist auf die langsam verschwindende Küste. Zu weit will er nicht fahren. Haifang ist Küstenfischerei: «Wir lassen jetzt die Leine raus, ankern und warten ab, bis die Haie kommen.» Eine Stunde vergeht, dann wird mit dem Einholen der Leine begonnen. Kurz darauf bricht die Hölle los. Dumpfe Schläge und aufgeregte Schreie ertönen in der Dunkelheit, während die Winsch stoppt. Der erste Hai ist längsseits. Die Männer müssen das am Haken hängende Tier auf das Deck der *Baby Ronald* ziehen und töten. Dabei gilt es aufzupassen, dass sie dem wild um sich schnappenden Hai nicht zu nah kommen. Unfälle sind an der Tagesordnung. Bei Hunderten von Haken und einer Maschine, die fünf Kilometer Langleine in rasender Geschwindigkeit einzieht, bleiben auch erfahrene Crewmitglieder von Verletzungen nicht verschont. Durch den Seegang ergeben die unzähligen Haken und Schlingen oft ein heilloses Durcheinander an Deck. Hinzu kommt, dass nachts durch den Widerschein der starken Scheinwerfer auf dem Wasser nicht genau zu sehen ist, wo die Haie hochkommen. In dieser Situation ist es kein Wunder, dass die Männer mit den gefährlichen Fischen, die sie da fangen, wenig Mitleid haben.

Das Schlachten hält die ganze Nacht an. Dann schließlich liegen genug Haie im Laderaum. Zeit, die Rückfahrt anzutreten. Der neue Tag

dämmert bereits, als die *Baby Ronald* mit ihrem bescheidenen Fang in den kleinen Hafen Gaansbaai einläuft. Hier werden seit hundert Jahren Haie verarbeitet. Die südafrikanischen Fischer verwerten so viel wie möglich von den Tieren, und man zeigt durchaus Verständnis für den Artenschutz. «Früher haben alle den Weißen Hai wegen seiner Zähne und Kiefer gefangen», berichtet Hans Groenwald, der Eigner der *Baby Ronald*. «Seit mehreren Jahren gibt es nun das neue Gesetz, und ich hoffe, so bleibt es jetzt. Mich interessiert nur der Suppenflossenhai. Anders als die Asiaten verwerten wir die mit der Langleine gefangenen Haie bis aufs Kleinste – Fleisch, Haut, Leber, Knochen, einfach alles.»

Die angesprochenen asiatischen Kollegen haben weniger Skrupel. Sie schneiden den Haien die begehrten Flossen kurzerhand bei lebendigem Leib ab und werfen die zuckenden Tiere anschließend über Bord. Werden die verstümmelten Haie nicht von ihren Artgenossen gefressen, müssen sie elendig ersticken, weil sie sich ohne Flossen nicht vorwärts bewegen und Wasser durch ihre Kiemen leiten können. Aber auf den taiwanesischen und japanischen Trawlern hat man für westliche Gefühlsduselei wenig Verständnis. Nur die Flossen sind interessant, für das Fleisch bekommen die Männer kaum Geld. Außerdem gelangt ein Großteil der Haie als Beifang an Bord. Hauptaufgabe ist der Thunfischfang. Anders als die Küstenfahrzeuge der Südafrikaner sind die taiwanesischen und japanischen Schiffe spezialisierte Fangmaschinen, die der Mannschaft erlauben, auch bei rauem Wetter fünfzig bis sechzig Kilometer lange Leinen mit Tausenden von Fischhaken auszubringen. Platz für «minderwertiges» Fleisch ist da nicht im Laderaum. Ohnehin ist der Beifang an Haien pro Einzelschiff im Vergleich zu den Mengen an gefangenem Thunfisch eher gering. Dass sich bei den riesigen fernöstlichen Fangflotten auch wenig

Ein Fischer schneidet einem Tigerhai die Brustflossen ab

zu viel summiert und die Haie an den Rand der Ausrottung getrieben werden, quittieren die Männer mit einem Schulterzucken. Der alte Feind der Seefahrer findet keine Gnade.

Bisher ist in Südafrika von allen Haiarten nur der heimische Große Weiße Hai umfassend geschützt. 1991 wurde ein Gesetz erlassen, nach dem er innerhalb der südafrikanischen Hoheitsgewässer weder gejagt noch seine Flossen bei einem unbeabsichtigten Fang ohne den Körper angelandet werden dürfen. Außerdem sind zufällige Fänge zu melden und die Kadaver im Hafen bei der Fischereibehörde unverzüglich abzuliefern. 1998 wurde im Marine Living Resources Act darüber hinaus verfügt, dass auch Exemplare anderer Haiarten nur in Gänze angelandet, transportiert und verkauft werden dürfen. Die Kontrolle der Einhaltung der Gesetze ist jedoch ein Problem. Sosehr sich der südafrikanische Wildlife Service engagiert, eine effektive Überwachung kann er nicht leisten. Die Situation, die das Channel-4-Team auf einem Kutter in Kapstadt erlebt, ist typisch. Fischerei-Inspektor John Kissen erkundigt sich höflich nach der Ladung, stellt fest, dass sich Haifische an Bord befinden, erhält aber die Auskunft, dass sie außerhalb der südafrikanischen Gewässer beziehungsweise unbeabsichtigt gefangen wurden. Beim Inspektionsgang durch das Schiff ist in einem bereits fast leeren Teil des Laderaums eine beträchtliche Anzahl von Haifischflossen zu erkennen. Zwischen verschiedenen anderen Fischen wird auch der Rumpf eines Hais sichtbar. Ein Stück weiter ist vom Fang noch wenig gelöscht, und auch hier sind auf Anhieb etliche Haifischflossen zu sehen. Aber mengenmäßig stellen die Haifische auf dem Schiff eindeutig nur den Beifang dar – und vor allem, ihre Kadaver sind mehr oder weniger in Gänze vorhanden. Damit hat alles seine Ordnung, denn der Gesetzestext besagt nur, dass Haikadaver bei ihrer Einfuhr nach Südafrika körperlich vollständig sein müssen – sozusagen als Beweis dafür, dass die Tiere zufällig gefangen wurden. In der Realität bedeutet dies, dass abgetrennte Flossen an Bord sein dürfen, solange sich der Rest des Hais ebenfalls auf dem Schiff befindet.

Der Kutter, den John Kissen untersucht, hat gut sieben bis acht Tonnen Haifischflossen geladen, aber auf seine Nachfragen bekommt der Inspektor immer die gleiche Antwort: «Das sind ‹asiya›, ganz gewöhnliche Haiflossen. Ein Weißer Hai war nicht am Haken.» Der Gegenbeweis ist schwer anzutreten, und so haben die Inspektoren kaum eine Handhabe, den Handel mit den Haifischflossen einzudämmen. «Als Inspektor habe ich das Recht, jedes Schiff innerhalb unserer 200-Meilen-Fischereizone zu besteigen», sagt Kissen resigniert. «Ich kann jedes Schiff inspizieren und überprüfen, was es an Bord hat. Aber der Weiße Hai ist die einzige Haiart, die in Südafrika umfassend geschützt ist, also können wir nur danach suchen. Alle anderen Haie gehen uns nichts an, da das Gesetz ihren Fang nicht verbietet. Außerdem ist der Fangort schwer zu bestimmen. Finden wir tatsächlich Weiße Haie, können wir kaum beweisen, dass sie innerhalb der südafrikanischen Fischereizone gefischt wurden. Deshalb ist eine Strafverfolgung sinnlos, wir würden nie gewinnen.» Dies könnte sich allerdings ändern. Inzwischen hat ein Wissenschaftlerteam um Professor Mahmood Shivji an der Southeastern University in Florida einen DNA-Test entwickelt, mit dem sich die verschiedenen Haiarten zweifelsfrei bestimmen lassen. So wird auch bei abgeschnittenen Flossen, die äußerlich häufig nicht voneinander zu unterscheiden sind, die Zuordnung möglich. Längerfristig hofft man sogar Tests zu entwickeln, die auch Rückschlüsse auf die geographische Herkunft einer Gewebeprobe erlauben.

Haifischflossensuppe

Angesichts der großen Beliebtheit von Haifischflossen in den chinesischen Gemeinden der Welt – sei es nun als Suppe oder als Potenzmittel – ist es kein Wunder, dass der Handel mit ihnen gewaltige Dimensionen angenommen hat. Um genauere Zahlen und Fakten zu bekommen, wurden bereits Anfang der 1990er Jahre in Kapstadt von Regierungsseite speziell ausgebildete Beamte eingesetzt, die nur eine Aufgabe hatten: die Docks auf der Suche nach Haifischflossen zu durchkämmen. Was sie fanden, war erschreckend und vermittelte ihnen einen ersten Eindruck von dem Umfang des Handels mit Haiflossen in Südafrika. «Nun ja, weit bin ich nicht gekommen», erinnert sich einer der Beamten vor der Kamera. «Aber es ist mir gelungen, in eines der Kühlhäuser zu gelangen. Und ich muss sagen, ich war erstaunt. Ich habe 42 Paletten à 800 Kilo gezählt. Ein Hai ergibt etwa 4 Kilo Flossen, das heißt, dass sich in den Paletten die Reste von ungefähr 9.000 Haien befanden, und das in einem Kühlhaus, an einem Tag! Es müssen die Flossen von Millionen Haien sein, die pro Jahr in Kapstadt umgeschlagen werden!»

Bevor die Kontrollen jedoch den erhofften Erfolg bringen konnten, mussten die Inspektoren aus den Docks abgezogen werden, da die Szene zunehmend gewalttätig und kriminell wurde. Mit einem Mal kam es gehäuft zu Entführungen, und Personen, die in den Handel mit Haifischflossen verwickelt waren, wurden an abgelegenen Orten tot aufgefunden. Da die Auseinandersetzungen vorwiegend innerhalb der chinesischen Be-

**Zum Trocknen ausge-
legte Schwanzflossen**

völkerung Kapstadts stattfanden und diese für ihre Verschwiegenheit bekannt ist, blieb die Polizei machtlos. «Der Kampf um die Haifischflossen
fand hauptsächlich zwischen zwei rivalisierenden Gruppen statt», erzählt
Alex van der Horst von der Abteilung für Organisiertes Verbrechen der
Polizei Kapstadt dem Channel-4-Team. «Die ‹K-14-Gang› bestand aus Chinesen. Sie hieß so, weil sie in Zimmer K 14 eines Wohnblocks in Hongkong gebildet wurde. Die ‹Tafelberg-Gang› setzte sich dagegen hauptsächlich aus Taiwanesen zusammen, die in Kapstadt wohnten. Sie waren im
Besitz von Aufenthaltsgenehmigungen, die sie immer wieder verlängert
haben, die ihnen aber nicht gestatteten zu arbeiten. Aber das taten sie,
und zwar im Haifischflossenhandel. Sie waren immer bewaffnet, sie tru-
gen Walkie-Talkies. Sprach man sie jedoch darauf an, leugneten sie, einer
Arbeit nachzugehen.»

Alex van der Horst und seine Kollegen wurden 1991 auf die Rivalität
der beiden Gruppen eher zufällig aufmerksam durch eine Entführung in
Rondebosh, einem vornehmen Vorort von Kapstadt. Als bald darauf mehrere Häuser von Bandenmitgliedern in dem Vorort beschossen wurden,
war klar, dass sich hinter den Kulissen ein Machtkampf vollzog. Zu diesem Zeitpunkt hatte die Polizei von einer der Gruppen erfahren, dass es
um die Vorherrschaft im lukrativen Handel mit Haifischflossen ging. Weitere Untersuchungen stießen jedoch nur noch auf eine Mauer des Schwei-
gens. Auch in den folgenden Jahren rissen diese Schießereien nach immer
dem gleichen Muster nicht ab. Spät in der Nacht oder frühmorgens wurden Häuser beschossen, meist ohne dass Personen zu Schaden kamen. In
einem Fall feuerten die Täter fünfzehn Schüsse durch ein Wohnzimmer-
fenster, aber keine der im Haus lebenden Personen wurde getroffen. Die
Polizei schloss aus dieser Vorgehensweise, dass es sich um Einschüchte-
rungsversuche der jeweils rivalisierenden Gang handelte, die Stärke demonstrieren wollte, ohne die Situation eskalieren zu lassen. Obwohl die
südafrikanische Polizei schließlich genug Erkenntnisse gesammelt hatte,
um einen Teil des Handels zu überblicken, gelang ihr nie ein entscheiden-
der Schlag gegen die Banden. Zu viel Geld und Macht standen auf dem
Spiel, als dass ein führendes Mitglied ausgepackt hätte. Zudem ist in China oder Japan die Einfuhr von Haiflossen bis heute erlaubt, egal ob frisch

oder als Pulver, und die Gangster nutzten ihre internationalen Handelsbeziehungen geschickt, um «heiße» Ware zu verschieben.

Damals wie heute spielt sich das Geschäft mit den Flossen meist im
Schutz der Nacht ab. Um Kontaktaufnahme, Verhandlungen und Über-
gabe der Ware möglichst unauffällig zu gestalten, pflegen beide Seiten oft
Verbindungen zum «horizontalen» Gewerbe. Eine Bordellchefin, die mit
den Gangs zusammenarbeitete, berichtet, wie sie als Mittlerin auftrat:
«Ich gehe zum Schiff und rufe einfach nach dem Bootsmann, der für die
Flossen verantwortlich ist. Die fragen immer als Erstes, ob ich ein paar
hübsche Mädchen dabeihabe. Und wenn man denen die Richtige schickt,
dann bekommt man, was man will.» Gefährlich wird es allerdings, wenn
sich rivalisierende Gangster um die Schiffe mit den meisten Flossen strei-
ten. Manche Geschäfte werden deshalb von vornherein mit gezogener
Waffe abgeschlossen. «Das Geschäft mit den Haien wird weltweit vom organisierten Verbrechen kontrolliert», sagt die Bordellchefin. «Und die machen, um an die Haifischflossen zu kommen, vor nichts Halt.»

**Verpackte Haiflosse
in einem chinesischen
Geschäft**

Der Kampf der Gangs aus Asien um die Vorherrschaft im Millionen-
Dollar-Geschäft mit den Haiflossen mag hart sein, aber noch härter sind
die Aussichten für das Überleben der Gattung Hai: Wenn die Tiere in
dem gleichen Ausmaß getötet werden wie bisher, wird sich die Frage
nach dem Handel mit ihren Flossen bald kaum noch stellen. Nach Angaben der Ernährungs- und Landwirtschaftsorganisation der Vereinten
Nationen, FAO, sind die Fangmengen an Haien zwischen 1950 und 1996
von 272.000 Tonnen auf 760.000 Tonnen jährlich gestiegen. Der von
den Statistiken nicht erfasste Beifang an Haien (und Rochen) lag nach
einer Schätzung vom Ende der 1980er Jahre zwischen 26.000 und
300.000 Tonnen im Jahr. Zu den führenden Haifang-Nationen zählen Argentinien, Brasilien, Frankreich, Indien, Indonesien, Italien, Japan, Malaysia, die Malediven, Mexiko, Neuseeland, Pakistan, Portugal, Spanien,
Südkorea, Sri Lanka, Taiwan und die USA. Jedes dieser Länder fischte
2001 mehr als 9.000 Tonnen im Jahr. Die größte Flotte für den Haifang
hat Taiwan, obwohl das Land im internationalen Handel mit den Flossen
nur an fünfter Stelle steht. Während in der lokalen taiwanesischen Fischerei der ganze Hai verarbeitet wird, ist die Hochseeflotte des Landes
auf die Flossen spezialisiert.

Man muss allerdings nicht erst nach Übersee gehen, auch in der Bundesrepublik floriert der Markt für Haiprodukte, die oft unter anderem
Namen an den Verbraucher gebracht werden. Die in Norddeutschland
beliebte «Schillerlocke» besteht aus den geräucherten Bauchlappen des
Dornhais, der laut Greenpeace in Nordsee und Nordatlantik längst überfischt und in seinem Bestand gefährdet ist. Sein Rückenfilet wird als «See-
Aal» angeboten. Heringshaie firmieren unter «Kalbsfisch», «Seestör» oder
«Karbonadenfisch». «Collagen», Bestandteil vieler Schönheitscremes, wird
von der Pharma- und Kosmetikindustrie aus dem Knorpel von Haien und
Rochen gewonnen, und das Naturöl «Squalen», das in Salben, Cremes
und in der Feinmechanik Verwendung findet, aus der Leber von Haien.

Es gibt bisher wenig internationale Vereinbarungen zum Schutz der
Haifischbestände. Auf der 12. Internationalen Artenschutzkonferenz CITES

(Convention on International Trade in Endangered Species of Wild Fauna and Flora) 2002 in Santiago de Chile wurden nach anfänglichem Zögern zumindest der Walhai und der Riesenhai unter Schutz gestellt. Der Weiße Hai ist nach wie vor nur im Rahmen nationaler Bestimmungen etwa Südafrikas und einiger anderer Länder geschützt. Auch Australien, Kanada, Neuseeland und die USA regeln den Haifischfang in ihren jeweiligen Hoheitsgewässern durch nationale Verordnungen. Mit Ausnahme von Neuseeland haben diese Staaten sowie Südafrika, Großbritannien, Brasilien, die Philippinen und Israel auch weiter gehende Auflagen und Schutzbestimmungen verabschiedet. Fang und Handel werden dennoch fortgesetzt. Angesichts der weltweit zunehmenden Knappheit der Bestände an Großfischen stellen sich die internationalen Flotten ständig auf die jeweils lukrativsten Fischarten um. Verbote werden dabei durch Übernahme auf See und Zwischenlagerung geschickt umgangen. Die Länder mit gesetzlichen Beschränkungen sehen sich gezwungen, immer größere Anstrengungen zu unternehmen, um die illegalen Aktivitäten zu unterbinden.

Die *King Diamond II*

Den bisher größten Fang machte die US-Küstenwache am Nachmittag des 13. August 2002, als sie 350 Meilen südöstlich von Acapulco an Bord eines ehemaligen Schwertfischfangbootes aus Hawaii 32 Tonnen Haiflossen entdeckte. Die *King Diamond II*, Heimathafen Honolulu, war einem Helikopter der US-Fregatte *Fife* aufgefallen, weil sie außerordentlich tief im Wasser lag, an Deck aber kein Fanggeschirr, sondern nur ein großer Container zu sehen war. Ein Team der US-Küstenwache, das sich an Bord der *Fife* befand, erhielt darauf den Auftrag, den Fall zu untersuchen. Was die Männer an Bord vorfanden, raubte ihnen buchstäblich den Atem. Tonnen stinkender Flossen überall, in einem 13 Meter langen Laderaum, in Bündeln auf Deck sowie in dem Container. Offensichtlich war das Kühlsystem des Schiffes ausgefallen. Die Besatzung der *King Diamond II* saß ungerührt vor dem Fernseher oder kochte. Die Männer waren sich keiner Schuld bewusst. Sie hätten die Flossen ja nicht abgeschnitten, gaben sie zu Protokoll. Nach amerikanischem Gesetz war es zwar nicht illegal, bestimmte Haiarten und Mengen zu fangen, aber wie in Südafrika mussten die Flossen zusammen mit den Kadavern transportiert werden, auch wenn man sie von anderen Schiffen übernommen hatte.

Die Küstenwache übernahm die Angelegenheit und eskortierte die beschlagnahmte *King Diamond II* bis nach San Diego. Bei der anschließenden Untersuchung stellte sich heraus, dass dies mindestens die zweite Fahrt des Schiffes gewesen sein musste. Einige Monate zuvor hatte der Kutter dreißig Tonnen Flossen nach Guatemala gebracht, zu einem Preis von hundert Dollar pro Pfund, insgesamt also für etwa sechs Millionen Dollar. Den Seekarten und Eintragungen im Logbuch nach war die *King Diamond II* bei ihrer zweiten Fahrt von Honolulu aus zu den Fidschi- und Salomon-Inseln gefahren, um dort die verschiedenen Chargen zu übernehmen. Aufzeichnungen eines koreanischen Zwischenhändlers, der sich zum Zeitpunkt des Aufbringens ebenfalls an Bord befand, war zu entnehmen, dass im östlichen Pazifik mindestens zwanzig koreanische Langleinen-Fangschiffe unterwegs waren, von denen die Ladung stammte. «Acht Männer hatten in San Diego volle sieben Stunden zu tun, um die beschlag-

nahmten Flossen in einen Kühlraum der Behörden umzuladen», erzählt Paul Ortiz, der zuständige Staatsanwalt der US-Fischereibehörde in Long Beach. Im Mai 2003 wurde daraufhin gegen die Firmen Tran Yu Inc. auf Hawaii und Tai Loong Hong Marine Products Ltd. in Hongkong sowie den Kapitän Chien Tan Nguyen Klage erhoben und die Angeklagten schließlich wegen des Transports von Haiflossen ohne die entsprechenden Kadaver auf einem US-Fischereifahrzeug zu einer Geldstrafe von 620.000 Dollar verurteilt. Es war die bisher höchste Summe in einem solchen Fall.

Das Wichtigste, um das Überleben der bedrohten Haiarten zu sichern, darin sind sich Experten rund um die Welt einig, ist Aufklärung der Öffentlichkeit über die tatsächlichen Verhaltensweisen und Lebensgewohnheiten der Tiere. Man findet kaum die nötige Unterstützung, wenn man etwas schützen will, das allgemein als böse und überflüssig betrachtet wird. 50 bis 75 Haiangriffe registriert das International Shark Attack File pro Jahr weltweit, 5 bis 15 davon enden tödlich – bei Millionen von Menschen, die täglich im Meer baden. Tatsächlich ist das Risiko, an einem Bienenstich zu sterben oder von einem Blitz getroffen zu werden, um ein Vielfaches höher. Außerdem ist laut Greenpeace nur von 44 der 380 Haiarten bekannt, dass sie gelegentlich Menschen verletzen. Dazu gehören der Weiße Hai, der Bullenhai, der Sandtigerhai und verschiedene Arten von Riffhaien. Trotz der spektakulären Angriffe, die immer wieder durch die Presse gehen, bleibt festzuhalten: Auch diese Haie sind von Natur aus keine Menschenfresser. Ihre Nahrung besteht in der Regel aus Fischen und Beutetieren wie beispielsweise Robben, deren Fleisch besonders fetthaltig ist. Erst wenn ein Hai sich angegriffen beziehungsweise im Paarungsritual gestört fühlt oder wenn er durch Verhaltensweisen angelockt wird, die denen seiner natürlichen Beutetiere ähneln, scheut er auch vor dem Homo sapiens nicht zurück. Wer bäuchlings auf einem weißen Surfbrett paddelt, ähnelt aus Sicht des Hais eben einer Robbe.

Links: Bündel von Haifischflossen an Bord der *King Diamond II*

Rechts: Die aufgebrachte *King Diamond II* wird von der Fregatte der U.S. Coast Guard nach San Diego überführt

Haie

Der Haifisch gehört zu den ältesten lebenden Wirbeltieren der Erde. Wie Fossilfunde belegen, durchstreifte er schon vor über 400 Millionen Jahren die Urmeere, lange bevor die ersten Dinosaurier aus dem Ei schlüpften. Viele der heutigen Haifischarten existieren beinahe unverändert seit über sechzig Millionen Jahren. Als Erbe dieser langen Entwicklungsgeschichte besteht das Skelett von Haifischen nicht aus Knochen, sondern aus Knorpel. Zugleich ist ihr Maul mit mehreren Reihen von Zähnen besetzt. Bricht ein Zahn ab, etwa beim Beutefassen, nimmt innerhalb kurzer Zeit ein anderer durch Nachrücken seine Stelle ein. Haie halten sich sowohl in Küstennähe als auch im offenen Meer auf. Allerdings tauchen sie mit Ausnahme des Pazifischen Schlafhais, der in 1.000 Metern Tiefe sein Revier hat, nicht tiefer als 300 Meter.

Haie sind wahre Wunderwerke des Natur. Ihr Körper hat eine ideale Stromlinienform, und ihre raue Haut ist mit Millionen winziger, hakenförmiger Vorsprünge besetzt, die das vorbeifließende Wasser verwirbeln und so den Reibungswiderstand herabsetzen. Da Haie keine Schwimmblase haben, wie sie bei den anderen Fischen den Auftrieb regelt, müssen sie ständig in Bewegung bleiben. Die Orientierung der Haie erfolgt an chemischen, optischen, akustischen, mechanischen und elektrischen Reizen. Das Gehör des Hais ist auf niedrigere Frequenzen eingestellt als das des Menschen. Geräusche wie das Zappeln eines verwundeten Fisches locken Haie aus großer Entfernung an. Mit Hilfe spezieller Riechgruben in der Schnauze können sie chemische Substanzen aus Blut und Fleisch in geringster Konzentration aufspüren. Einige Riffhaiarten riechen Fleischextrakte selbst in einer Verdünnung von 1:10 Milliarden. Mit dünnen, schleimgefüllten Kanälen, die über Poren mit der Hautoberfläche verbunden sind, den so genannten Lorenzinischen Ampullen, nimmt der Hai zusätzlich auch schwächste elektrische Felder wahr, wie etwa den Herzschlag oder die Muskelkontraktionen der Beute.

Leopardenhai

Als höher entwickelte Wirbeltiere paaren sich Haie. Die Besamung findet also nicht im freien Wasser über Tausenden von Eiern statt, sondern im Körper des Weibchens. Bei den lebend gebärenden Haiarten folgt meist eine relativ lange Trächtigkeit, die drei Monate bis ein Jahr dauert und nach der zwei bis zwanzig Junghaifische geboren werden. Haie vermehren sich sehr langsam. Sie werden erst im Alter von zehn bis zwölf Jahren geschlechtsreif und haben nur alle zwei bis drei Jahre Nachwuchs. Der in der Nordsee heimische Dornhai wird sogar erst in einem Alter von 25 Jahren geschlechtsreif und bringt seine Jungen, erst 22 Monate nachdem sie noch im Mutterleib aus dem Ei geschlüpft sind, zur Welt. Nicht lebend gebärende Haiarten legen ihre befruchteten Eier im Wasser ab. Eine ledrige Hülle schützt die Embryonen, die sich vom Eidotter ernähren.

Im komplizierten Ökosystem der Ozeane kommt den Haien eine Schlüsselposition zu. Als große Raubfische stehen sie an der Spitze der Nahrungspyramide und sorgen für eine Art natürlicher Hege ihrer Beutetiere, indem sie überwiegend die Schwachen und Kranken fressen. Wird ein solches natürliches Gleichgewicht gestört, indem die Jägertiere zu stark dezimiert werden, kann es zu einer explosionsartigen Vermehrung der Beutetiere mit schwerwiegenden Folgen für das gesamte Ökosystem kommen. Als Folge der Verminderung der Hammerhaibestände vor der Küste Floridas beispielsweise wurden die Stachelrochen zur Plage. Und

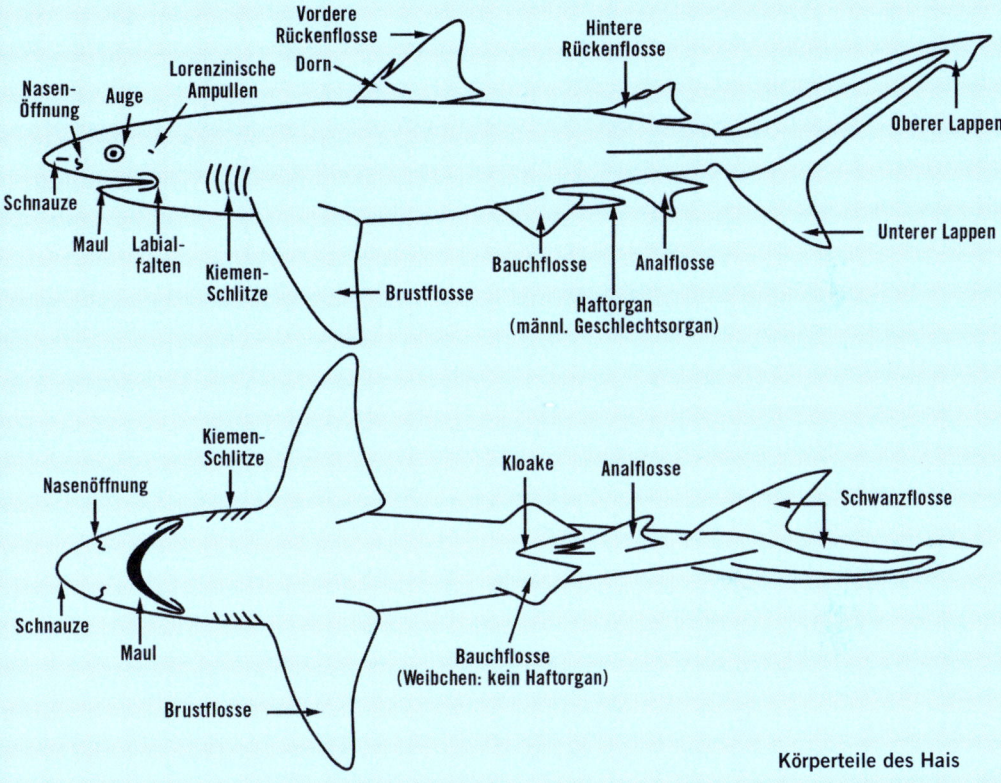

Körperteile des Hais

vor Tasmanien und Australien nahm die Population von Tintenfischen nach Überfischung der Haibestände dermaßen zu, dass deren Nahrung, der Hummer, in seinem Bestand drastisch zurückging.

Es gibt weltweit etwa 380 Arten von Haien. Die bekanntesten sind der Weiße Hai, der Grundhai, der Tigerhai, der Blauhai, der Heringshai, der Hundshai, der Dornhai und der Katzenhai. Lebensweise, Nahrungs-aufnahme und Verhalten der Haifischarten variieren stark. Der Hammer-hai kann mit seinem flachen, hammerförmig verbreiterten Kopf selbst schwache elektrische Reize wahrnehmen und so sogar im Sand vergrabe-ne Stechrochen aufspüren. Ganz und gar harmlos sind der Walhai und der Riesenhai. Beide sind fast reine Planktonfresser. Der nahezu 14 Meter lange Walhai, die größte Fischart überhaupt, kann pro Stunde mehrere Tonnen Meerwasser durch sein knapp zwei Meter breites Maul laufen lassen und dabei mit seinen Kiemenreusen die Nahrung herausfiltern. Auch der Riesenhai verfügt über zu Filtern ausgebildete Kiemen, saugt das Wasser jedoch nicht aktiv ein.

Ostpazifik

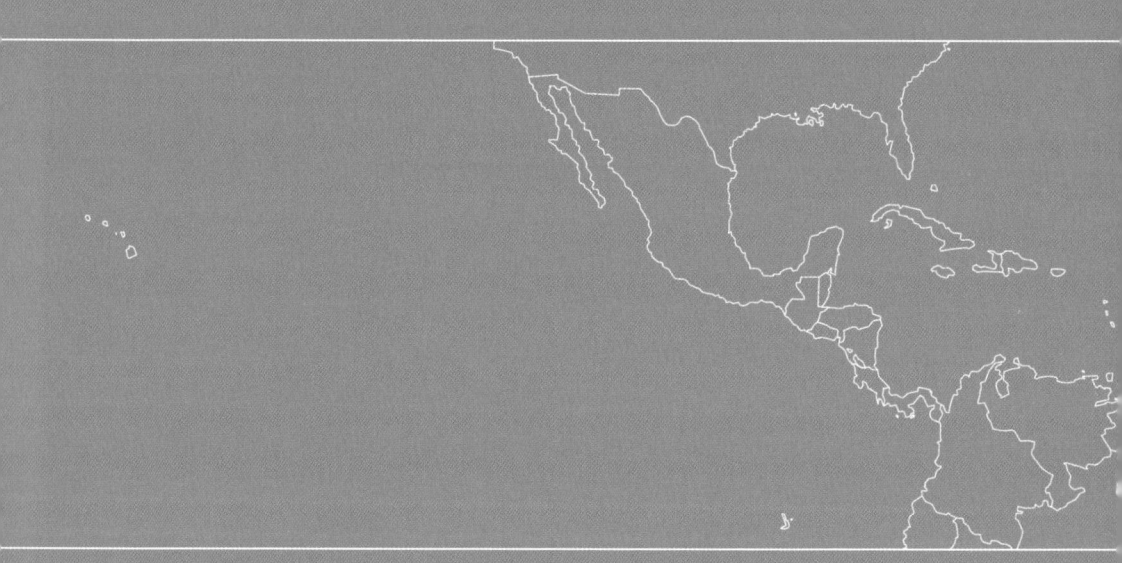

Delphine und Thunfische, die tödliche Kombination

Ringwadennetz-Fischerei im tropischen Ostpazifik

Delphine gelten nicht erst seit der Fernsehserie *Flipper* als Sympathieträger. Immer wieder wird von Situationen berichtet, in denen sie sich als Retter und Helfer des Menschen erwiesen haben sollen – obwohl diese kleinste Gruppe der Wale auf den Menschen nicht direkt angewiesen ist. Schon der griechische Denker Aristoteles schätzte die Tiere um dieser Freundlichkeit willen, und sein Kollege Plutarch meinte, von allen Geschöpfen habe die Natur allein den Delphinen gegeben, wonach die großen Philosophen suchten: Freundschaft ohne Eigennutz. Gedankt hat es die menschliche Spezies den Delphinen nicht: Rund 1.000 von ihnen fristen weltweit ein eintöniges Leben in Delphinarien, wo sie in täglichen Shows mit nicht immer artgerechten Kunststücken die Zuschauer begeistern und den Besitzern der Vergnügungsparks die Taschen füllen. Andere versucht das Militär zum Aufspüren von Minen einzusetzen. Das undankbarste Los aber trifft jene Delphine, die die Hochseefischerei als Lockvögel missbraucht und elendig in den Netzen der Fangschiffe verenden lässt.

Delphine, die eine Muschel halten, römische Darstellung

Zum Verhängnis wird diesen Delphinen, dass sie zusammen mit Thunfischschwärmen auftreten. Und Thunfisch gehört zu den meistbegehrten Fischen der Welt. Allein Japan verbraucht 450.000 Tonnen jährlich, weitere Hauptabnehmer sind Europa und die USA, wo Thunfisch zu Konserven verarbeitet wird oder frisch als Steak auf den Tisch kommt. Die modernen Schiffe des Thunfischfangs sind schwimmende Spezialmaschinen, die nur auf eines ausgerichtet sind: möglichst viel Gewinn einzufahren. Die größten unter ihnen mit einem Fassungsvermögen von rund 2.000 Tonnen Thunfisch haben einen Wert von 15 Millionen Dollar und können zwei Monate lang ohne Unterbrechung auf See bleiben. Gefangen wird entweder mit Treibnetzen oder in der Purse-Seine-Technik mit so genannten Ringwadennetzen. Dabei werden die Fischschwärme auf ein senkrecht im Wasser hängendes Netz zugetrieben, das zwischen dem Mutterschiff und einem Beiboot ausgespannt ist. Das etwa 1,5 Kilometer lange und hundert Meter in die Tiefe reichende Netz wird am oberen Ende mit Schwimmern an der Meeresoberfläche gehalten. Das Beiboot fährt dann mit dem Netz in einem Bogen langsam hinter dem Schwarm auf das Mutterschiff zu, sodass das Netz einen Ring um die Tiere bildet – daher der Name der Methode. Anschließend wird der untere Teil des Netzes zusammengezogen, und die Fische sind gefangen.

Ringwadennetz: Vom Trawler aus werden die beiden Enden und der untere Rand des Netzes so mit einer Leine zusammengezogen, dass ein riesiger Beutel entsteht, in dem die Fische gefangen sind

Warum die Thunfischschwärme sich mit Vorliebe in der Nähe von wandernden Delphinen aufhalten, versuchen Meeresbiologen noch zu klären. Die Fischer im östlichen tropischen Pazifik und im Ostatlantik nehmen diese Laune der Natur einfach als ein willkommenes Geschenk, das ihnen die Arbeit erleichtert. Sie halten bevorzugt nach Delphinschulen Ausschau, die durch ihr spielerisches Verhalten an der Meeresoberfläche für das Auge schnell auszumachen sind, in der Hoffnung, auf diese Weise auch die meist unter ihnen schwimmenden Thunfische aufzuspüren. Besonders für Große Gelbflossenthunfische zahlt die Fischindustrie zusätzliche Prämien, weil Exemplare dieser Art besonders rationell zu verarbeiten sind und aufgrund der Fleischmenge pro Tier in großen Stücken eingedost werden können. Ist ein Thunfischschwarm geortet, wird er, zusammen mit den Delphinen, von den Fischern in einer Stunden andauernden, unbarmherzigen Jagd zusammengetrieben: Schnelle Motorboote rasen voraus, oft werden Sprengladungen unter Wasser gezündet, um den Tieren den Weg zu versperren. Die Aktionen irritieren das empfindliche Sonarsystem, mit dem sich die Delphine orientieren. Instinktiv drücken sich die verängstigten Tiere aneinander, um sich gegenseitig Schutz zu geben, immer gefolgt von den Thunfischschwärmen. Manche verenden aus Angst schon jetzt, erschöpft von der Jagd, verstört von dem Lärm der Motorboote und den Druckwellen der Sprengladungen.

Das Szenario mutet umso absurder an, als die Delphine nur gebraucht werden, um die Thunfischschwärme einzukreisen. Für die Fischer sind sie wertlos. Ihnen geht es nun darum, sie so wenig aufwendig wie möglich wieder aus dem Netz zu befördern. Dazu haben sie eine Technik entwickelt: das «backing down»: Die Delphine werden an das äußere Ende des Netzes getrieben, der Kutter fährt ein kleines Stück rückwärts, und das Netz wird unter den zappelnden Delphinen durchgezogen. So gelangen einige von ihnen in die Freiheit, ohne dass die weiter unten schwimmenden Thunfische entkommen können. Die Strömung oder technische Probleme machen dieses Manöver allerdings wenig berechenbar. Oft geraten die Delphine in Panik und verfangen sich im Netz. Oder das Netz wirft unter Wasser Falten, in denen die Tiere eingeschlossen werden. Als Lungenatmer sind sie unweigerlich zum Ersticken verurteilt, wenn sie nicht mehr an die Wasseroberfläche kommen können, um Luft zu holen. Selbst erfahrene Skipper haben da kaum eine Chance, zu verhindern, dass Hunderte von Delphinen, aus denen bei mehreren Hols schnell Tausende werden können, im Netz verstümmelt werden oder verenden. Zudem sterben viele Tiere, die bei der Jagd verletzt werden, erst später im offenen Meer. «Ich habe gesehen, wie Delphine über Bord geworfen wurden, nachdem man sie bis zur Winde hochgezogen hatte und sie zurück auf die Schiffsplanken gefallen waren», berichtet ein Fischer in einer TV-Dokumentation der in San Francisco ansässigen Umweltorganisation Earth Island Institute. «Manche schafften es davonzuschwimmen, aber oft waren sie bewusstlos und fielen den Haien zum Opfer, die schon neben dem Boot lauerten.» Die Folgen dieser Praxis sind für die Delphinbestände katastrophal. Seit 1959 sind im östlichen tropischen Pazifik rund fünf Millionen Delphine als Beifang verendet.

1969 rückte das Problem erstmals ins Bewusstsein der Öffentlichkeit. Insbesondere in den USA wuchs der Druck auf den Gesetzgeber, gegen die Ringwadennetz-Fischerei vorzugehen, denn die Fischerei im tropischen Ostpazifik wurde dominiert von Fangflotten von der Westküste der Vereinigten Staaten und aus Hawaii. Offiziellen Schätzungen nach starben zu dieser Zeit mehr als 350.000 Delphine pro Jahr in den Netzen der Thunfischfänger. 1972 sah sich der amerikanische Kongress schließlich gezwungen zu handeln. Der Marine Mammal Protection Act (MMPA), ein Gesetz zum Schutz von Säugetieren im Meer, wurde verabschiedet. Die Schutzbestimmung sollte alle Meeressäuger vor Verfolgung, Vernichtung und Ausbeutung schützen. Die US-Thunfischindustrie versprach daraufhin, die Backing-down-Technik und andere Maßnahmen zum Schutze der Delphine flottenweit einzuführen. Allerdings brauche man für die Umstellung eine Übergangsfrist. Tatsächlich bekam die Industrie einen Zeitraum von zwei Jahren zugesprochen, in dem sie die Quote der bei ihren Fischzügen verletzten oder getöteten Delphine annähernd auf null bringen sollte. Die Zweijahresfrist verstrich, und weitere 325.000 Tiere starben in den Netzen der Fischer. 1976 strengten verschiedene Tierschutzorganisationen in den USA schließlich ein gerichtliches Verfahren an. Auf diesen öffentlichen Druck hin wurde der National Marine Fisheries Service, die für die Fischerei zuständige Abteilung der US-Umweltbehörde NOAA (National Oceanographic and Atmospheric Administration), mit einer Untersuchung der Delphinbestände beauftragt. Die Ergebnisse waren alarmierend. Die Bestände des Gemeinen Delphins waren gegenüber den 1950er Jahren, dem Zeitpunkt der ersten Erhebungen, um mindestens zwanzig Prozent zurückgegangen. Die des Schlankdelphins um sechzig und die des Ostpazifischen Delphins um 75 Prozent.

Ringwadennetz-Fischer vor der Küste von Mexiko

Den Bestimmungen des Marine Mammal Protection Act nach war jede Art, deren Bestand unter vierzig Prozent ihres Ursprungsaufkommens gesunken war, als gefährdet anzusehen und darum unter absoluten Schutz zu stellen. In die Enge getrieben, versuchte die Thunfischindustrie daraufhin mit allen Mitteln, die Glaubwürdigkeit der Zahlen zu erschüttern. Erneut beugte sich die Regierung dem Druck der Lobby und überarbeitete die Untersuchungsergebnisse. Nach der Neuberechnung waren die Bestandszahlen der Delphine auf dem Papier plötzlich deutlich gestiegen. Auch bei der Durchführung der Kontrolle der gesetzlichen Schutzbestimmungen an Bord kam es zu Schwierigkeiten. Zuständig war ausgerechnet die Fischereibehörde, zu deren Aufgaben es gleichzeitig gehörte, die Interessen der Fischer gegenüber den anderen Ressorts innerhalb der Bundesverwaltung zu vertreten. Derart in die Zwickmühle geraten, beschränkte

Ringwadennetz-Fangschiff bei der Durchfahrt durch ein Naturschutzgebiet, fotografiert von einem Mitarbeiter des US Geological Survey

Dann Blackwood, USGS

sich die Fischereibehörde darauf, die Beobachtungen von Wissenschaftlern auf den Kuttern statistisch zu erfassen.

Was einer der damaligen offiziellen Beobachter in der erwähnten Dokumentation des Earth Island Institute über die Praktiken der Fischer rekapituliert, klingt denn auch wenig ermutigend: «Obwohl ich an Bord war, verstieß der Kapitän gegen so viele Gesetze, dass ich mich fragte, was er überhaupt noch mehr hätte tun können, wenn ich nicht da gewesen wäre.» Die Strafen bei Verstößen gegen die Schutzbestimmungen ließen die Fischer relativ kalt: Einem möglichen Bußgeld von 10.000 oder 20.000 Dollar stand eine Ladung Fisch gegenüber, die leicht eine Million Dollar einbrachte. Weniger kalt ließ sie der vehemente Protest der Tierschützer. In der Praxis kam es immer wieder zu heftigen Auseinandersetzungen bis hin zu tätlichen Angriffen auf Leib und Leben der Aktivisten, die sogar mit Sprengkörpern beworfen wurden. Auf den wachsenden Druck der Öffentlichkeit hin, die immer ungeduldiger ein Ende des Delphinschlachtens forderte, gründete die Thunfischindustrie schließlich eine Stiftung zur Rettung der Delphine. Doch in den zwei Jahrzehnten des Bestehens dieser Stiftung erwies sich wiederholt, dass die angeblichen Verbesserungsvorschläge vornehmlich dazu dienten, die tatsächliche Praxis zu verschleiern und die Zustände zu beschönigen. So warb die Firma Van

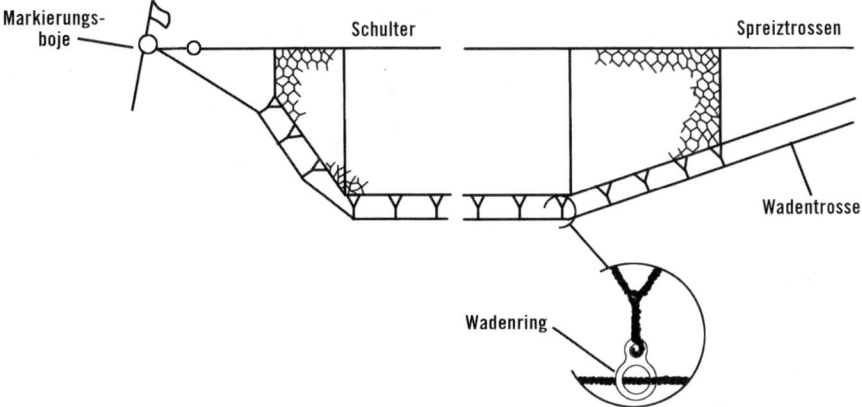

Markierungs-
boje

Schulter

Spreiztrossen

Wadentrosse

Wadenring

Camp in einem Schreiben: «Die US-Thunfischindustrie hat in Abstimmung mit den Behörden Gerätschaften entwickelt, die es ermöglichen, 99,4 Prozent der Delphine wieder freizulassen, die beim Thunfischfang mit ins Netz gehen.» Die Umweltschützer machten eine andere Rechnung auf. Würden von einem Delphinschwarm mit etwa 1.000 Tieren tatsächlich rund 95 Prozent überleben, so das Argument, dann müssten rund 950 Tiere dieses Schwarms weiter munter die Ozeane durchpflügen. Erfahrungsgemäß gehe ein und derselbe Schwarm aber im Laufe eines Jahres mehrmals in verschiedene Netze; der Statistik nach passiere das zwischen acht- und zehnmal. Der Rechnung der Thunfischindustrie liege in diesem Fall nur die Gesamtzahl gefangener Delphine zugrunde, also beispielsweise 8.000 Tiere, von denen dann nur etwa fünf Prozent, also 400 Delphine, getötet würden. Da es sich aber um den gleichen Schwarm handle, der achtmal ins Netz gegangen sei, so die Umweltschützer, entspreche diese Zahl in Wirklichkeit einer Mortalität nahezu des halben Schwarms, nämlich 400 von 1.000 Delphinen.

Besonders bestürzend ist, dass die Ausrottung der Delphine im östlichen Pazifik allein auf das Konto menschlicher Sturheit und Habgier geht. Nahezu 95 Prozent der Thunfische weltweit werden gefangen, ohne dass Delphine im Beifang sterben müssen. Auch an der Fangmethode allein liegt es nicht. Im Indischen Ozean und im westlichen Pazifik, wo die Thunfische nicht die Nähe der Delphine suchen, werden bis heute Ringwadennetze ohne dieses Beifangproblem eingesetzt. Treibnetze sind zwar bis heute weltweit verantwortlich für den Tod einer Vielzahl von Delphinen, die sich in den Maschen verfangen. Vor allem die spanischen und italienischen Flotten im Mittelmeer, die Netze von teilweise über 18 Kilometern Länge einsetzen, sowie die französischen Fischer in der Biscaya sind für die dortigen Delphinpopulationen eine ständige Gefahr. Da sie jedoch von ihren nationalen Regierungen gestützt werden, konnte sich in der Europäischen Union erst seit 2002 ein stufenweiser Abbau der Treibnetzflotten durchsetzen. Fairerweise ist aber zu sagen, dass die Zahlen der in diesen Netzen verendenden Delphine in keiner Hinsicht vergleichbar sind mit denen im tropischen Ostpazifik. Die beschriebenen verheerenden Auswirkungen dort sind einzig und allein der gezielten Verknüp-

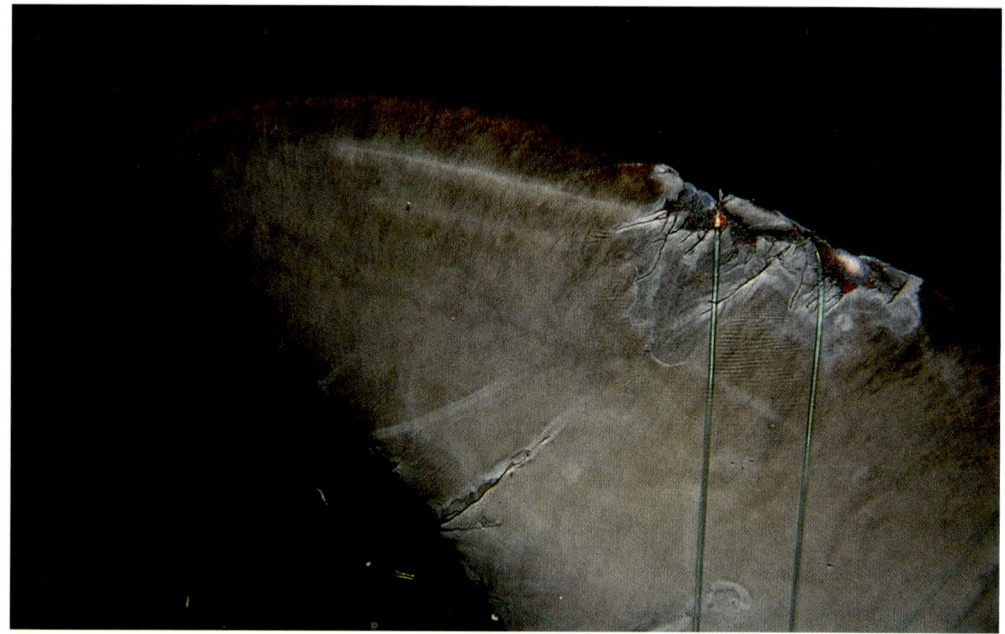

Von einem Treibnetz verstümmelte Rücken-flosse eines Weißseiten-delphins

fung von Ringwadennetz-Fischerei und Delphinvorkommen geschuldet. Den Tieren wird dabei zusätzlich zum Verhängnis, dass bei ihnen Solidarität einen besonderen Stellenwert hat. «Delphine leben in sehr engen Gemeinschaften, mit Verwandtschaftsbeziehungen, die die Tiere über lange Zeiten zusammenhalten», erklärt Prof. Bernd Würsig, Verhaltensforscher an der Texas A & M University in Galveston. «Darüber hinaus gibt es etwas, das man durchaus als Freundschaft bezeichnen kann. Die Tiere kennen sich und kooperieren im Schwarm in allen Lebenslagen. Schon kleine Störungen in diesem eng verwobenen System können die ganze Gemeinschaft enorm beeinträchtigen.» Diese Verhaltensmerkmale sind auch der Thunfischindustrie bekannt. Delphine zu jagen, um Thunfische ins Netz zu treiben, bedeutet im Klartext, um des Profits willen die Ausrottung der gemeinschaftssinnigen Säuger in Kauf zu nehmen.

Eine Schwierigkeit, den Praktiken im Ostpazifik ein Ende zu bereiten, lag in den mangelnden Kontrollmöglichkeiten. Bis heute versteht es die internationale Thunfischindustrie immer wieder, durch Ausflaggung der Schiffe nationale Restriktionen zu umgehen. 1972 waren in den USA etwa neunzig Kutter am Thunfischfang im tropischen Ostpazifik beteiligt. Nachdem die Schutzbestimmungen in Kraft traten, sank diese Zahl auf eine Hand voll. Die anderen Schiffe fuhren unter ausländischen Flaggen oder fischten im westlichen Pazifik. Zwar hatte man damit, bezogen auf die USA, einen ersten Erfolg erzielt, aber um den Preis, dass ein Großteil der Aktivitäten im Thunfischfang nun der Kontrolle entzogen war. Während die Kutter unter US-amerikanischer Flagge fuhren, hatten die offiziellen Beobachter wenigstens einen ungefähren Eindruck von der Zahl der Delphine erhalten, die bei der Jagd umkamen. Mit der Ausflaggung waren die ehemals amerikanischen Kutter der Kontrolle der US-Behörden entzogen,

ohne dass sich die Zahl der tatsächlich im Thunfischfang tätigen Schiffe wesentlich reduziert hatte, ein Zustand, der auch heute noch eine genaue Übersicht über die Delphinsterblichkeit erschwert. Schätzungen gehen jedoch von einem fünf- bis zehnmal höheren Delphinbeifang aus, als offiziell gemeldet wird.

Anbordhieven des Thunfischfangs auf ein taiwanesisches Treibnetzfischerboot

Die länderübergreifende Koordination des Thunfischfangs im tropischen Ostpazifik oblag der Interamerikanischen Tropischen Thunfischkommission (IATTC), die 1950 auf Initiative Costa Ricas und der USA zur Regelung der Aktivitäten der dort fischenden Nationen gegründet worden war. Laut Satzung gehörte es zu ihren Aufgaben, «die Arten im östlichen Pazifischen Ozean zu erforschen, um die Auswirkungen der Fischerei und natürlicher Faktoren auf die Bestände zu bestimmen» sowie «angemessene Schutzmaßnahmen zur Erhaltung der Bestände für eine maximale, nachhaltige Ausbeute zu empfehlen». 1976 war zu den Pflichten der Kommission die Aufgabe hinzugekommen, das Problem des Delphinbeifangs zu klären. Die IATTC ergänzte seitdem die Zahlen der US-Flotten um jährlich veröffentlichte Schätzungen der Menge von Delphinen, die beim Thunfischfang anderer Nationen in der Region umkamen. Allerdings verließ die Kommission sich dabei allein auf die Angaben der Kapitäne. Unter diesen Umständen lag der Verdacht nahe, dass die Zahlen das Bild verzerrt wiedergaben – ein Zustand, der dem Umwelt-Aktivisten und Biologen Sam La Budde keine Ruhe ließ. La Budde wollte genauer wissen, was auf den Schiffen geschah, die unter der Flagge eines Staates wie Mexiko, Panama oder Venezuela fuhren. Er war selbst Fischer gewesen, und so heuerte er, mit einer Kamera ausgerüstet, in Mexiko auf einem panamaischen Thunfischfänger an. Am 1. Januar 1988 erhielt das Schiff die Genehmigung, in den Gewässern vor Costa Rica zu fischen, und verfolgte dazu einen Schwarm Ostpazifischer Delphine, von denen schon 1980 weltweit nur noch etwa 9.000 gezählt worden waren und die man darum offiziell zur geschützten Art erklärt hatte. Für die Leute an Bord war La Budde nur ein filmbesessener, verrückter Gringo, und ihm gelang, vieles zu filmen, was bislang niemand vor die Kamera bekommen hatte. «Es waren mehr als 1.000 Delphine im Netz», erinnert er sich in seiner TV-Dokumentation. «Und es war das Schlimmste, was ich je gesehen habe. Hunderte von Tieren waren unter dem Netz gefangen und kämpften um ihr Leben. Sie versuchten zum Atmen an die Wasseroberfläche zu kommen. Aber das schwere Nylonnetz machte es unmöglich. Andere hatten sich in den Maschen verfangen und wurden mit dem Netz aus dem Wasser gehievt. Ihnen wurden die Mäuler und Flossen abgerissen, dann fielen sie wieder ins Wasser zurück. Andere wurden in die Winde gezogen und buchstäblich bei lebendigem Leib zerquetscht.»

1988 stand der Marine Mammal Protection Act im amerikanischen Kongress zur Verlängerung an. Die Vertreter der US-amerikanischen Thunfischindustrie gingen davon aus, dass die zulässige Zahl getöteter Delphine routinemäßig erhöht werden würde, obwohl die Quote zu einer Zeit festgelegt worden war, als noch neunzig Thunfischkutter unter amerikanischer Flagge fuhren. Doch das von La Budde gedrehte Filmmaterial belegte, dass das Abschlachten unvermindert weiterging. Das Senatskomitee für Wissenschaft und Technologie berief daraufhin eine Sondersitzung ein, um sich das Video anzusehen. Selbst David Borny, Rechtsberater der amerikanischen Thunfischlobby, musste damals vor laufenden Kameras sichtlich bewegt zugeben: «Ich möchte eines klarstellen: Was der Film zeigt, ist verabscheuungswürdig. Jeder in der US-Thunfischindustrie würde die dargestellten Vorgänge an Bord des Kutters verurteilen. Leider kann man nicht sagen, dass, was wir gerade gesehen haben, ein bedaulicher Einzelfall war. Wenn man sieht, wie hier an Bord vorgegangen wird, muss man den Eindruck gewinnen, es seien nicht die geringsten Anstrengungen unternommen worden. Die Vorgänge stehen in völligem Widerspruch zu den entsprechenden Unterlagen der US-Thunfischflotte der letzten zehn Jahre.» 16 Jahre nach Inkrafttreten der Schutzbestimmungen für Meeressäuger starben jährlich noch immer 20.000 Delphine in amerikanischen Thunfischnetzen – völlig legal im Rahmen der Quotenfestlegung. Die Zahl der Tiere, die in den Netzen anderer Länder verendeten, so stellte sich in den Anhörungen heraus, war vermutlich etwa fünfmal so hoch. Umweltschutzorganisationen forderten daraufhin, die Quoten innerhalb von vier Jahren auf null zu fahren, da die Industrie nur so gezwungen werden könne, alternative Fangmethoden zu entwickeln. Die Lobby der US-amerikanischen Thunfischindustrie konterte mit dem Argument, dass dann die Flotten anderer Länder, die nicht der Kontrolle unterstünden, die Fanggründe übernehmen und auf andere Märkte ausweichen würden.

Gegen dieses Argument sprach, dass Europa und die USA achtzig Prozent des weltweiten Absatzmarktes für Dosenthunfisch stellten. Nur wenige Drittweltländer konnten sich Dosenfisch leisten. Die einzig nennenswerte Alternative als Großabnehmer für Thunfisch wäre Japan gewesen, hier bevorzugte man aber frischen Fisch, sodass das Land als Abnehmer von Gelbflossenthunfisch in Konserven nicht infrage kam. Die Menschen in Europa reagierten zudem auf die Enthüllungen der Praktiken der Fangflotten ähnlich entsetzt wie die amerikanischen Konsumenten. «Als die europäische Öffentlichkeit die Bilder der Delphine sah, die in den Thunfischnetzen erstickten, gab es einen großen Aufschrei», erinnert sich Ernst Klatte, damals Direktor des Umweltbüros der Europäischen Gemeinschaft. «Man hatte nicht gewusst, dass Derartiges passierte. Abgeordnete aller Parteien forderten im Europäischen Parlament die Gemeinschaft auf, sofort geeignete Maßnahmen zu ergreifen, um die Thunfischindustrie am Abschlachten der Delphine zu hindern.» Die Europäische Gemeinschaft war aus mehreren Gründen gefordert, aktiv zu werden. Einmal konnte sie aufgrund ihrer politischen Binnenstruktur den öffentlichen Protest noch weniger ignorieren als die USA. Zum anderen wollte Europa mit seinen starken grünen Parteien nicht Abladeplatz für Dosenthunfisch werden, der derart ökologisch bedenklich gefangen worden war. Und drittens wollte die Gemeinschaft aus außenpolitischen Gründen der US-Administration ermutigend signalisieren, dass sie Sorge trug, die Schutzbestimmungen für Meeressäuger effektiv umzusetzen. Entgegen allen Erwartungen verabschiedete jedoch der amerikanische Kongress die Bestimmungen unverändert in ihrer ursprünglichen, für die Thunfischindustrie günstigen Form. Die in den 1970er Jahren festgelegte Tötungsrate von 20.000 Tieren wurde beibehalten, obwohl mittlerweile nur noch ein halbes Dutzend amerikanischer Thunfischfangschiffe im Ostpazifik unterwegs war.

Parallel zu den Vorgängen im Kongress waren die drei größten US-amerikanischen Firmen, die Thunfisch verarbeiteten, mit Briefen überschüttet worden. Darin verlangten aufgebrachte Verbraucher von den Firmen, keinen Thunfisch mehr zu verarbeiten, der auf Kosten der

Delphine gefangen worden war. Am 12. April 1990 gab Anthony O'Reilly, Vorsitzender des Nahrungsmittelkonzerns Heinz und der Herstellerfirma von «Star Kist», auf einer Pressekonferenz eine Erklärung ab, die in der Branche wie eine Bombe einschlug. Er kündigte an, dass «Star Kist» fortan ausschließlich «delphinsicher» gefangenen Thunfisch einkaufen werde. Nur wenige Tage nach dieser Ankündigung zogen zwei weitere

«Delphinsicherer» Thunfisch der Marken «Star Kist», «Chicken of the Sea» und «Bumble Bee»

Verendeter Weißstreifen-delphin in einem französischen Treibnetz

große US-Firmen nach, «Bumble Bee» und «Chicken of the Sea». Praktisch über Nacht mussten alle Thunfischer, die die Nahrungsmittelindustrie der USA belieferten, den Fang von Thunfischen, die von Delphinen begleitet wurden, einstellen und in den westlichen Pazifik wechseln, wo keine Delphine gefährdet wurden. Der Markt für Thunfisch auf Kosten der Delphine war zusammengebrochen. Ein durchschlagender Erfolg für die Tier- und Umweltschutzorganisationen. Im gleichen Jahr beschloss der Kongress in Washington den so genannten Dolphin Protection Consumer Information Act, ein Gesetz, das bestimmte Kriterien für die Bezeichnung «delphinsicher» festlegte. Zwar wurde darin die Auszeichnung für Thunfischfleisch nicht bindend vorgeschrieben, aber aufgrund des Drucks vonseiten der Verbraucher waren die Hersteller von sich aus an dem Prädikat interessiert.

1992 unterzeichneten die in der IATTC organisierten Staaten das so genannte La-Jolla-Abkommen. Es forderte neben der Entwicklung von Fangmethoden, die auf das Einkreisen von Delphinen beim Fang von Großen Gelbflossenthunfischen verzichteten, die Verminderung des Fangs von Delphinen bis zu einer an null grenzenden Quote. Zur Kontrolle wurde ein international besetzter Ausschuss eingerichtet, der sich dreimal im Jahr zu treffen hatte und dem Vertreter der Regierungen, der Industrie und von Umweltschutzorganisationen angehörten. Zwar war das La-Jolla-Abkommen keine verbindliche Festlegung, das heißt, es hatte kein Gewicht in der internationalen Gesetzgebung, und jedes Land konnte sich davon lösen, wann immer es opportun erschien, aber in der Praxis funktionierte es besser als erwartet. 1995, im ersten Jahr seines Inkrafttretens, starben nach offiziellen Angaben weniger als 4.000 Delphine durch Ringwadennetze, 1996 lag die Zahl bei 2.754, und 1998 konnte die jährliche

Sterblichkeitsrate auf unter 2.000 gesenkt werden. Allerdings lag diese positive Entwicklung zum Teil daran, dass die internationale Fangflotte nun außerhalb des tropischen Ostpazifiks fischte, und es war absehbar, dass sie in die thunfischreichen Fanggründe dieser Region zurückkehren würde. 1995 wurde deshalb auf Drängen von Greenpeace und anderen Umweltschutzorganisationen die «Panama-Deklaration» verabschiedet, ein verbindliches Abkommen für ein Internationales Delphinschutzprogramm (IDCPA), das 1999 in Kraft trat und unabhängige Kontrolleure an Bord aller Thunfischfänger im tropischen Ostpazifik vorschreibt. Außerdem muss die Herkunft des Thunfischs nachweisbar sein, vom Fangboot bis zur Dose.

Nach Angaben der US-Regierung sank die Todesrate während des Jahres 1999 von 15.550 auf 3.716 Tiere. Allerdings wurde 2002 ein geheimes Dokument bekannt, aus dem hervorgeht, dass diese Zahlen irreführend sein könnten: Im Dezember 2002 spielte das Earth Island Institute der Nachrichtenagentur Associated Press einen Report des National Marine Fisheries Service zu, der feststellt, dass sich die Bestände nicht, wie eigentlich erwartet, erholen. Weiterhin kommen Tausende von Delphinen, insbesondere Delphinbabys, im tropischen Ostpazifik beim Thunfischfang durch mexikanische, venezolanische und kolumbianische Flotten ums Leben. Der Bericht belegt, dass in den Jahren 1997 bis 2002 im Rahmen des Thunfischfangs westlich von Mittelamerika und Mexiko im Jahresdurchschnitt 9,3 Millionen Delphine gejagt wurden und 2,3 Millionen Exemplare als Beifang im Netz landeten. Das Earth Island Institute warf der Bush-Administration vor, den Bericht bewusst zurückzuhalten, um die US-Wirtschaftshilfe für Mexiko und andere Staaten, von denen angeblich «delphinsicherer» Thunfisch in die USA importiert wurde, nicht infrage zu stellen. Zudem hatte sich die US-Regierung im Jahr zuvor um eine Lockerung der strengen Vorschriften für die Kennzeichnung von Thunfisch bemüht, war aber vor Gericht gescheitert.

Experten haben immer wieder darauf hingewiesen, dass ein Verbot des Thunfischfangs in den Gewässern des tropischen östlichen Pazifiks keine dauerhafte Lösung sei. Vielmehr gehe es darum, wirksame Methoden zu entwickeln, den Großen Gelbflossenthunfisch zu jagen, ohne dabei Delphine zu töten. Experimente mit alternativen Fangmethoden zielten entweder darauf ab, Delphine und Thunfische voneinander zu trennen oder die gefangenen Delphine sicher und schonend aus den Netzen zu befreien. Beides ohne großen Erfolg. Die neuere Forschung versucht deshalb herauszufinden, was die Großen-Gelbflossenthunfisch-Schwärme auf die Spur der Delphine bringt, letztlich um die gefährdeten Meeressäuger durch andere Köder zu ersetzen. Dem Marine Mammal Fund, an dem das Monterey Bay Aquarium, das Scripps-Institut für Ozeanographie der Universität von Kalifornien in San Diego sowie die Universität von Hawaii beteiligt sind, ist es in Zusammenarbeit mit den Fischern und dem National Marine Fisheries Service gelungen, eine vielversprechende Perspektive zu eröffnen.

«Wie gelingt es den Thunfischen überhaupt, die Delphinschwärme zu finden? Wir glauben, aufgrund von Geruchsstoffen, die die Schwärme mit

Kennzeichnung für «delphinsicheren» Thunfisch

ihrem Kot und Urin auf dem Weg durch den Ozean zurücklassen. Wir vermuten, dass die Thunfische die Duftfahne zur Orientierung nutzen», erklärt Henry Ganzy, Leiter des Forschungsprogramms. Gewebeproben getöteter Delphine, die die Fischereibehörde dem Marine Mammal Fund überlassen hat, werden in ihre molekularen Bestandteile zerlegt. An gefangenen Großen Gelbflossenthunfischen untersucht man, wie die Fische auf die einzelnen Bestandteile reagieren. Die Wissenschaftler sind so auf eine Reihe von Substanzen gestoßen, auf die die Fische ansprechen und die derzeit mit frei lebenden Thunfischen im tropischen Ostpazifik weitergetestet werden. Längerfristig hofft man, diese Stoffe synthetisch herzustellen und den Fischern als Köder zur Verfügung zu stellen. Für die Weiterentwicklung der traditionellen Schleppnetzfischerei experimentiert man, nach einer Meldung von BBC online, an der Universität von St. Andrews in Großbritannien mit Netzen, die über eine besondere Vorrichtung größeren Fischen wie Delphinen und Haien das Entkommen ermöglichen. Daneben sind so genannte Pinger in der Erprobung, die in unregelmäßigem Abstand im Ultraschallbereich Töne abgeben, um die Delphine zu verscheuchen.

Auch in Europa steht es mit dem Schutz der Delphine nicht zum Besten. Insbesondere im westlichen Teil des Kanals werden immer wieder tote Delphine angeschwemmt. Allerdings werden hierfür nicht allein die Fischerei, sondern auch natürliche Ursachen verantwortlich gemacht. Die Europäische Union ist der weltweit größte Markt für Dosen-Thunfischprodukte, mit Großbritannien und Italien als führenden Konsumentenländern. Nahezu alle Hersteller von Thunfischprodukten in Europa haben heute ihre Dosenware mit dem Etikett «delphinfreundlich» oder «delphinschonend gefangen» versehen; aber nach europäischem Recht sind diese Aussagen bisher nicht verbindlich. Anders als in den USA unterliegen sie keinen Kontrollen mit genau definierten Auflagen; ebenso wenig geben sie eine Garantie für eine nachhaltige, das heißt ökologisch verträgliche Fischerei. Zwar verabschiedeten die Vereinten Nationen 1992 eine Resolution, die alle beteiligten Regierungen verpflichtete, nicht nur die Ringwadennetz-Fischerei, sondern allgemein die Hochsee-Treibnetz-Fischerei weltweit einzustellen. Um die Flotten einzelner Mitgliedsländer zu schützen, wurde die Resolution jedoch von der Europäischen Union nicht anerkannt. Die spanische Flotte operierte weiterhin weltweit mit Treibnetzen, französische Schiffe fingen Gelbflossenthunfisch im Golf von Biscaya, und Italien, das mit 600 Einheiten über die weltweit größte Treibnetzflotte verfügte, fischte im Mittelmeer. Daneben setzten auch Irland und Großbritannien im westlichen Atlantik Treibnetze ein. Erst 1998 konnten sich die Fischerei- und Landwirtschaftsminister der EU zu einem Verbot der Treibnetzfischerei durchringen. Der Beschluss sah vor, dass in einer dreijährigen Übergangsphase die betroffenen EU-Staaten ihre Treibnetzflotten auflösen mussten. Seit dem 1. Januar 2002 dürfen in EU-Gewässern die so genannten Todeswände nicht mehr ausgelegt werden. Für nicht unbeträchtlichen Ärger unter den betroffenen Fischern sorgte, dass japanische Thunfischflotten mit riesigen Fabrikschiffen, die den Thunfisch noch an Bord verarbeiten, weiter ungehindert im Mittelmeer operieren durften,

nachdem sie ihre angestammten Fanggebiete im Indischen Ozean und Pazifik leer geräumt hatten.

Laut FAO sind weite Teile des Atlantiks, des Indischen und Pazifischen Ozeans bereits überfischt. Viele Fische werden vor der Geschlechtsreife gefangen und können sich nicht mehr fortpflanzen. Die führenden Nationen im Thunfischfang – Japan, Taiwan, Mexiko, Korea, USA, Spanien und Frankreich – haben die Meere weltweit derart rücksichtslos ausgebeutet, dass die Fischer in vielen ärmeren Ländern mit ihren traditionellen Fangmethoden leer ausgehen. Besonders gefährdet ist der Blauflossenthunfisch. Auf japanischen Märkten erzielt diese Art horrende Preise. Sashimi-Freunde zahlen dort bereitwillig über 200 Dollar pro Kilo. Ein weiteres Problem sind Fischer, die unter der Flagge eines Staates fahren, der den entsprechenden Fischereiabkommen nicht beigetreten ist und somit keine Fangquoten zugeteilt bekommen hat. Greenpeace bezeichnet sie als Piratenfischer. Anbieter von Billigflaggen für diese Fischerei sind Belize, Honduras, Panama, St. Vincent und Grenada in Mittelamerika oder Zypern im Mittelmeer. Aber die Auftraggeber sitzen in Europa, Japan und den USA und können so die internationalen Regeln und die Gesetze ihrer Heimatländer umgehen. Nach einer 1999 von Japan und den USA veröffentlichten Studie ist die Zahl der Piratenfischer etwa genauso hoch wie die Zahl der legalen Thunfischfänger.

Verendetes Delphinbaby in einem illegalen italienischen Treibnetz

Delphine und Thunfische

Methoden der Hochseefischerei

Schleppnetze (Abbildungen S. 15 und 119): Bei dieser Technik schleppt ein Trawler – *to trawl* bedeutet: ziehen, schleppen – ein trichterförmiges Netz an langen Leinen hinter sich her. Man unterscheidet die Pelagialnetz- und die Grundnetzfischerei. Grundschleppnetze werden mehrere Stunden lang über eine Distanz von 15 Kilometern und mehr über den Meeresboden gezogen, um Grundfische oder nahe dem Grund lebende Fische wie Schollen, Heilbutt, Seezunge und Flunder zu fangen. Ökologisch ist die Grundnetzfischerei nicht vertretbar, da der Meeresboden quasi abrasiert wird und dabei im Sediment lebende Pflanzen- und Tierarten freigelegt und andere Arten verschüttet werden. Hat das Grundnetz zu enge Maschen, bleiben zudem viele Jungtiere hängen, deren Habitat der Bereich am Meeresboden und dicht darüber ist, eine Nebenwirkung, der man durch gesetzliche Festlegung der Maschengröße beizukommen versucht. Pelagische oder Schwimmschleppnetze schweben, durch Schwimmer in einer bestimmten Tiefe gehalten, im freien Wasser – dem Pelagium – und werden mit höherer Geschwindigkeit geschleppt.

Langleinen: Bei dieser Fangmethode befinden sich an einer langen Leine dünnere Schnüre, versehen mit Haken, an denen Köder hängen. Die Leine kann von einem Schiff geschleppt werden oder an Bojen befestigt nahe

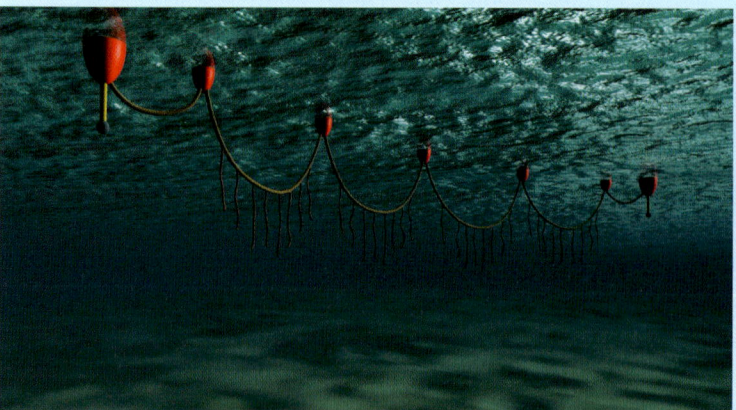

der Wasseroberfläche treiben. Die Fischerei mit Langleinen ist personalaufwendig, und die Erträge liegen deutlich niedriger als bei anderen Methoden. Langleinen werden vor allem im Fang von Schwertfisch, Thunfisch und Haien eingesetzt. Tödliche Beifänge kommen bei dieser Methode eher selten vor. Einer ökologisch verantwortungsvollen Fischerei mit Schlepp- oder Langleinen, wie sie etwa baskische Fischer beim Thunfisch-

fang im Atlantik praktizieren, steht die großindustrielle Langleinenfischerei im Mittelmeer oder Südpolarmeer gegenüber. Die baskischen Fischer
verwenden meist zwischen vier und acht Haken. In der industriellen
Fischerei dagegen werden zum Teil mehr als hundert Kilometer lange Leinen mit bis zu 3.000 Haken ausgelegt. Entsprechend hoch ist die Belastung der Fischbestände und der Anteil an Beifang anderer Meerestiere.

Treibnetze: Sie werden am oberen Ende durch Schwimmer an der Wasseroberfläche gehalten und durch Gewichte am unteren Ende gespannt.
Ihr Tiefgang beträgt bis zu dreißig Meter. Durch die heutigen leichten
Materialien ist das Maschengewebe sehr dünn und wird von den Fischen
beim Heranschwimmen nicht als Hindernis erkannt. Die Maschenweite
ist so ausgelegt, dass die Fische mit ihrem nach hinten an Umfang zuneh-

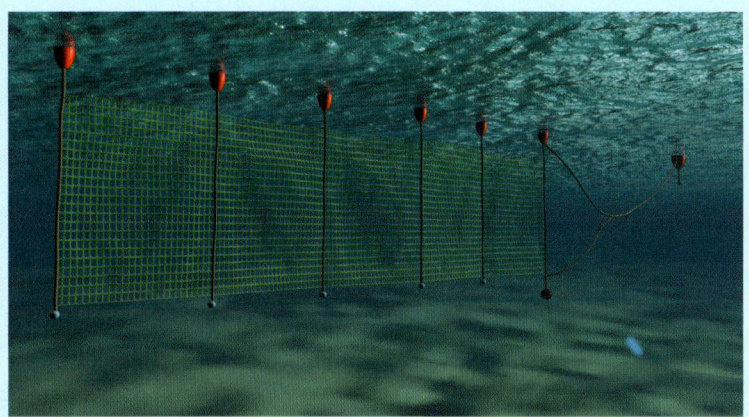

menden Leib hängen bleiben und aufgrund ihrer Kiemen, die wie Widerhaken wirken, festsitzen. Treibnetze dienen dem Fang von im freien Was-
serraum lebenden Fischen wie Gelbflossenthunfisch, Sardinen, Hering,
Schwertfisch und Lachs. An der Fangmethode wird kritisiert, dass sie zu
wenig selektiv sei und sich in den Netzen zu viele Wale, Delphine und
andere Meeressäuger, Seevögel und Reptilien verfangen. Innerhalb der
EU ist darum seit Januar 2002 der Einsatz der großen Treibnetze im
Thunfischfang verboten.

Ringwadennetze (Abbildung S. 98): Eng verwandt mit der Teibnetz-
fischerei ist die Ringwadenfischerei, auch Purse-Seine-Technik genannt.
Bei dieser Fangmethode wird ebenfalls ein von der Wasseroberfläche her-
abhängendes Netz verwendet, dabei der Fischschwarm jedoch hufeisen-
förmig eingekreist. Sobald die beiden Enden des langen und tief reichen-
den Netzes zusammengeführt sind, wird der Boden des Netzes zusammengezogen, sodass die Fische in einem Netzsack gefangen sind. Wird
die Technik korrekt eingesetzt, ist mit ihr ein stark selektives Fischen
möglich.

Nordatlantik

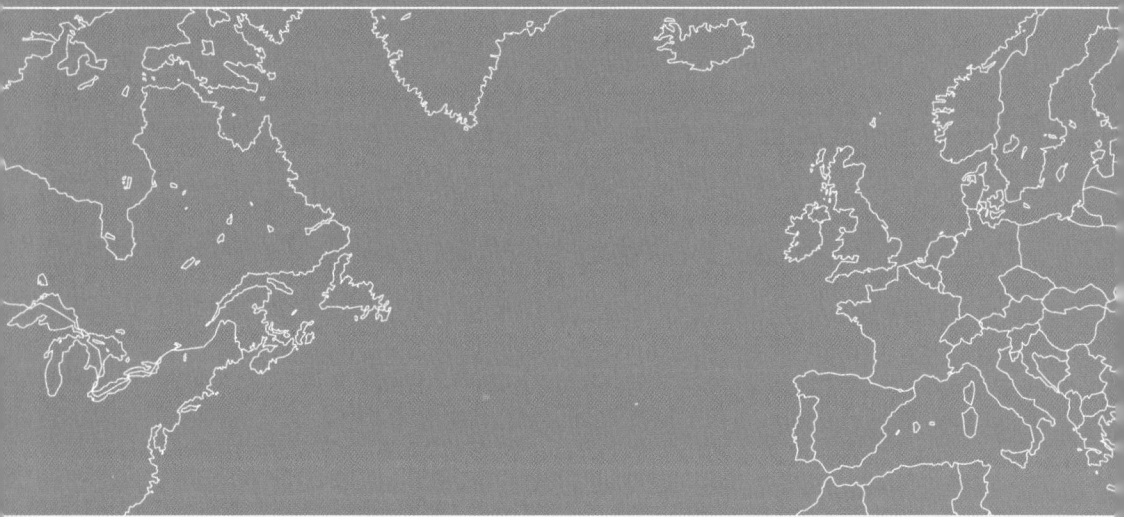

Kabeljau

Der Fisch, der Geschichte machte

Majid schüttelt den Kopf. «Nein», sagt er und wischt sich die Hände an der Schürze ab. «Fish & Chips, das ist längst kein Imbiss für arme Leute mehr. Heute gilt es auch unter den Singles und Yuppies als schick, sich mal eben eine Portion zu holen.» Majid arbeitet im ältesten Fish-&-Chips-Geschäft im englischen Bath. Über dem Tresen hängt ein Leuchtschild, auf dem «Cod» und «Haddock» angeboten werden, die kleine Portion zwei Pfund fünfzig, die große für drei Pfund fünfundneunzig, umgerechnet also für knapp vier und sechs Euro. Der Schellfisch ist etwas teurer. Majid arbeitet allein. Vorne im Laden steht ein älteres Paar, dessen verbrauchten Gesichtern man ein Leben harter Arbeit ansieht. Daneben wartet ein junger Mann, den dunkelblauen Kaschmirpullover lässig um die Schultern gelegt, mit seiner Freundin. Sie hat die Sonnenbrille Marke Gucci zurück in die Haare geschoben und schaut gelangweilt zu, wie die Bestellung der beiden in Papier gewickelt wird. Nach wenig Geld sieht das in der Tat nicht aus.

Fish & Chips in der Kingsmead Street im Zentrum von Bath

«Cod and Haddock», Kabeljau und Schellfisch, das waren, neben dem Hering, einst Englands «Brotfische Nummer eins» für die städtische Arbeiterklasse – billig und in Massen vorhanden. Heute ist Kabeljau nicht nur im Stammland seiner Verzehrer eigentlich viel zu kostbar, um einfach in altes Zeitungspapier eingeschlagen über die Theke gereicht zu werden. Fast in allen Gewässern, in denen der große Speisefisch vorkommt, sind die Bestände rapide zurückgegangen. «Insbesondere vor Grönland und vor Neufundland ist mit einer Erholung in absehbarer Zeit nicht zu rechnen», hieß es schon 1998 lakonisch unter Punkt 106 im Agrarbericht der deutschen Bundesregierung. Mittlerweile hat sich die Situation noch weiter verschlechtert. Der Internationale Rat für Meeresforschung (ICES), der die Höchstfangquoten vorschlägt, warnte auf seiner Jahrestagung 2002 vor dem unmittelbar drohenden Zusammenbruch der Kabeljaubestände in Nordsee, Irischer See und westlich von Schottland. Als die EU daraufhin eine Null-Quote für 2003 ankündigte, löste das unverzüglich wütende Proteste der betroffenen Fischer aus. Um den Kabeljaubeständen tatsächlich Zeit zur Erholung zu geben, hatten die ICES-Experten empfohlen, das Fangverbot auf alle Fischereisparten auszudehnen, bei denen der Kabeljau zwangsläufig als Beifang ins Netz geht. Im Mai 2003 wiederholten die Experten ihre Forderung nach einem kompletten Fangverbot. In

Abnahme der Kabeljau-bestände in der Nord-see. Deutlich zu erken-nen die Erholung der Bestände durch das Fangverbot 1977–1981

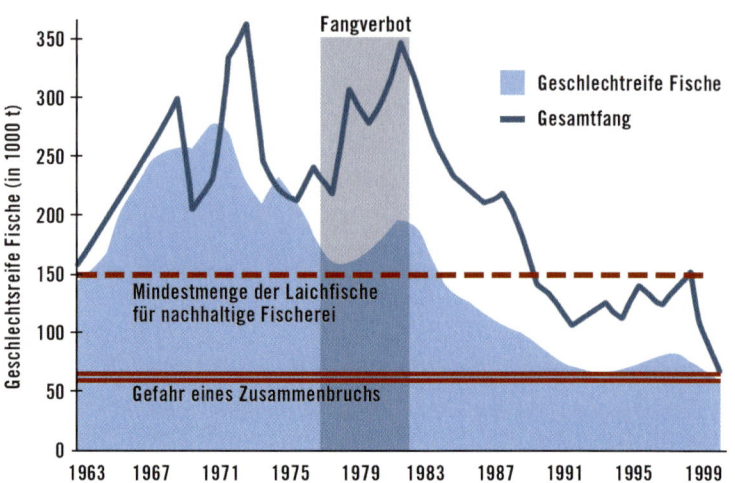

der Praxis werden die ICES-Vorgaben jedoch in den nationalen politischen Gremien verwässert, um die eigenen Fischindustrien zu schützen. Cornelius Hammer vom Institut für Ostseefischerei in Rostock hat errechnet, dass die tatsächlich festgelegten Quoten in den letzten 15 Jahren durchschnittlich um dreißig Prozent höher ausfielen als empfohlen. Die Bestandsdichte einer Fischart kann auch bei starker Befischung erhalten bleiben, wenn genug Jungfische überleben. Es gibt dabei jedoch eine biologische Grenze. Ist diese unterschritten, wird es ernst. Nach Meinung der Experten des ICES sind allein in der Nordsee 70.000 Tonnen fortpflanzungsreifer Fische unabdingbar, um die Kabeljaubestände stabil zu halten. Derzeit sind es allerdings nur etwas über 35.000 Tonnen. In Kanada wurde der Kabeljaufang bereits 1992 verboten.

Das war nicht immer so. Es gab eine Zeit, da waren die Kabeljau-bestände so groß, und es war so viel Geld damit zu verdienen, dass der Handel mit dem Fisch ganze Regionen reich machte. Mark Kurlansky, Verfasser des ebenso anspruchsvollen wie unterhaltsam geschriebenen Buches *Kabeljau – Der Fisch, der die Welt veränderte*, bringt sogar die Gründung der USA mit einem Streit im Kabeljauhandel in Verbindung. Wenn man ihm glauben möchte, hatte die Loslösung der nordamerikanischen Kolonien von Großbritannien entscheidend damit zu tun, dass die britische Krone den neuenglischen Kaufleuten verwehrte, ihren Kabeljau abzusetzen. Vor allem die Handelshäuser in Massachusetts hatten die überreichen Kabeljaufänge der heimischen Fischer, nach Abzug des Bedarfs der lokalen Märkte, zu den Westindischen Inseln verschifft, die zu Frankreich gehörten, und dort gegen Melasse eingetauscht.

Als die britische Krone 1733 den neuenglischen Import von Melasse aus nichtenglischen Kolonien mit hohen Zöllen belegte, bedeutete das für den Tausch Kabeljau gegen Melasse theoretisch das Aus. Praktisch aber wurde nur der Schleichhandel gefördert. 1764 senkte die Krone zwar die Steuer auf Melasse, erhob aber gleichzeitig neue Steuern auf Madeira und Zucker, um die Konsumenten zum Wechsel von Madeira zu Portwein zu zwingen, dessen Handelsmonopol in den Händen britischer Kaufleute lag. Den Einbruch im Madeira-Kabeljau-Handel hätten die Neuengländer noch verschmerzt, aber der Stachel beim Zuckerhandel saß, war doch Zucker die Grundlage für Rum. 1769 beklagte sich Massachusetts über das Schrumpfen seiner Kabeljaufangflotte um 400 Fahrzeuge und führte den Rückgang auf die Handelsbeschränkungen zurück. Nachdem 1773 die Bewohner von Boston im Protest gegen einen weiteren Einfuhrzoll wütend ihre eigenen Schiffe geentert und die Waren über Bord geworfen hatten, schloss die Krone den Hafen. Kurz danach bereitete London ein Gesetz vor, das die Neuengländer verpflichtete, Handel nur mit britischen Häfen zu treiben, und sie darüber hinaus von den vor ihrer Nase gelegenen Fischgründen der Grand Banks ausschloss. Es trat am 12. Juli 1775 in Kraft. Da allerdings hatten die neuenglischen Siedler bereits zu den Waffen gegriffen.

Wie schon beim Walfang waren die findigen Basken die ersten Europäer, die das kommerzielle Potenzial des Kabeljaus entdeckten und ein verzweigtes Handelssystem aufbauten. Möglich wurde dies durch eine Methode, die man bereits von der Vermarktung des Walfleisches kannte: die Konservierung durch Einsalzen. Im ganzen Mittelmeerraum gab es natürliche Salzlagerstätten. Bereits die Ägypter und die Römer des klassischen Altertums salzten Fisch und trieben Handel damit. Bereits in der Antike hatte man Salinen zur Salzgewinnung aus dem Meerwasser angelegt. Grundsätzlich war das Pökeln also im römisch beherrschten Europa nichts Neues, es galt als schmackhafte Methode zur Herstellung einer haltbaren Delikatesse. Als die baskischen Walfänger des frühen Mittelalters das Pökeln auf den Kabeljau anwandten, entdeckten sie, dass der Fisch noch weit länger haltbar blieb, als sie es vom Walfleisch gewohnt waren. Das Fleisch des Kabeljaus hat im Gegensatz beispielsweise zum Hering nur einen sehr geringen Anteil an Fett und verdirbt dadurch gesalzen und getrocknet kaum, es sei denn, es wird zu lange Hitze und Feuchtigkeit ausgesetzt. Richtig verpackt war gepökelter Kabeljau ein idealer Handelsartikel, der auch über weite Strecken transportiert werden konnte. Bis zum Jahr 1000 hatten die Basken ihren Handel mit gesalzenem und mit getrocknetem Kabeljau bis ins nördliche Europa ausgedehnt.

Nach der Christianisierung erhielten sie unverhofften Beistand aus Rom, als die Nachfolger Petri mit zölibatärem Eifer Fasttage festlegten, an denen die Gläubigen neben der geschlechtlichen Fleischeslust auch der Lust auf Fleischgerichte entsagen sollten. Nur was in der Luft flog oder im Wasser schwamm, war auf den Tellern zugelassen. Mit einem Mal entstand ein ungeheurer Bedarf an Geflügel und Fisch. Die Regelung wurde auch von der Reformation nicht aufgehoben, und bis heute hat sich in religiösen Gegenden die Sitte erhalten, am Freitag Fisch zu essen. Aber der Mensch wäre nicht er selbst, hätte er es nicht immer wieder verstanden, den Buchstaben der geltenden Fastregeln Genüge zu tun und trotzdem munter weiterzuschlemmen. Neben mittelalterlichen Gelagen, die jedweden Luxus an Fischgerichten auf den Tisch brachten, sind scheinbare Fleischgerichte belegt, die aus Fisch hergestellt wurden, zum Beispiel Würstchen, die so raffiniert gewürzt waren, dass sie wie Schweinswürstchen schmeckten.

Einholen des vollen Netzes. Der Stert wird mit einem Bootshaken gefasst und herangezogen

Konkurrenz bekamen die Basken vor allem in Nordeuropa durch die deutsche Hanse, die sich ab dem 12. Jahrhundert im Ostseeraum zu bilden begann. Als Handelsbund von unabhängigen Kaufmannsstädten wie Lübeck, Hamburg, Wismar, Rostock und Bremen entwickelte die Hanse sich bis ins 14. Jahrhundert zu einer transnationalen Vereinigung, die auch politische Ziele verfolgte und Handelskontore in Nowgorod, London, Bergen und Venedig unterhielt. In einer Zeit, die dominiert wurde von den Interessen zum Teil despotischer Feudalherren, bot der Städtebund ein mächtiges Gegengewicht im Interesse des Handelsverkehrs der bürgerlichen Schichten. Wichtiges Handelsgut war neben Salz, Häuten, Tuchen, Getreide, Wein und Metallen auch getrockneter Hering, so genannter Stockfisch. Im baltischen Raum hatte die Hanse das Monopol im Heringshandel.

Als sie ihren Einfluss auf den Handel mit Kabeljau auszudehnen begann, der im nördlichen Europa vor allem von England und dort von Bristol aus betrieben wurde, kam es zu heftigen Auseinandersetzungen. 1475 unterband die Hanse durch eine Seeblockade die Handelsbeziehungen zwischen Bristol und Island, von wo die englischen Kaufleute ihren Kabeljau bezogen. Allerdings hatten die tüchtigen englischen Kaufleute inzwischen andere Quellen aufgetan. Glaubt man Kurlansky, waren sie dabei bis nach Nordamerika gekommen – immerhin rund eine Dekade vor Kolumbus.

Die Handelsverbindung mit England ermöglichte den Isländern, deren Insel für den Getreideanbau ungeeignet war, Fisch gegen Getreide einzutauschen. Dies blieb auch so, als Island 1397 aus norwegischer Herrschaft in dänischen Besitz kam und die neuen Herren das Handelsmonopol für sich beanspruchten, sich aber ansonsten nicht weiter um die Insel küm-

Anbordhieven des prall gefüllten Netzes, kurz bevor der Fisch sich in die noch leeren Holzfächer an Deck ergießt

merten. Stockfisch aus Kabeljau diente auf Island in Scheiben geschnitten und mit Butter bestrichen als Ersatz für Brot. Gepökelter Kabeljau wurde erst nach 1855 gebräuchlich, nach Aufhebung des Außenhandelsverbots durch die dänischen Herren der Insel; dann aber wurde er bald auch nach Spanien und Portugal exportiert. Bis heute ist Fisch der Exportschlager des Landes, auch wenn bis in die zweite Hälfte des 19. Jahrhunderts die Menge zunächst klein blieb. Traditionell sahen die Isländer darum in ausländischen Fischerbooten vor ihrer Küste weniger eine Konkurrenz als vielmehr eine willkommene Abwechslung des ansonsten eher monotonen Alltags auf der abgelegenen Insel. Erst mit den modernen Trawlern und ihren effizienten Fangmethoden kamen Probleme auf, die ihren Höhepunkt schließlich in den «Kabeljaukriegen» der 1950er und 1970er Jahre fanden.

Nach dem Öffnen des Sterts: Der Kabeljau befindet sich in den hölzernen Fächern, die ein Verrutschen bei Seegang verhindern

Spätestens als britische Trawler, nachdem sie in den 1890er Jahren mit ihren gewaltigen Fangvermögen die Nordsee leer gefischt hatten, ihre Aktivitäten auf das Schelf vor der Küste Islands verlagerten, dämmerte den Isländern, dass die Zeiten des entspannten Fischens mit Ruderboot vorbei waren. Auch in Island wurden nun dampfgetriebene Trawler angeschafft. Mit gravierenden Auswirkungen für die isländische Gesellschaft. Aus den Eignern der Trawler entstand eine neue Unternehmerschicht, und die bäuerliche Gesellschaft der Insel sah sich unversehens ins Industriezeitalter katapultiert: Reykjavík wurde zu einer modernen Großstadt, und viele der vormaligen Bauern bildeten das Proletariat. Während des Zweiten Weltkriegs, als die britischen Trawler als Vorposten- oder Minensuchboote im Dienst der Royal Navy die Küstengewässer kontrollierten, übernahmen isländische Trawler die Versorgung des Vereinigten König-

reichs und des Weltmarktes mit Kabeljau. Island wurde zur dominierenden Fischereination Nordeuropas. Der englische Dichter W. H. Auden berichtet, dass ein isländischer Bekannter, den er nach dem Krieg wiedertraf und fragte, was er und seine Landsleute während des Krieges gemacht hätten, trocken antwortete: «Wir haben Geld gescheffelt.»

Nach Ende des Zweiten Weltkriegs war Island fest entschlossen, diese Pfründe nicht noch einmal an ausländische Schiffe zu verlieren. 1950 wurden die isländischen Hoheitsgewässer auf vier Meilen vor der Küste ausgedehnt, 1958 auf zwölf Meilen. Ein Aufschrei ging durch die Weltöffentlichkeit. Am lautesten protestierten die Briten, selbst einmal Hauptbefürworter der Einführung einer Dreimeilenzone. Mit wohlfeilem Patriotismus stilisierte die britische Sensationspresse die Meinungsverschiedenheiten zwischen den beiden Ländern sogleich zur nationalen Angelegenheit hoch, zum «Cod War», dem Kabeljaukrieg. Der feinen Royal Navy, sonst eher auf Ruhm und Ehre fern der Heimat festgelegt, blieb nichts anderes übrig, als mit gerümpfter Nase die nach Fisch und Öl riechenden britischen Trawler vor Island zu schützen. Es war ein ungleicher Kampf. Den britischen Zerstörern und Fregatten standen kümmerliche sieben Schiffe der isländischen Küstenwache gegenüber. Aber das Unerwartete geschah: David gewann gegen Goliath. Da die Engländer ihre Trawler wie beim Minenräumen in überwachbaren, rechteckigen Sektoren fischen ließen, gelang es der isländischen Küstenwache zwar tatsächlich nur, einen britischen Trawler aufzubringen. Aber die aus militärischer Sicht kluge Strategie erwies sich als wenig einträglich. Die Kabeljauschwärme weigerten sich schlichtweg, innerhalb der Sektorengrenzen zu schwimmen.

1973 kam es zu einer Fortsetzung der Spannungen, nachdem Island seine Hoheitszone erneut ausgedehnt hatte, dieses Mal auf fünfzig Meilen. Gewitzt durch die Erfahrungen des ersten Kampfes, schlug die isländische Küstenwache die Konkurrenz an ihrer empfindlichsten Stelle, dem Geldbeutel. Weigerte sich ein aufgebrachter ausländischer Trawler, umzukehren und die Fünfzigmeilenzone zu verlassen, dampfte die Küstenwache achteraus vorbei und zerschnitt dabei mit einem Gerät aus der Minensuche unter Wasser die Schlepptrossen des Gegners. 5.000 Euro Material sanken mitsamt dem Fang auf den Meeresgrund. Es kam aber noch

Das Grundschleppnetz besteht aus einem trichterförmigen Netzsack mit Seitenflügeln, die das Ausweichen der Fische verhindern. Deutlich zu erkennen sind die Rollen, die über den Meeresboden laufen. Moderne Grundschleppnetze haben eine bis zu 15 mal 30 Meter große Öffnung

besser. Als die britischen Trawler das Spiel durchschaut hatten, besann man sich auf die Kriegsführung des klassischen Altertums. Man versuchte, einander zu rammen. Beide Seiten wetteiferten in Sturheit und Verbissenheit. Sogar Kanonen wurden abgefeuert. Schließlich fühlte sich die NATO-Führung höchstselbst bemüßigt, den Konflikt in den eigenen Reihen beizulegen, und vermittelte zwischen den Kabeljaukrieg führenden Parteien – was beide Seiten allerdings nicht daran hinderte, erneut heftig aneinander zu geraten, als Island 1975 nur zu gern der allgemeinen Entwicklung folgte und in seinen Hoheitsgewässern eine 200-Meilen-Zone ausrief.

Die Härte des Konflikts erklärt sich aus dem Umstand, dass beide Fischereiflottten vom Kabeljau abhängig waren beziehungsweise die Engländer dies zumindest glaubten. Alle als Ersatz vorgeschlagenen Fische, egal ob Rotbarsch, Köhler oder der vor der schottischen Küste reichlich vorhandene Wittling, wurden im Namen von Fish & Chips entrüstet abgelehnt. Die Briten wollten ihren Kabeljau und nichts anderes. Tatsächlich kam es durch die Beschränkung der Fischerei vor Island zum Niedergang der traditionellen Kabeljauhäfen wie Hull an der englischen Ostküste oder Grimsby und Fleetwood an der Westküste. Die Vertreter der Trawlereigner und die Lobbyisten der Bratfischbranche beschworen daraufhin eilends das Schreckgespenst des Untergangs der gesamten britischen Fischereiwirtschaft.

Wohlweislich unter den Tisch gekehrt wurde in dem ganzen Hickhack und in dem sich anschließenden Gejammer der einträchtige Rigorismus, mit dem die Nationen, die sich jetzt stritten, zuvor jahrzehntelang die Bestände überfischt hatten. Ursprünglich fing man Kabeljau von kleinen, knapp sieben Meter langen Booten aus, die gerudert wurden oder ein kleines Segel hatten, eine Methode, die vom 17. bis ins späte 19. Jahrhundert beibehalten und in Neuengland sogar bis in die 1930er Jahre praktiziert wurde. Als die überquellenden Fanggründe der Grand Banks vor der nordostamerikanischen und kanadischen Atlantikküste auch die europäischen Kabeljaufangflotten anzulocken begannen, nachdem vorher nur die Basken und später die Amerikaner dort gefischt hatten, segelten große Dreimaster dorthin und setzten die Boote aus. Die Umstellung der europäischen Kabeljaufischerei auf Maschinenkraft verdankt sich schlichtem Personalmangel. Man fand einfach keine Besatzungen mehr für die harte Arbeit auf den Seglern. Dann allerdings ging alles sehr schnell. Die Langleine wurde durch das Grundschleppnetz ersetzt, eine Technik, die man bereits aus der Krabbenfischerei in der Nordsee kannte. Dabei wurde ein Netz über den Meeresboden gezogen, dessen Öffnung durch einen schweren Holzbalken gespreizt wurde, die so genannte Baumkurre. Die dampfgetriebenen Fahrzeuge übernahmen diese Schlepptechnik und perfektionierten sie.

Links und rechts:
Sortieren des Kabeljaus

1881 lief im englischen Hull der erste dampfgetriebene Trawler vom Stapel, 1892 wurde in Schottland das erste Scherbrettnetz angefertigt. Anstelle des Balkens hielt eine Kette mit schweren Gleitrollen die Unterseite des Netzes auf dem Meeresboden, das mit einer Büffelhaut gegen das Durchscheuern geschützt wurde. Schwimmer aus Kork sorgten für den Auftrieb der Oberseite, und durch die Fahrtströmung auseinander streben-

de Scherbretter an den beiden Seiten hielten die Öffnung auch horizontal aufgesperrt. 1895 war diese Technologie bereits Standard der britischen Fischer in der Nordsee und griff von da aus auf die anderen Fischereinationen über, darunter auch auf Deutschland, dessen Flotte der Hauptkonkurrent der britischen Fischereiflotte werden und sie schließlich um die Jahrhundertwende sogar überflügeln sollte. Bereits in den 1890er Jahren zeigten sich in der Nordsee erste Anzeichen der Erschöpfung der Kabeljaubestände. Man reagierte jedoch nicht mit einer Beschränkung der Fischerei, sondern verlegte in klassischer Raubbaumanier die Aktivitäten einfach vor die Küste Islands.

Die Fischerkollegen in Nordamerika hatten solche Möglichkeiten nicht. Sie traf der Rückgang der heimatlichen Kabeljaubestände mit voller Wucht. Dabei hatte gerade vor Neufundland alles wie im Schlaraffenland angefangen. Kolumbus hatte den Kontinent quasi aus Versehen für die Europäer entdeckt, als er einen westlichen Seeweg nach Indien suchte. Gier nach Gewinn aus dem Gewürzhandel und nach Gold trieb auch den Genueser Giovanni Caboto – oder John Cabot, wie er in den Geschichtsbüchern genannt wird –, den Florentiner Giovanni da Verrazzano, die Engländer Sir Walter Raleigh und Bartholomew Gosnold vor die Küsten Nordamerikas. Sie alle entdeckten weder das sagenhafte El Dorado noch

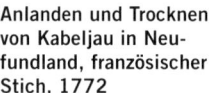

die Gewürze, nach denen sie gesucht hatten. Stattdessen lüfteten ihre Berichte das Geheimnis der Basken, die seit langem ihren Kabeljau von hier bezogen hatten. Vor den Küsten Neufundlands und Neuenglands gab es so viel von diesen Fischen, dass Gosnold 1602 die Landzunge, die da Verrazzano 75 Jahre vorher Pallavisino getauft hatte, in Cape Cod umbenannte. Der Erste, der durch den Kabeljau reich werden sollte, war der Fuhrmann der puritanischen Pilgerväter, John Smith. Hauptmann Smith, ein aggressiver Abenteurer, der in die Annalen eingegangen ist durch die Gründung der Kolonie Virginia 1607 und seine legendäre Rettung durch die Indianerprinzessin Pocahontas, unternahm 1614 eine Fahrt in das heutige Maine, von der er in Ermangelung von Gold und Kupfer mit 7.000 Stück grünem Kabeljau und 40.000 Stück Stockfisch nebst 21 Indianersklaven, die er mit dem Stockfisch in Spanien verkaufte, nach England zurückkehrte.

1624 holten bereits fünfzig britische Fischereifahrzeuge aus dem Wasser, was sie an Bord hieven konnten. Nach anfänglichem Widerwillen gegen den Fischfang stellten sich auch die Siedler um, und Salem, Dorchester, Marblehead und Penobscot Bay entwickelten sich zu wichtigen Fischereihäfen. 1640 belieferte die Kolonie Massachusetts den Weltmarkt mit 300.000 Stück Kabeljau von den Grand Banks. Die dünn besiedelten Gegenden Neufundlands und Neuschottlands verfügten zwar vor ihren Küsten über die größeren Kabeljauvorkommen, hatten aber wegen der fehlenden Infrastruktur ökonomisch das Nachsehen. In Neuengland dagegen boomte der Handel. Der Kabeljau von den nördlichen Grand Banks wurde in Boston gegen Getreide und Rinder eingetauscht. Die Familien, die mit dem Kabeljau handelten, machten schnell ein Vermögen und stiegen in das dortige Patriziat auf. Wie Mark Kurlansky zu berichten weiß, zelebrierten die neureichen «Kabeljau-Aristokratien» einen regelrechten Kult um den Fisch, dem sie ihren gesellschaftlichen Aufstieg verdankten. Sie zierten die Fassaden ihrer Häuser mit Abbildungen des Kabeljaus oder ließen sich ganze Treppengeländer mit den Fischen schnitzen. Bis zum Brand von 1747 zierte ein vergoldeter Kabeljau aus Holz, der von der Decke herabhing, das Bostoner Rathaus. Sein Pendant im Old State House

Anlanden und Trocknen von Kabeljau in Neufundland, französischer Stich, 1772

von Massachusetts wurde beim Umzug des Parlaments 1895 in die amerikanische Nationalflagge gehüllt und in einer feierlichen Prozession zum neuen Standort überführt.

In der zweiten Hälfte des 17. Jahrhunderts erweiterte man das Handelsgebiet ständig. Besonders die Westindischen Inseln waren ein idealer Absatzmarkt für jenen Teil des Fangs, der für den anspruchsvollen mediterranen Markt nicht hochwertig genug war, etwa weil er schlecht aufgeschnitten oder getrocknet oder bei seiner Konservierung die Salzmenge falsch dosiert wurde. Mit der ruchlosen Energie, die den Yankee-Kapitalismus berühmt und berüchtigt gemacht hat, bauten die Neuengländer einen Dreieckshandel auf, in dessen Mittelpunkt der Kabeljau stand. Zunächst ging es von Boston aus mit Kabeljau ins spanische Bilbao, wo der hochwertige Teil der Ladung gegen Wein, Obst, Eisen und Kohle ausgetauscht wurde. Anschließend segelte das Schiff zu den Westindischen Inseln, wo die spanischen Waren mit dem minderwertigeren Teil der Kabeljauladung gegen Zucker, Melasse, Tabak, Baumwolle und Salz getauscht wurden. Von dort kehrte das Schiff nach Boston zurück, um neuen Kabeljau aufzunehmen. Dass der Tausch in jedem Hafen mit ordentlichem Gewinn erfolgte, verstand sich von selbst. Ergänzt wurde dieser Dreieckshandel durch einen weiteren, der Kabeljau zu den Kapverdischen Inseln verschiffte, dort Sklaven aufnahm und diese in der Karibik gegen Melasse eintauschte. In Neuengland war es Sitte, den Rum nicht von Jamaika kommen zu lassen, sondern mit der Melasse selbst herzuzustellen.

Majid macht sich daran, das Geschäft zu schließen. Es ist 24 Uhr. Die letzten jugendlichen Gäste, die nach dem Schankschluss im Pub vorbeigekommen sind, haben ihre Pommes weggeputzt, und jetzt ist Feierabend. Majid ist zufrieden. Es war ein guter Tag. Aber die Zukunft sieht auch er mit Sorgen. Jahr für Jahr ist der Fisch teurer geworden. Irgendwann, meint er, ist die Grenze erreicht, wo die Leute nicht mehr bereit sind, den Preis zu bezahlen. Längst hat der Laden den Großteil der einfachen Kundschaft verloren. Manchmal sei der Kabeljau so teuer, dass sein Chef zu Ersatzfischen wie Köhler oder Wittling greifen müsse. Und auch mit der Frische sei das so eine Sache. «Guter britischer Fisch» sei rar geworden. Und ein letzter Gast, der neugierig dazugekommen ist, fügt mit typischem Insel-Patriotismus hinzu, das sei alles bloß wegen der «bloody» Ausländer, die den britischen Fischern den Kabeljau wegschnappten. Immer öfter müsse man tiefgefrorenen Kabeljau nehmen, aus Norwegen, Island oder von den Färöer-Inseln. Und nun drohe auch noch ein totaler Fangstopp. Tatsächlich hat man im Loch Fyne in Schottland schon begonnen, Kabeljau auf Aquafarmen für die heimische Nachfrage zu züchten. Denn England ohne Fish & Chips, das wäre «simply unthinkable».

Koloniale Zwei-Pence-Steuermarke, die einen Kabeljau zeigt, um 1755

Kabeljau, Dorsch und Schellfisch

Der Kabeljau bevorzugt kühle Gewässer. Er ist in der Nordsee, der Biscaya, vor Island und auf dem Schelf des amerikanischen Kontinents vor der Nordostküste der USA und vor Kanada zu Hause. Der Fisch hält sich gewöhnlich in Bodennähe in Wassertiefen von 500 bis 600 Metern auf, in denen die Temperatur zwischen zwei und zehn Grad Celsius liegt. Im Sommer kommt er in die flacheren, küstennahen Gewässer. Auf dem Rücken hat der Kabeljau drei weiche Rückenflossen, zu denen im hinteren Bereich der Bauchseite zwei weitere Flossen und eine eckige Schwanzflosse kommen. Die Farbe des Kabeljaus variiert von graugrünen Tönen über Braun bis Rot. Die Seiten sind braun oder rot gesprenkelt. Der Kopf des Kabeljaus macht ungefähr ein Viertel seiner Körperlänge aus und hat unter der überhängenden Schnauze in der Mitte einen einzelnen Bartfaden. Obwohl von einem 96 Kilogramm schweren Exemplar berichtet

Sportfischer mit einem Kabeljau, gefangen Ostern 2000 in 80 Metern Tiefe im Austnesfjord, Norwegen

wird, erreichen ausgewachsene Kabeljaue selten ein Gewicht von mehr als 27 Kilogramm. Der heute gefangene Kabeljau ist aufgrund der Überfischung jedoch wesentlich kleiner. Als junger Fisch und im Ostseebereich wird der Kabeljau auch als Dorsch bezeichnet.

Der Kabeljau ist ein Raubfisch, der fast alles frisst, was ihm von der Größe her zugänglich ist. Die Nahrung des Jungtieres reicht von Ruderfußkrebsen und anderen kleinen Krebstieren und Würmern bis hin zu den eigenen Geschwistern. Ab einer Körperlänge von etwa 50 Zentimetern stellen sich die jungen Kabeljaue fast ausschließlich auf Fischnahrung um. Bevorzugt werden große Mengen an Hering, Sandaalen, kleinere Artgenossen und Lodden. Umgekehrt werden junge Kabeljaue von Schellfischen verspeist, und die erwachsenen Tiere sind wiederum willkommene Beute für Haie und Seehunde. Die Fortpflanzung erfolgt meistens im Winter, ist aber von der Wassertemperatur abhängig und schwankt deshalb zeitlich und räumlich in den verschiedenen Regionen. Die weiblichen Exemplare des atlantischen Kabeljaus können bei einer Länge von einem Meter um die fünf Millionen Eier pro Jahr produzieren. Die ovalen Eier sind zwischen einem und zwei Millimeter groß und treiben während der Reifung nahe der Wasseroberfläche.

Schellfisch

Das übel schmeckende Öl aus der frischen Kabeljauleber, der Lebertran, war jahrzehntelang der Schrecken aller Kinder. Mitte des 19. Jahrhunderts hatte die Schulmedizin das Öl als billiges Mittel zur Hebung der Volksgesundheit entdeckt. Die Erkenntnis war allerdings so neu nicht, denn in Holland hatte Lebertran schon seit Jahrhunderten als vielseitiges Haushaltsmittel Verwendung gefunden. Nach dem Einsatz in der Wundbehandlung und als Hilfsmittel in der Tuberkulosetherapie fand man in den 1920er Jahren heraus, dass Lebertran die Vitamine A und D enthält. Letzteres spielte in der Rachitisprophylaxe eine wichtige Rolle. Inzwischen aber können die Kinder aufatmen: In den meisten Ländern haben Vitamintabletten und Ersatzpräparate den Lebertran verdrängt.

Verwandt mit dem Kabeljau sind der Schellfisch, der in den westatlantischen Gewässern, um die Britischen Inseln, bei Island und den Färöern beheimatet ist, sowie der Seelachs oder Blaufisch und der Wittling, die ebenfalls vor den Küsten Großbritanniens, Islands und Norwegens vorkommen. Diese Arten sind jedoch teilweise wesentlich kleiner als der Kabeljau und galten deshalb lange als Speisefische von minderem Wert. Erst die Überfischung der Kabeljaubestände hat diese Arten interessant gemacht. Der Seelachs wird auch Köhler genannt, da sein Maul innen schwarz ist. Er wird zu Lachsersatz und in Klippfischfabriken verarbeitet.

Sibirien

Überleben am Beringmeer

Traditionelle Walrossjagd und Walfang bei den Tschuktschen Sibiriens

Vier Uhr morgens in Lorino: Es ist noch Nacht, als Aleksej Ottoj sich den Schlaf aus den Augen reibt, von seiner einfachen Pritsche aufsteht und in seine sauberste Arbeitskluft steigt. Der Walfänger hat Wichtiges vor. Er wird sich heute zur Stätte seiner Ahnen aufmachen, einem alten Dorf weiter oben an der Küste. Dort will er sich den Beistand der Verstorbenen für die kommende Jagd sichern. Die Jagdsaison ist kurz in diesem Teil der Welt, und von ihrem Erfolg hängt alles ab, denn der kommende Winter wird wieder kalt und lang sein. Selbst jetzt, mitten im Sommer, schafft es das Thermometer kaum über sieben Grad Celsius.

Brigadeführer Aleksej Ottoj

Die Autonome Region der Tschuktschen liegt am sprichwörtlichen Ende der Welt, am nordöstlichen Zipfel Russlands kurz vor der Datumsgrenze, dort, wo der Tag für das größte Land der Erde zuerst beginnt. Bis 1990 durfte kein Fremder diesen Teil Sibiriens betreten. Auch heute noch kommt niemand hierher, niemand geht von hier fort. Auf einem Gebiet größer als Frankreich leben nur 140.000 Einwohner, von denen zehn Prozent der Urbevölkerung der Tschuktschen angehören. Das Landesinnere ist leicht hügelig, nur von Tundragras bedeckt. An der Küste, wo sich die meisten Siedlungen der Tschuktschen befinden, bestimmt seit Menschengedenken das Meer das Leben – und die Jagd nach den Tieren, die im Wasser leben, Walrossen und Walen. Allen Widrigkeiten und einem halben Jahrhundert Sowjetherrschaft zum Trotz haben sich die Tschuktschen ihre Traditionen bewahren können. Und dazu gehört der Kampf mit dem Wal – mit kleinen Booten und einfachen Harpunen.

Ganz und gar ist die Zeit auch an den Tschuktschen nicht vorübergegangen. Das Boot, mit dem Aleksej Ottoj und sein Gefährte sich zu dem jährlichen Besuch der Ahnen aufmachen, besteht nicht wie früher aus Holz und Tierhaut, sondern aus Metall. An seinem Heck lärmt ein benzingetriebener Außenbordmotor. Gegen die schneidend kalte Luft geben die tarnfarbenen Militärjacken der beiden Männer nur notdürftig Schutz. Betrachtet man Aleksejs wettergegerbtes, aber immer noch glattes Gesicht, mag man kaum glauben, dass der 37-Jährige bereits als Mann in fortgeschrittenem Alter gilt. Die Menschen hier haben eine geringe Lebenserwartung, im Durchschnitt liegt sie bei 39 Jahren. Vor allem der lange, harte Winter mit seinem Nahrungsmangel lässt sie frühzeitig altern, jene Tage, die wie ein einziger wirken, kalt, grau und trostlos.

Links: Aleksej Ottoj am Ort seiner Vorfahren

Rechts: Reste eines alten Walknochenhauses

Wären da nicht die unübersehbaren halb verwitterten Walknochen, man würde die Reste der alten Tschuktschen-Siedlung kaum finden. Ein Hauch von eiszeitlichem Friedhof liegt über der Siedlungsstätte. Ein Eindruck, der durch senkrecht in die Erde eingegrabene Walkieferknochen verstärkt wird. Viele der alten Erdhäuser sind inzwischen bis zur Unkenntlichkeit vom Tundragras überwuchert. Auch sie bestanden großenteils aus Walknochen. Rippen, wie Dachsparren über eine Mulde gelegt, boten wirksam Schutz vor dem erbarmungslosen Wind. Geschickt nutzte man das umliegende Erdreich zur Wärmedämmung. Nicht ohne Stolz erzählt Aleksej, dass seine inzwischen verstorbene Mutter noch in einem dieser Erdlöcher geboren wurde. Abfall gab es damals nicht, alles fand Verwendung. Auf den längeren Rippenknochen, die bis zu zwei Meter aus der Erde aufragen, pflegten die Männer ihre Boote zum Trocknen aufzuhängen. Oder sie spannten Rentierhäute darüber, sodass Zelte entstanden, ähnlich den Tipis der nordamerikanischen Indianer. In einer Gegend, in der kaum Bäume wachsen, nahmen sich die Menschen, was die Natur zu bieten hatte. Eine Siedlung, deren Männer einen Grönlandwal erlegen konnten, wurde damals mit einem Schlag reich.

Der Ort kündet von einer längst vergangenen Zeit, in der sich die Menschen abends am Feuer Geschichten von besonders mutigen Walfängern erzählten und in der die Gemeinschaft alles bedeutete. Deshalb soll ein Gespräch mit den Geistern der verstorbenen Verwandten Aleksej für die neue Jagdsaison Glück bringen. Mit der Hand zeigt er auf die mit Moos bedeckten Überreste: «Hier befinden sich die Erdlöcher, in denen früher die Menschen unseres Stammes lebten. Und die Knochen, die man hier sieht, stammen von Grönlandwalen.» Aus seinem Gesicht spricht Respekt. Wale sind für Aleksej mehr als eine willkommene Beute, noch immer ist die Jagd ein Kampf auf Leben und Tod – für beide Seiten: «Ich hoffe, dieses Jahr einmal einen Grönlandwal zu erlegen. Ich habe erst ein Mal einen gesehen. Allein sein Aussehen hat mir Angst eingeflößt. Er war unwahrscheinlich groß, riesig.»

Die Tschuktschen sind eine der wenigen Volksgruppen, denen das Töten von Walen international erlaubt ist. Ihre Jagdmethoden gelten als Teil ihrer angestammten Traditionen und als nachhaltig. Da sie den Walfang

nicht industriell, sondern nur zur Selbstversorgung betreiben, wird darin
keine Gefährdung der Walbestände gesehen. Trotzdem unterliegen auch
sie Beschränkungen. Nach den Bestimmungen der Internationalen Wal-
fangkommission dürfen die Tschuktschen pro Jahr 135 Grauwale und
fünf Grönlandwale fangen. Doch nur noch wenige Männer beherrschen
die traditionelle Jagd. In den Zeiten sowjetischer Planwirtschaft wurde
die Industrialisierung groß geschrieben; die altmodische Art der Tschuktschen, mit kleinen Booten und von Hand Wale zu jagen, galt als rück-
ständig. Stattdessen schlachteten industriell ausgerüstete Flotten jahrelang Abertausende Tiere ab, unter Verletzung internationaler Bestimmungen und mit katastrophalen Folgen für die Bestände. Bis heute geheim
gehaltene Walfriedhöfe in abgelegenen Tundragebieten zeugen von der
gnadenlosen Ausrottung der Meeresriesen. Die nachhaltige Form der Jagd
bei den Tschuktschen ist deshalb heute zugleich eine uralte und doch
wieder sehr junge Kunst.

Etwa zur gleichen Zeit, als Aleksej Ottoj sich auf den Weg macht, gehen auch in einem Dorf knapp 120 Kilometer nördlich von Lorino die
Lichter an. Die Männer der Sowchose von Uëlen am nordöstlichen Ende
von Tschuktschien dürfen keine Zeit verlieren, denn das Wetter ist günstig für die Walrossjagd. Bevor sie ihr Boot besteigen, nimmt ein Beamter
der Küstenwache ihre Namen auf. Die Behörden wollen einer illegalen
Auswanderung in das nur hundert Kilometer entfernte Alaska vorbeugen.
Zur Stammbesatzung des Boots der 7. Brigade gehören acht Jäger, ausgerüstet mit Harpunen, Gewehren und Ferngläsern.

**Dorfbegrenzung aus
Walknochen**

Nach einer langen Fahrt über das ruhige Wasser und vier kalten, endlosen Stunden des Wartens ist es so weit. Einer der Männer hat ein Walross gesichtet. Jetzt beginnt der schwierigste Teil. Ohne mit der Geschwindigkeit herunterzugehen, fährt das Boot an dem Walross vorbei, und der
Bordschütze versucht, mit einem Gewehrschuss den Schwanz des Tieres
zu treffen. Ein gesundes Walross vermag zwölf Minuten unter Wasser zu
bleiben, ein verletztes Tier kommt schneller wieder an die Oberfläche
und kann dann von den Jägern aufs Korn genommen werden. Würde das
Tier sofort getötet, bestünde die Gefahr, dass es einfach nur untergeht.
«Im Normalfall müssen wir das Walross mit zehn bis zwölf Schüssen treffen», sagt Kapitän Jakow Wukotagin, während er aufmerksam die Meeresoberfläche absucht. «Das hängt ganz von der Größe des Tieres ab. Einige sind riesig. Sie können fünfzig Treffer einstecken und trotzdem entkommen.» Manchmal reicht bereits die erste Kugel. Bleibt das Tier dann
oben, wird es mit der Harpune erlegt.

Heute haben es die Männer nicht ganz so leicht. Aber nach acht
Schüssen ist es dann so weit. Das Walross ist sichtlich angeschlagen und
kann kaum noch untertauchen. Das Boot mit den Männern kommt vorsichtig näher. Noch immer steckt viel Kraft in dem verzweifelten Koloss.
Voller Schmerz und Wut wälzt er sich im Wasser. Eine endlos lange Stunde verstreicht. Dann ist das Tier erschöpft und bleibt an der Wasseroberfläche. Damit es nicht absinken kann, wird mit einer Harpune eine große,
rote Kugelboje an ihm befestigt, und der Harpunier Genadi Ananoute
macht sich bereit, ihm den Gnadenstoß zu geben. Jakow und seine Män-

ner haben Glück gehabt. Es ist ein prachtvolles Exemplar – ein zwei Jahre altes Männchen mit mächtigen Hauern. Unter großen Schwierigkeiten wird das eineinhalb Tonnen schwere Tier seitlich am Boot festgemacht. Dann nimmt man Kurs auf zu Hause.

Als die Männer in Uëlen eintreffen, erfahren sie, dass sie nicht die Einzigen sind, denen das Jagdglück günstig gewesen ist. Zusammen bringen es die Boote der Sowchose auf zehn Walrosse. Die Jäger sind erschöpft, aber guten Mutes. Zu dieser Jahreszeit haben die Dorfbewohner nur ein Ziel: Sie wollen vor Anbruch des arktischen Winters die Vorratskammern füllen. 400 Walrosse dürfen in Uëlen pro Saison erlegt werden, eine Zahl, die noch nie erreicht worden ist. Entsprechend wird gejagt, wann immer es möglich ist. Die eine Hälfte des Fleisches ist für die Jäger, die andere geht an die Fuchszucht des Dorfes, die hier in den 1960er Jahren von der Regierung als industrieller Produktionsbetrieb aufgebaut wurde, um für die Dorfbewohner eine zusätzliche Lebensgrundlage zu schaffen. Zwanzig derartige Betriebe gibt es heute an der Beringstraße, der größte hat 6.000 Tiere: Polarfüchse, Silberfüchse, Nerze. Beim Aufbau der Farmen ging man davon aus, dass es in einem der fischreichsten Gewässer der Erde genug Fleisch von Meeressäugetieren als Futter für die Pelztierzucht geben würde. Aber die Rechnung ging nicht auf. Die Fuchsaufzucht ist nie renta-

Links und rechts: Noch am Strand werden die getöteten Tiere von den Dorfbewohnern zerlegt

bel geworden. Preise, Absatz und Abnehmer wurden im Rahmen der Planwirtschaft willkürlich festgelegt und entsprachen nicht den tatsächlichen Marktbedingungen. Wie so viele andere mussten auch die Betriebe hier schließlich subventioniert werden. Als mit dem Zusammenbruch des kommunistischen Systems die finanzielle Unterstützung für die staatlichen Betriebe immer mehr abnahm, standen die Dorfbewohner plötzlich ohne regelmäßiges Einkommen da. Ohne die Jagd auf Walrosse und Wale würden die Tschuktschen heute nicht über die Runden kommen, und selbst sie sichert ihnen gerade einmal das Überleben.

Am Strand werden die Männer von ihren Familien und Angehörigen erwartet. Jeder bekommt etwas von der Jagdbeute ab. Innerhalb einer Viertelstunde verwandelt sich der Walrosskörper in Haufen von «Kopalchen» – Rollen aus Walrosshautstücken mit Speck und Fleisch. Die Jäger

teilen sich die besten Stücke – das Herz, die Leber und die Brust –, die anderen können sich vom Rest nehmen, so viel sie brauchen. Unter ihnen sind zahlreiche Witwen und viele alte Jäger, die nicht mehr zur Jagd aufs Meer hinausfahren können. Die Gemeinschaft funktioniert hier noch. Niemand soll den Strand mit leeren Händen verlassen. So will es der Brauch. Die Tschuktschen sind gezwungen, sich früh auf den langen Winter vorzubereiten, und Ende August beginnt jede Familie den Eigenbedarf an Walrossfleisch und Fett einzulagern, entweder im eigenen Schuppen oder in dem Sammelverschlag, der am Ausgang des Dorfes steht. Eingenäht in die Flossen der Tiere halten die Fleischstücke mehrere Monate. Selbst leicht verdorbenes Fleisch wird gegessen, denn es enthält immer noch genug lebenswichtige Nährstoffe, um den Körper vor der Kälte zu schützen. Überschüssiges Fleisch kommt in unterirdische Kammern. Der Permafrostboden in der Polarkreisregion funktioniert als natürliche Gefriertruhe.

Wenn das Wetter schlecht ist, wenn beispielsweise die Windrichtung ein Jagen unmöglich macht, weil die Tiere die Menschen wittern würden, oder die See so unruhig ist, dass man nicht richtig zielen kann, dann nutzen die Männer die Zeit, um ihre Boote auf Vordermann zu bringen. Seit Ende der 1990er Jahre haben die Tschuktschen wieder angefangen, traditionelle «Baidaren» zu bauen, leichte Boote aus Holz und Walrosshaut. Allerdings ist das nötige Holz in der weitgehend baumlosen Gegend schwer zu beschaffen. Also nimmt man Treibholz, das die Jäger entlang der Küste aufsammeln. «Eine Baidare ist sehr praktisch», erklärt Jakow. «Sie ist leicht, und man kann sie auf dem Eis schieben oder ziehen. Die modernen Walfangboote wiegen ein bis zwei Tonnen.» Außerdem sind die traditionellen Boote wesentlich leichter zu reparieren. Jakow weist auf das verrostete Wrack eines Metallbootes. «Wenn so ein Rumpf ein Leck hat, ist die Reparatur schwierig. Bei den Baidaren kann man ein Loch mit Fleisch und Fett stopfen.»

Um die Walrosskolonien zu schützen, die ab Mitte August die Küstenregion bevölkern, ist es gesetzlich verboten, innerhalb der Zwölfmeilenzone zu jagen. Aber damit nehmen Jakow, Genadi und die anderen es nicht

Traditionelles Walfangboot der Tschuktschen aus Holz und Tierhaut

immer so genau. Der Winter rückt näher, und jeder Tag muss genutzt werden, bevor das Wasser wieder zufriert. Wenn sie sich mit ihrem Boot der Kolonie nähern, benutzen sie weder den Motor noch Gewehre. Der Lärm könnte die Tiere vertreiben. Außerdem ist Munition teuer. «In der Hälfte der Fälle schießt man mit dem Gewehr daneben. Mit der Harpune gibt es keine Verluste. So haben es unsere Vorfahren gemacht. Sie haben mit Harpunen am Strand gejagt, und heutzutage ist das einfach verboten», beklagt sich Jakow. Aber auch er sieht das Schwinden der Bestände und meint: «In der Zukunft sollte man Walrosse nur töten, um sich selbst zu ernähren. Wir müssen immer noch sehr viel Fleisch an die Fuchsfarmen abgeben. Die werden zwar irgendwann geschlossen, aber durch sie wurde viel Fleisch verschwendet.»

«Tiger des Nordens» nennen die Tschuktschen die Walrosse. Außer dem Menschen haben sie keine natürlichen Feinde, und besonders die Bullen sind nicht ungefährlich. «Sie greifen an und bringen das Boot mit ihren Eckzähnen zum Kentern», erzählt Youri Teyou, ein Jäger der 2. Brigade. «Wir hatten schon viele Löcher im Rumpf. Es ist sogar schon passiert, dass sie auf ein Boot gesprungen sind.» Zögernd gibt der erfahrene Jäger zu, dass auch ihn, den so leicht nichts erschrecken kann, schon einmal Panik befällt. Aber die Jäger haben keine Wahl. Sie müssen das Risiko eingehen. Besonders gefährlich wird es, wenn ein Tier mit der Harpune im Rücken zur Kolonie zurückschwimmt und das Boot samt Besatzung in Richtung Küste zieht. Alarmiert durch die ständig die Umgebung beobachtenden «Wachpostentiere», setzt sich dann oft die gesamte Kolonie in Bewegung und kommt dem verletzten Artgenossen zu Hilfe. Den Jägern bleibt in einem solchen Fall nichts anderes, als fluchtartig die Beute im Stich zu lassen. Auf keinen Fall dürfen sie riskieren, von aufgebrachten Walrossen umzingelt zu werden. Bei drei Grad Wassertemperatur über Bord zu gehen ist der sichere Tod.

Arbeiten am traditionellen Walfangboot

Um Benzin zu sparen, wird nach erfolgreicher Jagd oft ein nahe gelegener Strand angesteuert und das schwere Walross noch vor Ort zerlegt. Das harte, entbehrungsreiche Leben hat die Männer gezwungen, viele Fertigkeiten zu entwickeln. Sie sind Seeleute, Mechaniker, Zimmerleute und Fleischer in einem. Verwertet werden auch die gewaltigen Hauer der Tiere. In der traditionellen Manier ihrer Vorväter schmücken Künstler wie Stanislav Ilkey sie mit Szenen aus dem Alltagsleben der Tschuktschen. Vor allem die Jagd und die Tiere der Region sind gerne verwendete Motive. «Wenn ich auf der Jagd bin, sehe ich all diese Tiere mit meinen eigenen Augen – die Walrosse, die Seehunde und auch die Möwen», sagt Ilkey, der mit seiner Kunst Uëlen zum Zentrum einer der bedeutendsten Schulen der Elfenbeinschnitzerei in Russland gemacht hat. Fast zärtlich fährt er über eines seiner Stücke: «Für mich ist die Schnitzerei auf einzigartige Weise mit unserem Leben verbunden. Wie soll ich es ausdrücken? Für uns ist das Meer eine materielle und geistige Nahrungsquelle. Das Meer bedeutet uns alles.»

Aber nicht immer gibt es genug Tiere. Im Süden beispielsweise, in der Nähe von Aleksej Ottojs Dorf Lorino, sind schon seit Jahren keine Walrosse mehr gesichtet worden. Die Jäger geben dem hohen Fleischverbrauch der Fuchsfarmen die Schuld. Für die russische Fischereibehörde dagegen handelt es sich um simple Abwanderung, für sie ist diese Tierart nicht bedroht. Aber von irgendetwas müssen die Menschen hier leben, und darum bleibt ihnen als einzige Überlebenschance die Jagd auf ein anderes vom Aussterben bedrohtes Tier – den Wal. Die Walfangsaison der Tschuktschen beginnt ebenfalls im Juli. Dann sind die Wale von Kalifornien bis hier in den Norden gezogen. Aus allen Ecken der Region kommen die Einheimischen dann zum Mittsommerfest, das die Jagdsaison einleitet, in die Kreisstadt Lawrentija, die etwa dreißig Kilometer von Lorino entfernt liegt. Manche haben eine beschwerliche, zuweilen zweitägige Fahrt mit winzigen Booten durch das stürmische Meer auf sich genommen. Es ist eine der wenigen Gelegenheiten, entfernt lebende Verwandte und Freunde wiederzusehen. Außerdem hat sich dieses Mal der Gouverneur der Autonomen Region der Tschuktschen aus dem fernen Moskau angekündigt. Das sorgt für Aufregung. Man verspricht sich viel von seinem Besuch, vor allem eine Verbesserung der Versorgungslage. Die Siedlungen hier müssen über See versorgt werden, denn eine Verbindung über Land existiert nicht, und die Versorgung durch die Luft wäre zu teuer. Und dieses Jahr kam das Versorgungsschiff, das technisches Gerät, Dinge des täglichen Lebens, die hier nicht hergestellt werden können, und auch einige kleine Luxusartikel mitbringt, nur einmal, um in der Bucht zu ankern. Moskau hat andere Probleme und ist weit entfernt.

Aber zunächst muss das Wetter mitspielen. Die Feierlichkeiten können erst beginnen, wenn sich der Wind gelegt hat. Und das bedeutet: Warten und noch einmal Warten, mitunter tagelang. Wenigstens dampfen schon die Töpfe in Lawrentija – mit den Mitbringseln der Gäste. Tschuktschen- frauen behelfen sich weitgehend mit Bohnen und Wurzeln aus der Dose, auch wenn sie in den letzten Jahren die alte Sitte des Sammelns von Tun- dra-Pflanzen wieder aufgenommen haben. Einzige Abwechslung im Spei- seplan ist das schwer genießbare Walrossfleisch. Die Stücke riechen streng und sind nicht zu vergleichen mit dem wohlschmeckenden Fleisch vom frisch geschlachteten Wal. Deshalb warten alle auf die kostbare Delikates- se. «Wir brauchen das Fleisch, um es selbst zu essen und um unsere Hun-

Festliche Eröffnung der Walfangsaison

de zu füttern. Wir müssen den Wal fangen. Er hilft uns zu leben», sagt ei- ne Frau. Und damit meint sie nicht nur den Nährwert des Tieres. «Früher gab es bei uns keine Stühle. Und später, als wir welche bekamen, haben die nicht lange gehalten.» Stolz zeigt sie auf Mobiliar, das aus den Wirbeln des Wals gebaut wurde und jeden Härtetest besteht: «Die normalen Stuhl- beine gehen bei uns ganz schnell kaputt, dieses Ding dagegen ist unver- wüstlich.» Während die Frauen für das Fest kochen, nutzen die Männer die Wartezeit, um ihre Boote auszubessern. Denn der unbestrittene Höhe- punkt des Festes ist die Regatta der Walfangbrigaden in ihren traditionellen Booten aus Holz und Häuten. Auch Walfänger Aleksej Ottoj, der als der Beste seiner Zunft gilt, bereitet sich vor. Denn nach dem Fest geht es sofort auf die Jagd. Ihm zur Seite steht eine zwölfköpfige Brigade der Kolchose von Lorino.

Als der Gouverneur nach Tagen des Wartens schließlich verkündet, dass die Feierlichkeiten beginnen sollen, kleiden die Menschen sich in ihre bunten Trachten und ziehen zum Festplatz. Traditionell beginnen die Feiern mit einem militärischen Antreten der Brigaden. Aleksej hat als Brigadeführer und wegen seiner Jagderfolge die ehrenvolle Aufgabe, die weiß-blau-rote Flagge Russlands und die bunten Farben der tschuktschischen Region zu hissen. Die Autonomie war ein politischer Schachzug der Sowjetregierung, um das Selbstwertgefühl der Bevölkerung zu heben. Aber für die Tschuktschen ist das Mittsommerfest sowieso mehr als nur eine einfache Feier. Die «Beringija» – benannt nach der angrenzenden Beringstraße – bietet neben dem Besuch von Verwandten die willkommene Gelegenheit, einmal dem grauen Alltag auf dem Land zu entfliehen und in die Stadt zu reisen – auch wenn Lawrentija nur knapp tausend Einwohner hat. Und jedes Dorf bedankt sich für die Gastfreundschaft auf seine Weise: mit einem eigenen Tanz, der eine typische Geschichte erzählt. Der Auftritt dauert höchstens eine Minute – schließlich wollen sich alle darstellen.

Vom Gouverneur gestifteter Pokal

Dann kommt der Höhepunkt für die Männer – die Ruderregatta. Der Gouverneur hat für den Sieger einen glänzenden Pokal gestiftet. Früher einmal waren die Regatten und das Training dafür eine Art spielerische Vorbereitung für den Walfang, der Ausdauer und Sicherheit im Umgang mit dem Boot erforderte. Etwas ist von dieser Tradition auch heute noch übrig: Am Wettbewerb dürfen nur Boote teilnehmen, die von Hand in der alten Bauweise gefertigt wurden: aus Sehnen, Därmen, Häuten und Holz. «Für dieses Boot haben wir die Häute von zwei Walrossen gebraucht», erklärt einer der Männer. «Wir haben zwei Wochen lang daran gearbeitet. Das Holz sammeln wir entweder am Strand oder montieren es von alten Häusern ab.» Die Ruderer müssen eine Strecke von eineinhalb Kilometern hin und zurück bewältigen. Zwar wühlt der Wind das Wasser noch immer auf, aber davon lassen sich Sportler und Fans nicht abschrecken. Auch dieses Mal lässt die eingespielte Walfängerbrigade aus Lorino die Konkurrenz weit hinter sich. Die Männer bewältigen die Strecke in 33 Minuten. Das ist zwar langsamer als sonst, aber es gab ein Leck im Boot, und zufrieden sind sie auch so.

Einen Tag später kann dann endlich auch die lang ersehnte Waljagd beginnen. Der Wind hat nachgelassen, und alle vier Boote sind startklar. Sie sind aus Blech gebaut und das Beste, was in der Region zur Verfügung steht, sozusagen russisches High Tech mit Seltenheitswert. Wer hier mitfährt, darf sich zur Elite der Walfänger zählen. Zwei Drittel der Teilnehmer gehören der Brigade von Aleksej an. Die anderen sind Vertreter jener Siedlungen, die dieses Jahr zum ersten Mal einen Teil der Quote zugeteilt bekommen haben und jetzt lernen müssen, sich selbst zu ernähren. Auch der Umgang mit Waffen muss diesen Männern erst beigebracht werden. Laut Vorschrift dürfen für das Töten des in die Enge getriebenen Tieres nur schnell wirkende Sprengkörper verwendet werden. Der Harpunier weist auf ein röhrenförmiges Eisenteil: «Das hier ist eine Art Kanone. Die haben wir erst vor kurzem bekommen und nennen sie ‹Dotingan›. Eine amerikanische Erfindung.»

Gespanntes Warten auf das Auftauchen des Wals

Es beginnt eine anstrengende Suche. Die Männer sind allein auf ihre Augen und Ohren angewiesen, denn moderne Sicht- oder gar Ortungsgeräte kennt man hier nur vom Hörensagen. Der Erfolg einer Waljagd hängt von vielen Faktoren ab. Ist die Meeresfläche glatt – was unter Walfängern als gutes Omen gilt –, sucht man nach einer Walfontäne, dem so genannten Blas. Je flacher und ruhiger das Wasser ist, desto mehr Futter gibt es dort für die Wale, denn der Krill sammelt sich bevorzugt in Gebieten mit ruhigem Wasser und kann an flacheren Stellen auch nicht in die Tiefe ausweichen. Aleksej und seine Gefährten wissen das aus Erfahrung und haben sich darum eine Lagune ausgesucht, die so vom Festland eingeschlossen ist, dass es meist ziemlich windstill ist. Das Wasser, erklärt einer der Männer, bleibt hier immer ruhig.

Eine Bewegung im Wasser lässt Aleksej Ottoj und seine Männer die Verfolgung aufnehmen. Die Boote bringen sich, eines nach dem anderen, in Angriffsposition. Jeder der Männer kennt seinen Platz. Ein junger Grauwal wird eingekreist. Und dann hängt alles von den Harpunieren ab. Der erste Wurf ist entscheidend – und geht daneben. Dieses Mal war das Glück auf der Seite des Tieres, es entwischt. Aber inzwischen hat ausgerechnet das jüngste Brigademitglied einen weiteren Wal entdeckt. Die Verfolgung beginnt erneut, und dieses Mal sitzt der erste Wurf, die anderen Jäger brauchen nur noch ihre Harpunen nachzuschleudern, um den Wal am Abtauchen zu hindern. Die einzelne Boje am Ende einer Harpune kann das nicht leisten, aber sie macht ihm das Wegtauchen schwerer. Immer neue Harpunen werden deshalb in den Wal geworfen, an jeder hängt eine zusätzliche Boje. Für das Tier gibt es nun kaum noch ein Entkommen. Der Augenblick für die Wunderwaffe aus den USA ist gekommen, und der Lehrling darf sie abschießen. Er muss mit einem einzigen Schuss aus dem Dotingan die Lunge des Meeresriesen treffen. Dort zerreißt die Sprengladung die Hauptschlagader und verursacht den sofortigen Tod. Die Praxis sieht allerdings anders aus: «Am Anfang reichte eine einzige Explosion, um einen Wal zu erlegen. Aber unsere amerikanischen Granaten sind fast alle verschossen, die neuen haben wir selbst gebastelt. Und damit ist es nicht so einfach.»

Schließlich ist der Wal tot. Mit ihren Messern müssen die Jäger jetzt sorgfältig ihre Harpunen aus der Beute herausschneiden. Die eisernen Harpunen sind der kostbarste Besitz eines Tschuktschen, hängt doch bei der Jagd so viel von ihnen ab. Außerdem sind sie schwer zu beschaffen. Die Fettstücke, die am freigeschnittenen Haken hängen, werden an Ort und Stelle verspeist. Während der getötete Wal von einem Bugsierschlepper langsam mit dem Schwanz voran in Richtung Lawrentija gezogen wird, fährt das schnelle Boot von Aleksej Ottoj in einen anderen Teil der Bucht. Allein und abgeschieden lebt hier ein 66-jähriger Mann. Schon sein Alter macht ihn zu einer Legende unter den Walfängern. Nach altem Brauch muss der jüngste Walfänger von seiner ersten Beute dem ältesten Mann ein großzügiges Stück Speck abgeben – und zwar eigenhändig. Ein unumgängliches Ritual, auch für den Rest der Brigade, und für den alten Mann ein echter Festtag.

Nach dem Harpunieren

Inzwischen ist der tote Wal mit dem Schlepper vor Lawrentija eingetroffen und wird den Strand hinaufgezogen. Als Zugmaschine setzen die Männer einen Lkw ein. Der Fang lockt viele Schaulustige an. Und so mancher hat sich vor dem Festmahl schon den einen oder anderen Schnaps gegönnt. Hier in der Stadt ist die Unruhe so groß, dass ein Ordnungshüter die Menge zurückhalten muss, damit der Wal von einem amtlichen Sachverständigen vermessen werden kann. «Ich messe die Länge zwischen der Spitze des Walmauls und dem Auge», sagt der Wissenschaftler. «Dieses Weibchen ist nur sieben bis acht Monate alt.» Im Klartext: Der Jungwal hätte gar nicht erlegt werden dürfen. Und das wussten auch die Jäger, als das Tier noch lebte. Doch am Ende der Welt gilt vor allem eine Regel: Friss oder stirb.

Jeder nimmt sich, was er kriegen und nach Hause schleppen kann, egal ob Fett oder Innereien. Denn keiner weiß, wann die Jäger wieder so einen Fang machen werden. Selbst einigen Hunden gelingt es, ein Stück zu ergattern. Andere haben nicht mehr dieses Durchsetzungsvermögen. «Ich habe keine Kraft mehr, mich nach vorne zu drängeln», sagt eine alte Frau resignierend. «Die Rentner bekommen am wenigsten, weil die Jüngeren und Kräftigeren die besten Stücke an sich reißen und die Schwachen wegschubsen.» Für sie bleibt oft nur die Walhaut übrig. Ein mühseliges Mahl, denn die Stücke sind zäh wie Leder. Kein Wunder, dass da Sehnsucht nach den alten Zeiten aufkommt: «Unter den Kommunisten hatten wir es besser. Jetzt, mit dieser neuen Regierung, ist unser Elend grenzenlos: Wir haben wenig zu essen, keine Elektrizität, nicht einmal genug Kohle, um zu heizen. Sehen Sie sich doch um, wie sich die Arbeitslosen, die verarmten Menschen um das Walfleisch balgen!» Bis zum Abend wird das Schlachtfest andauern, während sich das Wasser in der Bucht von Lawrentija blutrot färbt.

Währenddessen sind Aleksej und seine Brigade längst schon wieder unterwegs. Den Männern bleibt wenig Zeit: Bevor das Meerwasser zufriert, gilt es, 59 Wale zu fangen. Also müssen die Boote ab jetzt mindestens vier Meeressäuger pro Tag an Land holen. Sonst überlebt die Siedlung den Winter nicht. Angestrengt spähen die Jäger auf das kühle Blau des Meeres, halten Ausschau nach ihrem nächsten Opfer. Das Wetter ist ideal für die Jagd, der Blick reicht bis zum Horizont. Wieder ist es der Jüngste der Brigade, der die erste Beute entdeckt. Es ist ein gewaltiger Grauwal. Und ein schnelles Tier, das seine Verfolger offenbar entdeckt hat und abtaucht. Normalerweise kommt ein Grauwal in regelmäßigen Abständen zum Luftholen an die Wasseroberfläche. Doch bei drohender Gefahr versucht er, möglichst lang unter Wasser zu bleiben.

Es scheint sich um einen «schlechten Wal» zu handeln, wie die Jäger ein Tier bezeichnen, das sich nicht fangen lässt. Doch so schnell geben die Männer nicht auf. Das kann sich die Brigade nicht leisten. Mit der Harpune im Anschlag wird ein Einkesselungsversuch gestartet. Keiner will glauben, dass es dem Wal gelungen ist zu entkommen. Als der Riese sich tatsächlich wieder zeigt, bohrt sich sofort die erste Harpune in seinen Rücken. Markiert durch die rote Boje am Ende des Seils, kann er sich nicht mehr im Wasser verstecken. Da der Grauwal ungewöhnlich groß ist, müssen die Männer doppelt so viele Harpunen werfen wie sonst. Schließlich hindern fast ein Dutzend Bojen den Wal am Entkommen. Doch das Tier gibt sich nicht geschlagen. Der schwer getroffene Riese versucht, eines der Boote anzugreifen. Damit haben die Männer nicht gerechnet. In dieser gefährlichen Situation zögern sie nicht, zu einer illegalen Methode zu greifen, zum Abschuss per Gewehr. Eigentlich ist der Einsatz kleinkalibriger

Wie seit Jahrhunderten benutzen die Tschuktschen für die Waljagd eiserne Harpunen

Feuerwaffen beim Walfang gesetzlich verboten, denn es ist ein langwieriges Töten und ein unnötig qualvoller Tod für das Tier. Verzweifelt kämpft der Grauwal um sein Leben. Die Lösung bringt schließlich eines der letzten amerikanischen Originalgeschosse aus dem Dotingan. Da sich das verwundete Tier unberechenbar hin und her wälzt, ist das Zielen schwierig. Aber nachdem die Granate mit einem dumpfen Geräusch explodiert ist, werden die Bewegungen des Meeresriesen immer schwächer. Erschöpft und erleichtert entfernen sich die Männer aus Lorino vom Tier und genehmigen sich einen Tee. Eine Wartezeit, die sie glauben dem Wal zu schulden, damit er ungestört sterben kann.

Als das Tier schließlich verendet ist, beginnt die Plackerei von neuem. Die Männer müssen verhindern, dass der Kadaver, der nur noch von den Bojen gehalten wird, absinkt. «Von zehn Walen, die versinken, können wir zwei nicht mehr nach oben holen. Das liegt daran, dass die Wale durch den weiten Weg von Kalifornien abgemagert zu uns kommen. Sie haben sich zwischen Anfang und Mitte Sommer noch nicht genug Fett angefressen für den Auftrieb.» Mit bloßen Händen ziehen Aleksej und seine Männer den tonnenschweren Wal nach oben. Endlose Knochenarbeit. Um die Beute zu sichern, müssen die Walfänger zusätzliche Harpunen mit Bojen an dem Tier anbringen. Die größte Boje ist für den riesigen Schwanz des Wales bestimmt. Sie soll das reibungslose Abschleppen der Beute sichern, da die Wale mit dem Schwanz voran gezogen werden. Nach Stunden des Schuftens kommt der Kadaver endlich zum Vorschein. Ein über Sprechfunk herbeigerufener Bugsierer nimmt das Tier ins Schlepptau. Dieses Mal ist der Wal für das Heimatdorf der Brigade bestimmt, für Lorino. Man ist der Erfüllung des Plansolls ein wenig näher gerückt. Und der Ozean ist um einen Wal ärmer geworden.

Aber über ökologische Zusammenhänge machen sich die Menschen in Lorino wenig Gedanken. Sie interessiert nur das Fleisch. Wie ein Lauffeuer verbreitet sich in dem kleinen Dorf die Nachricht von der erfolgreichen Jagd. Die Bewohner eilen zum Ufer, wo ein veralteter Traktor den erlegten Wal an Land zieht. Unter den wachsamen Augen des Militärs zerlegen Aleksejs Männer den Wal und bringen die riesigen Fleischstücke in klapprigen Wagen zu einem provisorischen Laden, vor dem bereits eine lange Schlange steht. Zehn Kilo Fleisch kriegt jeder Bewohner umsonst. Alles, was darüber liegt, muss bezahlt werden. Der Preis für das Kilogramm liegt bei knapp fünfzig Cent. Im Gegensatz zu Lawrentija geht hier alles wohl geordnet zu.

Während die Glücklichen, die in Fleischverteilungslisten standen, befriedigt nach Hause ziehen, schwärmen die Resteverwerter aus, jene Menschen, die nicht das Privileg haben, offiziell als Anwohner Lorinos erfasst zu sein. Zu Dutzenden streifen sie über die blutige Schlachtstelle und suchen nach dem wenigen Brauchbaren, das noch übrig geblieben ist. Ein Mann tötet sogar eine Möwe, als diese ihm ein Stückchen Walfleisch wegzunehmen droht. Jeder ist hier ein Konkurrent beim täglichen Kampf ums Überleben. Bei Sonnenuntergang wirkt Lorino schließlich wie ausgestorben. Hinter den stummen Mauern wird in jedem Haus eine Mahlzeit mit frischem Walfleisch zelebriert. Denn etwas anderes wird hier nicht geboten. Zwar sind einige stolze Besitzer eines Fernsehgeräts, aber wegen der häufigen Stromausfälle ist das ein eher unsicheres Unterhaltungsangebot. Ausgehen kann man in der Gegend nirgendwohin. Und auf den Gedanken, einen Spaziergang durch den tristen Ort aus Baracken und roh gezimmerten Hütten zu machen, kommt keiner.

Auch im Haus von Brigadeführer Ottoj und seiner Ehefrau Galina wird gekocht – Walfleisch natürlich. Sie erwarten Aleksejs Vater, einen hochdekorierten Kolchosearbeiter. Die Familie Ottoj gilt im Ort als wohlhabend. Mehrere Töpfe mit seltenen, exotischen Pflanzen schmücken die karge Stube, und nebenan steht ein Trainingsgerät. Solchen Luxus können sich nur wenige leisten. Für die Beleuchtung hingegen fehlt das Geld bis heute. Und auch den Kühlschrank hat die Familie zweckentfremdet. «Wir haben praktisch nichts Essbares, das wir da hineinlegen könnten», entschuldigt sich Galina. «Der Kühlschrank steht leer, also nutzen wir ihn als Stauraum.» Der Großvater, der stolz den Lenin-Orden für seine Erfolge beim Walfang an der Brust trägt, fügt hinzu: «Früher gab es wesentlich mehr Wale in der Region. Aber als ich jung war, haben wir Wale nur mit unseren traditionellen Ruderbooten gejagt. Pro Saison haben wir nur 18, im besten Fall 22 Wale erlegt. Heute verfolgt man die Tiere mit Motorbooten und tötet mehr und schneller. Ich schaue jeden Tag zu, wie die Motorboote über das Wasser flitzen.»

Walfleisch ist einem Tschuktschen viel wert. Immer wieder kommt es deshalb auch zu Nahrungsdiebstahl, obwohl Diebe mit einer drakonischen Strafe rechnen müssen. Die Vorratsbaracke des Dorfes, ein alter Holzschuppen, ist mit einem schweren Vorhängeschloss gesichert. Nur sorgfältig ausgesuchte Vertrauenspersonen dürfen die frisch eingetroffene Beute ausladen. Gearbeitet wird mit groben Haken. Ein schwerer, süßlicher Ge-

Junger Beobachter des Schlachtfestes

ruch hängt im Raum. Um Hygienevorschriften schert sich hier keiner. Man verlässt sich auf Mutter Natur. Im Vorratslager der Kolchose, einem aufgegebenen Minenstollen, herrschen Temperaturen wie in einer Tiefkühltruhe. Unter den Füßen und über den Köpfen der schwer schuftenden Arbeiter erstreckt sich der Dauerfrostboden. Ein Segen, denn die beiden Kühlräume der Kolchose sind seit langem außer Betrieb. Die Arbeit wird mit großer Eile verrichtet, solange das Fleisch noch weich ist. «Wir legen die Fleischstücke einzeln zum Einfrieren auf dem Gang aus, damit sie untereinander nicht verkleben», erklärt einer der Arbeiter. «Nach dem Einfrieren bringen wir sie in die Nebenräume. Dank der natürlichen Temperatur von gleich bleibenden minus sieben Grad Celsius wird das Fleisch schnell eingefroren.» Das Lager ist halb leer. Die Rechnung ist einfach: Je weniger Wale da draußen, desto weniger Fleisch hier drinnen.

Ein Feldweg führt vom Fleischlager zum lokalen Krankenhaus. An der Tür der Dorfklinik warnt ein handgeschriebener Zettel eindringlich vor den gesundheitlichen Folgen des Verzehrs von rohem Fleisch. Es drohen schwere Magen-Darm-Infektionen. «Allein in den vergangenen sieben Tagen sind 53 Menschen in unserem Ort nach dem Verzehr von Walfleisch erkrankt. Um was für eine Infektion es sich handelt, konnten wir bisher nicht feststellen», sagt die leitende Ärztin. Vor allem Kinder sind betroffen. «Abends haben wir wie alle das Walfleisch gegessen, und um vier Uhr morgens bekam mein Sohn schrecklichen Durchfall und dazu noch hohes Fieber. Um acht Uhr bin ich dann sofort mit ihm ins Krankenhaus gekommen», sagt eine Mutter. Die Bekämpfung der Infektion ist ein schwieriges Unterfangen, denn die Klinik befindet sich im gleichen Zustand wie die gesamte Region. Um zumindest minimale Hygiene zu gewährleisten, sind die Türklinken mit feuchten Tüchern umwickelt. Es mangelt an allem, von Desinfektionsmitteln über Bettzeug bis zu Klopapier, ganz zu schweigen von den wichtigsten Medikamenten. Aber im Vergleich zu den Wohnungen muten die Verhältnisse in dem Dorfkrankenhaus beinahe komfortabel an. Haferschleim, trockenes Brot und Kinderspielzeug – natürlich in Gestalt eines Walfisches – sind die einzige Medizin, die die Ärzte aufbieten können.

So bleibt den Tschuktschen von heute, wie ihren Vorfahren, nichts anderes als der Glaube an die eigene Überlebenskunst. Und die Hoffnung, dass es immer genug Kugeln in den Gewehren der Walrossjäger und Walfänger geben wird. Vor allem für den Fall, dass sie doch noch einmal einen riesigen Grönlandwal zu Gesicht bekommen, lebendig und nicht nur als Knochengerüst auf dem Friedhof der Riesensäuger. Hier, am Ende der Welt, bleibt den Menschen nur wenig Zeit, Träume wahr werden zu las-

Das Dorf Lorino

sen. Die verlassenen Dörfer ihrer Vorfahren sind nicht nur Sitz der Verstorbenen und Orte der Kraft, sie sind auch eine Mahnung. Der große Dichter der Tschuktschen, Jurij Rytchëu, hat einmal gesagt: «Die Traditionen und das kulturelle Erbe der Vergangenheit sind heute auf Tschukotka fast das Einzige, was den Menschen hilft, unter schwierigsten Bedingungen zu überleben.»

Bei Beschlüssen zu Nutzung, Erhaltung und Verwaltung in der
Fischerei ist im Einklang mit den nationalen Gesetzen und Vor-
schriften in angemessener Weise den traditionellen Methoden,
Bedürfnissen und Interessen eingeborener Völker und lokaler
Fischergemeinschaften Rechnung zu tragen, deren Lebensunter-
halt in hohem Maß von den Fischerei-Ressourcen abhängig ist.
(FAO-Verhaltenskodex für verantwortungsbewusste Fischerei,
§ 7.6.6.)

Die Fischer von Aran

«Ich bin in Aranmor, sitze über einem Torffeuer und lausche dem gäli-
schen Gemurmel, das von einem kleinen Pub unter meinem Zimmer em-
pordringt», so beginnt der irische Dichter John Millington Synge 1905 im
Manchester Guardian seinen Bericht über Aran. Die Inselgruppe vor der
Küste des Countys Galway im Westen Irlands besteht aus den drei Inseln
Inis Mór, Inis Meáin und Inis Oirr. Synge war auf die abgelegenen Eilande
aufmerksam geworden, als er 1896 in Paris seinen berühmten Kollegen
William Butler Yeats traf und dieser ihn gedrängt hatte: «Geben Sie Paris
auf. Durch das Lesen von Racine werden Sie nie schöpferisch tätig. Gehen
Sie auf die Aran-Inseln. Mischen Sie sich unter die Menschen dort, als
wären Sie einer von ihnen; verleihen Sie dem Leben dieser Menschen
Ausdruck, einem Leben, das noch nie beschrieben worden ist.» Synge
nahm den Rat des Meisters ernst, füllte Seite um Seite seiner Journale mit
Beobachtungen zum Alltag der Insulaner – und leitete damit eine regelrechte Modewelle unter seinen gebildeten Zeitgenossen ein, die als «kelti-
sche Renaissance» bekannt wurde. Die Bauern und Fischer Arans, die unter härtesten Bedingungen ihren armseligen Lebensunterhalt zusammen-
kratzten, wurden idealisiert zu glücklich unschuldigen Menschen, die
unverdorben von der zersetzenden Kraft der Zivilisation inmitten einer
großartigen Naturlandschaft einem Leben nachgingen, wie es schon seit
Jahrhunderten gewesen war. Die karge Landschaft Arans selbst erschien
als wildromantischer Garten Eden. Wen kümmerte es da, dass kaum einer
der «Salonkelten» bereit gewesen wäre, ein solches Leben zu führen?
Noch heute ergießt sich jedes Jahr zwischen Mai und Oktober ein Pilger-
strom auf die drei Inseln, Romantiktouristen auf der Suche nach dem ursprünglichen Irland.

Robert J. Flaherty

Verklärte Bilder hatte auch eine Truppe im Kopf, die 26 Jahre nach
Synge auf die Inseln kam, im Gepäck nicht Papier und Feder, sondern das
High Tech der Zeit – Filmkameras und Hunderte von Rollen Zelluloid.
Der amerikanische Regisseur Robert Flaherty und seine Mitarbeiter waren
entschlossen, den Traum vom «unentfremdeten Menschen» zu verfilmen.
Flaherty hatte sich bereits einen Namen mit *Nanook, der Eskimo* gemacht,
einem Film über das Leben der Inuit auf den Belcher-Inseln im kanadischen Norden. Dort hatte der Überlebenskampf des Menschen in einer erbarmungslosen Natur im Mittelpunkt gestanden, und die Zeit liebte große
Dramen. Von Aran versprach sich Flaherty eine noch existenziellere Versi-
on seines Lieblingsthemas. Aufgrund der weltabgeschiedenen Lage der Inseln hatten sich viele alte Fangmethoden erhalten, vor allem das Fischen
von Schellfisch, Köhler, Geflecktem Lippfisch und Makrelen mit der Handleine von den schwindelerregend hohen Klippen aus. Oft mehr als hundert Meter über dem Meer stehend, benötigten die Einheimischen nicht
nur eine ruhige Hand und ein scharfes Auge, sondern mussten auch geschickt auf die Bewegungen des Fisches reagieren, der nach dem Köder

Die Jagd auf den
Riesenhai in Flahertys
Film aus dem Jahr 1934

aus Meeresschnecken oder Krebsen schnappte. Außerdem fuhren die
Fischer von Aran mit ihren winzigen, handgefertigten Booten, den
«Carruchs», aufs Meer hinaus, um mit der Langleine Kabeljau, Hering,
Rochen, Hundshaie und Heilbutt zu fangen.

Auch wenn Flaherty Armut darstellen wollte, er selbst war kein
Freund von Sparsamkeit. Bedenkenlos verbrauchte er Unmengen von
Filmmaterial, denn ein Drehbuch gab es nicht. Flaherty glaubte, dass Kamera, Filmemacher und Umgebung zu einer organischen Einheit ver-
schmelzen würden, wenn er sich auf seine Aufgabe konzentrierte und
seiner Intuition freien Lauf ließ. Und so wurden die Arbeiten ganz ameri-
kanisch zur Materialschlacht. Mit zwei Kameras im Einsatz hatte Flaherty
schließlich 61.000 Meter, also etwa 37 Stunden belichtetes Material, zusammen. 10.000 Meter davon hatte er allein für das Casting verbraucht.
Nur 2.100 Meter verwendete er schließlich. Im Zentrum seines Epos
vom heroischen Kampf des Menschen mit der Natur sollte eine typische
Fischerfamilie stehen. Aber schon die Suche nach Darstellern erwies sich
wegen der Zurückhaltung der Menschen auf Aran als schwierig. Die In-
selbewohner betrachteten das «sozialistische» Gerede des Regisseurs mit
Befremdung und Misstrauen. Nicht zu Unrecht. Unverfroren schwelgte
Flaherty in persönlichem Luxus. Das Beste war gerade gut genug. Es
kümmerte ihn wenig, dass seine Helden allein schon von dem fürstlich
hätten leben können, was er wegwarf. Erst mit einer Mischung aus Bau-
ernschläue, pastorenhafter Beschwichtigung und dem Versprechen guter
Bezahlung konnte er die Insulaner schließlich zur Mitarbeit überreden.

Schon in *Nanook, der Eskimo* hatte sich Flaherty nicht gescheut, die
Wirklichkeit großzügig zu ignorieren und stattdessen eine idealisierte Re-
konstruktion davon zu liefern, wie er sich das Leben eines Inuit vorstellte.

Riesenhai mit aufge-
sperrtem Maul, das ei-
nem Korb ähnelt, daher
der englische Name
«basking shark»

Ähnlich erging es nun den Bewohnern von Aran. Nach der Lektüre von
Synges Büchern war Flaherty fest entschlossen, das Leben, das der Dichter darin beschrieben hatte, auf Aran wiederzufinden und für alle Ewig-
keit auf Zelluloid zu bannen. «Der Film», wie Flahertys Werk bis heute
unter den Inselbewohnern heißt, beginnt mit einem Idyll. Ein Junge fängt
Krabben. Währenddessen schaukelt die Mutter, umringt von Lämmern
und Hühnern, das Baby in seiner Wiege. Dann jedoch zieht ein Sturm
herauf. Zu sehen ist, wie der Vater sich in seinem Carruch durch die Brandung zum Strand kämpft. Die Frau eilt ans Ufer, um ihrem Mann zu helfen und die kostbaren Netze zu retten. Gemeinsam ziehen sie das beschädigte Boot an Land. Anschließend legt das Paar auf den Felsen ein primi-
tives Kartoffelbeet an. Den Nährboden, Seegras und Tang, muss die Frau
mühsam mit der Kiepe auf dem Rücken die Klippen hinaufschleppen.

Hier, spätestens, fängt der Film an zu schwindeln. Tatsächlich war diese kräftezehrende Praxis längst außer Gebrauch gekommen. Man nutzte
Lastesel. Vermutlich war sie zudem nie von Frauen verrichtet worden.
Auch der dramatische Höhepunkt des Filmes hatte mit der Wirklichkeit
auf Aran nichts zu tun. Während der Mann sich an die Reparatur seines
Bootes macht, beginnt sein Sohn von einem Klippenvorsprung aus zu
fischen. Dabei wird er auf einen Riesenhai aufmerksam. Die zusammenge-
rufenen Männer brechen sofort mit dem Boot auf, um in einer spektakulären Jagd den Hai zu erlegen. Flaherty hatte bei den Vorbereitungen zu
dem Film alte Legenden über riesige harpunierte Haie gehört, die die Boote der Jäger aufs offene Meer hinauszogen. Aber es waren eben nur Geschichten. Tatsächlich waren atlantische Riesenhaie schon seit über hundert Jahren nicht mehr vor Aran gejagt worden. Nur ein paar verrostete
Harpunen, die in den Fischerkaten als Dekoration über der Tür oder dem

Kamin hingen, kündeten noch von der heroischen Zeit. Nach langem Suchen fand sich glücklicherweise ein uralter Haijäger im Ruhestand, der den Darstellern den Umgang mit der Harpune beibringen konnte. Auch die Gefährlichkeit der Tiere gehörte ins Reich der Sage. Riesenhaie ernähren sich ausschließlich von Plankton, den sie über ihre Kiemenreusen aus dem Wasser gewinnen. Mit ihren aggressiven Artgenossen in den Tropen haben sie trotz der Größe nichts gemein.

Besessen von seiner Vision des heroischen Kampfes des Menschen mit der Natur, schreckte Flaherty nicht davor zurück, das Leben der Darsteller zu riskieren. Am Abend – die Männer sind auf See immer noch mit der Haijagd beschäftigt – wütet der Sturm mit voller Gewalt. Als die Männer am nächsten Morgen zurückkehren, können sie durch die schwere Brandung kaum an Land gelangen. Schließlich wird das kleine Boot durch die gewaltigen Brecher zerschlagen. Erschöpft gelingt es den Männern gerade noch, sich an Land zu retten. Als Menschen, die von klein auf die unberechenbare Wut der Natur kannten, wären die Fischer bei einem solchen Wetter nie auf See hinausgefahren und hätten dabei sinnlos ihr Leben und das wertvolle Material riskiert. Es war purer Stolz, dass sie sich nicht weigerten, ihr Leben für die romantischen Hirngespinste eines Fremden aufs Spiel zu setzen. In einem seltenen Moment von Einsicht

sagte Flaherty später: «Man hätte mich dafür erschießen sollen, dass ich diese wunderbaren Menschen dazu brachte, so etwas zu tun.» Letztendlich sind sie dadurch aber doch unsterblich geworden – wenn auch nicht in ihrem Alltag, sondern nur als Traumbilder auf der Leinwand.

Von portugiesischen Fischern erlegter Riesenhai

Grönland | Sri Lanka | Brasilien

Die Letzten ihrer Art

Fischer und Jäger der Dritten Welt:
Inuit, Tamilen und Jangadeiros

Nördlicher Polarkreis. Es ist kalt, bitterkalt. Obwohl Frühling ist, herrschen minus zwanzig Grad Celsius. So weit das Auge reicht, nichts als
Schnee und Eis. Dass hier Menschen leben, mutet an wie eine seltsame
Laune der Evolution. Die Eskimos nennen sich «Inuit», das heißt schlicht
«Mensch». Und sie haben Recht damit, außer ihnen gibt es hier keine
Menschen, von denen sie sich durch einen besonderen Namen abgren-
zen müssten. Die Europäer kamen erst spät und nur zu Besuch. Grönland, Heimat der Eskimos und größte Insel der Erde, ist zu 81 Prozent
mit ewigem Eis bedeckt. In dieser unwirtlichen Natur, zwischen Polar-
nacht und Mitternachtssonne, hätten die Inuit nicht überleben können
ohne die Robbe, das einzig jagenswerte Wassertier.

**Hundegespann auf
Grönland**

    Mit dem Hundeschlitten fahren die Robbenjäger auf dem vereisten
Uummannaqfjord hinaus zu den Jagdgebieten. Hier gibt es reichlich
«Uutoq». Das ist eine der unzähligen Bezeichnungen für die Tiere und
bedeutet: «Ringelrobbe, die auf dem Eis in der Sonne liegt». Im Gegensatz zu Neufundland, wo die Robbenjagd durch das Abschlachten fluch-
tunfähiger Jungtiere mit der Keule traurige Berühmtheit erlangt hat, ist es
in Grönland äußerst schwierig, eine Robbe zu erlegen. Hier ist nur die
Jagd auf ausgewachsene Tiere möglich, denn die Jungtiere der hiesigen
Ringelrobbe werden in tiefen Schneehöhlen geboren. Im Frühjahr halten
die Robben sich im vereisten Fjord permanente Luftlöcher frei, aus denen
sie manchmal hervorkriechen, um sich zu sonnen. Einer der Männer beginnt, sich aus einem Kilometer Entfernung vorsichtig an eine solche Robbe heranzupirschen. Der verharschte Schnee auf dem Eis knirscht bei jedem Schritt, und die glatte Fläche bietet keinerlei Deckung. Wittert die
Robbe den Jäger, kann sie sofort durch das Luftloch ins Wasser zurücktau-
chen. Der Jäger hält einen «Taalutaq», einen Tarnschild aus weißem Leinen, vor sich. Ohne ihn wäre es kaum möglich, auf Schussweite an die
Robbe heranzukommen. Früher war es noch weit beschwerlicher: Oft
stundenlang mussten die Inuit bewegungslos in der Kälte vor einem Luftloch hocken, um die Robbe beim Auftauchen mit der Harpune zu erlegen. Die Zeit der Harpune ist zwar längst vorbei, doch mit industrieller
Tötung hat dieses mühselige Geschäft trotzdem nichts zu tun. Schließlich
peitscht der Schuss durch die Stille. Ein kurzes Zucken, dann rollt die an
Land schwerfällige Kreatur auf die Seite und erschlafft.

Links: Zerlegen der Jagdbeute

Rechts: Getötete Robbe

Ohne Robbenjagd ist der Lebensunterhalt für viele Menschen in diesem unwirtlichen Teil der Erde nicht zu sichern. Rund zwanzig Prozent der Grönländer leben von der Robbenjagd. Wie schon in Urzeiten wird auch heute noch jeder Teil des Tieres verwertet – das Fell für die Kleidung, das Fleisch als Nahrung und die Knochen für Werkzeuge. Als Delikatesse gilt die vitaminreiche, rohe Leber. Ihr Verzehr zusammen mit ungekochtem Speck gab den Inuit den indianischen Spitznamen «Eskimos», «Rohfleischesser». Was die Menschen vom Fleisch nicht nutzen, bekommen die Hunde. Währenddessen machen sich die Frauen zu Hause daran, die Fettreste vom Fell zu schaben, eine mühsame, langwierige Arbeit. Doch ein gesäubertes und getrocknetes Fell bringt mehr ein – und ist die einzige Bareinnahmequelle für viele Familien. Rund 6.000 Euro verdient ein guter Jäger pro Jahr, und das in einem Land, in dem die Preise fast doppelt so hoch sind wie in der Bundesrepublik. Denn außer Fisch hat Grönland nichts zu bieten. Alles muss importiert werden, und das kostet Geld.

Das war einmal anders. Schneeweiße Felle hatten in den 1950er Jahren in der Modewelt Konjunktur, und die fast weißen Seehundfelle waren hochbegehrt. Doch die großen Herden lockten Schwärme rücksichtsloser Amateurjäger an die Küsten Neufundlands und Labradors, die in der Hoffnung auf schnelles Geld über die Tiere herfielen und sogar mit Hubschraubern Jagd auf sie machten. Als 1964 ein angeblicher Dokumentarfilm vorführte, wie einem Robbenbaby das Fell bei lebendigem Leib abgezogen wurde, gab es Proteste von Tierfreunden in aller Welt. Die weltweiten Proteste ebbten erst ein wenig ab, als herauskam, dass der Abhäuter von der Filmgesellschaft Artek aus Montreal bezahlt worden war und zwei weitere der angeblichen Missetäter zum Filmteam gehörten. Dennoch wuchs der politische Druck zugunsten eines Tötungsstopps. Überall auf der Welt demonstrierten Tierfreunde gegen das Abschlachten für den Laufsteg. Filmstar Brigitte Bardot ließ sich 1976 vorwurfsvoll mit einem ausgestopften Robbenbaby im Arm auf einer Eisscholle fotografieren und widmete ihr Leben fortan dem Schutz der Tiere. Mit spektakulären Aktionen stoppte Greenpeace die Robbenjagd im neufundländischen Eismeer. Ein Klecks Farbe machte die Pelze wertlos für den Verkauf an die Luxusbranche. Zusätzlich verhängte die Europäische Gemeinschaft ein Einfuhr-

verbot für Robbenfelle. 1983 verbot auch Kanada schließlich die Robbenjagd – allerdings auch den Einheimischen, die sie seit Generationen ohne
Gefahr für die Bestände betrieben hatten.

Der Markt für Felle war nach dieser Publicity auf dem Tiefpunkt. Rob-
benfellmäntel wurden nur noch unter dem Ladentisch verkauft, wie Por-
nohefte am Zeitungskiosk. Im staatlichen Aufkaufladen brachte ein Fell
bester Spitzenqualität, getrocknet und ohne Fehler, für die Grönländer gerade einmal 350 Kronen, das sind umgerechnet 46 Euro. Auf dem Weltmarkt bekam man noch nicht einmal das. Dabei waren im Einkaufspreis
schon bis zu achtzig Prozent an staatlichen Subventionen enthalten. Zu
dieser Maßnahme sah sich der grönländische Staat gezwungen, nachdem
die Greenpeace-Aktion gegen die neufundländischen Abschlachtmetho-
den auch den Preis der grönländischen Robbenfelle in den Keller getrieben hatte. Eine der ältesten intakten Jägerkulturen der Welt, die wirtschaftliche und kulturelle Basis eines ganzen Volkes, war zum Sozialfall
geworden. «Die Greenpeace-Aktion hat katastrophale Folgen für das Leben der Jäger hier gehabt», sagte der grönländische Fischereiminister Kaj
Egede in einem Fernsehinterview damals. «Wir geben sehr viel Geld aus,
um die Ansiedlungen der Jäger überhaupt am Leben zu halten.»

Aber die Ökologie des Meeres ist kompliziert und hat immer Überra-
schungen auf Lager. Heute hat sich die Situation in einigen Regionen geradezu umgekehrt. Nicht mehr die Jäger dezimieren zu viele Robben,
sondern die Robben bedrohen die Jäger, indem sie ihnen schlichtweg die
Nahrungsgrundlage nehmen. Das erste Mal geschah es im Jahr 1986:
Scharen von Robben bewegten sich gen Süden Richtung Norwegen und
verleibten sich die dortigen Küstenfische ein. Wegen Überfischung der
Lodde, eines lachsartigen Fisches, hatten sie in ihren heimischen Gefilden
nicht mehr genug zu fressen gefunden. Vor allem die ohnehin überfischten Kabeljaubestände litten empfindlich. Empört verlangten die norwegischen Fischer, dass auf die Robben wieder Jagd gemacht werden dürfe,
um die Fischbestände im Europäischen Nordmeer zu schonen. 1995 ho-
ben Norwegen und Kanada schließlich unter vehementem Protest auch
der Umweltschützer im eigenen Land das Jagdverbot wieder auf. Die
Tierschützer machten geltend, dass es keine hinreichende Begründung
für den Abschuss der Robben gebe. Absurd wurde die Auseinanderset-
zung, als einige von ihnen sogar infrage stellten, ob Robben sich überhaupt von Kabeljau ernähren. Unbestreitbar war jedoch, dass Robbenar-
ten, wie die Klappmütze und die Sattelrobbe, die von Labrador und Neufundland nach Grönland hinüberkommen und dort ungefähr 200 Tage im
Sommer verbringen, sich in der fraglichen Zeit rapide vermehrt hatten.
Umweltorganisationen gingen von zwei bis drei Millionen Exemplaren
aus, offizielle kanadische Schätzungen lagen sogar bei ungefähr 4,8 Millionen Tieren, die jährlich die grönländischen Gewässer heimsuchten.
Ohne die Aufhebung des Jagdverbots, so die kanadische Regierung, sei allein bis zum Jahr 2000 mit einem Anstieg auf sechs Millionen der hungri-
gen Tiere zu rechnen gewesen. Sieben Kilo Fisch vertilgt eine ausgewachsene Robbe am Tag. Das ergab bei einer vorsichtigen Schätzung von zwei
Millionen Robben pro Jahr etwa die siebzigfache Menge dessen, was die

gesamte grönländische Fischereiflotte anlandete. Der Schaden für die Fischerei war enorm. Hinzu kommt, dass die Robben beispielsweise beim Kabeljau nur Stücke aus dem weichen Bauch fressen und den Rest des Fischs übrig lassen. Den Eskimo-Robbenjägern, die nach dem Jagdverbot in der Fischindustrie als einfache Arbeiter anfangen mussten, dürften diese Bestandszahlen einmal mehr aufs Gemüt geschlagen sein. Auf die Bevölkerung umgerechnet, gehören Selbstmordrate, Alkoholkonsum und Häufigkeit von Gewaltdelikten in Grönland bis heute zur Weltspitze.

Fischen ist in den meisten Teilen der Welt Knochen brechende, Rücken und Finger verkrümmende Arbeit. Der Berufsseemann hat nur selten etwas von der viel beschworenen «Poesie eines Sonnenaufgangs» oder dem «sanfte Wiegen der Wellen». Erlaubt er sich den Luxus, über sein Los nachzudenken, sieht er sich eher als Spielball der Natur. Hinauszufahren aufs unberechenbare Meer, das bedeutet immer wieder, das Schicksal herauszufordern. Hinter dem Aberglauben der Seeleute in allen Teilen der Welt verbirgt sich nichts anderes als das am eigenen Leib erfahrene Wissen, dass sich hinter den Schönheiten der Natur immer auch der nächste Sturm verbergen kann. Aber manchmal hat gerade die traditionelle Fischerei ihre eigene Ästhetik, eine magische Schönheit, die mit dem seit Generationen betriebenen Handwerk unmittelbar verbunden ist und auf die die Männer selbst stolz sind.

Tamilischer Fischer

Das elegante Auslegerboot, mit dem die tamilischen Fischer auf Sri Lanka in den flachen Gewässern am Rand des Indischen Ozeans aufs Meer hinausfahren, ist ein Schmuckstück. Mit einem Segel, das in eine V-förmige Gabel gehängt ist, fängt die «Oruwa» den Wind ein und gleitet leicht wie ein Fliegender Fisch über die Wellen. Wie bei vielen einfachen Bootstypen gibt es weder Bug noch Heck. Beide Enden des schlanken Bootes sind in identischer Weise aufwärts gebogen und laufen gleich spitz zu. Jedes Ende hat ein Lager mit einem Steuerruder. Um zu wenden, schiften die Fischer einfach das Unterliek des Segels durch die Mastgabel, holen das Steuerruder an dem einen Ende ein und bringen das andere am entgegengesetzten Ende des Bootes zu Wasser. Einfacher geht es nicht. Das Heck wird zum Bug, der Bug zum Heck. Der schwere Ausleger aus Mangoholz bleibt dabei immer auf der Luvseite. Seine Funktion ist nicht, wie oft vermutet, als Schwimmer dem Boot Auftrieb zu geben; er gleicht als Gegengewicht die Hebelkraft des Windes aus, die das schmale Gefährt sonst zum Kentern bringen würde. Doch je stärker der Wind ist, desto mehr Gewicht ist nötig. Auch hier ist die Lösung denkbar einfach. Ein Mann nach dem anderen klettert auf den Ausleger, als beweglicher Ballast, der das Fahrzeug immer optimal getrimmt hält. Kein Wunder, dass der tamilische Fischer die Windstärke in Relation zur Menge des menschlichen Ballastes misst. Es gibt «Ein-Mann-Wind» und «Zwei-Mann-Wind», ein ausgewachsener Sturm ist ein «Vier-Mann-Wind».

Das engmaschige Netz wird in dem freien Raum zwischen Ausleger und Rumpf ausgebracht. Es ist eine Art Vorläufer des modernen Grundschleppnetzes. Wenn es ins Wasser sinkt, fangen die Männer an zu rudern, und die Oruwa läuft vor dem Wind, während das Netz den schlammigen Meeresboden durchkämmt. Die Fischer segeln immer gemeinsam

Oruwas auf Sri Lanka
bei der abendlichen
Rückkehr in die Lagune
von Negumbo

in Flottillen von vierzig bis fünfzig Booten. Es ist eher selten, dass ein Boot allein ausfährt, und darum geht auch kaum ein Mann auf See verloren. Irgendjemand kann immer helfen, wenn es einen anderen vom Ausleger geholt hat. Nach jedem Durchgang wird der Fang sortiert. Fische kommen in den einen Korb, Garnelen in einen anderen. Das Durcheinander von Muscheln und dem in der Dritten Welt scheinbar unvermeidlichen Müll wird ins Wasser zurückgeworfen. Früher waren die Garnelen billige Nahrung aus dem Meer und das Hauptnahrungsmittel der Fischer. Heute sind sie eine teure Delikatesse, bestimmt für die Städte und die Speisesäle der Luxushotels von Sri Lanka.

Mit der ersten Brise, die das erhitzte Land auf die Küste zu saugt, nimmt die Flottille am frühen Nachmittag wieder Kurs in Richtung Heimat. Die eine Hälfte bedient die lokalen Märkte an den Stränden, die andere kehrt in den Hafen zurück. Für die Fischer, die zum Strand segeln, ist der Hauptgefahrenpunkt das Durchstoßen der Brandung. Aber von klein auf mit dem Meer vertraut, kennen die Männer den Rhythmus der See. Wellen kommen in Gruppen, nach einer hohen Welle werden die nachfolgenden Wellen in gleich bleibenden Abständen flacher, um dann ebenso regelmäßig wieder zu wachsen. Für die tamilischen Fischer ist die Glückszahl sechs. Jede sechste Welle ist größer als die anderen und wird genutzt, um das Boot möglichst weit auf den Strand tragen zu lassen. Die Besatzung hat dann Zeit genug, das Boot noch ein Stück zu schieben, sodass die sechste Welle der nachfolgenden Wellengruppe es nicht wieder am Heck erfassen kann. Für den Rest der Flottille ist das Einlaufen einfacher, sie segelt in die Lagune von Negumbo, den Heimathafen einiger hundert Boote. So wird der Fang verteilt und vermieden, dass ein Markt überschwemmt und damit der Preis verdorben wird.

**Frauen beim Fischver-
kauf am Strand**

Der Fang, den die Fischer im Hafen anlanden, wird sofort auf einer
Auktion verkauft. Dann wird das Geld geteilt. Eine Hälfte geht an den
Eigner des Bootes, den Mudalali oder «Schwein», wie er von den Fischern
– wegen des Wertes von Schweinen hier durchaus respektvoll gemeint –
tituliert wird. Der Rest ist für die Besatzung. Jeder tamilische Fischer
träumt darum ganz kapitalistisch davon, sein eigenes Boot zu haben und
die anderen für sich arbeiten zu lassen. Denn der einfache Fischer bekommt gerade genug Geld, um sich und seine Familie einen weiteren Tag
durchzubringen. Er lebt von der Hand in den Mund. Allerdings kann er
sich das auch leisten, denn er lebt mit der ruhigen Zuversicht, dass er am
nächsten Morgen wieder fischen gehen kann, bis ins hohe Alter. Danach
werden ihn schon seine Kinder versorgen – es ist das traditionelle Versor-
gungsprinzip von Ländern ohne staatliche Rente. Allerdings kann er so
auch keine Rücklagen bilden und bleibt darum weiter auf einen Schiffseig-
ner angewiesen. Nur am Tag seiner Hochzeit schenkt das Meer auch dem
einfachen Fischer Reichtum. An diesem Tag, so ist es alte Sitte, fischt die
gesamte Flottille für ihn. Egal, was gefangen wird, es gehört dem jungen
Paar. Wenn es Glück hat, kommt ein kleines Vermögen zusammen, vielleicht hundert Körbe voller Garnelen, Marline, Haie, genug, um ein einfa-
ches Haus oder einen Anteil an einem Boot zu kaufen. Die Größe des
Fangs gilt als Omen für die Zukunft des Paares; eine gute Ehe, so glaubt
man, beginnt mit einem guten Fang.

Wie die meisten Menschen, die ihren Lebensunterhalt der launischen
Natur abtrotzen müssen, sind die Oruwa-Fischer ein konservativer Men-
schenschlag. Sie haben deshalb bis in die jüngste Zeit wenige Errungen-
schaften der modernen Gesellschaft übernommen. Die Geldwirtschaft ist
ihnen fremd geblieben. Sie tauschen lieber auf althergebrachte Weise, den

Gebrauch von Metall lehnen sie konsequent ab. Entsprechend werden die Teile der Oruwa zusammengelascht oder -genäht. Irgendwo draußen auf See, glauben die Fischer, gibt es unter Wasser einen gigantischen Magneten. Einem Schiff, das über ihn hinwegsegelt, reißt er die Verbände auseinander und zieht ihm die Nägel aus den Löchern. Jede Nachricht von einem Stahlschiff, das sinkt, ist für die Fischer ein Beweis für die Existenz dieses Magneten. Um die Teile des Rumpfes zusammenzufügen, werden Löcher in die Ränder gebohrt, die Zwischenräume ausgestopft und die Teile dann mit einem einfachen Kreuzstich zusammengenäht. Die vorstehenden Teile von Bug und Heck werden in der gleichen Weise angefügt, und der Ausleger wird mit Seilen angebunden, die aus Kokosfaser gedreht sind. Allerdings dehnen sich die Bindungen durch die Nässe und die Beanspruchung auf See und haben ständig Spiel. Die Erhaltung des Bootes ist darum eine der vordringlichsten Aufgaben an Land. Ursprünglich wurden Oruwas selten angestrichen – nicht zuletzt, weil Farbe teuer war. Stattdessen wusch man den Rumpf sonntags mit Sand ab. Danach erhielt er eine schützende Schicht aus Kokosnussöl. Bei gewissenhafter Wartung hielt der so konservierte Rumpf einer Oruwa gut zwanzig Jahre. Heute zeigt sich ein bescheidener Wohlstand darin, dass viele der Boote mit einem leuchtend farbigen Anstrich versehen sind.

Oruwa-Fischer mit Krabben auf dem Markt in der Lagune von Negumbo

Alle Oruwas sind nach einem Standardprinzip gebaut, das seit Generationen vom Vater auf den Sohn überliefert wird. Unterschiede gibt es nur in einer kleinen Verzierung oder im zufälligen Muster der weißen Flicken auf dem dunkelroten Segeln. Wie fast alle Boote begann die Oruwa als einfacher, ausgehöhlter Einbaum für die Lagunen. Mit der Zeit wollten die Menschen zum Fischen weiter auf das Meer hinaus und verlängerten das Kanu, damit es Laufruhe bekam und mehr Männer mit dem Netz und dem Fang aufnehmen konnte. Die Seitenwände wurden zum Schutz vor der Brandung und dem Wind höher gemacht. Dann kam ein Segel hinzu. Der Legende nach diente hierfür der Sarong als Vorbild, der traditionelle Wickelrock der Männer und Frauen. In den Fischerdörfern Sri Lankas kennt jedes Kind die Geschichte. In der alten Zeit, so wird erzählt, warf ein Fischer in seinem Kanu an der Öffnung der Lagune sein Netz aus und wurde von einem plötzlichen Sturm überrascht, der ihn weit auf das offene Meer hinaustrug. Wasser begann in das Boot zu schlagen, und der Fischer wurde völlig durchnässt. Als sich die Wellen schließlich beruhigten und die Sonne aus den Wolken brach, hängte er seinen Sarong zwischen den zwei Rudern zum Trocknen auf. Der Wind füllte das Tuch und trug den Fischer zurück zum Strand. Die Idee des Segelns war geboren. Aus den Rudern wurden Masten, und der Sarong wurde zu einem großen, rechteckigen Segel. Die traditionelle rotbraune Färbung stammt von einer Beize, die das Segel vor dem Verrotten schützt.

Wie bei den meisten traditionellen Fangmethoden der Welt ist auch das allmähliche Verschwinden der eleganten Oruwa bereits abzusehen. Die nachhaltige Fischerei der Männer von Sri Lanka scheitert an der Nichtnachhaltigkeit der Naturausbeutung an anderer Stelle. Es ist ausgerechnet der Umweltschutz, der ihr zum Verhängnis wird. Das ausgehöhlte Kanu, das die Basis des Bootes bildet, ist aus dem Stamm eines Brot-

Bug einer Oruwa: Deutlich zu erkennen sind die hohen Seitenwände des schmalen Bootes

fruchtbaumes gebaut. Als die Regierung das Fällen der Bäume verbot, war zwar damit eine Pflanze geschützt, aber zugleich das Schicksal der Oruwa besiegelt. Nicht länger seetüchtige Boote konnten nun nicht mehr durch neue ersetzt werden. Heute sind immer weniger Oruwas an den Stränden Sri Lankas zu finden, auch wenn sie als Touristenattraktion weiter überleben. Ihre Söhne, das ist den Fischern klar, werden von einem anderen Fahrzeug aus fischen, wenn sie überhaupt noch den mühseligen Beruf des Vaters ergreifen und nicht in die Slums der Landeshauptstadt Colombo abwandern. Der Traum der jungen Fischer ist ein Motorboot mit einem Fiberglasrumpf, der keine Pflege braucht, und einem Außenbordmotor, der vom Wind unabhängig macht. Es ist wohl nur eine Frage der Zeit, bis die überwiegende Mehrheit von ihnen', eine stinkende Auspufffahne hinter sich lassend, über das Wasser knattert und mit immer größeren Fängen die Ökologie der Küstengewässer ruiniert.

Jeder Beruf hat seine eigenen Mythen – zumindest in den Augen der anderen. So glauben die meisten Brasilianer, dass die Jangadeiros ein beneidenswertes Leben führen. Die Fischer vor der Nordküste Brasiliens fahren auf Segelflößen auf das Meer hinaus, um dort ihre Netze auszuwerfen. In der Phantasie der Städter sind sie Meister der Trägheit und verbringen die meiste Zeit als beneidete Faulenzer in der Hängematte. Das Meer ist so fischreich, glaubt man, dass die Jangadeiros zum Fischen ihre Siesta nur kurz unterbrechen müssen und ihre Netze sich wie von selbst füllen. Tatsächlich sieht die Realität vollkommen anders aus. Das wettergegerbte Aussehen der Jangadeiros, das manchem Stadtmenschen offensichtlich als eine Art Urlaubsbräune aus dem Paradies erscheint, verdeckt nur mühsam die Spuren eines Lebens, das gekennzeichnet ist von Entbehrungen und Schinderei. Der karge Lohn für endlose Stunden auf dem Meer sind ein paar Kilo Fisch, die gerade ausreichen, die eigene Familie zu ernähren und etwas Reis und Bananen dafür einzutauschen. Sieht man einmal von der industriellen Fischerei ab, gehören Fischer nirgendwo auf der Welt zu den großen Profiteuren, das ist auch hier nicht anders. Bereits 1941 segelten vier Jangadeiros aus dem Dorf Fortaleza in einer ebenso spektakulären wie wagemutigen Fahrt die 1.650 Meilen bis nach Rio de Janeiro, um auf ihre trostlose Situation aufmerksam zu machen. Der berühmte amerikanische Regisseur Orson Welles war davon so beeindruckt, dass er einen Film über die Männer drehte. Allerdings wurde dieser erst nach seinem Tod fertig gestellt. Im Jahr 1993, als er unter dem Titel *It's All True* erstmals in die Kinos kam, gab es eine ähnlich aufsehenerregende Aktion, als vier Fischer aus Prainha do Canto Verde in 74 Tagen mit ihrer Jangada nach Rio segelten.

Das durchschnittliche Einkommen eines Jangadeiros liegt bei siebzig US-Dollar, dem Mindesteinkommen in Brasilien. Eine Studie der brasilianischen Regierung aus dem Jahr 2002 stellte fest, dass fünfzig Prozent der Fischer über 45 Jahre alt sind und täglich – mit Ausnahme eines freien Tages pro Woche – zehn Stunden auf See verbringen. 84 Prozent können nicht lesen; die meisten von ihnen haben im Alter von zwölf Jahren mit der Schule aufgehört und mit ihrem Beruf angefangen. Die Besitztümer eines Jangadeiros beschränken sich auf das Netz und einen Anteil am Floß

Viele dieser Männer sind niemals weiter von ihrem Dorf weggekommen als bis zu den Fischgründen vor der Küste. Ihr Leben ist, bei aller Unbekümmertheit, von archaischen Werten und Aberglauben geprägt. Der Jangadeiro fischt schweigend, weil er fürchtet, die menschliche Stimme sei eine Beleidigung für das Meer, so wie die europäischen Seeleute zur Zeit der Segelschifffahrt glaubten, an Bord zu pfeifen mache den Wind

Auslaufen einer Jangada

neidisch und wütend. Das Gefährt des Jangadeiros ist denkbar einfach: ein Floß, ein Segel, ein Ruder zum Steuern. Ursprünglich wurden beim Bau einer Jangada Balsaholzstämme mit Hartholzdübeln verbunden. Das Floß war leicht, stark, unsinkbar, und es konnte in wenigen Tagen zusammengebaut werden, sodass keine Zeit zum Fischen verloren ging. Etwa ein Jahr lang blieb so ein Floß schwimmfähig. Dann hatte sich das poröse Holz voll Wasser gesogen und musste ersetzt werden. Die alten Flöße ließ man einfach am Strand liegen und verrotten.

Die Siedlungen der Jangadeiros, die die Nordostküste von Brasilien sprenkeln, tragen so klingende Namen wie Prainha do Canto Verde, Morro Branco oder Canoa Quebrada. Ursprünglich verdienten sie kaum die Bezeichnung Dorf: ein Häuflein verstreut liegender kleiner Häuser, mit Palmwedeln oder Wellblech gedeckt, vielleicht eine Bäckerei oder ein Dorfladen, wenige Palmen. Nicht einmal eine Kirche gab es oft. Manchmal versorgte nur eine Wasserpumpe die gesamte Siedlung. Doch auch an den Jangadeiros ist die Entwicklung nicht spurlos vorbeigegangen. Die Balsaflöße sind schon lange verschwunden, und nur noch die Alten erinnern sich an sie. Früher wuchs das Holz in der Nähe, aber der Dschungel wurde gerodet, für die Landwirtschaft und weil Brasilien Devisen brauchte. Frisches Tropenholz, ob hart oder weich, ist heute teure Handelsware.

Brasilien

Jangadeiros mit ihrem
Boot

Eine Zeit lang, so erzählen die alten Leute in der typischen bedächtigen
Art, die Fischer überall auf der Welt kennzeichnet, eine Zeit lang war der
Strand leer, und man suchte nach einer Lösung, um das teure Naturholz
zu ersetzen. Zunächst griff man auf das Holz zurück, das zur Verfügung
stand, auf Kisten und Treibholz. Heute ist die Situation besser, teilweise
haben auch Katamarane die alten Einzelflöße ersetzt. Zudem sind moderne billige Kunststoffe an die Stelle der sich allmählich voll saugenden Höl-
zer getreten. Zwar werden die Jangadeiros noch immer von jeder überkommenden See durchnässt, aber sie fischen jetzt von schwimmenden
Plattformen mit etwas mehr Freibord aus.

Die Fanggründe liegen etwa zwanzig Kilometer vor der Küste. Gearbeitet wird beim Fisch- oder Langustenfang meist zu zweit oder dritt; häufig sind auch Frauen an Bord. Während der erfahrenste Fischer das Floß
im Kreis segelt, wirft der jüngste an Bord das Netz aus. Ist der erste Fisch
gefangen, macht die Besatzung erst einmal ein Feuer und isst, bevor es
weitergeht. Mit dem auflandigen Wind des Nachmittags kehren die Boote
heim. Die Männer und Frauen binden sich dazu an und trimmen das Boot
mit ihrem Körpergewicht. Die tosende Brandung, durch die sie hindurch-
müssen, ist der Härtetest für Boot und Besatzung. Sie war es letztlich, die
die Form der Fahrzeuge bestimmt hat, mehr als das Fischen selbst. Der
Mast der Jangada ist leicht gebogen und über eine Art Gelenk mit dem
Floß verbunden, sodass er beweglich ist für das Manövrieren und das Segel
das Optimum aus dem Wind herausholt. Die Jangada gleicht darin dem
modernen Windsurfboard, nur dass dieses aus den High-Tech-Materialien
des Raumzeitalters besteht. Und wie der Surffreak an den Traumstränden
der Welt auf die eine ganz spezielle Welle aus ist, wartet der Jangadeiro
vorsichtig und geduldig auf den richtigen Moment. Für den Surfer ist das

Kentern allerdings nicht viel mehr als ein Spaß, den man mit einem Schulterzucken oder einem Lachen abtut. Für den Jangadeiro steht mehr auf dem Spiel. Eine kleine Fehleinschätzung kann bedeuten, dass der Ertrag eines harten Arbeitstages dahin ist – und vielleicht sogar das Tau und die in mühsamer Handarbeit geknoteten Netze. Am Strand hilft jede Besatzung der anderen. Mit vereinten Kräften legen die Männer sich ins Zeug und ziehen die Flöße auf Rollen den Strand hoch, bis sie sicher oberhalb der Hochwassermarke liegen. Ein Dutzend Flöße muss so jedes Mal aus der auflaufenden Brandung gezogen und über den knirschenden Sand geschoben werden. Der Fang ist schon auf See unter der Besatzung aufgeteilt worden. Jeder fischt für sich selbst und markiert seine Fische, sei es durch Abtrennen der Rückenflosse oder durch Abschneiden des Schwanzes. Nur die Fische des Kapitäns sind unversehrt, das ist sein Privileg.

Aber auch die Küstenfischer der Entwicklungsländer bekommen zu spüren, dass auf See große internationale Flotten unterwegs sind. Lokale Raubfischer tun ein Übriges, ihnen die Fische wegzufangen. «Wir haben hier noch etwa 150 Jangadeiros», sagt der Fischer Joao, der in Prainha do Canto Verde inzwischen auch eine bescheidene Pension für Ökotouristen führt. Doch weil Raubfischer die Gewässer regelrecht geplündert haben, reiche es nicht mehr zum Leben. Haifische beispielsweise gebe es draußen in den Fanggründen so gut wie keine mehr. Man habe sie praktisch ausgerottet, nur wegen ihrer Flossen. Jetzt hätten es die Raubfischer vor allem auf die lukrativen Langustenbestände abgesehen, die traditionell den Hauptverdienst vor Ort ausmachen. Doch für immer spärlicher gefüllte Netze ist die Arbeit der Jangadeiros zu mühsam, der Lohn zu karg. Die Jangadas von Prainha do Canto Verde sind seit kurzem Teil eines nachhaltigen Fischereiprojektes, das vom internationalen Marine Stewardship Council und vom Instituto Terramar zur nachhaltigen Küstenentwicklung der Provinz Ceará initiiert wurde.

Außerdem wird der Tourismus, so hofft man, in vielen Dörfern die Einnahmen aus dem nachhaltigen Fischfang ergänzen. Allerdings ein leiser, ökologischer Tourismus, nicht jener Massentourismus, wie er zum Beispiel Canoa Quebrada zerstört hat. Dort hatten sich schon in den 1980er Jahren «Hippies» und «Teilzeitaussteiger» vor allem aus Europa niedergelassen. Nach und nach kauften die Neuankömmlinge und Hotelunternehmen, die das touristische Potenzial der Gegend erkannten, für wenig Geld Häuser und Land der dortigen Fischer auf. Eine Vergnügungsmeile mit zweifelhaften Kneipen und Sextourismus entstand, ein «Broadway», wie die Leute hier sagen. Heute leben die ehemaligen Dorfbewohner irgendwo hinter den Dünen, müssen sich als billige Saisonarbeiter verdingen oder sind gänzlich verarmt. «Wer heute in Canoa das Sagen hat, kommt von außerhalb», sagt Joao, «die Einheimischen sind die Diener.» In Prainha do Canto Verde hat inzwischen der Schweizer René Schärer, ehemaliger Chef der Swiss Air in Brasilien, eine kleine Hilfsorganisation gegründet, die dem Dorf helfen soll. Erste Erfolge zeigen sich: Der Kauf von Immobilien ist heute streng reglementiert, die Dorfschule mit modernem Unterrichtsmaterial ausgestattet und die ehemals hohe Kindersterblichkeit wurde fast auf Null gesenkt.

Moderne Jangadas am Strand von Prainha do Canto Verde

Rumänien | Russland

Das graue Gold

Kaviargewinnung an Donau und Wolga

Er sieht aus wie ein Monster aus einem drittklassigen Science-Fiction-
oder Fantasy-Film, wie er da durchs Wasser gleitet. Ein lebendes Klischee:
ein mächtiger, gepanzerter Leib mit stacheligem Kamm und Knorpelplat-
ten an den Seiten, dazu starre Augen über einem schaufelförmigen Maul
mit dicken Bartfäden. Der Beluga-Stör oder Hausen, wie er auch genannt
wird, ist einer der entwicklungsgeschichtlich ältesten Fische der Welt. Bis
zu neun Meter Länge und zwei Tonnen Gewicht können diese Giganten
erreichen. Störe sind lebende Fossile – Zeitgenossen der Dinosaurier in
unserer Zeit. Den größten Teil ihres Lebens verbringen diese Urzeitfische,
denen man nachsagt, dass sie über hundert Jahre alt werden können, im
Meer. Nur zum Laichen steigen sie in die Flüsse auf. Die Weibchen sind
fünfzehn, manche aber auch bereits vierzig Jahre alt, wenn sie zum ersten Mal laichen. Auf dem Weg zu ihren Laichplätzen können sie bis zu
3.000 Flusskilometer zurücklegen.

Bis Mitte des 19. Jahrhunderts war der Stör deshalb in zahlreichen
Flüssen Europas heimisch. Historische Quellen berichten von riesigen Exemplaren, die bei ihren Wanderungen in der Donau bis nach Augsburg
vorgedrungen sein sollen, um dort zu laichen. Der Bestand schien unerschöpflich, und man fing die Fische mit Stellnetz, Treibnetz oder Langleine an Flussmündungen und auf See, denn Störe sind sowohl im Salzwasser als auch im Süßwasser zu Hause. Aber wie fast alle Arten urzeitlicher
Tiere sind auch die Störe heute in ihrer Existenz bedroht. Industriever-
schmutzung und Staudämme erschweren oder versperren ihnen den Weg
zu den weit flussaufwärts gelegenen Laichplätzen von einst. Eines der
letzten Habitate für die Hausen und andere Störarten ist heute das weit
verzweigte Donaudelta in Rumänien.

Die immensen Ausmaße des Flussdeltas sind nur aus der Luft auszumachen; in dem angeschwemmten Schlamm konnte sich ein unüber-
schaubares Netzwerk aus Kanälen, Seen, von Schilfrohr bedeckten Inseln
und undurchdringlichen Wäldern bilden. Ein ideales Rückzugsgebiet für
den Stör, aber auch für Schmuggler und Raubfischer. Der Unterwasserforscher Jacques Cousteau brach seine Tauchexpedition im Donaudelta ab.
Zu trübe erschien ihm das Gewässer, zu unübersichtlich das riesige Labyrinth der verzweigten, sich ständig verändernden Inseln und Wasserarme.
Er entschloss sich, stattdessen weiter nördlich den gebändigten Flusslauf

**Die vorlappende
Schnauze des Störs**

Das Donaudelta mit seinen riesigen Feucht-flächen

bis zur Quelle zu erforschen. Das Delta ist das größte zusammenhängende Schilfgebiet der Erde und mit dem Nildelta, der Wolga und dem Amazonas eines der größten Süßwasserreservoire der Welt. Ein in vielen Teilen noch natürliches Paradies, eine glitzernde, grüne Wasserwildnis am Rande des Schwarzen Meeres, in der der Mensch kaum eine Rolle spielt. Seinen ganzen Zauber entfaltet das Delta erst unter Wasser. In den verschiedensten Braun- und Grüntönen schimmern Wasserpflanzen und Algen, die unzähligen Arten von Weißfischen, Hechten, Krebsen und Molchen Schutz und Zuflucht bieten. Der Reichtum dieser Unterwasserflora und -fauna ist in Europa einzigartig. Farbenprächtige Wasserpflanzen, die ein schwimmendes Dach an der Wasseroberfläche bilden, lassen ihre Samen auf den schlammigen Grund der Donau hinabschweben, wo sie von der Strömung fortgetragen werden. So können sich die Pflanzen über größere Distanzen verbreiten. Das Delta ist ein in sich geschlossenes System, in dem jeder Fisch, jedes Insekt und jede Wasserpflanze ihre eigene Aufgabe haben.

Wie bedroht das letzte Habitat des Störs tatsächlich ist, macht eine Schiffsreise in das Gebiet deutlich. Wenige Kilometer südlich von Tulcea, dessen Ursprünge in die Zeit der Römer zurückgehen und das mit 15.000 Einwohnern die größte Stadt am Rand des Donaudeltas ist, teilt sich der große Strom erst in drei, dann in unzählige Seiten- und Nebenarme, bevor er zu dem beschriebenen Labyrinth aus zahllosen Wasserläufen und Inseln wird und schließlich, nach weiteren hundert Kilometern, das Schwarze Meer erreicht. Auf der Fahrt präsentiert sich die Donau bereits kurz hinter Tulcea als begradigter Industriekanal mit schrottreifen Schiffen, die einer ungewissen Zukunft entgegenrosten. Langsam arbeitet sich die *Colinna* durch kleine Seitenkanäle. Kapitän Basil berichtet von Stören, die in den stillen Lagunen, in den Hauptarmen wie in den kleinen flachen Seen des Deltas gesichtet worden sind.

Aus dem Nichts taucht am Bug ein Langboot auf. Es sind Wilderer, denn in dieser Jahreszeit ist hier das Fischen verboten. Ein kaum zehn Zentimeter langer Jungstör wird hastig aus dem Netz befreit. Noch wissen die Wilderer nicht, wer auf dem fremden Boot ist, und anscheinend will man Ärger vermeiden. Schiffe wie die *Colinna* sind in diesem Teil des Deltas eher selten. Die illegalen Fischer kommen an Bord, die Stimmung ist angespannt. Es wird normaler Flussfisch ausgetauscht, das obligatorische Zahlungsmittel unter den Fischern hier im Delta. Viele von ihnen leben monatelang verborgen in dem Labyrinth und verkaufen ihren Fang an Zwischenhändler, die den Fisch dann auf dem Markt in Tulcea feilbieten oder nach Europa liefern. Der Kapitän bindet das Boot der beiden Wilderer an der Außenreling fest, die Fischer haben sich bereit erklärt, die *Colinna* zu ihrem Hauptlager zu lotsen. Fremde wären in diesem Wirrwarr aus Inseln, Sumpf und Wäldern hoffnungslos verloren. Sogar erfahrenen Deltakapitänen passiert es, dass sie in der sich ständig verändernden Flusslandschaft die Orientierung verlieren.

Die Kraft des Wassers bewegt in dem verzweigten Flusssystem seit Jahrhunderten ununterbrochen große Mengen Kies und Sand. Inseln ent-

Auch wenn die Wilderer oft nur über primitive Boote verfügen, hat die Polizei wenig Chancen gegen die ortskundigen Bewohner des Donaudeltas

stehen und verschwinden wieder, ein ideales Rückzugsgebiet für die Raubfischer, ein buntes Völkergemisch aus Rumänen, Ukrainern, Türken, und Tataren. Die unwegsame Wasserlandschaft bildet für die Raubfischer einen sicheren Zufluchtsort. Manche Familien leben hier schon seit Jahrhunderten, ganze Generationen ernährten sich einst vom Stör. Doch reden können oder wollen sie darüber nicht. Das Misstrauen ist groß, auf beiden Seiten. Frischfisch wird an Bord genommen. Die Schiffscrew revanchiert sich mit kaltem Tee und Schnaps. Als die Stimmung im Lager sich schließlich entspannt, wird ein kleiner Stör aus dem Versteck geholt, getötet, ausgenommen und für eine Suppe zubereitet.

Anders als in den lehmgrauen Fluten des Hauptstroms ist in den ruhigen Seitenarmen das Wasser kristallklar und frei von den Abfallstoffen des Menschen. Wind, Strömung und vor allem die Zeit haben hier einen Unterwasserurwald entstehen lassen. Eine fast undurchdringliche Decke aus Seerosen und anderen Wasserpflanzen lässt nur wenig Licht in diese urzeitliche Welt der Dämmerung dringen. Aufgrund der langen Entwicklung sind Tier- und Pflanzenwelt aufs engste miteinander verbunden. Über dem sandigen Untergrund oder zwischen den Stängeln des Schilfs lauern Hechte auf Beute, und im seichten, sonnendurchfluteten Wasser des Uferbereichs pflücken Flussbarsche Kleinlebewesen wie Insektenlarven und Fischbrut von einer Unterwasserwiese. In dem smaragdgrünen Labyrinth hängender Algen und Pflanzen findet der Stör einen idealen Platz zum Laichen, Bedingungen, wie sie sonst nur die jetzt unzugänglichen Laichplätze weiter flussaufwärts boten. Hier kann er sich ungestört fortpflanzen und Kräfte sammeln für seine gefährliche Rückreise ins Meer. Denn an den Flussmündungen und den tiefen, strömungsreichen Stellen des Deltas versperren die riesigen Stellnetze des Menschen den Fischen den Weg.

Ein alter, prächtig mit Stuck verzierter Bau aus der Zeit des Fin de Siècle mitten in Tulcea beherbergt die Institution, die vielleicht Rettung bringt. Die Centrala Delta Donaii, das Donaudelta-Institut, beobachtet und untersucht seit Jahren die hiesige Störpopulation. Sein Leiter, Prof. Kiss J. Botond, hat sein Leben dem Erhalt der biologischen Vielfalt des Deltas gewidmet. Der gebürtige Ungar gilt als «der» Störexperte Osteuro-

Links und rechts: Junge Störe

pas, und seine Analysen sind alarmierend. Allein in seiner Amtszeit gingen die Fangmengen um mehr als neunzig Prozent zurück. «Die augenblicklichen Schwierigkeiten im Donaudelta sind höchst unterschiedlicher Natur», erklärt er. «Da ist zum einen die Umweltverschmutzung, aber zu schaffen machen uns auch die Raubfischerei, die Überfischung und vor allem der illegale Handel.» Nach dem Sturz des Ceausescu-Regimes 1989 war Botond Initiator und Leiter der ersten (und bis jetzt einzigen) Schutztruppe des Deltas, der so genannten Ranger. Er wird lebendig, wenn er von seinem Lieblingsprojekt erzählt. «Der Stör lebt hier schon seit Millionen von Jahren. Wir müssen alles daransetzen, ihn zu schützen, bevor er ausstirbt.»

Kaum einer kennt das Donaudelta so gut wie der Wissenschaftler. Eines seiner bestgehüteten Geheimnisse ist ein verborgener See in einem

menschenvergessenen Teil des Schilfdschungels. Die wenigen Verbindungen des Sees zum Hauptstrom der Donau sind kleine Bäche und nicht schiffbare, von Schilf und Wildwuchs verborgene Kanäle – ein idealer Ort für die Störe, um ungestört zu laichen. Neben dem Professor wissen nur einzelne Wilderer von dem Zugang. Ihre schweren eisernen Fallen stehen vereinzelt in dem dichten Spalier von mannshohem Rohr und Schilf und machen den Weg zum See zu einem gefährlichen Abenteuer. Sie sind für die begehrten Wildschweine gedacht, die sich gern im morastigen Gelände aufhalten, aber auch, um unliebsame menschliche Besucher abzuschrecken. Denn dies ist geheimes Gebiet. In dem See allerdings befinden sich nur junge Tiere oder Brut, die für Wilderer uninteressant sind. Haben die Tiere eine bestimmte Größe erreicht – nach zwei bis drei Jahren sind sie etwa einen halben Meter lang –, müssen sie über die schmalen und flachen Kanäle abwandern, um in die großen Hauptadern des Flusses und schließlich in das Schwarze Meer zu gelangen.

Schon die Haut der jungen Störe ist ausgebildet wie die der erwachsenen Tiere. Störe sind Schmelzschupper, sie haben glänzende, dicke rhombische Schuppen. Und sie gehören zur sehr alten und primitiven Familie der Knochenfische. Am Rücken tragen sie Knochenschilder, die in fünf Reihen entlang des Körpers angeordnet sind. Ihr Skelett besteht vorwiegend aus Knorpeln, und nicht aus Gräten wie bei den meisten jüngeren Fischarten. Die heutigen Störe sind Überlebende einer Tiergruppe, die vor 225 Millionen Jahren entstand und einst die Meere, Flüsse und Seen des gesamten Planeten bevölkerte. Den größten Teil ihres Lebens verbringen Störe auch heute noch im offenen Meer. Nur zum Laichen steigen sie in die Flüsse auf. Im Allgemeinen gilt der Stör als träger Fisch, der sich nur langsam über den Grund bewegt, den Boden ständig nach Nahrung

Verladen des aufge-schnittenen Störs zur Weiterverarbeitung

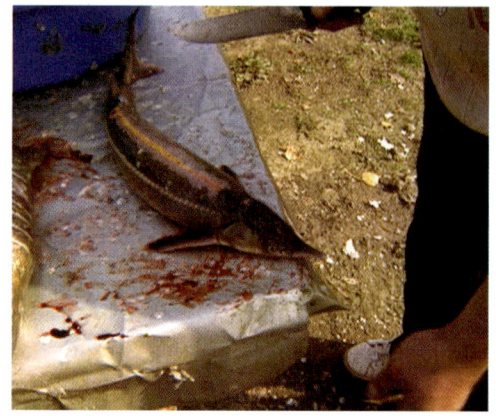

Links: Fischerjunge im
Deltagebiet

Rechts: Zubereiten
eines jungen Störs

durchwühlend. Dabei benutzt er seine schaufelförmige Schnauze, um hauptsächlich niedere Tiere wie kleine Krebse, Muscheln oder Insektenlarven aus dem Boden zu graben. Der Lebensrhythmus der Störe vollzieht sich in festen Zyklen. Sind die Jungtiere zwei bis drei Jahre in geschützten Gebieten wie dem verborgenen See herangewachsen, wandern sie zumeist im späten Frühjahr flussabwärts und finden sich im Juni und Juli massenhaft an der Donaumündung zusammen, bereit zu ihrer Reise ins Schwarze Meer. Erst viele Jahre später kehren sie zurück, um an der Stelle ihrer Geburt selbst neues Leben in die Gewässer der Donau zu setzen.

Während der Rückkehr zum Laichen, wenn sie in großer Zahl an den tiefen, steinigen Stellen des Flusses die großen Hauptarme der Donau hinaufsteigen, sind die Störe in besonderer Weise durch den Menschen gefährdet. In den Tiefen des Flusses suchen die Urfische ihre Laichplätze, bevorzugt tiefe, sandige Kuhlen im Flussbett, ohne reißende Strömung, an denen der laichende Fisch geschützt stehen kann. Bis zu zwei Millionen Eier werden bei einem Laichgeschäft in den Fluss gebracht. Haben sich die Eier auf dem kieshaltigen Grund des Flusses abgesetzt, kommt der männliche Fisch, der «Milchner», um die Eier zu besamen. Dann ist die Arbeit der erwachsenen Störe getan. Schon bald danach treten die Fische wieder ihren Rückzug zum Meer an. Der Fluss übernimmt nun das Brüten. Mit seiner sanften Strömung führt er genügend Sauerstoff an die Eier heran, sodass nach etwa zwei Wochen die kleinen Störe zum warmen und hellen Oberflächenwasser hinaufsteigen. Zwei bis drei Jahre später, ungefähr zur gleichen Zeit, treten auch diese jungen Störe die gefährliche Wanderung zum Meer an und beginnen ihr langes Leben als «anadromer», als Wanderfisch, der zum Laichen in die Flüsse steigt.

Die Verluste in diesem stetigen Kreislauf der Natur sind hoch. Von einer Million ausgebrachten Eiern überstehen nur etwa zwanzig ausgeschlüpfte Tiere die natürlichen Gefahren in Fluss und Meer. Genug, um den Bestand der nächsten Generation zu sichern, wäre da nicht der Mensch mit seinen Treib- oder Stellnetzen und seiner Gier nach dem kostbaren Fischrogen, dem Kaviar. Zwar gibt es in den meisten Ländern mit Störpopulationen wie Russland, Rumänien oder dem Iran zeitliche und zahlenmäßige Fangbegrenzungen, aufgrund der desolaten Zustände und der weit verbreiteten Armut in diesen Ländern sind diese jedoch kaum durchsetzbar. Zusätzlich ausgehöhlt werden die Quoten durch speziell ausgegebene Lizenzen, um begehrte Devisen ins Land zu bringen. Den Rest erledigen die Schwarzhändler.

Das Dorf Murighiol in einem der unzugänglicheren Teile des Donaudeltas gilt als Treffpunkt der Rumänien-Mafia und der internationalen Geldgeber der «Stör-Connection». Schon auf dem Weg dorthin fallen an den Ufern provisorische Schilfhütten auf, die, geschützt durch Wälder und undurchdringliches Schilf, von den Wilderern als versteckte Unterstände genutzt werden. Alte Holzkreuze hier und da künden von der Gnadenlosigkeit der Jagd auf das graue Gold des Donaudeltas. Niemand weiß, wer hier sein Leben lassen musste und warum. Der «Padre», wie er von den Bewohnern Murighiols ehrfurchtsvoll genannt wird, ist ein Mann von untersetzter Statur mit dem üblichen offenen Hemd und Dreitagebart. Auf den ersten Blick ist kaum zu glauben, dass der unscheinbare Mann, der sich selbst Nicola nennt, große Teile des Deltas kontrolliert und sich zum Ansprechpartner und Sprecher der örtlichen Fischer gemacht hat. «Es stimmt schon, dass die Tiere hier im Delta illegal gewildert werden und der Kaviar für Unsummen im Ausland verkauft wird», gibt er zu. Und wiegelt sofort wieder ab: «Was können wir tun? Das sind keine rumänischen Fischer; es gibt auch keine Rumänen-Mafia. Das sind die Russen und die Ukrainer, die den Handel unter sich ausmachen, wir haben damit absolut nichts zu tun.»

Einer der zahlreichen Seitenarme im Donaudelta

Nicolas Verhalten ist typisch: Dementieren und im Verborgenen arbeiten, egal mit wem, mit den eigenen Landsleuten oder mit der allgegenwärtigen russischen Mafia, die inzwischen mehr als die Hälfte des Störfanges in Rumänien und Russland kontrolliert. Der Schmuggel mit dem begehrten Kaviar beginnt dem internationalen Drogen- und Waffenhandel kräftig Konkurrenz zu machen. An die neunzig Prozent des auf dem Markt befindlichen Kaviars stammen heute, Schätzungen zufolge, aus illegalen Fängen. Die Jagd auf die letzten Störe ist hochattraktiv geworden. Ein einziger bis zu 1,2 Tonnen schwerer weiblicher Beluga, die größte Störart, trägt zehn Prozent seines Gewichts an Kaviar. Der Handelswert beläuft sich auf mehr als 75.000 Euro. Da lohnt sich Wilderei. Zwar versucht die rumänische Polizei mit regelmäßigen Patrouillenfahrten und speziellen Einsatzkräften ihr Möglichstes, den illegalen Handel mit den wertvollen Fischeiern zu unterbinden. Doch meistens gehen den Gesetzeshütern im wahrsten Sinne des Wortes nur kleine Fische ins Netz, arme Leute, die Jungtiere aus dem Wasser holen, um sich selbst und ihre Familie zu ernähren. An die Großhändler kommen sie nicht heran. Resigniert meint Mirko Mladinesko, Leutnant der Wasserschutzpolizei von Tulcea: «Wir können praktisch nichts machen. Der Kaviar wird legal exportiert mit Papieren und Lizenzen. Gewisse Personen im Delta haben eine ‹Exportlizenz› und geben sie an ihre Leute weiter. Sie holen den gesamten Kaviar aus diesem Teil der Donau, und von hier aus geht er in die ganze Welt. Mehr wissen wir auch nicht.» Den anderen Kaviar-Nationen wie Russland oder dem Iran geht es nicht besser. Noch 1990 wurden allein im Kaspischen Meer 13.600 Tonnen Störfisch gefangen. Zehn Jahre später waren es keine 900 mehr. Und das alles nur wegen der kleinen schwarzen oder grauen Fischeier, des Kaviars, für den Gourmets in aller Welt bereit sind ein Vermögen hinzublättern. Der Hauptgrund für den schwunghaften illegalen Handel sind die riesigen Gewinnspannen, die wiederum mit den immensen Einkommensunterschieden zwischen den Produzenten- und den Konsumentenländern zusammenhängen. In Rumänien bekommen die Fischer, die den Stör fangen, und die Frauen, die ihn verarbeiten, oft nicht mehr als sechs Euro Tageslohn. Auf dem Schwarzmarkt bringt ein Kilo Beluga-Kaviar derzeit mehr als 1.300 Euro. Tendenz steigend. Der Endverbraucher zahlt in den Feinkostläden der Welt zwischen 2.500 und 4.000 Euro pro Kilogramm, je nachdem, ob der Kaviar aus Rumänien, Russland oder dem Iran kommt.

Industriebrache Caoroman im Deltagebiet

Gefahr für das Paradies am Rand des Schwarzen Meeres kommt noch von anderer Seite: Deichbauprogramme und groß angelegte Trockenlegungsprojekte bedrohen den Zufluchtsraum der letzten Störe. Das jüngste Unternehmen dieser Art fand noch zu Zeiten des Diktators Nicolae Ceausescu statt, der die Wildnis des Deltas im Zeichen des Fortschritts und sozialistischer Überlegenheit in eine blühende Industriezone mit Mittelmeerzugang verwandeln wollte. Was übrig blieb, sind die bis heute nicht verheilten Wunden. Wo Ceausescus Bautrupps wüteten, hat sich die einst blühende Flusslandschaft in eine trostlose Wüste verwandelt – Sinnbild einer völlig aus dem Ruder gelaufenen und verantwortungslosen Industrie- und Umweltpolitik, die das Volk an den Rand des Ruins brachte. So rottet die riesige, nie fertig gestellte Industriebrache Caoroman ohne Chance für eine Wiederaufnahme der Bauarbeiten seit Jahren vor sich hin. Aber es ist nur eine Frage der Zeit, bis ähnliche Projekte wieder auf dem Tisch der Planer in Bukarest liegen, wenn auch nicht in den megalomanen Dimensionen wie zu Zeiten Ceausescus, so doch mit den gleichen ökologischen Folgen. Der Zeitpunkt, an dem der letzte Stör aus den Gewässern der Donau gezogen wird, scheint unweigerlich näher zu rücken.

Ein Hoffnungsschimmer angesichts der drohenden Katastrophe von Industrialisierung und Überfischung ist nach Ansicht von Wissenschaftlern wie Prof. Botond das seit einigen Jahren laufende Störzucht- und -auswilderungsprogramm des Donaudelta-Instituts. Man fängt laichreife Tiere, und ihr Rogen wird künstlich ausgebrütet. Nach einigen Monaten der Entwicklung können die Jungstöre in der Donau ausgesetzt werden. Durch ihren angeborenen Instinkt nehmen die Tiere den Fluss als ihren Geburtsort an. Wenn sie dann nach etwa zehn bis zwanzig Jahren die Geschlechtsreife erlangen, kehren sie wieder hierhin zurück, um nun ihrerseits zu laichen. Von da an wiederholt sich diese Wanderung alle zwei bis drei Jahre, bis die Störe im Alter von etwa hundert Jahren sterben – falls sie den Netzen der Störjäger entgehen. Gerade in der Unwegsamkeit des Deltas liegen so auch Chancen. Die Ernennung zum Biosphärenreservat durch die UNESCO im Jahr 1990 könnte zusätzlich helfen, diesen Lebensraum zu erhalten und zu schützen. Für die bedrohte Tier- und Pflanzenwelt eine Chance zum Überleben, für Naturbeobachter die Möglichkeit, die letzten Störe Europas zu erleben, die vom klaren Wasser des Schwarzen Meeres her kommend hier Zwischenstation machen.

Aber nicht nur in Rumänien sind die letzten europäischen Störe in ihrem Bestand bedroht. In Russland ist die Lage kaum besser. Ortswechsel: 1.000 Kilometer weiter östlich. Das Delta der Wolga ist eine weite, flache Ebene. Nur einzelne Baumgruppen unterbrechen die grüne Einöde und ab und zu ein Haus oder ärmliches Dorf, ansonsten freier Raum, so weit das Auge reicht. Knapp 200 Kilometer breit ist die Wolga, der mächtigste Strom Russlands, an der Mündung. Im Frühjahr schwellen die braungrauen Fluten zunächst von der Schneeschmelze an. Wenn später das Hochwasser wieder fällt, ziehen die Störe zum Laichen flussaufwärts – und die Fischer rücken, wie schon zu Zarenzeiten, aus, um die edelsten der weltweit 23 Störarten zu fangen. Geschwächt vom Schwimmen gegen den Strom, lassen sich die Fische mit den ausgelegten großmaschigen Netzen leicht fangen. Der Kaviar der drei in der Wolga lebenden Störarten

Ossietra, Sevruga und Beluga ist wegen seiner Feinheit und seines zarten Geschmacks besonders begehrt. Achtzig Prozent der Weltkaviarproduktion kommen traditionell aus dieser Region, auch wenn die absoluten Erträge im letzten Jahrzehnt wegen des Rückgangs der Bestände drastisch gesunken sind. Ein Milliardengeschäft, denn 2,5 Kilo Rogen trägt ein weiblicher Stör durchschnittlich. Um den deutschen Marktpreis eines der Fische, die sie fangen, auf dem Konto zu haben, müssten die meisten Fischer hier mehr als zehn Jahre lang arbeiten. Ihr Monatslohn beträgt gerade einmal sechzig Euro.

Manchmal bekommen sie noch nicht einmal das. Im Fischerdorf Ninowka spürt man vom Reichtum der Wolgaregion nichts. Das Dorf ist eine Ansammlung ärmlicher Hütten, roh zusammengezimmert aus allem, was brauchbar war. Die Farbe blättert ab, in den Zäunen fehlen Latten, Eisenteile rosten vor sich hin. Zwar gab Russland 1990 das staatliche Exportmonopol für Kaviar auf, und seither darf die Wolgaregion bis zu dreißig Prozent des grauen Goldes selbst vermarkten, doch die dafür benötigten Lizenzen verkaufen die Provinzpolitiker meistbietend gegen harte Währung. Hier im Dorf hat niemand eine Erlaubnis zum Störfangen. Die Alten bekommen keine Rente, sie ernähren sich von gedörrtem Fisch und dem, was die paar Kühe einbringen, die sie ihr Eigen nennen

Links: Das Dorf Muri-ghiol

Rechts: Flusslandschaft im Donaudelta

dürfen. «Der Ruhm des Fischkombinats strahlte einst in die ganze Sowjetunion. Ich habe auch im Fischkombinat gedient. Jetzt ist es vorbei», erzählt ein alter Mann mit müdem Gesicht. «Es wurde geschlossen. Zwanzig Leute aus dem Dorf haben dort gearbeitet, und jetzt sind sie arbeitslos. Alles wurde den Privathändlern gegeben. Der Staat hat nichts mehr, die Leute haben nichts mehr. Natürlich wird noch gefangen, aber dann kommen irgendwelche Unternehmer mit Dollars in der Tasche, zahlen die Fischer in bar aus und hauen mit den Fischen ab. Wir hier bekommen keinen Lohn, und die bringen alles nach Moskau in die Kühlhäuser.»

Moskau hat nicht das Geld, um die einstigen Staatsbetriebe weiter zu unterstützen. Das Erbe der Planwirtschaft ist Armut. «Das ganze Leben haben wir gearbeitet, und jetzt ist unsere Gesundheit ruiniert», sagt eine alte Frau. «Wir haben kein Geld, Medikamente zu kaufen. Dabei haben wir doch alle den Krieg mitgemacht, haben ein vollständiges Arbeitsbuch. Und was kriegen wir dafür? Nichts.» Perspektivlosigkeit ist hier Alltag. Die Enge, unter der die Menschen leben müssen, ist bedrückend. Mischa, der Sohn der Frau, lebt in einem Wohnheim. Sein ohnehin nicht geräumiges Zimmer teilt er mit seiner Frau und den zwei Kindern. Die älteste Tochter, Katjuscha, ist fünfzehn – das ist hier schon erwachsen – und muss doch weiter mit ihrer Familie in einem Zimmer wohnen.

Gefangene Störe am Strand

Die Arbeit ist hart, und das Geld reicht kaum zum Überleben. Trotzdem sind die Fischer froh, dass sie überhaupt einen Job haben. In Russland sind zwölf Millionen Frauen und Männer arbeitslos. Morgens früh um sechs Uhr werden die Netze ausgeworfen. Nach vier Stunden Anfahrt durchs Wolgadelta folgen acht Stunden Plackerei und wieder vier Stunden Heimfahrt. Die sommerliche Schwüle macht den Männern zu schaffen, zudem ist das sumpfige Delta ideale Brutstätte von Myriaden von Mücken. Der Ertrag dagegen ist zufallsabhängig. Kein Wunder, dass da manchmal die Sorge, wie es weitergehen soll, mit einem kräftigen Schluck Wodka heruntergespült wird. Die Kaviarflotte ist mit landesüblicher Sparsamkeit ausgerüstet. Beim Armaturenbrett wurde nur das Nötigste montiert, Radar und Funksprechgerät braucht ein Wolgakapitän nicht – er hat Auge und Verstand, auch wenn beides manchmal vom Alkohol umnebelt ist. Schiffs-

kollisionen sind entsprechend im Delta an der Tagesordnung. Trotzdem
bleibt man guten Mutes. Das Leben ist hart, aber schließlich könnte es
noch schlimmer sein. Die Männer arbeiten für den lokalen Markt. Erst ab
einer gewissen Größe werden die Tiere zu den zentralen Stellen und von
dort in den internationalen Handel weitergegeben. «Manchmal finden
wir Belugas bis zu siebzig Kilogramm und zwanzig Kilogramm schwere
Sevrugas», erzählt einer der Fischer. «Dann geben wir den Fisch dorthin,
wo er weiterverarbeitet wird, nach Aserbaidschan, Dagestan und andere
Orte Russlands.»

Das Fischverarbeitungswerk Oranzhereiny in der Provinzhauptstadt
Astrachan ist eine graue Anlage noch aus den Zeiten der Sowjetunion.
Die meisten Rohre sind rostig, und auf Geräten, die wenig benutzt werden, liegt dicker Staub. Ohrenbetäubender Lärm füllt die Halle. Es stinkt
fürchterlich nach Fisch. Traditionell muss der Stör mit der Hand bewusstlos geschlagen werden, denn eins a Qualität hat der Kaviar nur dann,
wenn er dem lebenden Fisch entnommen wird. Tierschutz kennt man
hier nicht. Manchmal reichen die Hammerschläge nicht aus, um das Tier
vollständig zu betäuben, und es stirbt einen qualvollen Tod. Ein blutiges
Geschäft. An einem langen Fließband stehen die Frauen und weiden die
betäubten Tiere im Akkord aus. Nachdem der Rogen entnommen worden
ist, wird er durch ein engmaschiges Sieb gerieben. So werden die Eier
von den Eingeweiden getrennt. Anschließend erfolgt eine Auswahl nach
Farben. Wie es beim Menschen unterschiedliche Haut- und Haarfarben
gibt, ist auch der Kaviar unterschiedlich gefärbt. Die Palette reicht von
schwarz über grau zu rot. Von der Qualität her gilt, je heller der Kaviar,
desto besser. Ist der Kaviar gesiebt, gesalzen und sortiert, wird er schließlich in Dosen abgefüllt. Für die zum Export bestimmten Mengen gibt es

bunte, schön bedruckte Versionen von 28, 56, und 114 Gramm, die für den einheimischen Markt bestimmten Dosen kommen etwas schlichter daher.

Astrachan, die am Wolga-Ufer gelegene Großstadt, war einst Zentrum der gesamten sowjetischen Kaviarproduktion. Der Allunionskonzern «Kaspryba» bestimmte die Fördermengen und wickelte den gesamten Export ins westliche Ausland ab. Aber die Folgen von Überfischung und Umweltverschmutzung machen sich bei den Produktionsmengen deutlich bemerkbar. Auf dem Fischmarkt der Kaviar-Hauptstadt sind die schwarzen Fischeier rar geworden. Das Hauptangebot besteht hier mittlerweile aus getrocknetem Salzfisch. Die Frauen haben ihn eine Woche lang auf einer Leine in den Wind gehalten, jetzt wird er für wenige Rubel verkauft. Einheimische essen ihn gern zu Wodka. Getrockneter oder geräucherter

Links und rechts: Verarbeitung der Störe in der Fischfabrik

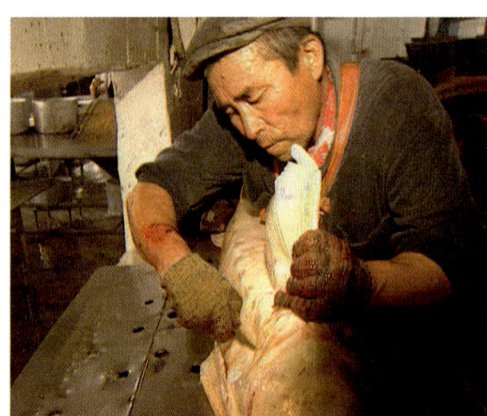

Fisch steht heute in Astrachan beinahe täglich auf dem Speiseplan. Umgerechnet 2,50 Euro kostet das Kilo. Kaviar, früher eine Selbstverständlichkeit, darf heute nur noch mit einer speziellen Genehmigung verkauft werden. Je nach Dienstplan der Wasserschutzpolizei wird die heiße Ware entsprechend unter oder über dem Ladentisch angeboten. 152.000 Rubel kostet das Kilo, das sind 25 Euro. Doch das sagt niemand öffentlich. «Damals, unter dem Zaren, als die Leute sich noch Fischer nennen durften, gab es Kaviar und Fische ohne Ende, so steht es in der russischen Literatur», meint einer der Verkäufer auf dem Markt. «Heute wird es immer weniger, das Wasser ist zu stark verschmutzt.» Für Raubfischer hat hier trotzdem jeder Verständnis. «Die Wilderer, die Kaviar schmuggeln, müssen das tun, um zu überleben», sagt ein anderer Verkäufer und macht eine entschuldigende Geste mit der Hand. «Das ist ja schließlich ihr Broterwerb.»

Die Miliz von Astrachan sieht das anders. Sie weiß, wie viel Geld sich mit dem illegalen Kaviarhandel verdienen lässt. An den Ausfahrtsstraßen wird deshalb jedes zweite Auto kontrolliert. Der Schwarzmarkt blüht trotzdem – denn einem Milizionär stehen in Astrachan zwanzig Raubfischer gegenüber, und der Schmuggel mit Kaviar ist so lukrativ wie der mit Drogen. Bei Weltmarktpreisen von 1.000 Euro pro Kilogramm haben sich die Kriminellen gut organisiert, und sie kennen die Schwäche der Polizei. Trotzdem gelingen den Ordnungshütern immer wieder spektakuläre Funde. In einem Geräteschuppen an der Wolga werden die Asservate versteckt, denn sie stellen einen beträchtlichen Wert dar. Erhebt das Gesundheitsamt keine Einwände, wird die Ware an die Bürger verkauft. «Die Dosen der Wilderer sind normalerweise nicht verschlossen. Sehen Sie, sie können sie einfach so öffnen», erklärt Leutnant Andrej Sujew und dreht den Deckel einer Dose mühelos und ohne das übliche Vakuumknacken auf. «Es gibt eine Untergrund-Fabrik, in der die Dosen mit den Etiketten der großen Marken beklebt und dann verschickt werden.» Im Hafen der Wasserpolizei von Astrachan, zu deren Flotte sogar zwei Raketen-Schnellboote gehören, stapeln sich eine Meile weiter wolgaaufwärts zwar nicht die Kaviardosen, aber dafür alles, was zum Fang gehört – vor allem Berge von beschlagnahmten Netzen, mit denen Beluga-Störe und Sevrugas gefangen werden. Stolz zeigt der Beamte auf einen riesigen Haufen. «Da, schauen Sie, das alles haben wir am 9. Mai bei einem Wilderer beschlagnahmt. Der Besitzer sitzt jetzt im Gefängnis.» Die Wassermiliz rückt täglich aus, um im Delta nach Wilderern zu fahnden, denn die Statistiken sind dramatisch. Innerhalb der letzten fünf Jahre wurden achtzig Prozent der Störpopulation des Wolgadeltas durch Abwässer, Überfischung und die Raubfischerei vernichtet.

Rettung in der Not verspricht man sich auch in Russland von streng bewachten Fischzuchtanlagen. Elf solcher Zuchtfabriken sollen im Wolgadelta die Bestände künstlich sichern. Wie in der Fisch verarbeitenden Industrie sind es auch hier meist Frauen, die die Arbeit verrichten. Fischgestank und schwere Lasten kümmern sie nicht. Für sie ist es ein Glück, hier zu arbeiten, denn die Arbeitslosenquote liegt in dieser Region bei vierzig Prozent. Mit ihren fünfzig Euro im Monat ernähren die Frauen oft die gesamte Familie. Außerdem haben sie das Gefühl, etwas Sinnvolles zu tun. «In den 1950er Jahren, als hier an der Wolga große Wasserkraftwerke entstanden, wurde der natürliche Lebensraum für den Stör zerstört», erklärt Swetlana Belowa, die schon seit vielen Jahren hier arbeitet. «Es wurde nötig, solche Fabriken wie unsere zu bauen, um das Kaspische Meer mit Fischen aus künstlicher Befruchtung aufzufüllen. So haben wir den Verlust ausgeglichen. Ohne uns wäre der Stör sicher schon ausgestorben.»

Milizionär mit beschlagnahmtem illegalem Kaviar

Um sechs Uhr morgens beginnt die Schlacht, die das Aussterben des Störs verhindern soll. Auf traditionelle Weise, das heißt mit einem kräftigen Schlag auf den Kopf, werden die Störweibchen betäubt. Zwölf Stunden zuvor ist ihnen ein Mittel injiziert worden, das den Reifungsprozess des Rogens beschleunigt. Bei der Befruchtung der Störeier muss jeder Handgriff sitzen. Mit einem kurzen Druck auf den Unterleib des Störs wird getestet, wie groß und fest die Fischeier bereits sind. Wenn der Rogen spritzt, kann die künstliche Befruchtung beginnen. Danach wird der Fisch verbunden, damit der Kaviar nicht ausläuft, und ein Wissenschaftler entnimmt eine Blutprobe, um den Hämoglobin-Wert zu bestimmen. «Die Wolga ist stark verschmutzt», erklärt Arnold Petrowitsch. «Da kommen schon einmal Krankheiten vor. Die Fische sind ohnehin geschwächt, wenn sie zum Laichen gegen den Strom schwimmen.» Der Rogen eines Weibchens besteht aus etwa vier Millionen Eiern und macht 15 Prozent des Körpergewichtes des Tieres aus. Durch die penible wissenschaftliche Qualitätskontrolle will man sicherstellen, dass mindestens hundert kräftige Jungfische die widrigen Umweltbedingungen überleben und so helfen, den Störbestand in der Wolga zu retten.

Sind die Eier ausgezählt, wird unter dem Mikroskop die Menge an Spermien und ihre Aktivität bestimmt, denn selbst wenn die Tiere die Gesundheitsprüfung bestanden haben, sind viele der Eier nicht für die Fortpflanzung geeignet. Eile ist geboten. Eine Stunde ist das Sperma ungekühlt verwendbar, dann stirbt der Störsamen ab. Sind die amtlichen Prüfer zufrieden, werden die gewonnenen Eier mit dem ermolkenen Sperma der Männchen vermischt. Zehn Minuten lang rühren die Frauen in der glitschigen Masse. Appetit auf Kaviar hat hier niemand. Danach kommt das Gemisch für eine Stunde in den Inkubator zur künstlichen Befruchtung. Eine Woche lang bleiben die Fingerlinge, die ein bis zwei Tage später ausschlüpfen, in einer Wanne – in dieser Zeit brauchen sie nichts außer lauwarmem frischem Süßwasser. Dann werden sie in Teiche ausgesetzt und dort regelmäßig gefüttert, bis sie ein halbes Jahr alt sind und in die Wolga entlassen werden können.

Links: Vorbereitung der Fische für die Kaviarentnahme

Rechts: Aufschneiden des Störweibchens und Herauslassen des Kaviars zu Zuchtzwecken

Mit der künstlichen Befruchtung lassen sich aus dem Laich von 300 bis 400 erwachsenen Stören jährlich rund acht Millionen fingerlange Jungfische aufziehen, die dann ausgesetzt werden können. Doch die Zahl täuscht. Die Sterberate unter den Jungfischen ist hoch. Nur maximal acht Prozent der ausgesetzten Jungfische, so haben Untersuchungen ergeben, kommen zum Laichen ans Ufer der Wolga zurück. Schuld ist nicht nur der natürliche Überlebenskampf, sondern auch der Mensch. Denn rund ums Kaspische Meer jagen fünf Anrainerstaaten den Stör – Russland, Aserbaidschan, Turkmenistan, Kasachstan und der Iran. Fangquoten gibt es nur in Russland und dem Iran. «Das Kaspische Meer ist international geworden», schildert Wjatscheslaw Rubtzow, Leiter der Rybak-Kolchose «Sojus», die Schwierigkeiten. «Es wird gerade eine Vereinbarung vorbereitet, die das radikale Leerfischen unterbindet. Es soll nicht im Meer, son-

Kaviar muss aus Russland kommen: Dosen mit chinesischem Kaviar, der unter dem Markennamen «Zar Nikolaus» in die USA exportiert wird

dern nur am Küstengebiet gefischt werden. Das bedeutet, dass nur der Fisch gefangen werden darf, der geschlechtsreif ist und in die Flüsse zum Laichen schwimmt. Dieser Fisch bringt guten Kaviar und ist auch selbst von sehr guter Qualität.» Längst sind die Störe in den Deltas von Donau und Wolga von der einflussreichen IUCN (International Union for Conservation of Nature and Natural Resources) auf ihre Rote Liste der gefährdeten Arten gesetzt worden, und auch das Washingtoner Artenschutzabkommen CITES (Convention on International Trade in Endangered Species of Wild Fauna and Flora) gibt alljährlich neue Beschränkungen für den Handel mit Kaviar heraus. Aber gegen die Armut der Menschen in den Mündungsgebieten und gegen die Habgier der internationalen Kaviar-Mafia haben die staatlichen Maßnahmen und die gut gemeinte internationale Solidarität bisher wenig geholfen. Die Tierschützer befürchten, dass der Stör im Kaspischen und im Schwarzen Meer noch in diesem Jahrhundert ausgerottet sein wird.

Stör

Das Verbreitungsgebiet der Störe beschränkt sich auf die nördliche Hemisphäre. Ursprünglich war der Stör in allen europäischen Küstengewässern beheimatet; die in Westeuropa heimischen Arten sind jedoch durch Überfischung und Gewässerverschmutzung ausgestorben. Auch die russischen, persischen und chinesischen Bestände schrumpfen bedrohlich. Schätzungen zufolge wurden um 1900 in Russland fast 400.000 Tonnen Kaviar geerntet, Ende der 1970er Jahre waren es noch 25.000 Tonnen, heute sind es nach offiziellen russischen Angaben nur noch 5.000. Dazu kommt allerdings eine erhebliche Menge durch Wilderei. Dies hat zu dem parado-

Sterlets, eine kleinere Störart, auf einer ungarischen Briefmarke

xen Ergebnis geführt, dass durch außer Landes geschmuggelte Ware mit einem Mal Polen, Schweden oder die Türkei in der Handelsstatistik als wichtige Kaviarproduzenten auftauchen, obwohl dort gar kein Kaviar geerntet werden kann.

Störe haben eine haifischartige Körperform, ein Eindruck, der durch die asymmetrische Schwanzflosse noch verstärkt wird. Als charakteristisches anatomisches Merkmal gelten die seitlichen Reihen von Knochenplatten. Die Schnauze aller Störarten ist zu einem vorstehenden Fortsatz ausgezogen, wobei das unterständige, zahnlose Maul rüsselartig vorgestreckt werden kann. Vor ihm befinden sich in einer Querreihe vier Bartfäden, von denen man annimmt, dass sie als eine Art Fühler dienen.

Hausen, Beluga-Stör, Husso: Höchstes gemeldetes Alter und Gewicht: 118 Jahre, 2.000 Kilogramm. Mit durchschnittlich fünf und bis zu sechs Metern Länge der größte Stör mit dem teuersten Kaviar. Die mittlerweile sehr selten gewordene Art hält sich in 70 bis 180 Metern Wassertiefe auf und ernährt sich vorwiegend von Meeresfischen. Verbreitungsgebiete: Schwarzes, Kaspisches und Asowsches Meer, selten auch die Adria.

Sevruga-Stör

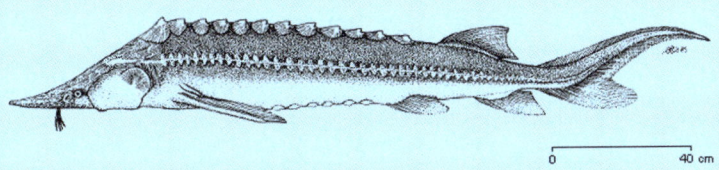

0   40 cm

Kaluga-Stör, Sibirischer Hausen: Höchstes berichtetes Alter und Gewicht: 55 Jahre, 1.000 Kilogramm. Länge bis zu 5,6 Meter. Asiatische Störart mit Verbreitungsgebiet vom Amurbecken bis in das Ochotskische Meer, Japanisches Meer, teilweise auch in Seen (Orel-See bei Nikolajewsk) und den chinesischen Flüssen Ussuri und Sungari.

Sevruga-Stör, Scherg-Stör, Sternhausen: Höchstes gemeldetes Alter und Gewicht: 27 Jahre, 80 Kilogramm. Länge bis zu 2,2 Meter. Gehört zu den drei wichtigen Kaviar produzierenden Arten. Bevorzugt küstennahe Gewässer mit Tiefen zwischen zehn und hundert Metern, wobei er tagsüber am Grund bleibt und nachts aufsteigt, um zu jagen. Gleiches Verbreitungsgebiet wie Beluga.

Waxdick, Ossietra: Alter bis 55 Jahre, Gewicht bis 150 Kilogramm. Durchschnittliche Länge 1,5 bis etwas über zwei, selten vier Meter. Verbreitungsgebiet ebenfalls Schwarzes, Kaspisches und Asowsches Meer

Baltischer oder Gemeiner Stör: Höchstes gemeldetes Alter und Gewicht: 100 Jahre, 200 Kilogramm. Länge bis zu 3,5 Meter. Der Einzelgänger lebt in fünf bis sechzig Metern Wassertiefe und ernährt sich von kleinen Krustentieren, Würmern und kleinen Fischen. Unterarten sind der Adria-Stör, der Dick, Glattdick und der Sterlet. Letzterer wird als Besatz für Teiche und Staubecken gezüchtet.

Dick, Glattdick, Schip-Stör: Alter bis 50 Jahre, Gewicht bis 150 Kilogramm. Bis zu zwei Meter Länge. Hält sich in dreißig bis sechzig Metern Wassertiefe auf und bevorzugt schlammige Untergründe. Vorkommen: Kaspisches Meer, seltener Asowsches und Schwarzes Meer, ausgestorben im Aral-See.

Grüner Stör: Alter bis 50 Jahre. Höchstes berichtetes Gewicht: 159 Kilogramm. Länge bis zu zwei Meter. Nordamerikanische Störart mit Verbreitungsgebiet entlang der Westküste von den Aleuten bis zur Baja California. Zwar essbar, jedoch unangenehmer Geschmack und Geruch.

Japan

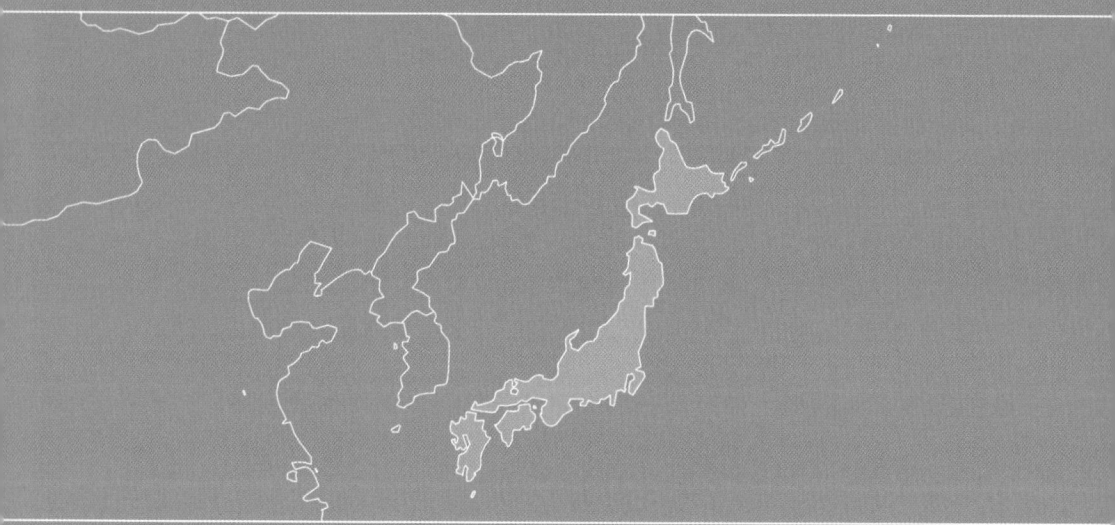

Sushi und Kugelfisch

Eine Nation lebt vom Meer: Japan

Japaner essen zuallererst mit den Augen. Glänzend kandiert, hellbraun-knusprig gebraten oder matt gedämpft kommt der Fisch auf den Tisch. Meistens aber roh. Immer nur wenige Häppchen auf einer Unmenge an Schalen, Tellern und Tabletts. Dazu etwas Sojasauce mit eingerührtem Wasabi, einer scharfen grünen Meerrettichpaste, von der Eingeweihte schwören, dass sie Mikroben abtöte und Fischvergiftungen verhindere, und als Gipfel des Würzens ein Stückchen Ingwer. Japans traditionelle Küche ist die hohe Schule der Präsentation, und darin sind die Japaner Meister. In schwarzen Schalen klare Suppen, in denen nur ein Gemüse-schnipsel in Form einer Lotusblüte schwimmt, hauchdünne, zu Rosen-blättern geformte blassweiße Scheibchen von Fisch auf türkisfarbenem Porzellan – jeder Speise sind in Form, Farbe und Struktur bestimmte Teller oder Schälchen zugeordnet. Minimalismus dominiert. Reis bildet die Grundlage, eingewickelt in hauchdünne Tangblättchen, dazu alle Arten von Fisch. Seit frühester Zeit ist für Japaner das Meer die Hauptquelle ihrer Nahrung. Entsetzt notierte Townsend Harris, erster US-Konsul in Japan, nach seiner Ankunft 1856 in seinem Tagebuch, die Japaner hätten ihm «lebenden Fisch als Erfrischung» serviert. Eine Abscheu, die kein Bewohner Nippons nachempfinden könnte. Womit man den Konsul verschreckte, das galt und gilt als größte Delikatesse. Bei der Sashimi-Scholle beispielsweise wird das Fleisch des lebenden Tieres von den Gräten getrennt, in Scheibchen geschnitten und wieder auf das Gerippe gelegt, während die inneren Organe unversehrt bleiben und weiterleben. Für den westlichen Tierfreund ist das einfach nur grausam, für den japanischen Connaisseur bietet es die Möglichkeit, äußerste Frische zu genießen, eine Frische, die nur im Leben selbst zu finden ist. Denn für japanische Gourmets ist der unverdorbene, ureigene Geschmack des Servierten die kostbarste Eigenschaft allen Essens. Was nicht mehr atmet, wird bereits «vom Hauch des Todes umweht», wie man im Reich der aufgehenden Sonne sagt.

Kein Ort in Japan liegt mehr als 150 Kilometer von der Küste entfernt. Durch die Kargheit ihrer gebirgigen Inseln, von denen es auch bei Hunger kein Fortkommen gab, haben die Japaner früh das Meer als Hauptnahrungsquelle entdeckt. Hinzu kam das buddhistische Verbot des Verzehrs von Fleisch, das erst 1873 durch kaiserlichen Erlass aufgehoben

Traditionelles japanisches Ryokan-Gedeck in Kioto

wurde. Anders als die Europäer beschränkten die japanischen Fischer sich bis weit in die Neuzeit auf die Küstenfischerei. Das reichte auch durchaus: Rund 270 Sorten Muscheln und etwa 600 Fischarten sowie an die 90 Arten von Algen bevölkern die japanischen Küstengewässer. Die bekannteste Speise ist Sushi, schmale Streifen von rohem Fisch oder anderen Meeresfrüchten auf gekochten und gesäuerten Reishäppchen – inzwischen auch in westlichen Ländern als eine Art Edel-Gesundheitskost für den gehobenen Geldbeutel erhältlich.

Sushi geht auf eine alte Methode des Haltbarmachens zurück. Der Fisch wurde, bevor man das Einsalzen entdeckte, in eine Hülle aus gekochtem Reis gegeben, die dann gor und auf diese Weise den Fisch säuerte und konservierte. Ab dem 19. Jahrhundert begannen die Häppchen auf Tokios Straßen als günstiger Snack aufzutauchen, der vom Karren verkauft wurde. Heute sind die fliegenden Händler in den Städten unzähligen kleinen Imbissen gewichen, die die Leckerei feilbieten. Ihre Zahl wird allein in Tokio auf 15.000 geschätzt. Ein anderes beliebtes Gericht aus rohem Fisch ist Sashimi, der Rolls-Royce unter den japanischen Horsd'œuvres, für dessen absolute Frische nur die besten Fischsorten wie Scholle, Bonito oder mageres Thunfischfleisch infrage kommen. Beim Sashimi wird der fangfrische Fisch in hauchdünne Scheiben geschnitten und zu Sake, Reis-

Links: Gefrorener Thunfisch auf dem Tsukiji-Markt

Rechts: Verkauf von Tintenfischen

wein, serviert. Für diese Delikatesse sind Japaner bereit viel Geld auszugeben. Zumal wenn mit dem leiblichen und ästhetischen Genuss auch geistiges Werte verbunden sind: Wenn roter Thunfisch neben alabasterweißen Tintenfischstreifen liegt, dann verheißen allein schon die Farben Glück, ganz wie die der Nationalflagge.

Der Fischmarkt von Tokio ist der größte der Welt. Es herrscht ein Höllenlärm in den Gassen des Tokioter Vororts Tsukiji, ein Gemisch aus Autohupen, Fahrzeuggeräuschen und den lauten Stimmen der Marktleute. Hier ist jeden Tag Markt, außer an Sonn- und Feiertagen. Das Spektakel beginnt jeweils schon am Abend. Dann rumpeln die riesigen Laster mit Meeresfrüchten aus aller Welt auf das Gelände des Städtischen Zentralgroßmarktes Tsukiji I, wie der Markt offiziell heißt. Die ganze Nacht wird entladen. Der Markt kann auf eine lange Geschichte zurückblicken. Er

steht auf einer Landaufschüttung, die nach dem großen Feuer von 1657 entstand, als Tokio sich noch Edo nannte. Von hier aus wurde der kaiserliche Hof in Kioto mit Meeresfrüchten versorgt. Mit der Verlegung des Hofes nach Tokio unter Kaiser Mutsuhito entwickelte sich Tsukiji in der Meiji-Zeit ab 1868 zu einem eigenständigen Ort mit Namen Tsukijima und wurde zum Zentrum der japanischen Marine. Das Marineministerium, verschiedene Ausbildungsstätten und Unterkünfte befanden sich hier. Später kamen dann durch die Hafennähe viele ausländische Anwohner dazu. Der Markt selbst begann als ganz normaler Gemüse- und Früchtegroßmarkt mit einer Fischabteilung, wurde dann aber nach dem großen Kanto-Erdbeben von 1923 um den Nihonbashi-Fischmarkt erweitert und erhielt so seine heutige Gestalt.

Heute arbeiten 60.000 Großhändler, Zwischenhändler und Verkäufer, Arbeiter, Auktionatoren und Kontrolleure auf dem Markt. Ein typischer Tag in Tsukiji beginnt mit der Fischauktion um 5 Uhr 30. Mehr als 150 der etwa 600 essbaren japanischen Fischsorten werden hier täglich fangfrisch angeboten. Dazu kommen die Importe. Bereits um drei Uhr morgens, vor Tagesanbruch, haben die Großhändler ihre Produkte ausgelegt, damit die Zwischenhändler sich von der Qualität der Ware überzeugen und sich überlegen können, wie viel sie dafür zu zahlen bereit sind. Denn jeder Yen, den ein Händler zu viel ausgibt, schmälert den eigenen Gewinn. Ständig wird Eis nachgefüllt. Geruch darf im Sauberland des Frischfischs gar nicht erst entstehen. Unbestrittener Höhepunkt ist die Thunfischversteigerung. An die 3.000 Thunfischleiber werden von den Verkäufern der sieben Fischereiunternehmen, die den Markt versorgen, auf dem Boden der Halle ausgelegt. Die Käufer inspizieren jeden der von einer leichten Frostschicht überzogenen Fische durch sein «Fenster», einen schmalen Schnitt, der durch das Abtrennen des Schwanzes entstanden ist, um seine Tauglichkeit für Sushi und Sashimi zu prüfen. Profis wie der Star-Auktionator Masami Eguchi können den Wert eines Thunfischs in Sekunden einschätzen, indem sie die Form der gefrorenen Fische begutachten und ein aufgetautes Stück anschneiden, um zu überprüfen, wie das Fleisch von innen aussieht. Dann fängt die Auktion an. Die Käufer bieten und überbieten einander schweigend mittels Handzeichen. Alles geht rasend schnell und nach eingespielten Regeln. Ununterbrochen klingeln die Handglocken für den Aufruf der Chargen und die Zuschläge. Die Lücken sind gefüllt vom Kauderwelsch der Versteigerer, das Uneingeweihten leicht wie ein endloses Gebrabbel vorkommt. An guten Tagen wird alle sechs Sekunden ein 5.000-Euro-Fisch versteigert, 150 Exemplare in einer Viertelstunde. In nur dreieinhalb Stunden wechseln in den Hallen 2.500 Tonnen Fisch und andere Meeresprodukte aus aller Welt den Besitzer. Neben Tsukiji gibt es in Tokio noch zwei weitere Fischmärkte, Ohta und Adachi, auf denen weitere 400 Tonnen Meeresprodukte pro Tag umgeschlagen werden. Alles, was am Vorabend hereingekommen ist, wird verkauft. Um sieben Uhr sind die Auktionen vorbei. Auch Masami Eguchi ist zufrieden. Für ihn ist es ein Traumjob. Je mehr umgesetzt wird, desto besser. Seine Provision beträgt fünfeinhalb Prozent vom ersteigerten Gewinn. Und der ist bei Umsätzen von mehreren hunderttausend Euro

Utagawa Kuniyoshi, *Wels*, Holzschnitt, zwischen 1830 und 1844

Sushi und Kugelfisch

181

erheblich. Heute lief es besonders gut; kein Wunder also, dass er gute Laune hat.

Aber Ruhe kehrt in den Hallen nicht ein. Nach der Auktion tragen die Zwischenhändler die Ware, die sie gekauft haben, zu ihren Ständen, um sie an Restaurationsbetriebe, Hotels oder andere Kunden weiterzuverkaufen. Ständig schrillen Telefone, piepen Handys: Einzelhändler und Restaurantbesitzer ordern den Tagesbedarf. Die ersteigerten Meeresfrüchte werden in kleinere Portionen aufgeteilt und so schnell wie möglich an den Mann gebracht. Dann beginnt die eigentliche Rushhour auf dem Markt von Tsukiji. Lieferwagen fahren hupend vor, dazwischen knattern Mopeds, Handkarren werden von ihren schwitzenden Besitzern durch das Chaos laviert, hoch beladene Gabelstapler bahnen sich schwankend ihren Weg, Massen von Menschen hasten hin und her, drängeln, stoßen zusammen, schimpfen. Von japanischer Zurückhaltung ist hier wenig zu spüren. Jeder trachtet jetzt nur noch danach, seine Kisten mit Thunfisch, Tang, Garnelen und Tintenfischen so schnell wie möglich zu seinem Fahrzeug zu bekommen, will seine Kartons mit Makrelen, Langusten oder Bonitofleisch, die Eimer mit lebenden Meerestieren verladen und in die Stadt bringen. Denn die zwölf Millionen Menschen, die in Tokio leben, haben keine Lust zu warten, wenn sie hungrig sind. Währenddessen sind die Zwischenhändler damit beschäftigt, ihre Stände zu reinigen. Riesige Haufen von Plastik- und Styroporabfällen, die später zusammengeschmolzen und recycelt werden, türmen sich in den Ecken.

Gegen 7 Uhr 30 hat sich der Verkauf aus den Hallen nach draußen verlagert. Auf dem Markt, der sich um die großen Hallen herum angesiedelt hat, bieten kleine Stände und Restaurants jetzt etliche der frischen Meeresfrüchte, die sie vom Großmarkt geholt haben, für den Normalver-

Thunfischstücke warten auf ihren Abtransport vor dem Tsukiji-Markt

braucher an. Ursprünglich wurden hier nur die Abfälle verkauft, die die Fischer von den Lieferungen an den kaiserlichen Hof übrig behielten. In «Yatais», kleinen Ständen auf Rädern, bereitete man daraus «Edomaésushi» – inzwischen verkürzt zu «Sushi». Die Geburtsstunde des Fastfood hatte geschlagen. Die Tokioter Hausfrauen stellen hier ihr Mittag- und Abendessen zusammen, und viele Angestellte kaufen ihr «Oribako» für

den Mittag im Betrieb, eine Art Lunchbox aus dünnem Holz, Pappe oder Plastik. Die «Küche Tokios» wird der Tsukiji-Markt darum auch manchmal genannt. Das Treiben in den Teehäusern, Ständen, Garküchen und Sushi-Imbissen hält bis weit in den Mittag hinein an, wenn auf dem inneren Markt in den Hallen längst Tanklaster die Flächen für den nächsten Tag sauber sprühen. Neben frischem Fisch in allen nur denkbaren Variationen werden auch Gewürze, Porzellan und Lackwaren feilgeboten. An einem anderen Stand liegen die berühmten japanischen Messer aus. Gute «Hocho», Filetiermesser, wie sie zum Schneiden der hauchdünnen Scheiben des rohen Fischs benutzt werden, sind selbst für japanische Verhältnisse sehr teuer. Wie früher bei den Schwertern der Samurai bauen die japanischen Schmiede die Klingen aus mehreren Lagen auf. Ein extrem harter Kohlenstoffstahlkern wird mit einer Lage aus Eisen unter ständigem Hämmern zur Verbesserung der Gefügestruktur ein- oder beidseitig feuerverschmiedet. Der anschließende Schliff von Hand erfolgt in mehreren Schleifgängen und nimmt bei pro Messer rund vierzig Minuten in Anspruch. Das Ergebnis ist jeder europäischen rostfreien Chrom-Nickel-Stahlklinge an Schärfe und Härte weit überlegen. Solche Klingen werden mit größter Sorgfalt behandelt und von Generation zu Generation weitergegeben.

An einem anderen Stand liegen liebevoll ausgebreitet silbern schimmernde Bonitos. Die Makrelenart wandert im Frühjahr aus tropischen Breiten nach Südjapan und folgt dann langsam den Küsten nach Norden. Für die Menschen in Tokio war die Ankunft der Schwärme im Mai das erste Vorzeichen des Sommers. Der erste gefangene Bonito gehörte darum dem Shogun und musste an seinen Hof geliefert werden. Noch heute wird Bonito von der Provinz Chiba aus in traditioneller Einzelfischerei gefangen. Bis in den Herbst – dann kehrt der Fisch in die tropischen Gewässer zurück. Im Frühjahr sind die Fischerboote der östlich von Tokio gelegenen Provinz monatelang auf Bonitofang in der Nähe der Philippinen unterwegs. Erst im Mai kommen sie zurück nach Chiba, wo sie jeweils zwei Tage lang fangen und dann wieder in den Hafen zurückkehren. Gesalzen und in Stroh gewickelt hält sich Bonito jahrelang. Das Verpacken in Stroh ist eine alte Konservierungsmethode. Reisstroh tötet Bakterien

**Blaupunkt-Kugelfisch
im Indopazifik**

ab, schon im Shintoismus wird ihm eine reinigende Wirkung zugeschrieben. Eingeflochten in Reisstrohstreifen, werden kleinere Fische am Strand aufgehängt, transportiert und verkauft. Krabben und Kakis konserviert man auf die gleiche Weise. Knüppelharter, getrockneter Bonito ist mit seinem hohen Vitamingehalt ein Grundbestandteil der japanischen Küche. Zu hauchdünnen Flocken verarbeitet ist er in jedem Kaufhaus in Plastiktüten erhältlich.

Rotwarzige Seegurken, Tintenfische, riesige Krebse, Seeigel, Muscheln, Aal, Algen, Seetang – nichts, was es auf den Ständen rund um den Tsukiji-Markt nicht zu kaufen gäbe. Frisch gefangen auf Eis, gefroren, getrocknet oder geräuchert. Der Seetang kommt meist frisch und leicht gesalzen auf den Markt. Er ist arm an Kalorien, dafür reich an Vitamin A sowie an Mineralstoffen wie Kalzium und Phosphor. Die Japaner essen mehr Seetang als irgendein anderes Volk auf der Welt – 300.000 Tonnen jährlich. Von den 8.000 bekannten Sorten der Welt wachsen vor japanischen Küsten 1.200, Kap Irako bei Ngoya gilt geradezu als natürliches Algenmuseum. Eine der beliebtesten Tangsorten ist Wakame – Undaria pinnatifida –, der an fast allen Küsten Japans wächst. Seine zarten grünen Streifen schwimmen in fast jeder Frühstückssuppe, die deshalb auch «das kleine Gericht, das an das Meer erinnert» genannt wird. Getrocknet hält er sich jahrelang. Der breitbändrige Kombu-Seetang, der in bis zu einem Meter langen Halmen wächst, wird geteilt und zu kleinen Miniatur-Körbchen geflochten, die man in heißem Wasser ziehen lässt. Die leicht bitter schmeckende Essenz, die man der Suppe beimischt, enthält Natriumglutamat, das die Geschmacksknospen der Zunge anregt und so den Eigengeschmack der anderen Essensbestandteile verstärkt. Die dritte beliebte Seetangsorte heißt Nori und gehört zu den Rotalgen. Nori wächst zwischen Juni und

Oktober bis zu einer Länge von siebzig Zentimetern heran und verschwindet im Winter, wenn seine Sporen sich an Austernmuscheln festsetzen und dort fortpflanzen. Er wird in den Buchten geerntet, getrocknet und zu großen schwarz-grünen Folien gepresst. Die Nachfrage ist allerdings so groß – der Jahresverbrauch der Japaner liegt bei acht Milliarden von diesen Folien, die in kleine Streifen geschnitten als Umwicklung für die Sushi-Röllchen dienen –, dass man dazu übergegangen ist, Nori industriell an synthetischen Austernmuschelschalen in riesigen Meerwassertanks zu züchten.

Ein anderer Stand preist Fugu an, Kugelfisch, jene berüchtigte Delikatesse, der bis 1969 in Japan bis zu 200 Menschen jährlich zum Opfer fielen. Erst die drastische Verschärfung der Ausbildungsordnung für Fugu-Köche führte damals zu einem Rückgang der Todesfälle. Inzwischen ist die jährliche Todesrate auf unter zehn gesunken, und in Restaurants zubereiteter Fugu gilt als völlig unbedenklich. Todesfälle treten heute nur noch im Zusammenhang mit Amateur-Fischern auf, die nicht erkennen, was sie gefischt haben, oder die den Fisch falsch zerlegen. An den japanischen Küsten gibt es rund vierzig Arten Kugelfisch, der seinen europäischen Namen der Eigenart verdankt, seinen Leib bei Gefahr auf ein Mehrfaches seiner ursprünglichen Größe aufzupumpen, um Gegner abzuschrecken. Für Japaner geht eine morbide Faszination von den Kugelfischen aus, hieß ihr Genuss doch für Jahrhunderte, das Schicksal herauszufordern. Tatsächlich scheint alles an den Fugus, die da säuberlich aufgereiht nebeneinander liegen, zu signalisieren «Hände weg!»: die unscheinbaren, aufgequollenen Körper mit den blassen Flecken, die leeren starrenden Augen. Einige Arten sind noch zusätzlich mit Stacheln besetzt, die sie für Raubfische vollends als Leckerbissen ausscheiden lassen. So hat der Kugelfisch kaum natürliche Feinde. Der Tod für den Menschen lauert in der Leber und den Eierstöcken unterhalb der Schwanzflosse der weiblichen Tiere. Schlagzeilen machte 1983 der Tod von Mitsugoro Bando, dem berühmten Meister des Kabuki-Theaters. Als traditioneller Japaner liebte er Fugu. An seinem letzten Abend bestand er darauf, Fugu-Leber, verrührt mit Radieschenpaste, Pfeffer und grünen Zwiebeln, serviert zu bekommen – in der festen Überzeugung, dass er als Kenner schon wisse, wie viel von dem Gift sein Körper vertragen könne. Aber Bando muss die Wirkung des Gifts unterschätzt haben, die sich aufgrund des Wirkstoffs Tetrodotoxin zunächst als leicht prickelnde Betäubung der Zunge und Gefühl angenehmer Hitze äußert. Er hörte nicht auf, sein Sashimi in die Leber zu tunken, bis das Gift sein Zentralnervensystem angriff und allmählich seine Lungen lähmte. Acht Stunden dauerte der Todeskampf des Gourmets. Immerhin, so will es die Legende, sei er mit einem Lächeln auf den Lippen gestorben. Zwar wurde das Restaurant damals von jeder Schuld freigesprochen, aber der Koch musste trotzdem gehen. Heute wird rohe Fugu-Leber nicht mehr serviert, und die Fugu-Restaurants haben viel von ihrem morbiden Reiz verloren.

Fisch ist für die Japaner von so zentraler Bedeutung, dass man auch im religiösen Bereich das seine getan hat, damit der Nachschub nicht ausblieb. Die Beschwichtigung der Meeresgeister hatte dabei immer höchste

Zum Verkauf angebotene Meeresschnecken

Priorität. Noch in den 1930er Jahren wurde in Tsurumi bei Tokio eine buddhistische Zeremonie zur Besänftigung der Fischgeister abgehalten, die als Nahrung gefangen worden waren, und in der Bucht von Edo, dem alten Tokio, zelebrierte man sogar eine Gedenkfeier für jene Fische, die eines natürlichen Todes gestorben waren. Überflüssig zu erwähnen, dass beide Feiern unter dem Patronat des Ministeriums für Fischerei und des Verbandes der Händler von Meereserzeugnissen standen. In dem kleinen Schrein nahe dem Tsukiji-Markt hat während der Marktzeiten auch der Shinto-Priester Hidemaro Suzuki Hochbetrieb. Die Marktleute kommen zu ihm, um die Götter für ihre Geschäfte günstig zu stimmen. Zwar sind die meisten Japaner Buddhisten, aber der ältere Shintoismus ist die willkommene Zweitreligion für besondere Anlässe. Zum Beispiel, um sich bei Marktgeschäften abzusichern. Im Zentrum des Shinto-Glaubens steht die

Katsushika Hokusai,
36 Ansichten des Berges Fuji: Rückseite einer Welle auf offener See bei Kanagawa,
Holzschnitt, zwischen 1831 und 1834

Nähe zur Natur und damit zu den Göttern. In dem Land, das regelmäßig von Erdbeben, Flutwellen und Taifunen heimgesucht wird, sind sich die meisten Menschen durchaus der Tatsache bewusst, dass sie von den Kräften der Natur abhängig sind – trotz der Hochtechnisierung, die sich besonders in den Ballungszentren bemerkbar macht. Bei der Andacht muss man zuerst die Götter wecken und einen kleinen Obolus entrichten, bevor man sein Gesuch stellen kann, als Gebet oder auf einem kleinen Zettel. Im Inneren des Schreins erheben sich mehrere steinerne Stelen. Vor ihnen bedanken sich die Marktleute bei den Fischen, dass diese ihr Leben lassen, um dem Menschen gutes Essen zu liefern – mit einem Tässchen Sake, das vor sie hingestellt wird.

In kaum einem Beruf ist die Unberechenbarkeit der Natur den Menschen bewusster als in der Fischerei. Wie überall in der Welt ist auch an den Gestaden Japans die Fischerei noch immer ein gefährliches Gewerbe, trotz der hoch entwickelten Technologie, die das Land dominiert. Viele Küsten Japans sind für plötzliche Wetterumschwünge bekannt. Pazifische

Taifune suchen das Land mit verheerender Gewalt heim, und nicht umsonst ist die Bezeichnung für Riesenwellen, «Tsunami», ein japanisches Wort. Auch wenn das moderne Japan mit Hochgeschwindigkeitszügen und digitaler Unterhaltungselektronik aufwartet, in den Fischerdörfern abseits der großen Städte scheint die Zeit stehen geblieben zu sein. Eine Vielzahl alter Traditionen hat sich hier erhalten. Zwar flimmert in den Häusern das abendliche Programm der drei privaten und zwei staatlichen Fernsehsender über den Bildschirm, aber noch immer bestehen viele Dörfer in den abgelegeneren Regionen des Landes aus winzigen Ansiedlungen, die versprengt entlang der Küste liegen und nur durch Reihen dunkler Kiefern vor dem Wind geschützt sind. Viele der alten Gräber auf den Dorffriedhöfen künden von Männern, die am Vorabend eines Sturms aufs Meer fuhren und nicht wieder zurückkehrten. Zum Bon-Fest, dem Fest der Toten, werden vor den Gräbern weiße Laternen angezündet, um ihre Geister zurückzurufen und sie zu ehren – wenn es denn noch Verwandte am Ort gibt und nicht alle auf Arbeitssuche in die Städte gezogen sind. Hier werden den Kindern nach wie vor die alten Geschichten erzählt: dass Schiffbrüchige, die im Meer ertrunken sind, ewig mit der Strömung treiben, dass sie in der Brandung tosen und ihre Fäuste die Steine am Ufer klirren lassen, dass es ihre weißen Hände sind, die sich in der Gischt emporheben – und den Fuß des Schwimmers packen.

Sieht man einmal vom industriellen Thunfisch-, Wal- oder Weißfischfang ab, ist ein Großteil der Fischerei in Japan in den angewandten Methoden in vieler Hinsicht überraschend traditionell geblieben und beschränkt sich auf Küstenfischerei. Schon der englische Japanologe Basil Hall Chamberlain berichtete 1890 von der Methode in einigen Provinzen, Körbe über einen Wasserfall zu hängen, um die Fische zu fangen, die versuchten dort emporzuspringen. Auch heute noch holt man in einigen ländlichen Gebieten die Fische mit Hilfe schräger Plattformen an die Oberfläche, die in Flüssen eine Aufwärtsströmung erzeugen. Eine weitere uralte Fangmethode ist «Ukai», die Fischerei mit dressierten Kormoranen. Allerdings stirbt sie langsam aus und wird fast nur noch auf Flüssen wie dem Kisogawa in der Provinz Inuyama, dem Nagaragawa bei Gifu oder dem Hijikawa in der Provinz Ozu praktiziert. Jeder der Vögel trägt um seinen Hals einen Metallring, der weit genug ist, um kleinere Fische durchzulassen, die dem Vogel als Nahrung dienen, aber zu eng, als dass der Vogel einen größeren Fisch, den er gefangen hat, auch verschlingen könnte. Der Ring ist über eine dünne Leine mit dem Fischer verbunden. Die Fischer fahren nachts auf das Wasser hinaus und locken die Fische durch Fackeln oder starke Lampen an. Etwa 150 größere Fische kann so ein Kormoran in einer Stunde aus dem Wasser holen.

Japans heimische Fischindustrie ist fast vollständig auf Genossenschaftsbasis organisiert. Wo immer von den unzähligen Naturbuchten des Landes aus Fischfang betrieben wird, haben sich die Fischer in kleinen Gemeinschaften von 100 bis 300 Mitgliedern zusammengetan. Einige der Fischer besitzen ein eigenes Boot, die Mehrheit leistet die Schwerstarbeit gegen Lohn. Die Boote fahren bei Tagesanbruch aus und kehren erst heim, wenn es dunkel wird. Größere Kutter bleiben auch länger auf See,

Utagawa Kuniyoshi, **Ayus, flussaufwärts schwimmend, mit Hagi-Strauch**, Holzschnitt, zwischen 1830 und 1844. Der Ayu ist eine endemische Lachsart, die in klaren Gewässern lebt

wenn sie beispielsweise vor Hokkaido nach Sardinen fischen oder sich den Bonitofangflotten anschließen. Wie alle Japaner sind auch die Fischer für westliche Begriffe extrem gemeinschaftsbezogen. Die Genossenschaft, die von der Steuer befreit ist und Staatszuschüsse erhält, regelt nicht nur die Organisation und Vermarktung des Fangs und der Zuchterträge, sie sorgt für medizinische Betreuung, offeriert preiswerte Ferienhäuser und übernimmt die Bankgeschäfte. Traditionelle Küstenfischerei macht auch in Japan nicht reich. Wenn die Gegebenheiten es erlauben, bauen die meisten Familien zur Selbstversorgung und zur Ergänzung ihrer Ernährung auf einem kleinen Stück Land zusätzlich Gemüse an. Die Gärten werden von den Älteren gepflegt, während die Geldverdiener arbeiten. Häufig sind auch die Ehefrauen der Fischer berufstätig, etwa als Verkäuferin oder in der Fischverarbeitung. Oder sie betreiben Heimarbeit wie das Weben der traditionellen, kostbaren Stoffe für Kimonos, das oft mehr einbringt als der Fischfang der Männer.

So ist es kein Wunder, dass es eine ständige Abwanderung in die nahe gelegenen Städte mit ihrer leichteren Fabrikarbeit gibt. Insbesondere die Kinder ziehen das Stadtleben dem härteren Lebenserwerb und der traditionellen Enge des Dorfes vor. Zudem hat auch vor der japanischen Fischerei der Wandel nicht Halt gemacht. Neben den traditionellen Betrieben sind große Zuchtanstalten entstanden, in denen man versucht, die Schere zwischen dem Hunger einer wachsenden Bevölkerung nach Meeresfrüchten und den abnehmenden natürlichen Ressourcen zu schließen. Hier wird gezüchtet, was nur zu züchten ist – Tang, Garnelen, Austern und verschiedene Fischarten. Durchaus mit Erfolg. Aber die Aquakulturen Japans kämpfen mit den gleichen Übeln wie die anderer Länder. Wegen der nicht artgerechten Haltung bringt die industrielle Fischzucht immer auch eine erhöhte Anfälligkeit der Tiere für Krankheiten, die epidemische Ausmaße annehmen und auf die Wildpopulationen überspringen können. Das jüngste Projekt ist die Thunfischzucht. Da bisher alle Versuche fehlgeschlagen sind, die beliebten Speisefische künstlich zu ziehen, ist man seit den 1980er Jahren dazu übergegangen, frisch gefangene junge Thunfische in große, von Netzen umgebene Areale im offenen Meer auszusetzen – in der Hoffnung, dass sie sich mästen lassen und nach der Geschlechtsreife vermehren. Aber durchschlagende Erfolge sind bisher ausgeblieben. Ein erheblicher Teil der Tiere geht in der Gefangenschaft ein. Und zur Erhaltung der natürlichen Bestände trägt diese Methode nur wenig bei, da dort die entsprechende Anzahl von Jungtieren ja erst einmal entnommen werden muss.

Für das erstaunliche Fortbestehen traditioneller Methoden in der japanischen Fischerei gibt es triftige Gründe: die außergewöhnliche Vielfalt der nachgefragten Meeresfrüchte, die saisonal wechselnden Fangbedingungen sowie die langen Küstenlinien, die eine ausgiebige Küstenfischerei in kleinen Einheiten überhaupt erst möglich machen. Mit seinen vier Hauptinseln und mehr als 3.000 kleineren Inseln hat Japan bei einer Fläche von 378.000 Quadratkilometern eine Küstenlinie von 29.700 Kilometern Länge. Zum Vergleich: Deutschland hat unter Einschluss seiner Inseln bei einer Fläche von 357.000 Quadratkilometern eine Küste von

3.338 Kilometern Länge. Zudem will der Verbraucher in Japan den Fisch frisch, Tiefkühlkost gilt als minderwertig. So werden Seeigel vor der Insel Hokkaido während des Sommers von kleinen Booten durch Glasfenster im Boden gesucht und einzeln mit einem Netz aufgefischt. Im Januar und Februar suchen Taucher an der Ostküste unter dem Treibeis nach der Delikatesse. Auf ähnlich mühsame Weise wird, ebenfalls im Norden von

Fisch und Austern auf dem Straßenmarkt

Angebot an Meeres-
früchten auf der Straße
in Tokio

Hokkaido, eine Meeresalgenart geerntet, indem die Wurzeln der Alge einzeln mit der Spitze eines Bambusstabes herausgezogen werden.

Berühmt sind die Taucherinnen von Shima in der Präfektur Mie im
Südwesten Japans, ausschließlich Frauen, die hier von Mai bis September
nach Abalone-Muscheln, Seeigeln und Kreiselschnecken tauchen. Früher
tauchten die «Ama», wie sie genannt werden, auch nach Perlen, aber
heute haben moderne Austernzuchtanlagen die alte Methode ersetzt, bei
der die Austern Stück für Stück mühsam unter Wasser von einem Seil
gelöst werden mussten, um ihnen die Perlen zu entnehmen. Auch heute
noch ist die Aufgabe der nach alter Sitte zur Abschreckung von Haien
weiß gekleideten Frauen nicht einfach. Die Kreiselschnecken und Abalone-Muscheln leben tief im Meer auf zerklüfteten Felsen. Gearbeitet wird
zu zweit und meist ohne moderne Hilfsmittel, auch wenn Flossen und

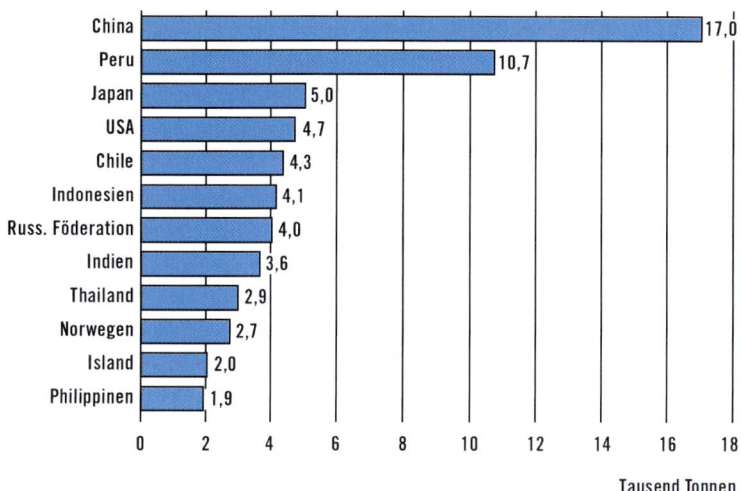

Ertrag an tierischem
Eiweiß aus dem Wasser
(Meere und Binnenge-
wässer), 2000

China	17,0
Peru	10,7
Japan	5,0
USA	4,7
Chile	4,3
Indonesien	4,1
Russ. Föderation	4,0
Indien	3,6
Thailand	2,9
Norwegen	2,7
Island	2,0
Philippinen	1,9

Tausend Tonnen

isolierende Tauchanzüge für die kälteren Monate der Saison inzwischen
Einzug gehalten haben. Fast eine Minute bleiben die Frauen unter Wasser, verstauen dann ihre Ausbeute in Holzkörben, die an der Oberfläche
schwimmen und durch eine lange Schnur mit ihrem Körper verbunden
sind, und tauchen wieder in die Tiefen des Meeres ab. Japanische Männer mögen sich diese Arbeit nicht zumuten. Frauen sind robuster, sagen
sie, auch gegen die Auskühlung des Körpers im Wasser.

Japan ist eine der drei größten Fischerei-Nationen der Welt. Im Jahr
1987 wurden hier gut 13 Millionen Tonnen Meeresprodukte, das heißt
Fische, Muscheln und Tintenfische, verbraucht. Davon konnten 90,4 Prozent aus eigener Produktion gedeckt werden. 1985 musste die japanische
Fischereiwirtschaft für den jährlichen Erwerb von Fangrechten in ausländischen Gewässern rund 76 Millionen Euro an Lizenzgebühren aufbrin-
gen. Fischfang in Japan, das ist lebendiger Teil einer Kultur, die nicht erst
auf dem Speisetisch anfängt. Besonders die kleinen Dörfer an der Küste
bieten noch immer ein pittoreskes Bild. Kugelfische werden aufgeblasen
und zum Trocknen ausgelegt. Später dienen sie als Laternen vor und in
den Fugu-Restaurants. Kleine silberne Fischchen sind an Schnüren zum
Trocknen aufgehängt und schwanken an Holzgestellen im Wind. Daneben hängen die farbigen Perlonnetze zum Trocknen. Und noch heute haben die Strände der Präfektur Shizuoka ihre eigene Farbenpracht, wenn
vom März bis in den Winter hinein rote Teppiche von kleinen Shrimps
am Strand zum Trocknen in der Sonne ausgebreitet liegen. Völlige ökologische Uneinsichtigkeit, Grausamkeit wie im Wal- und Delphinfang,
Rücksichtslosigkeit im Durchsetzen der eigenen Interessen auf der einen
Seite und das traditionelle Bedürfnis, mit der Natur in Einklang zu leben
wie schon seit Generationen, beides steht in der Fisch-Nation Japan un-
vermittelt nebeneinander.

Sushi

Als Sushi werden Häppchen aus gekochtem und mit Essig gesäuertem Reis bezeichnet. In der Hauptsache sind sie mit frischem rohem Fisch belegt oder gefüllt, aber auch mit Gemüse, Ei und anderem. Nigiri-Sushi werden mit der Hand aus dem Reis geformt und mit den Fischportionen garniert. Bei Maki-Sushi wird der gesäuerte Reis auf einer Bambusmatte mit Seetang ausgebreitet, mit dem Fisch oder anderen Meeresfrüchten belegt und dann gerollt. Sushi wird üblicherweise als vollständige Mahlzeit verzehrt.

Awabi	Abalone	*Gari*	Pikant eingelegter Ingwer zum Neutralisieren des Geschmacks, bevor eine andere Sushi-Variation gegessen wird.
Bento	Gemischte Portion Sushi		
Dashi	Sud aus Wasser, Kombu-Tang und Bonito-Flocken als Suppengrundlage		
		Goma Ae	Gekochter Spinat mit Sesamsauce
Edo Maki	Gurke und Lachs	*Hashi*	Japanische Essstäbchen
Ebi	Gekochte Garnelen		
Florida Maki	Lachs und Avocado	*Hokkigai*	Herzmuschel
Futo Maki	Ei, Spinat, Krebsfleisch, Kampiyo	*Ika*	Tintenfisch
		Ikura	Lachsrogen
		Kampiyo	Kürbisstreifen

Sashimi als Teil eines traditionellen japanischen Gedecks

Kanibo	Gekochtes Krebsfleisch
Kappa	Gurke
Katsuo	Bonito
Kinusay	Zuckerschote
Manguro	Thunfisch
Massago	Fischrogen
Misohiru	Helle Gemüsesuppe aus Sojabohnen und Fisch mit Tofu und Porree. Nachdem der Inhalt mit Essstäbchen gegessen worden ist, wird die Schale an den Mund gesetzt und der Sud getrunken.
Negi-Toro	Porree und Thunfisch
Oshinko	Japanischer Rettich
Saba	Eingelegte Makrele
Sake	Japanischer Reiswein, der heiß oder kalt serviert werden kann.
Sashimi	Aufgeschnittener roher Fisch
Shake	Lachs
Shitake	Japanischer Pilz
Shoyu	Sojasauce, die in kleine Schälchen gefüllt wird, um das Sushi einzudippen.

Suzuki	Loup de Mer
Tako	Gekochter Oktopus
Tamago	Eieromelett
Temaki	In Seetang gewickelte Handrolle von Fisch, Reis und Gemüse
Togarashi	Gewürzmischung aus Chili-Pfeffer, Orangenschale, Seetang und Sesam
Toro/Tekka	Thunfisch
Unagi	Marinierter Aal
Wakamesu	Süßsaure Vorspeise aus Krebsfleisch mit Seetang und Gurke
Wasabi	Scharfer japanischer Meerrettich, der in den meisten Maki und Nigiri verwendet wird. Wird außerdem mit Shoyu in kleinen Schälchen verrührt und als Dip verwendet.
Zandra	Zander
Zomo Maki	Thunfisch und Avocado

Krebsfleischröllchen

Hemingway, die Portugiesen und der Schwertfischfang

«Er fasste all seinen Schmerz zusammen und was von seiner Kraft übrig war und seinem lang dahingeschwundenen Stolz, und er setzte es gegen den Todeskampf des Fisches, und der Fisch drehte auf die Seite und schwamm ruhig auf der Seite, und sein Schnabel berührte fast die Planken des Bootes, und er begann, langsam im Wasser an dem Boot vorbeizuziehen, lang, tief, breit, silbern und violett gestreift und ohne Ende.

Der alte Mann ließ die Leine fallen und setzte seinen Fuß darauf und hob die Harpune, so hoch wie er konnte, und stieß sie mit aller Kraft und frischer Kraft, die er gerade aufgebracht hatte, in die Seite des Fisches hinein, gerade hinter der großen Brustflosse, die hoch in die Luft bis zur Brusthöhe des Mannes stand. Er fühlte, wie das Eisen hineinging, und er lehnte sich darauf und trieb es weiter, und dann stieß er mit seinem ganzen Gewicht nach.»

Hemingway (ganz rechts) mit Freunden im Hafen von Havanna nach dem Marlin-Fischen

Niemand hat dem Fischer in seinem einsamen Kampf mit der Natur ein größeres Denkmal gesetzt als Ernest Hemingway in seinem Buch *Der alte Mann und das Meer* aus dem Jahr 1952, der Geschichte des alten kubanischen Fischers Santiago, der den Fang seines Lebens macht, ihn wieder an das Meer verliert, aber trotz der Niederlage seine Würde bewahrt. Hemingway selbst entdeckte seine Leidenschaft für den Schwertfischfang, nachdem er sich mit seiner zweiten Frau, Pauline Pfeiffer, ein Haus in Key West gekauft und im Sommer 1932 einen Abstecher nach Kuba gemacht hatte. Fortan war er besessen von den großen Fischen. «99 Tage auf dem Golfstrom in der Sonne. 54 Schwertfische. Sieben an einem Tag. Ein 468-Pfünder in 65 Minuten, allein, keine Hilfe außer der, dass sie mich um die Hüfte festhielten und eimerweise Wasser über meinen Kopf schütteten. Zwei Stunden und zwanzig Minuten die wahre Hölle miteinander. Ein 343-Pfünder, der 44 Mal sprang, am Haken. Ich tötete ihn in einer Stunde und 45 Minuten», schrieb er im Sommer 1933 an seinen Lektor Maxwell Perkins.

Hemingway sollte einen spanischsprachigen Fischer zum Helden seiner Geschichte machen, aber noch besser hätte er einen portugiesischen Fischer nehmen können. Denn fast überall, wo Schwertfische oder Marline gefangen werden, sind auch Portugiesen zu finden. Selbst in den USA sind bis heute viele der Männer, die zum Schwertfischfang hinausfahren, an ihren Namen erkennbar als Nachkommen von Einwanderern aus Portugal, die im 19. Jahrhundert in die USA emigrierten, oder als Nachfahren

Hemingway mit seinem
kubanischen Maat Car-
los Guitiérrez und seiner
Geliebten Jane Mason
an Bord seiner Yacht
Pilar

jener legendären Fischer, die ab dem 17. Jahrhundert von Madeira, den
Azoren oder den Kapverdischen Inseln aus die multinationalen Besatzungen unzähliger Walfangschiffe verstärkten.

Madeira und die beiden anderen Inselgruppen kamen zu Portugal, als
das Land auf dem Gipfel seiner Macht stand, zur Zeit Heinrichs des See-
fahrers, kurz bevor Portugal und sein Nachbar Spanien nach päpstlichem
Schiedsspruch im Vertrag von Tordesillas (1494) die Welt in zwei Interes-
sensphären aufteilten. Ursprünglich dienten die Inseln in den Weiten des
Atlantiks nur als letzter Stopp für die Galeonen auf dem Weg nach Südamerika. Später wurden sie dann willkommene Zwischenstation für Walfangschiffe aller Nationen, die hier frisches Obst, Gemüse und Trinkwasser bunkerten. Die Westlichen Inseln, wie die Kapverden auch genannt
wurden, waren außerdem gemeinsam mit den Azoren die letzte Gelegenheit, Grünschnäbel loszuwerden, die mit dem Leben an Bord nicht klar-
kamen, und sie durch erfahrene Seeleute zu ersetzen. Teilweise hätten
sich die kapverdischen Fischer und die Männer von den Azoren sicher
durchaus Besseres vorstellen können, als ihre Familien für Monate zu
verlassen, aber ihnen blieb wenig anderes übrig. Sowohl Madeira als auch
die beiden Inselgruppen sind vulkanischen Ursprungs und landschaftlich
entsprechend karg. Auf den Kapverdischen Inseln dezimierten zusätzlich

George Garey mit seinem Rekordschwertfisch von 381 Kilogramm, 1936

Ausbrüche der noch tätigen Vulkane die Ernten und die bewohnbare Landfläche. Trotzdem stieg die Bevölkerungszahl, und die Menschen mussten auf auswärtige Einnahmequellen zurückgreifen. Noch heute bewilligt die Europäische Union Jahr für Jahr erhebliche Zuschüsse, um die Randlage der Inseln auszugleichen.

Die Schwertfischjagd hat auf Madeira, den Azoren und den Kapverden ebenso viel Tradition wie der Walfang. Schwertfische ziehen in Herbst und Winter wärmere Gewässer und im Sommer kältere Breiten vor und passieren während ihrer Wanderungen alle drei Inselgruppen. Als Portugiesen nach Nordamerika auswanderten und sich mit Spaniern und Italienern in kleinen Fischergemeinden in Massachusetts, Rhode Island, dem Staat New York und später auch Kalifornien niederließen, brachten sie ihre über Generationen weitergereichte Erfahrung im Schwertfischfang mit. Noch heute haben die Schiffe, mit denen die Fischer in den Nordatlantik oder in den Pazifik hinausfahren, die traditionelle Form: gedrungene Bauart, hoher Bug, relativ hoch aufragendes Deckhaus mit Brücke bei gleichzeitig tief liegendem Schwerpunkt. Wie in dem Kinoreißer *Der Sturm* aus dem Jahr 2000 verewigt, sind diese Hochseekutter ideal für den Großfischfang unter extremen Wetterbedingungen. Sie richten sich auch in schweren Seen wieder auf, und der Kapitän behält einen klaren Überblick über das Geschehen an Deck.

Heute dominiert auch in der Schwertfischjagd die Langleinenfischerei, bis in die 1960er war die Jagd mit der Harpune die übliche Art des kommerziellen Großfischfangs. Die relativ aufwendige Methode sorgte zugleich dafür, dass die Belastung der Art biologisch verkraftbar blieb. Erst in den 1990er Jahren, als die großen Fangflotten Spaniens, der USA, Kanadas, des festländischen Portugals und Japans begannen, den Nordatlantik leer zu räumen, gerieten die Schwertfischbestände in die Krise. Hinzu kamen die im Südatlantik operierenden Einheiten Brasiliens, Japans, Spaniens, Taiwans and Uruguays. 1995 wurden im Atlantik 41 Prozent des Weltaufkommens an Schwertfisch gefangen, gefolgt vom Pazifik mit 35 Prozent, Indischen Ozean mit 15 Prozent und Mittelmeer mit 9 Prozent. Dabei nahm die Menge des gefangenen Fischs dramatisch zu: Noch 1948 lag das Weltaufkommen an Schwertfisch bei 7.000 Tonnen, eine Menge, die 1995 allein die Fischereiflotte der USA aus dem Meer holte. Zum Verbrauch der Vereinigten Staaten kamen noch einmal 4.681 Tonnen Schwertfischfleisch hinzu, die im gleichen Jahr zusätzlich importiert wurden. Heute liegt das Weltaufkommen nach Angabe der FAO bei etwas über 90.000 Tonnen.

Schwertfische gelten als Oberflächenfische, halten sich aber vorwiegend in Wassertiefen zwischen 200 und 600 Metern auf. Obwohl sie Warmwasserfische sind, machen ihnen die erheblichen Temperaturunterschiede zwischen fünf Grad Celsius in der Tiefe und 27 Grad an der Oberfläche nichts aus. Sie sind mit einer Art «Gehirnheizung» ausgestattet: Ein Gewebepolster, das mit einem der Augenmuskel verbunden ist und durch einen speziellen vaskulären Wärmeaustauscher mit Blut versorgt wird, schützt ihr Gehirn vor Unterkühlung und Schäden bei einem schnellen Auf- oder Abstieg. Generell sind die atlantischen Exemplare kleiner als ihre pazifischen Artgenossen. Dort können Schwertfische eine Länge von fünf Metern und ein Höchstgewicht von 650 Kilogramm erreichen, obwohl im kommerziellen Fang im Pazifik ein bis knapp zwei Meter Länge die Norm sind. Das Gewicht ausgewachsener Tiere im westlichen Atlantik liegt bei etwa 320 Kilogramm. Den Sportangelrekord hält seit 1936 der Amerikaner George Garey mit einem vor Tocopilla in Chile gefange-

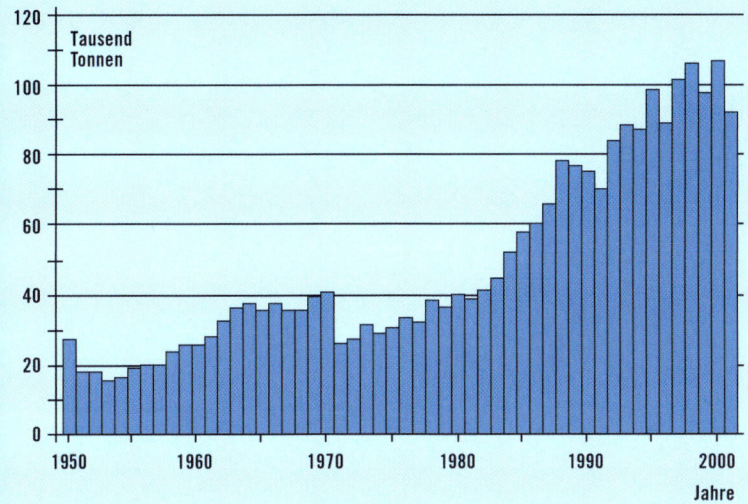

Weltaufkommen im Schwertfischfang

nen 381 Kilogramm schweren Exemplar, in der kommerziellen Fischerei liegt er bei 531 Kilogramm.

Die Überfischung des Schwertfisches und seines Vetters, des Marlins, hat im Nordatlantik ein solches Ausmaß erreicht, dass die USA sich jüngst gezwungen sahen, den Schwertfischfang nur noch für Sportfischer zu erlauben. Santiago wird keine Enkel mehr haben: Die Januarausgabe 2001 des amerikanischen *Big Game Fishing Journal* warnte, bei Fortführung der augenblicklichen Fangraten würden die Schwertfischbestände demnächst ihre kritische Grenze erreichen und der Blaue und Weiße Marlin bis 2008 ausgerottet sein. Der Grund liegt in dem halbherzigen Verhalten der internationalen Gemeinschaft und der Uneinsichtigkeit der mächtigen Fischereilobby, deren Interesse nur dem kurzfristigen Gewinn gilt. Die Internationale Kommission für die Erhaltung des Atlantischen Thunfischs (ICCAT) hat das Minimalgewicht, ab dem Schwertfisch gefangen werden darf, auf zwanzig Kilogramm festgelegt. Tiere dieses Gewichts sind jedoch noch lange nicht reproduktionsfähig, da Schwertfische ihre Geschlechtsreife mit fünf bis sechs Jahren erreichen und normalerweise über neun Jahre alt werden. Die Folge ist eine ständige Reduktion der Regenerationskapazität der Schwertfischbestände. Ungeachtet solcher Reglements ist es sowieso meist zu spät, wenn die Tiere erst einmal an Bord sind. Die Verletzungen der etwa ein- bis zweijährigen Jungtiere an Kiefer und Kiemen durch die Langleinenhaken sind in der Regel tödlich.

Alaska | Norwegen

Rückkehr aus der Tiefe

Auf der Spur der Monsterkrabben des Polarmeeres

Januar 1990. Steuerlos treibt die *Alaska Monarch* in der eisbedeckten See, nur noch der Kapitän befindet sich auf dem Schiff. Plötzlich schwappt eine riesige Welle über das Deck des quergeschlagenen Krabbenkutters, und Kapitän Hanson wird über Bord in das eisig kalte Wasser gespült. Bilder, die von der US-Küstenwache gefilmt wurden und die um die Welt gingen. Der Fang bei Eisgang und Sturm ist im Beringmeer nichts Außergewöhnliches, aber ein Eisberg hatte das Ruder der *Alaska Monarch* abrasiert und das Schiff manövrierunfähig gemacht. Zum Glück war der Hubschrauber der US-Küstenwache bereits zur Stelle. Hanson überlebte, wenn auch mit schweren Brustverletzungen. Viele der Krebsfischer, die sich im Januar und Februar mit ihren kleinen Schiffen auf das von den Winterstürmen durchtoste Beringmeer hinauswagen, hatten nicht so viel Glück. Überall auf dem Meeresgrund und an den Küsten Alaskas liegen die Wracks von untergegangenen oder gestrandeten Fischkuttern. Jahr für Jahr wieder muss die amerikanische Küstenwache fast jede Woche während der sechswöchigen Fangsaison einen Todesfall aufnehmen. Während der Saison 1983 sanken sogar an einem Tag zwei Krabbenkutter auf einmal, und am Ende des Monats waren zwanzig Fischer auf See geblieben. In Zukunft wird die Fischerei auf die großen Krabben wohl deutlich regulierter verlaufen. Die Tage des freien Wettlaufs um den größten Fang, bei dem die Männer jedes Risiko eingehen, sind gezählt.

Aufnahme der US-Küstenwache: die *Alaska Monarch* in Seenot

Die Ersten, die auf Krabbenfang im Beringmeer gingen, waren japanische Fischer im späten 19. Jahrhundert. Ihr Ziel war vor allem die imposante Königskrabbe, die sie von Segeltrawlern aus in Schleppnetzen am Meeresboden fingen. Eine andere Methode des Krabbenfangs war das Zuwasserlassen von mit Glasschwimmern und schweren Gewichten besetzten Netzen von kleinen Booten aus. Waren die Netze auf den Grund gesunken, verfingen sich die Krabben mit ihren Stachelpanzern oder ihren Beinen darin. Amerikanische Boote beteiligten sich ab den 1920er Jahren am Krabbenfang, zunächst allerdings nur in beschränktem Maße. Erst als der Besitzer einer Fischfabrik auf Kodiak Island die Idee hatte, die Krabben tiefzufrieren, kam der Handel mit Königskrabben in Schwung und erreichte in den USA bald einen beträchtlichen Umfang. 1959 verbot der neu in die Union aufgenommene Staat Alaska das Fischen mit Netzen und ließ nur noch den Einsatz von Fangkörben zu. Mit steigender Nachfrage entwickelte sich ein wahrer Boom. Anfang der 1970er Jahre kamen die Werften mit dem Bau von neuen Kuttern kaum noch nach. Teilweise konnte der Preis für ein Fangboot in nur einer Saison abgearbeitet werden. 1980, auf dem Höhepunkt, landete eine Flotte von 236 Booten in der sechswöchigen Fangsaison 59.000 Tonnen Krabben an. Dann, plötzlich, brachen die Bestände ein. 1981 wurden nur 1.500 und 1982 nur noch 1.300 Tonnen angelandet. Die Bestände sollten sich nie wieder ganz erholen. Bis heute sind die Ursachen dafür nicht eindeutig geklärt. Ein Großteil der Kutter wurde zu Kabeljau- und Alaska-Seelachs-Trawlern umgebaut. Der Rest der Flotte verlegte sich auf kleinere Krabbenarten wie die Brown und die Blue King Crab und die Eismeerkrabbe.

Angesichts dieser Vorgeschichte liegt ein leichter Schleier der Nostalgie über dem Abenteuer, das jedes Jahr im Januar auf den Aleuten be-

Blick auf Dutch Harbor auf Unalaska Island

ginnt, einer Kette von kahlen, vulkanischen Inseln, die sich auf der Westseite des amerikanischen Kontinents von Alaska aus 2.000 Kilometer weit in das Beringmeer hinausziehen. Zentrum der Krabbenindustrie ist Dutch Harbor auf Unalaska Island. Von hier laufen die meisten Kutter jedes Jahr aus, hier stehen die Verarbeitungsbetriebe, und von hier aus wird der Fang in alle Welt geflogen, vornehmlich in die USA und nach Japan. In der kurzen Fangsaison, die von Mitte Januar bis März reicht, zieht die kleine Stadt Abenteurer aus allen Winkeln der Welt an. Denn auch wenn die Boomzeiten des Königskrabbenfangs vorbei sind, es wird hier noch immer mehr als gut verdient. Nach wie vor ist der Krabbenfang ein Millionen-Geschäft. Wenn die Männer etwas Glück haben, gehen sie am Ende der zweimonatigen Saison mit 20.000 bis 30.000 Dollar in der Tasche von Bord.

Im Beringmeer gefischte Krabbenarten in einem Fabrikraum der Firma Trident Seafoods International auf Akutan Island

Schon das Aushandeln des Preises für den Fang ist ein Pokerspiel. Die Verhandlungen mit den Fabriken finden in einem Schuppen am Hafen statt, in dem sich alle selbständigen Kutterkapitäne treffen. Kein Krebskutter läuft aus, bevor man sich nicht auf einen Preis geeinigt hat. Es herrscht Hochspannung auf beiden Seiten. Trotzdem kann das Feilschen sich über Tage hinziehen, selbst wenn die Fangsaison offiziell schon begonnen hat. Bei den riesigen Mengen – 2002 waren es 14.000 Tonnen, die Zahl schwankt von Jahr zu Jahr und je nach den Auflagen der US-Fischereibehörde – machen schon einige Cents pro Pfund einen riesigen Unterschied aus. Für die Kuttereigner geht es um viele Zehntausende von Dollars, für die Fabriken um Millionen. Dennoch sieht man den Kapitänen nicht an, wie viel für sie auf dem Spiel steht. Gelassen in ihre Stühle gefläzt oder bedächtig miteinander redend, warten sie in der spartanisch ausgestatteten Halle. Einer von ihnen hat sogar einmal so etwas wie lokale Berühmtheit erlangt. Rick Mezich ist der Kapitän und Eigner des Kutters *Fierce Alliance* und der Held des preisgekrönten Dokumentarfilms *Deadliest Job in the World*, den der Amerikaner Thom Beers 1999 an Bord seines Schiffes drehte.

Mit 57 Metern Länge ist die *Fierce Alliance* einer der größten Kutter der Flotte. Die Durchschnittslänge liegt bei etwas über 40 Metern, obwohl alle Kutter, die auf das Beringmeer hinausfahren, größer sind als die Schiffe, die den Krabbenfang nur in den Küstengewässern betreiben. Alles unter 35 Metern Länge wäre der wütenden See zu sehr ausgeliefert. In den Tagen vor Beginn der Fangsaison schuften die Männer rund um die Uhr, um ihre Schiffe klarzumachen. Die Stammbesatzung der privaten Kutter besteht neben dem Eigner aus einem Bootsmann, der meist schon seit vielen Jahren auf dem Schiff arbeitet, und dem Ersten Ingenieur. Die Männer wissen, was vor ihnen liegt. Das Wetter kann urplötzlich umschlagen. Eben noch ist die See ruhig und glatt, schon bläst der Wind mit vierzig, sechzig, sogar achtzig Knoten Geschwindigkeit. Das bedeutet dann Arbeiten bei zehn Meter hohen Wellen, die das Schiff quer erfassen können. Mit den 250 schweren Fangkörben aus Eisenrohr und Draht an Deck und beim Einholen wird es dann schnell gefährlich. Schon beim Auslaufen kann es Sturm geben, oder Eis. Der ganze Berg von Fangkörben verwandelt sich dann durch die überkommende Gischt und die Brecher, die das Deck überfluten, in einen einzigen Eisblock. Die arbeitenden Männer finden nicht nur keinen Halt mehr, ein topplastiges Schiff kann auch leicht kentern. Jeder der Männer, die diesen Job etwas länger machen, hat schon Freunde an die See verloren.

Neben der Stammcrew sind meist drei Fischer mit an Bord, die mindestens eine Fangsaison hinter sich haben. Sie bekommen jeder einen vollen Anteil von vier Prozent vom Erlös für den Fang. Ein «voller Anteil», das sind bis zu 50.000 Dollar für die Arbeit von nur zwei Monaten. Dies ist der Köder, der die Männer dazu bringt, sich Jahr für Jahr wieder dem wütenden Beringmeer auszusetzen und ihr Leben zu riskieren. Dazu mustern jedes Jahr ein oder zwei Greenhorns an, junge, wagemutige Kerle, die, angelockt vom schnellen Geld, bereit sind, ihren Hals zu riskieren. Sie bekommen ein Prozent des Fangerlöses, und, wenn der Kapitän großzügig ist, noch ein halbes Prozent obendrauf. Bei ruhigem Wetter können die Ladetanks in weniger als einer Woche gefüllt werden. Der Traum jeder Besatzung: viermal auszufahren, etwa 450 Tonnen Krebse einzuholen und ohne ernsthafte Verletzungen davonzukommen. Aber oft genug bleibt es eben nur ein Traum.

Daran, dass einer von ihnen über Bord gehen könnte, wagen die Männer gar nicht zu denken. Denn die Rettungschancen sind denkbar gering. Das Wasser ist zu kalt. Wenn er unverletzt ist und bei Bewusstsein bleibt, wird der Mann so lange an der Oberfläche bleiben, wie er Wasser treten kann. Mit zunehmender Unterkühlung stirbt das Gefühl ab, und er beginnt abzusacken. Während der Fangsaison hält sich deshalb immer eine Fregatte der US-Küstenwache auf Stand-by in den Fanggebieten auf. Das Schiff ist mit einem Notlazarett ausgerüstet für die häufigsten Verletzungen bei der Arbeit mit den schweren Fangkörben: gequetschte Hände, Prellungen, durchbohrte Glieder – und mit einem Hubschrauber. Bei einem Schädelbruch oder anderen schweren Verletzungen hundert Meilen vom Land entfernt ist der Helikopter die einzige Hoffnung, rechtzeitig in ein Krankenhaus zu kommen. Neben Überwachungsflügen machen für den Piloten medizinische Transporte den Hauptteil seines Jobs aus.

Der Krabbenfang im Beringmeer verläuft immer noch in freiem Wettbewerb. Alle Kutter laufen gleichzeitig am ersten Tag der Fangsaison aus und sind darauf bedacht, so schnell und so viel wie möglich zu fischen, damit ihr Anteil an der festgesetzten Gesamtquote möglichst hoch ist, «olympic fishery» oder «race fishing» nennt man das hier. Wie zu den Zeiten des Goldrausches holt jeder Kutter so viele Krabben aus dem Meer, wie er kann. Denn sobald bei den Anlandungen festgestellt wird, dass die festgesetzte Quote erreicht ist, wird die Fangsaison für beendet erklärt, und es darf von niemandem weitergefischt werden. Wer sich vorher nicht sputet, hat das Nachsehen. Entsprechend viel riskieren die Männer. In der Morgendämmerung laufen die Kutter aus und nehmen Kurs auf die Fanggründe, die etwa 180 Seemeilen nordwestlich der Mitte des Beringmeers liegen. Von nun an gilt es, so schnell wie möglich die Laderäume zu füllen, den Fang zurück nach Dutch Harbor zu bringen, Verpflegung und Kraftstoff zu bunkern und wieder auszulaufen. Die Männer werden Tag

Die in Dutch Harbor stationierte Fregatte der US-Küstenwache

Die *Fierce Alliance* am Ausrüstungskai in Dutch Harbor, im Vordergrund die runden Fangkörbe, mit denen die kleinere Dungeness-Krabbe gefangen wird

und Nacht arbeiten, in Wachen von 18 Stunden bei sechs Stunden Frei-wache. Geschlafen werden kann nur in kurzen Pausen und auf dem Weg von und nach Dutch Harbor, weil die Arbeit an Deck keinen Aufschub duldet.

Im Fanggebiet angelangt, beginnen die Männer sofort mit dem Aus-bringen der ersten Reihe von Körben. Zeit ist Geld! Das Zuwasserlassen der Körbe wird mit einem Warnsignal angekündigt. Während der Korb auf den Meeresboden sinkt, spulen an Deck 180 Meter Seil ab. Ein fal-scher Schritt, und eine Bucht könnte sich um das Bein wickeln. Es wer-den immer alle 200 bis 250 Körbe ausgelegt, mit dreißig bis vierzig Kör-ben pro Reihe. Bis das Deck leer ist. Dann geht der Kutter auf Gegenkurs und nimmt sie wieder ein. Die harte Arbeit an Deck wird erschwert durch die Stürme, die um diese Jahreszeit das Beringmeer durchtosen. Die Größe der Schiffe gewährt zwar einigen Schutz vor dem Sturm und der aufgewühlten See, kann aber nicht verhindern, dass es die Männer durch plötzliche Bewegungen umreißt. Nach etwa zwanzig Stunden auf dem Meeresboden wird der erste Korb wieder hochgefiert. Um ihn einzu-holen, wirft der «Werfer» einen schweren, vierarmigen Anker aus, der an einer 35 Meter langen Leine befestigt ist. Der Anker muss eine der Bojen-leinen zu fassen bekommen, die an dem Korb hängen. Geht der Wurf da-neben, muss das Schiff im Bogen zurückfahren, und wertvolle Zeit ist ver-loren. Die schweren Körbe, die beim Krabbenfischen eingesetzt werden, unterscheiden sich deutlich von denen, die beim Hummerfang Verwen-dung finden. Um Gestelle aus Eisenrohren ist ein Netz aus Nylonfasern gespannt. Die Gestelle für die Eismeer- und Königskrabben sind recht-eckig, für die kleineren Arten wie die Dungeness-Krabbe sind sie rund. Mit einer Messlehre, die eine zehn Zentimeter breite Öffnung hat, werden die gefangenen Tiere an der breitesten Stelle ihres Panzers gemessen. Berührt der Panzer an beiden Seiten die Lehre, hat er die gesetzlich vorgeschriebene Mindestgröße. Die Eismeerkrabbe ist weniger rot getönt, als die früher vor den Aleuten hauptsächlich gefischte Königskrabbe und wird deshalb auch Schnee- oder Opheliakrabbe genannt. Vor allem aber ist sie kleiner. Im Gegensatz zu ihrer größeren Verwandten, die drei Bein-

Aufgrund der rauen Bedingungen sind die Körbe zum Fang von Eismeer- oder Königskrabben wesentlich stabiler gebaut als Hummerkörbe. Sie bestehen aus einem schweren Metallgerüst mit einem Draht- oder Kunststoffgeflecht und einer oder mehreren Öffnungen. Angelockt durch den Köder, klettern die Krabben durch die Öffnung und finden nicht mehr aus dem Korb heraus

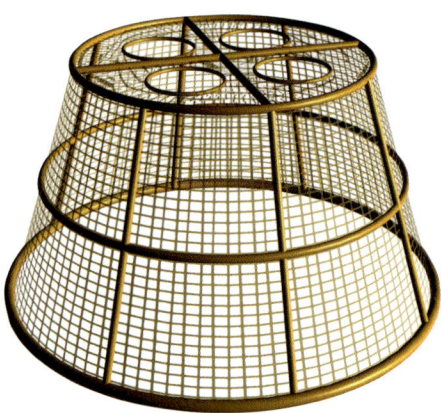

paare zum Laufen und ein Zangenpaar hat, verfügt die Eismeerkrabbe über vier Paare plus zwei kleine Zangen und wird deshalb auch als «Arktische Seespinne» bezeichnet. Durch ihre Verbreitung zwischen Alaska und dem Ostzipfel Sibiriens bis hinunter nach Japan sowie im schlammigen Schelfbereich der Flussmündungen der kanadischen und der nordöstlichen Küste der USA ist die Arktische Seespinne die einzige Krabbenart, die sowohl im Pazifischen als auch im Atlantischen Ozean vorkommt. Nach dem Fangen werden die Tiere in die Meerwassertanks geworfen, mit denen die Kutter ausgestattet sind. Das frische Seewasser soll die Krabben am Leben halten, bis das Schiff wieder im Hafen ist. Dort werden die Tiere in den Verarbeitungsbetrieben gereinigt und in Rückenfleisch sowie zwei Portionen mit Beinen zerlegt. Erst danach werden sie gekocht, erneut in kaltes Wasser getaucht und eingefroren, um in den Handel zu kommen.

Das Aussetzen und Heraufholen der schweren Körbe ist mit erhöhter Verletzungsgefahr verbunden. Die Arbeit ist körperlich anstrengend, und jederzeit kann einer der ausschwingenden Körbe einen der Männer treffen, ebenso wie eine der Bojen oder der Haken vom Kran. Vor allem die Neulinge sind gefährdet. Wer nur auf seine Hände konzentriert ist, den trifft es womöglich mitten ins Gesicht, oder er rutscht auf dem glitschigen Deck aus. Bei Temperaturen unter dem Gefrierpunkt und dem zu dieser Jahreszeit häufigen Schneefall ist die Arbeit an Deck hochriskant. Tony La Russa, der Vormann der *Fierce Alliance*, bringt es in dem Film von Thom Beers auf den Punkt: «Wenn alle ohne Verletzung heimkommen, war es eine gute Saison. Wenn gut verdient wurde, war es eine großartige Saison, und wenn wir auch noch Spaß dabei hatten, dann war es eine Traumsaison.»

Nach den kurzen nächtlichen Ruhepausen wachen die Männer oft mit gefühllosen Armen und schmerzenden Händen auf. Bei vielen sind die Hände als Folge der ungewohnten Arbeit in Nässe und Kälte auch im Schlaf zur Faust geballt. Da helfen auch die dicken Arbeitshandschuhe nicht. «Die Kralle» heißt diese Erscheinung unter den Fischern, weil man die Hände nicht wieder öffnen kann, bevor man wieder im Einsatz ist. Einziges Gegenmittel: immer in Bewegung bleiben. An Deck haben sich die Männer Klebebänder um die Stiefel gewickelt, damit das Wasser der überkommenden Brecher nicht an den Gummiüberhosen entlang in die Stiefel sickern kann. Niemand will stundenlang in nassen Stiefeln schuften müssen. Mittlerweile ist die Arbeit an Deck nur noch Strapaze. Keiner der Männer weiß, ob es nicht bald Eis geben wird oder ihr Kutter in Reichweite eines der gefürchteten arktischen Stürme gerät, die das Beringmeer im Januar und Februar heimsuchen. Aber auch dann werden sie weiter 18 Stunden an Deck arbeiten. Bis die Laderäume mit Krabben gefüllt sind und es für eine kurze Verschnaufpause zum Entladen in den Hafen zurückgeht.

Den mörderischen Wettbewerb unter den Krebsfischern des Beringmeers wird es wohl bald nicht mehr geben. Im November 2003 lag dem US-Kongress ein Gesetzesantrag vor, der für die Zukunft ein System der

Gestapelte Krabbenkörbe, die auf dem Kai in Dutch Harbor auf ihren Einsatz warten

Quotenzuweisung an die Verarbeitungsbetriebe vorsieht und so die freie Konkurrenz unter den Fischern stark einschränkt. Der unfallträchtigen, weil zu übermäßigem Risiko verleitenden «olympic fishery» soll ein Ende bereitet werden. Außerdem sind unter dem Zeitdruck trotz aller Auflagen die Bestände zu sehr belastet worden. Man versucht, aus der Vergangenheit zu lernen.

Auch wenn diese unvermutete Wendungen bereithält: Lange Jahre galt die Königskrabbe, volkstümlich auch Monsterkrabbe genannt, quasi als ausgestorben. Nur in sehr begrenzten Gebieten und nur sehr kurz – im Jahr 2003 waren es beispielsweise nur vier Tage im Oktober – wird die Königskrabbe heute noch in Alaska gefischt. Anfang der 1990er Jahre geschah dann das Unerwartete, 10.000 Seemeilen weit von Alaska entfernt, bei Norwegen. In entlegenen Fjorden in Höhe des Nordkaps tauchten Riesenkrebse auf – manche waren Gerüchten zufolge über zwei Meter groß. Meeresbiologen identifizierten sie schließlich als Königskrabben. Die Entdeckung versetzte Nordeuropa in Aufregung. «Monsterkrabben vor Sylt» dichtete die Boulevardpresse schnell.

Im Mai 2001 machte sich eine Expedition unter Leitung des Unterwasserfilmers Matthias Kopfmüller im Auftrag von *Spiegel TV* für zwei Monate auf nach Norwegen, um dem Geheimnis der Königskrabben auf die Spur zu kommen. Auf der *Erkna*, einem 1912 gebauten, aber immer noch unermüdlich seinen Dienst tuenden Walfänger, sollte es von Bergen aus gen Norden gehen, um in den Fjorden dort die Spur der Königskrabben aufzunehmen. Rounie, dem norwegischer Führer der Expedition, zufolge, hatte man Exemplare der riesigen Tiere bei den Lofoten gefangen, etwa 200 Seemeilen südlich des Nordkaps. Von Wissenschaftlern war bis dahin bezweifelt worden, dass die Kälte liebenden Tiere das Nordkap umrunden könnten. Ihrer Auffassung nach hielt das warme Wasser des Golfstroms sie davon ab, weiter nach Süden zu ziehen.

Über die Größe der Tiere kursierten die unterschiedlichsten Gerüchte. Vor allem sie lieferte Stoff für allerhand Vermutungen. Die Königskrabbe sieht der in Norwegen heimischen Nördlichen Steinkrabbe zum Verwechseln ähnlich, ist aber im Schnitt dreimal so groß. Die Spekulationen gipfelten in der Mutmaßung, die Krabben seien Mutationen aufgrund radioaktiver Strahlung. Schließlich gab es vor der Halbinsel Kola den russischen Marine-Schiffsfriedhof mit seinen versenkten Atom-U-Booten, die schon lange als nukleare Zeitbombe galten. Die Science-Fiction-Filme der 1950er Jahre ließen grüßen.

Inzwischen weiß man, dass russische Fischereiexperten, nach erfolglosen Versuchen in den 1930er Jahren, ihre Experimente in den 1960er Jahren wieder aufnahmen und in Murmansk Königskrabben wegen ihres schmackhaften und eiweißreichen Fleisches züchteten. Versuche in der Barentssee schlossen sich an. Die ausgesetzten Exemplare gediehen prächtig. Im Gegensatz zu ihren Artgenossen im Pazifik hatten sie unter deutlich geringerem Fischereidruck zu leiden und vermehrten sich schnell. Und so nahm man an, dass es sich bei den in Norwegen aufgetauchten Riesenkrebsen um Nachfahren von ausgesetzten Tieren oder von Flüchtlingen aus den Unterwasserfarmen der russischen Wissenschaftler handelte.

Das Interesse der Öffentlichkeit ließ zunächst nach, zumal es schien, dass nur die Fjorde von Kirkenes im äußersten Norden betroffen waren. Doch dann häuften sich Meldungen, dass die Riesenkrebse weiter nach Süden wanderten. Zeitungen berichteten, im Netz eines Fischers aus dem norwegischen Bergen habe sich eine Königskrabbe verfangen. Allerdings erwies sich diese Nachricht als Ente. Bei näherer Untersuchung am König-

lichen Fischerei-Institut erwies sich der Fang als außergewöhnlich großes Exemplar der Nordsee-Scheinkrabbe.

Es ist ein kalter klarer Morgen, als die *Erkna* den Hafen von Bergen mit seinen alten Handelshäusern aus der Zeit der Hanse verlässt. Kurs Nordnordost. Eine Woche wird sie bis zur ersten Zwischenstation brauchen, den Lofoten, einem Archipel 150 Seemeilen nördlich des Polarkreises. Von dort aus sind es dann noch einmal zehn Tage bis Kirkenes, wo die Riesenkrabben zuletzt gesehen wurden. Die erste Zwischenstation ist Ålesund. Dort sind Kopfmüller und seine Männer mit Jan Einoschen verabredet, einer Kapazität in Fragen der norwegischen Unterwasserwelt. Einoschen schätzt den derzeitigen Bestand an Königskrabben vor Norwegen auf mehrere hunderttausend Exemplare und bestätigt die Vermutung, dass sie sich nach Süden ausbreiten. Wenn auch deutlich langsamer als verkündet. Der Wermutstropfen für die Leute von *Spiegel TV*: Die Tiere leben normalerweise in einer Tiefe, die sie mit ihrer Ausrüstung nicht erreichen können. Es besteht nur eine einzige Chance: Um diese Jahreszeit steigen die Tiere auf, um sich in den flachen Küstengewässern zu paaren. Im Juni – nur wenige Wochen später – kehren sie wieder in die Tiefen des Ozeans zurück. Die Zeit drängt.

Königskrabben bei der Paarung

Als die *Erkna* auf Höhe der Lofoten ist, hat Kopfmüller ernsthaft Sorgen, die Königskrabben könnten wieder in die Tiefe entschwinden, bevor die Expedition Kirkenes erreicht hat. Es ist mittlerweile Anfang Juni, und mit dem Schiff brauchte man noch weitere zehn Tage. Die Crew beschließt, den restlichen Weg per Flugzeug zurückzulegen. Bald breitet sich unter dem Flugzeug die Finnmark aus – eine abweisende Landschaft aus Schnee und Eis, Gletschern und schroffen Gipfeln. Neun Monate im Jahr herrscht hier das Eis. Selbst jetzt, Anfang Juni, fegen Schneestürme über das Land, und die Temperaturen liegen unter dem Gefrierpunkt. Das Ziel ist erreicht. Der Varangerfjord bei Kirkenes ist ein subarktischer Lebensraum. Im eisbedeckten Wasser des Fjordes wollen die Männer tauchen. Hier hoffen sie die Riesenkrabben von Norwegen zu finden. Denn dieses Gebiet soll der Ausgangspunkt der Invasion der Krabben sein: Der äußere östliche Teil des Fjordes ist bereits russisches Hoheitsgebiet, aus dem Flugzeug haben die Männer die Wracks der russischen Nordmeerflotte gesehen, am Ufer vor sich hin rostend und auf ihre Verschrottung wartend oder – die billigste Art, sie loszuwerden – bedenkenlos versenkt.

Am nächsten Morgen herrscht gutes Wetter. Das Tauchteam legt Neoprenanzüge und Gerät an. Es fällt den Männern schwer zu glauben, dass Frühsommer ist. Der obere Teil des Fjords ist von Eis bedeckt, aber an einer Gletscherzunge gibt es einen eisfreien Einstieg. Unter dem Eis eröffnet sich den Männern eine fremde und fesselnde Welt. Auf dem Grund siedeln auch große Seeanemonen in bizarren Formen und leuchtenden Farben. Sie leben von Plankton, das sie mit Hilfe ihrer Tentakel fangen, und fühlen sich in den nährstoffreichen Gewässern besonders wohl. Je tiefer die Männer vordringen, desto unheimlicher wird die Szenerie. Kopfmüller und seine Begleiter folgen der sanften Kurve eines Felsplateaus. Und entdecken einen ersten Hinweis – einen riesigen leeren Panzer, den eine Königskrabbe vor kurzem abgestreift haben muss. Der Rückenpanzer der Königskrabbe kann bis zu 35 Zentimeter, in Ausnahmefällen sogar 40 Zentimeter breit werden. Die Beine haben eine durchschnittliche Spannweite von 1,7 Metern. Übertroffen wird sie an Größe nur von ihren Vettern, der Australischen und der Japanischen Riesenkrabbe, deren Beine bei etwa gleicher Panzerbreite auf eine Spannweite von bis zu drei Metern kommen. Die Männer beratschlagen noch, was sich aus dem Fund ergibt, da erscheint auf einmal, direkt vor ihnen in vierzig Metern Tiefe, eine riesige Krabbe.

Mitglied des TV-Teams mit Königskrabbe

Aus dem Halbdunkel kommen mehr und mehr der gepanzerten Gesellen. Deutlich ist das verkleinerte Beinpaar direkt neben dem Maul zu erkennen, das den Tieren als Kiemenbürste dient – und sie eindeutig als Königskrabben identifiziert. Offensichtlich fühlen sie sich nicht bedroht, höchstens ein wenig gestört. Und dann erkennt Kopfmüller auch, warum. Vor den Augen der Männer findet die Paarung statt. Mit seinen etwas verbreiterten Schwimmbeinen rudernd, besamt das Männchen das Weibchen. Um die Taucher herum erscheinen nun riesige Männchen ohne Partnerin, kommen näher und näher. Die Männer haben das Gefühl, sie werden aus der Dunkelheit beobachtet und langsam eingekreist. Der Luftvorrat geht zur Neige, und das Team ist gezwungen, wieder aufzutauchen. Noch in zehn Metern Tiefe treffen sie auf Königskrabben, die sich im flachen Wasser paaren, damit ihr Nachwuchs durch die Gezeitenströmung ins offene Meer getragen wird. So haben sie sich bis in weit entfernte Gebiete verbreitet. Und dann kommt es doch zu einem Zwischenfall: Ein großes Männchen – das noch immer mit einem Weibchen verbunden ist – greift einen Taucher an, entschlossen, den Eindringlingen zu demonstrieren, wem dieses Territorium gehört. Mit seinen Zangen packt es die Unterwasserkamera. Die Situation ist nicht ungefährlich, denn der Kameramann hat kaum noch Luft in seiner Flasche. Der Sicherungstaucher versucht, das Tier von hinten abzulenken. Dann ist alles genauso schnell vorbei, wie es angefangen hat. Die Königskrabbe zieht sich zurück. Die Männer können erleichtert auftauchen. Denn auch wenn sie wissen, dass Königskrabben Aasfresser sind, die daneben nur langsame Meerestiere wie Muscheln und Seesterne vertilgen: Kein Lebewesen lässt sich gern beim Geschlechtsakt stören.

Erwartungsgemäß gelang es auch der *Spiegel TV*-Expedition nicht, das Geheimnis der Königskrabben zu lüften, auch wenn sie mit spektakulären Bildern zurückkehrte. Die Fragen, wie weit die Königskrabben nach Süden gewandert waren und mit welchen ungefähren Zahlen zu rechnen war, bleiben offen; sie sind nach wie vor auch für die Wissen-

schaft ungelöst. Vor allem die Bestandsschätzungen gehen weit auseinander, sie liegen zwischen 15 Millionen und 200 Millionen geschätzten Tieren. Das norwegische Ministerium für das Fischereiwesen setzte für 2003
die erlaubte Fangquote innerhalb der norwegischen Gewässer auf
200.000 Exemplare fest. Gefangen werden dürfen nur männliche Tiere
und nur solche mit Panzern von mehr als 13,7 Zentimetern Durchmesser
– was Spannweiten von gut einem Meter ergibt. Welchen genauen Einfluss die Tiere auf die bestehenden Ökosysteme haben und ob sie für die
heimische Tier- und Pflanzenwelt eine Bedrohung darstellen, darüber
kann zum gegebenen Zeitpunkt nur spekuliert werden. Einen ersten,
nicht zu unterschätzenden Feind haben sich die Königskrabben von Norwegen jedoch bereits gemacht. Der Großteil der norwegischen Fischer ist
alles andere als begeistert von den Neuankömmlingen und fordert die radikale Dezimierung der Eindringlinge in ihren Fanggründen. Denn außerhalb der zwei Monate, in denen sie gefangen werden darf, tut sich die Königskrabbe nicht nur an Kammmuscheln und Seeigeln gütlich, sondern
auch an kleinen Fischen und dem Kabeljau, wenn er in den Netzen der
Fischer sitzt. Oft sind Fangleinen und Netze wegen der Königskrabben
zerrissen, oder die Tiere müssen mühsam aus dem Netz entfernt werden,
da sie als Beifang verboten sind. Jan Sundet vom Norwegischen Fischerei-
Institut meinte trocken gegenüber *BBC online*: «Wir sollten tun, was wir
können, um sie wieder loszuwerden.»

Aber es gibt auch Fischer, für die die Neuankömmlinge ein Segen sind.
Den Menschen am Varangerfjord hat die Invasion der Königskrabben ein
wahres Wirtschaftswunder beschert. Ungefähr hundert Kilometer westlich
von Kirkenes entfernt liegt Bugøynes, das einzige Fischerdorf der Gegend.
Das kleine Örtchen am offenen Meer ist einer der wenigen Orte in der
Finnmark, die während des Zweiten Weltkrieges nicht niedergebrannt
wurden, so blieb der finnische Baustil aus der Einwanderungszeit im
19. Jahrhundert weitgehend erhalten. Die meisten der gerade einmal 300
Einwohner des idyllischen Kaffs, das im Sommer nach Westen hin von
einem herrlichen Sandstrand begrenzt wird, sind finnischer Abstammung,
und noch immer ist Finnisch eine lebendige Sprache im Dorf. Das Leben
verläuft hier eher beschaulich. Nur zwischen Oktober und Dezember

drängen sich die Menschen in dem Örtchen. Wenn die Krabbenfischer der Umgebung ihren Fang abliefern, wird aus dem kleinen Fischerdorf plötzlich so etwas wie ein Wirtschaftszentrum, in das Fremde anreisen und in dem man sich um Arbeitskräfte reißt. Vor etwas mehr als einem Jahrzehnt sah das noch ganz anders aus. Ende der 1980er Jahre blieben im Varangerfjord die Fische aus. Niemand hatte mehr Arbeit. Dann wur-

den die Königskrabben entdeckt. 1994 nahm die örtliche Fischfabrik die Produktion auf, zunächst bescheidene 2.000 bis 3.000 Kilogramm. Aber Ende der 1990er Jahre waren die Mengen bereits so groß, dass man nach Japan und in die USA zu exportieren begann. Heute gehen 250 Tonnen pro Jahr von Bugøynes in alle Welt. Zu Kilopreisen von bis zu vierzig Euro. Die Fischer, bis dahin recht und schlecht über die Runden gekommen, sind über Nacht zu Global Playern geworden.

Fischkutter auf der Werft von Bugøynes

Königs- und Eismeer-krabben

Die Königskrabbe (Paralithodes camtschatica) gehört zu den kommerziell wichtigsten Krabbenarten des nördlichen Pazifiks und wird dort von den Fischern Russlands, Japans, Koreas und der USA gefangen. Im Gebiet von Alaska standen die Red King Crab und die mit ihr verwandte Blue King Crab in den 1970er Jahren kurz vor der Ausrottung. Allerdings sind wohl vor allem natürliche Ursachen wie Ausdünnung des Nachwuchses durch tierische Räuber sowie Erwärmung des Wassers und nur teilweise auch Überfischung dafür verantwortlich zu machen. Anders als die Königskrabbe ist die kleinere Eismeerkrabbe in ihrem Vorkommen nicht ursprünglich auf den Nordpazifik begrenzt. Ihr Verbreitungsgebiet erstreckt sich vom Japanischen Meer über Alaska bis nach Britisch-Kolumbien, Washington und Oregon. Im nordwestlichen Atlantik kommt sie von Westgrönland die kanadische Atlantikküste entlang bis in den Golf von Maine vor. Im Nordostatlantik und vor Norwegen gibt es keine Eismeerkrabben.

Links: Fischer an Bord mit Alaska-Königskrabbe

Rechts: Alaska-Königskrabbe in einem Eimer

Wie Hummer und Garnelen gehören Königskrabbe und Eismeerkrabbe (Chionoecetes opilio), früher in Kanada auch Queen Crab genannt, zu den Krustentieren. Beide Krabbenarten haben einen flachen, in der Aufsicht fast kreisrunden Körper, der bei der Eismeerkrabbe hinten etwas breiter ist. Zu unterscheiden sind sie daran, dass die Königskrabbe über vier mit dornartigen Fortsätzen versehene Beinpaare verfügt, während die Schneekrabbe fünf flache Beinpaare hat. Bei beiden Krabbenarten ist jeweils ein Paar mit Scheren versehen. Auf dem Panzer der ausgewachsenen Tiere, der in seiner Farbe je nach Unterart von Rot über Gelb bis zu Blaugrün variiert und den Tieren ihren jeweiligen Namen gibt, siedeln sich oft Kleinorganismen an, die ihnen ein urzeitlich-verwittertes Aussehen geben. Die ausgewachsenen Männchen sind in der Regel fast doppelt so groß wie die Weibchen, die nicht gefangen werden dürfen.

Zum Schutz gegen Feinde sind die Krabben mit einem einzigartigen Mechanismus ausgestattet. Jedes Bein hat eine runde Vertiefung am körperseitigen Ende, die es der Krabbe erlaubt, das Bein abzuwerfen, wenn es eingeklemmt ist oder von einem Feind erfasst wird. Eine Art Ventil verhindert in einem solchen Fall, dass zu viel Blut austritt. Bereits kurz nach Abwurf des Beines formt sich eine Knospe aus der Vernarbung, die sich innerhalb von drei Häutungen zu einem neuen Bein entwickelt.

Die Paarungszeit sowohl der Alaska-Königskrabben wie auch der Schneekrabben liegt gegen Ende des Winters und im Frühling. Bei der Begattung hält das Männchen das weibliche Tier mit seinen Scheren fest, bis es sich häutet. Dann wird der Samen in den Öffnungen spezieller Samensäcke unter ihrem Abdomen abgelegt. Die Befruchtung der Eier findet in zwei Varianten statt. Zum einen kann sie das Weibchen sofort mit dem in seinen Samensäcken abgelegten Samen des Männchens zusammenbringen. Innerhalb weniger Tage entstehen so 20.000 bis 150.000 befruchtete Eier. Darüber hinaus ist das Weibchen aber auch imstande, zu beliebiger Zeit ohne erneute Paarung mehre Sätze Eier pro Jahr zu befruchten, da es die Samensäcke verschließen und so den Inhalt über lange Zeit aufbewahren kann. Die befruchteten Eier reifen ein Jahr lang in mit Haaren besetzten Anhängseln unter dem Abdomen des Weibchens. Während dieser Zeit verändern sie ihre Farbe von Hellorange über Dunkelrot zu Schwarz. Nach dem Schlüpfen steigen die rund drei Millimeter großen Larven sofort zur Wasseroberfläche auf, um von der Strömung fortgetragen zu werden. Bis sie sich permanent auf dem Meeresboden niederlassen, durchlaufen sie drei Larvenstadien. Ausgewachsen sind die Tiere nach etwa sechs Jahren. Als Krustentiere müssen sie sich in dieser Zeit mehrmals häuten, ein Vorgang, der während des schnellen Wachstums am Anfang häufiger, mit zunehmendem Alter des Tieres weniger oft stattfindet.

Der Fang der Königskrabbe ist bis in die 1980er Jahre Alaskas zweitwichtigster Fischereizweig nach der Lachsfischerei gewesen. Rekordjahre für die Rote Königskrabbe waren 1966/67 und 1978/79, in denen jeweils 83.000 Tonnen mit einem Handelswert von 235 Millionen US-Dollar gefangen wurden. Spitzenfangsaison für die Blaue Königskrabbe waren die Jahre 1981/82 und 1983/84 mit jeweils 6.300 Tonnen und einem Handelswert von 32 Millionen US-Dollar. Heute hat der Fang von Golden King Crabs und vor allem der Eismeerkrabben den der beiden genannten Arten ersetzt. Allerdings reicht deren Wert bei weitem nicht an den der Roten Königskrabben heran. So wurden 2002 14.700 Tonnen Eismeerkrabben mit einem Handelswert von 45,28 Millionen US-Dollar ab Schiff gefangen; im gleichen Jahr erbrachte die Königskrabbenfischerei in der Bristol Bay bei einem Ertrag von 4.380 Tonnen 60,57 Millionen US-Dollar ab Schiff. Fang und Weiterverarbeitung in der örtlichen Fischindustrie sind sowohl in Alaska als auch an der Ostküste Kanadas, wo vor allem Eismeerkrabben gefangen werden, ein bedeutender Wirtschaftsfaktor. Da der Anteil von Handarbeit beim Fang und in der Verarbeitung für den Versand hoch ist, sind mehrere tausend Arbeitsplätze in der weiterverarbeitenden Industrie von den Erträgen abhängig.

Norwegischer Fischer mit Königskrabbe

Alaska

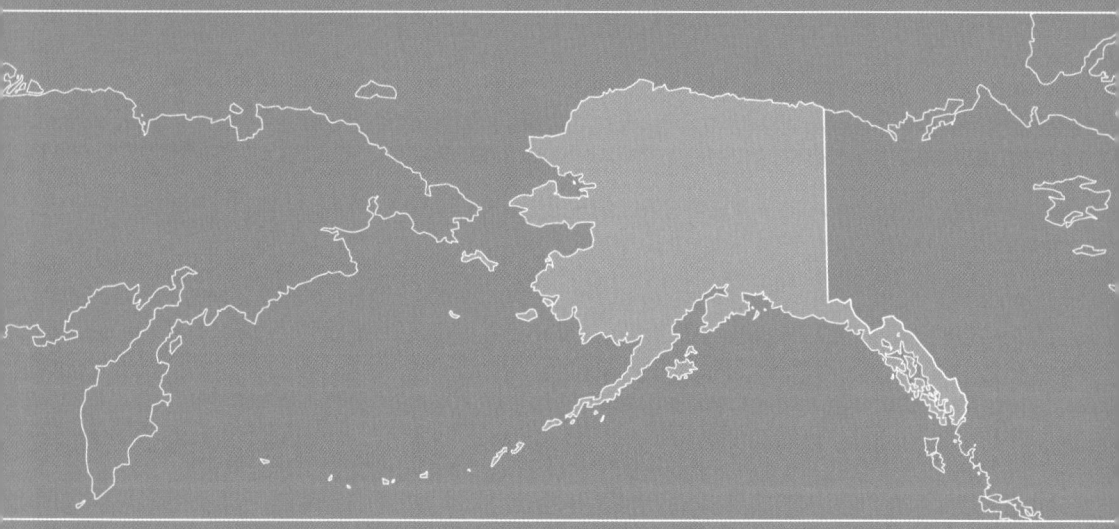

Fischstäbchen vom Ende der Welt

Auf Alaska-Seelachs-Fang vor den Aleuten

Dienstag, erster Tag: Es dämmert bereits, als die *Kodiak Enterprise* sich am Verladekai von Dutch Harbor auf Unalaska Island zum Auslaufen bereitmacht. Durch eine Lücke in der Wolkendecke wirft die untergehende Septembersonne ein paar letzte Strahlen auf den fernen Bergrücken des Table Top Mountain und lässt ihn aufleuchten. Es beginnt, empfindlich kalt zu werden. Man würde die *Kodiak Enterprise* nicht unbedingt als elegant bezeichnen. Eckig ist sie, fast klobig. Aber vertrauenerweckend. Mit ihren knapp 14 Metern Breite, 84 Metern Länge und den hohen Bordwänden nimmt man ihr ab, dass sie auch den heftigen Winterstürmen des Beringmeeres trotzt. Ursprünglich war das Schiff für den Dienst auf den Ölfeldern im Golf von Mexiko auf Kiel gelegt worden. 1989 wurde es zum Fabrikfangschiff umgebaut, wechselte mehrmals den Besitzer und fährt jetzt für die Firma Trident Seafoods International in der Alaska-Seelachs-Fischerei vor den Aleuten. Einer der Hauptabnehmer von Trident ist die umweltbewusste Firma Frozen Fish International in Bremerhaven.

**Kapitän Dan Dietrich
hinter seinem Monitor**

Kurz nach acht Uhr abends wird die letzte Leine losgeworfen, und das Schiff gleitet langsam durch das dunkle Wasser der Captains Bay auf das offene Meer zu, vorbei an den auf Reede liegenden Kühlschiffen, die auf tiefgefrorenen Alaska-Seelachs für Japan und Korea warten. Ziel der *Kodiak Enterprise* sind die Fanggründe vor der russischen Grenze, wo der Rest der Trident-Flotte fischt. Vorher aber will Kapitän Daniel Dietrich sein Glück bei den Pribilof Islands versuchen, einer Inselgruppe 200 Seemeilen nördlich von Dutch Harbor. Von dort werden große Seelachs-Schwärme gemeldet, allerdings mit einer hohen Beifangrate an Lachsen, die zurzeit zum Laichen in den Flussmündungen Alaskas unterwegs sind. Aber die können inzwischen schon längst woanders stehen, meint Dan Dietrich. Als Fischer müsse man zuversichtlich sein, sonst könne man sich gleich einen Strick nehmen.

Mittwoch, zweiter Tag, gegen 16 Uhr – die *Kodiak Enterprise* befindet sich jetzt vierzig Seemeilen südwestlich der Insel St. George. Die Nacht und fast den ganzen Tag ist das Schiff durch die ruhige See gelaufen. Aber außer ein paar Seelöwen und einer Schule Killerwale, die seinen Kurs kreuzten, ist nichts gesichtet worden. Jetzt endlich, nach fast genau 19 Stunden und 180 Seemeilen Fahrt, ortet das Sonar klar abge-

Das Fabrikfangschiff
Kodiak Enterprise **am**
Verladekai

grenzte Gruppen von Alaska-Seelachs. Zusätzlich meldet die *Gladiator*,
ein Fangboot, über Funk, dass es in seinem Fang keine Lachse gefunden
hat. Die Spannung steigt. Immer wieder springt Kapitän Dietrich von seinem Sessel auf und tigert vor den Monitoren auf und ab, auf denen jetzt
in unregelmäßigen Abständen geballte Haufen verschiedenfarbiger Punkte
mit dichtem Rot in der Mitte erscheinen. Die vom Echo des Sonars her-
rührenden Reflexe sind so charakteristisch, dass die Fischer ihnen Namen
gegeben haben. Je nachdem, ob die Fischschwärme dicht zusammen oder
weit auseinander gezogen am Grund stehen, heißen sie «Kirschen», «Heu-
haufen», «Pfeffer und Salz». Kurz danach geht Dietrich mit der Fahrt auf
3,2 Knoten herunter und gibt den Befehl, das Backbordnetz zu Wasser zu
lassen.

Die *Kodiak Enterprise* hat zwei Netze, nebeneinander aufgewickelt
auf zwei riesigen Trommeln. Zuerst gleitet der lange Netzsack ins Wasser.
Dann folgen die langen Leinen der Flügel, die heute statt mit feinen Maschen mit senkrechten Querstegen aus Tauwerk versehen sind und so wie
ein grobmaschiges Gitterwerk durchs Wasser gleiten. Man hat herausgefunden, dass die Vibrationen der straff gespannten senkrechten Leinen die
Fische in die Mitte auf den Netzmund zutreiben. Zehn Minuten später
werden die gigantischen, über zwei Tonnen schweren Scherbretter vom
Heck losgemacht und gleiten ins Wasser. Tausende von Möwen und Ful-
mer-Vögeln haben sich über dem Kielwasser eingefunden. Sie wissen, dass
es bald reiche Beute für sie geben wird. Beim Einholen des Netzes werden immer Fische zerquetscht oder Teile von ihnen abgerissen, auf die
sich die Vögel dann stürzen können. Kapitän Dietrich lässt das Netz zunächst 120 Faden, also gut 220 Meter, weit aus. Genauer justiert wird seine Länge dann während der Schleppfahrt. Nun heißt es warten und noch

einmal warten, während die *Kodiak Enterprise* mit drei Knoten durch die ruhige See gleitet.

Dieses Mal geht alles gut. Die «Kirschen» kommen in regelmäßigen Abständen, und sie sind groß. Bis zu zwanzig Tonnen Alaska-Seelachs auf einmal. Die Netze der *Kodiak Enterprise* haben eine Kapazität von jeweils 150 Tonnen. Aber Kapitän Dietrich kann nur einen Teil dieser Menge ausnutzen, etwa sechzig Tonnen. Die Fabrik an Bord der *Kodiak Enterprise* arbeitet mit einer Geschwindigkeit von zehn bis zwölf Tonnen pro Stunde. Außerdem muss der Fang «altern», wie man hier sagt. Die Fische sterben im Lauf des Fangprozesses, entweder schon im Wasser durch den Druck ihrer weiter ins Netz strömenden Artgenossen oder spätestens beim Einholen des Netzes. An Bord tritt dann die Totenstarre ein. Die Fische sind steif und verkrümmt, mit grotesk aufgerissenen Mäulern. Für die Filetiermaschinen müssen sie erst wieder weich werden, und man lässt sie darum je nach Durchschnittsgröße fünf bis sechs Stunden in den Bunkern, bevor sie zur Verarbeitung auf das Fließband kommen.

Um 17 Uhr 30 stehen die vier kleinen Säulen auf dem Monitor auf Anschlag: Sechzig Tonnen Alaska-Seelachs sind im Netz. Zeit für den Hol. Dietrich legt einen Hebel um, und die mächtigen Trommeln für die Kurreleinen beginnen sich zu drehen. Als die Scherbretter eingeholt sind, ist

Seevögel, die sich über dem Kielwasser sammeln und auf Fischabfälle warten. Im Vordergrund ist eines der Scherbretter zu sehen

das Netz immer noch nicht zu sehen. Ein gutes Zeichen. Es ist tatsächlich so voll, dass der Auftrieb der am Netz befestigten Bojen kaum ausreicht, um den Stert an der Wasseroberfläche zu halten. Auch in High-Tech-Zeiten traut man den Instrumenten nicht ganz. Aber nun macht sich auf der Brücke und dem Achterdeck Erleichterung breit. Jetzt geht es nur noch darum, dass nicht zuviel Beifang im Netz ist. Schließlich liegt der prall gefüllte Stert in der Schlippe an Deck. Der erste Hol ist drin. Der Stertknoten wird gelöst, und ein Strom von Fischen gleitet in die achterwärtige Öffnung, bis der Bunker gefüllt ist. Kaum liegt das Backbordnetz leer auf dem nassen Deck, wird auch schon das Steuerbordnetz ausgebracht. Noch so ein Hol, und die Männer an den Filetiermaschinen haben für die nächsten zehn Stunden gut zu tun.

Donnerstag, dritter Tag, acht Uhr morgens. Die Backbordwinsch der Kurreleine hat beim Einholen des Netzes den Dienst verweigert. Mit einer anderen Winsch und einer Hilfsleine gelang es schließlich, die schwere Backbord-Kurreleine Stück für Stück einzuholen und das volle Netz sicher an Deck zu hieven. Eine solche Situation ist alles andere als ungefährlich: Wäre die Hilfsleine unter der ungeheuren Belastung gebrochen, hätte sie leicht quer über das Deck peitschen können. Zunächst hatte Kapitän Dietrich überlegt, ob er nach Dutch Harbor zurücklaufen sollte. In fieberhafter Arbeit konnten die Ingenieure jedoch die Ursache finden. Ein kleines Ventil der Hydraulik stellte sich als Übeltäter heraus und wurde mit Bordmitteln ersetzt. Aber der Zeitplan ist durcheinander gekommen. Erst deutlich später als geplant können diesmal die Filetiermaschinen anlaufen.

In den Räumen unter Deck, in denen der gefangene Fisch verarbeitet wird, herrscht ohrenbetäubender Lärm. Jeder Platz ist genutzt, überall Förderbänder oder Rinnen. Alles ist peinlich sauber. Ständig läuft Wasser aus Schläuchen, sogar unter den Rosten, auf denen die Arbeiter stehen. Und von denen gibt es hier genug. Insgesamt rund hundert Männer und Frauen sind in der Fischverarbeitung beschäftigt, drängen sich an den Maschinen und Tischen aus Edelstahl. Der bei weitem größte Teil der Besatzung der *Kodiak Enterprise*. In ihrer Arbeitskleidung sehen alle ähnlich aus: orangefarbene oder gelbe Gummilatzhosen, weißes Haarnetz, darauf

Links: Ausbringen des Netzes

Rechts: 60 Tonnen Alaska-Seelachs auf der Schlippe der *Kodiak Enterprise*

die in Amerika unvermeidliche Baseballkappe oder ein Plastikschutzhelm. Gearbeitet wird in überlappenden Schichten. Die Filetiermaschinen laufen Tag und Nacht, bis auf eine halbstündige Wartungsunterbrechung mittags um halb zwölf. Wer hier seine sechzehn Stunden pro Tag sieben Tage in der Woche abreißt, der ist zwar verbraucht, aber er hat auch nicht schlecht verdient: Die Fischerei von Alaska-Seelachs findet in zwei Fang-

Alaska-Seelachs im Netz: Die weit aufgerissenen Mäuler sind Zeichen der Totenstarre

perioden von Januar bis März und Juni bis Oktober statt, hinzu kommt eine kurze Fangsaison für Nordpazifischen Seehecht im Mai. In diesen acht Monaten verdient ein normaler Arbeiter in der Fabrik an Bord durchschnittlich rund 40.000 Dollar. In vielen der Länder, aus denen die Arbeiter kommen, ist das ein Vermögen. Und ein Großteil des Geldes geht denn auch an die Familien in der Heimat. «Ich schicke viel nach Hause», sagt Ignacio Diaz aus Mexiko. «Hier an Bord brauche ich nichts, und meine Familie hat das Geld bitter nötig.» Andere wie Nguyen Sang aus Vietnam oder David Tubalado, der auf Hawaii lebt und von den Philippinen kommt, wollen sich mit ihren Ersparnissen irgendwann einmal selbständig machen.

Aus den Bunkern kommen die Fische direkt auf das Förderband, wo sie von Hand so gedreht werden, dass sie parallel und mit dem Kopf zu

Umlenkung beim Transport der Fische aus dem Bunker auf die Förderbänder zur Filetierung

einer Seite liegen. Beschädigte oder kranke Exemplare werden von dem Mann am Band aussortiert. Nach dem Einlegen übernimmt die Maschine: Bevor Kopf und Schwanzflosse abgetrennt werden, misst ein Sensor die Dicke des Fischkopfes. Aus der Kopfdicke errechnet der Computer aufgrund von Vergleichsdaten die Länge des Fisches und stellt die Trennmesser der Filetiermaschine präzise ein. Dies alles geschieht rasend schnell. Pro Sekunde laufen drei Fische durch die Filetiermaschine und werden entsprechend ihrer Größe zerteilt: Zunächst drückt ein Hebel die Eingeweide des knapp unterhalb seiner Rückenflosse eingeklemmten und waagerecht liegenden Fisches aus der Bauchhöhle. Die noch am Darm hängenden Eingeweide werden dann mit einem Kreismesser abgeschnitten und fallen aus der Maschine in eine Rinne, sodass an anderer Stelle in der Fabrikation Rogen und Leber entnommen und eventuell weiterverarbeitet werden können. Sind die unteren Strahlengräten bis an die Hauptgräte vom Ende der Bauchhöhle bis an die Schwanzwurzel durch zwei leicht keilförmig gestellte Kreismesser freigelegt, werden die in den Flanken liegenden Gräten von der Hauptgräte getrennt. Jetzt können die Filets über die gesamte Länge des Fischleibes bis zu den Rückenflossenwurzeln freigeschnitten werden. Zwei weitere Messer trennen die Bauchlappen mit einer leicht kreisförmigen Bewegung ab. Die beiden Filets hängen jetzt nur noch am Rückenflossensteg fest und werden von dort zu zwei Einzelfilets abgetrennt, die mit einer Drehbewegung auf das Förderband fallen. So liegen sie für die anschließende Enthäutung mit der Hautseite nach unten. Nun tritt der Mensch wieder in Aktion: Qualitätskontrolle, Sichtuntersuchung nach Fehlern und Parasiten, Wiegen, Verpacken und Einfahren in die Tiefkühleinheit.

Nach durchschnittlich zehn bis zwölf Tagen auf See ist der Kühlraum, der 850 Tonnen fasst, voll mit gewachsten Kartons, in denen sich tiefgefrorene Blöcke von Alaska-Seelachs-Filets sowie weitere Fischprodukte befinden. Jetzt läuft die *Kodiak Enterprise* für eineinhalb Tage Dutch Harbor an, um ihre Ladung zu löschen. «Wir haben eine Tagesproduktion von rund 90 Tonnen. Bei einem Tagesschnitt von rund 270 Tonnen Fang entspricht das einer Ausbeute von 35 Prozent», sagt Mike Myers, der Leiter der Fischverarbeitung des Schiffes, stolz. «Das ist die höchste in unserer

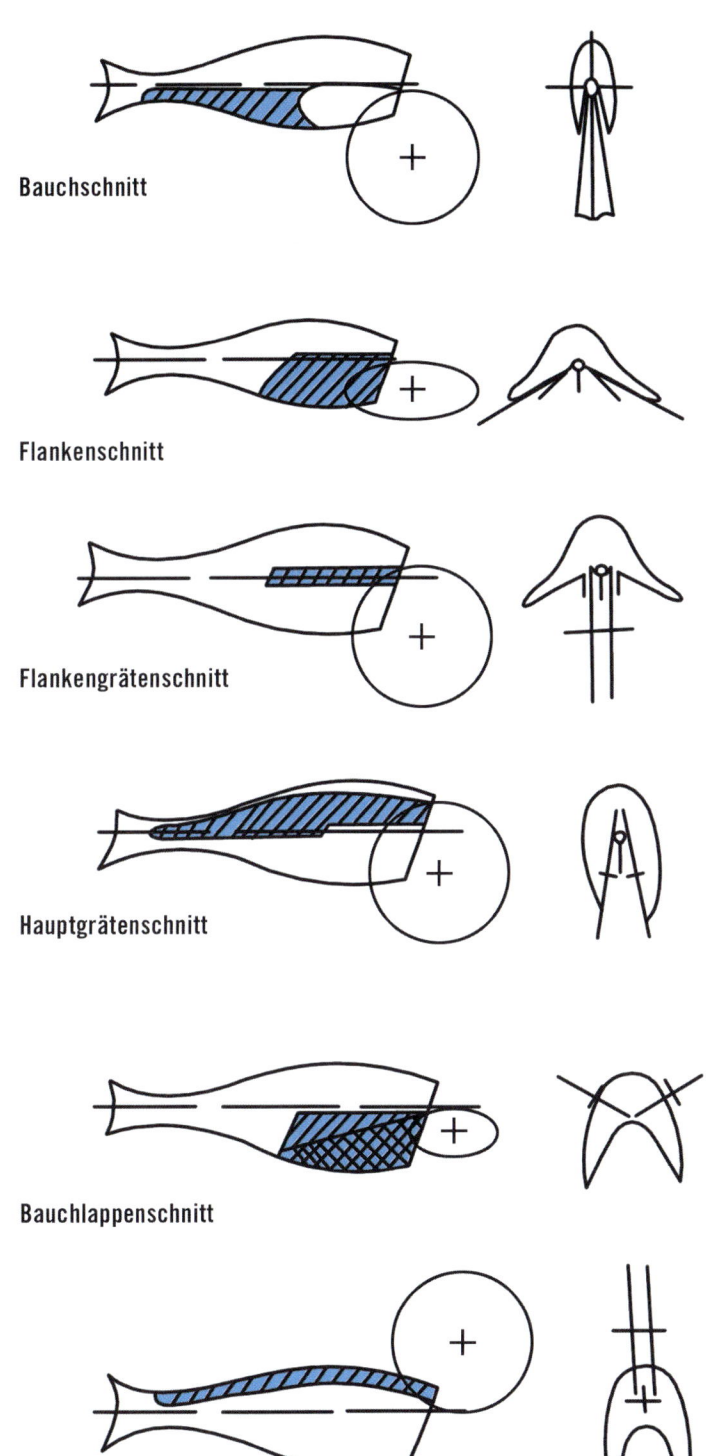

Schematische Darstellung der Phasen der Fischzerlegung in der Filetiermaschine

Bauchschnitt

Flankenschnitt

Flankengrätenschnitt

Hauptgrätenschnitt

Bauchlappenschnitt

Trennschnitt

Flotte.» Für den Laien mag das niedrig klingen, aber beim Alaska-Seelachs macht allein der Kopf schon ein Drittel des Gesamtgewichtes aus. Ein weiteres Drittel besteht aus Grätenskelett, Flossen, Haut und Eingeweiden. «Nur 23 Prozent des Gesamtgewichts entfallen auf das Filet», erklärt Myers. «Um auf 35 Prozent zu kommen, verarbeiten wir zusätzlich das noch am Grätenskelett verbliebene Fleisch und einen Teil der Innereien wie beispielsweise den Rogen.» Zwar erreichen manche Fabrikschiffe und die Landfabriken sogar vierzig Prozent «recovery», wie man in Amerika sagt, indem sie den Abfall zu Fischmehl und Fischöl verarbeiten, dafür aber sind die *Kodiak Enterprise* und ihre Schwesterschiffe nicht ausgerüstet. Hier geht der nicht verwertbare Fischabfall zurück ins Meer – sehr zur Freude der Möwen und anderen Seevögel.

Freitag, vierter Tag, nachmittags. Zwar ist der Fang bisher bestens gelaufen, und die Fabrik an Bord hat mehr als genug zu tun. Aber beim letzten Schleppen ist auf einem felsigen Stück das Netz beschädigt worden, und das Ersatznetz muss angeschäkelt werden. Dan Dietrich ist alles andere als begeistert. Kein Kapitän setzt gern zu einem so frühen Termin seine Reserve ein. Zerreißt auch das Ersatznetz – womit man immer rechnen muss –, kann er nur noch mit einem Netz fischen, und die lückenlose Versorgung der Fabrik kommt in Gefahr, weil dann, während der eine Hol «reift», nicht das zweite Netz ausgefahren werden kann. Und eine Reparatur ist zeitaufwendig. «Manchmal braucht man nur sechs Stunden», sagt Dietrich. «Aber es kann auch zwölf, achtzehn Stunden oder eine ganze Woche dauern. Bei größeren Schäden muss das Netz auf der einen Hälfte des Achterdecks ausgebreitet werden, und dann kann ich während der ganzen Zeit sowieso nur mit einem Netz fischen.» Also vertraut der Kapitän auf sein Glück und lässt das kaputte Netz einrollen und wegstauen. Doch es scheint schief gehen zu wollen, was nur möglich ist. Die Männer melden vom Achterdeck, dass das Ersatznetz sich im Wasser nicht so entfaltet, wie es soll. Beim Einholen geht weitere Zeit verloren, während die *Kodiak Enterprise* über Schwärme von Fisch gleitet. Dietrich flucht leise, aber der zweite Versuch klappt. «Es ist offen», teilt der Kapitän über Lautsprecher den auf dem Achterdeck wartenden Männern mit. Langsam kehrt wieder Routine ein.

200 Seemeilen weiter südlich, Akutan Island. Während das Fabrikschiff *Kodiak Enterprise* Kurs in das offene Beringmeer nimmt, um seinen Rückstand aufzuholen, wirft im kleinen Hafen von Akutan eines der Frischfisch-Fangboote der Trident-Flotte die Leinen los. Es regnet Bindfäden, die Sicht ist schlecht. Eine leichte Dünung kommt in die Bucht. Der Trawler mit den Flaggen der USA und des Bundesstaates Alaska am Bug will sein Glück in den Fanggründen vor Unimak versuchen, hundert Seemeilen weiter nordwestlich von Akutan. 330 Tonnen Alaska-Seelachs kann die *Golden Dawn* in ihren Meerwasserkühltanks fassen. Ursprünglich für den Fang von Königskrabben gebaut, wurde das heute 46 Meter lange Schiff vor einigen Jahren in der Mitte auseinander geschnitten, um acht Meter verlängert und zum Trawler umgebaut.

Siebeneinhalb Stunden nach dem Auslaufen ist es so weit. Kapitän Gary Hanson hat auf seinem Fischfinder viele rote Punkte entdeckt. Ein

Der Trawler *Golden Dawn* beim Ablegen

großer Seelachs-Schwarm, der sich langsam mit der Strömung in Richtung Süden bewegt. Am Heck wird das Fanggerät ausgebracht. Zuerst wickelt sich das Netz von der mächtigen Trommel, dann gleiten die gewaltigen Scherbretter, die den Netzmund offen halten, ins nachtdunkle Wasser. Im Gegensatz zur *Kodiak Enterprise* hat die *Golden Dawn* nur ein Netz. Alles läuft sicher und reibungslos ab. Die See ist ruhig, die Bewegungen des Schiffes sind weich und absehbar. Das Wasser ist hier 110 Meter tief, also lassen die Männer 200 Faden Leine abspulen, das heißt, das Netz schwebt 366 Meter hinter dem Trawler. Der Alaska-Seelachs ist ein Grundfisch, und deshalb werden Schleppnetze eingesetzt, die knapp über dem Grund gleiten. Idealerweise, meint Kapitän Hanson, ist die untere Öffnung des Netzes fünf Fuß über Grund, also eineinhalb Meter. Ab und zu ertönt ein leises Zischen auf der Brücke, immer wenn der Kapitän

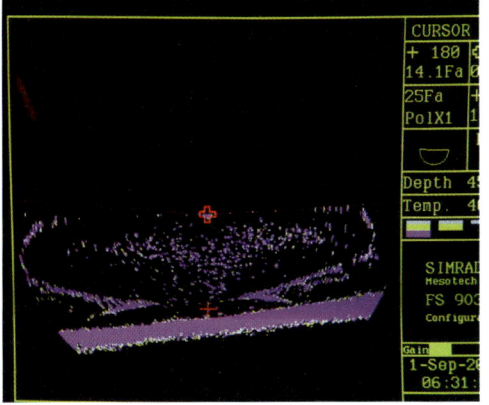

mit einem Drehknopf neben seinem Sessel über eine Hydraulik die Umdrehungen der Schiffsschraube regelt. Die Geschwindigkeit der *Golden Dawn* kann über die Steigung der Propellerflügel geändert werden, aber während des Trawlens regelt Hanson die Schleppgeschwindigkeit lieber über die Umdrehungszahl. Früher hat man auch Grundschleppnetz-Fischerei betrieben. Aber die ist inzwischen verboten, weil auf dem Schlickboden des Fanggebiets zu viele andere Fischarten leben. Nur so ist eine artenreine Fischerei und Schonung des Meeresbodens möglich. Zu schaffen machen den Fischern allerdings die Überbleibsel der Kollegen. Vom Anfang des 20. Jahrhunderts liegen hier noch viele Holzwracks auf dem Meeresboden, die jetzt halb versunken im Schlick stecken und die Netze zerreißen. Daneben haben auch die Krebsfischer ihre Spuren hinterlassen: «Ghost pots» nennen die Fischer die schweren eisernen Krabbenkörbe, die verloren gingen – Geisterkörbe.

Gary Hanson ist ein freundlicher, großer Mann mit Brille, Bart und dunkelblondem Haar. Ursprünglich hat er Mikrobiologie und Medizintechnik an der Universität Oregon studiert. Aber schon während des Studiums verdiente er sich Geld mit Fischen dazu, und nach dem Abschluss hat es ihn dann ganz gepackt. Irgendwie sei Fischerei wie ein Videospiel, sagt er, während er auf die Monitore blickt, die ihm in bunten Farben

Links: Der Monitor des Computers, der die Signale der Netzsonde auswertet. Die Punkte innerhalb der ellipsenförmigen Netzöffnung sind Fische, die in das Netz schwimmen

Rechts: Kapitän Gary Hanson

Auskunft über die Dichte des Schwarms unter dem Schiff geben. Der Kick sei, so viel Fisch wie möglich hereinzukriegen. Seine Männer lieben ihn dafür. Aber an Deck mit anpacken lassen sie ihn nicht. Denn 33 Jahre Fischereifahrt im Beringmeer haben bei dem Achtundvierzigjährigen ihre Spuren hinterlassen. Hanson zeigt auf eine dicke Narbe am Hals. Zwei Halsoperationen hat er schon hinter sich, die Nackenwirbel waren abge-

Leeren des Netzes in die Schlippe. Links der Regierungsinspektor mit seinem Korb für die Proben

nutzt und mussten mit Metall verstärkt werden. Auch die Knie sind voller Narben. Die Arbeit hier oben im Norden verschleißt den Körper. Auch wenn Unfälle aufgrund des besseren Geräts und strenger Sicherheitsvorkehrungen seltener geworden sind, Prellungen, Quetschungen und andere Blessuren gehören zur Tagesordnung, wenn die See erst einmal ihre Urgewalt entfaltet.

Und das tut sie oft. Die Aleuten sind eine Schlechtwetterecke. Die kalte Luft der Tiefdruckgebiete des Beringmeeres und die wärmeren Luftmassen des Nordpazifiks prallen hier aufeinander. Im besten Fall bedeutet das einfach nur Nebel, im schlechtesten schwere Stürme, die die Inselkette entlangwandern. Ein Übriges trägt die hohe Tide des Pazifischen Ozeans bei. Die Zwischenräume zwischen den Inseln verwandeln sich dann in regelrechte Düsen, durch die das Wasser nordwärts in das Beringmeer drückt. Wenn dann gleichzeitig der Wind von Norden kommt, bauen sich die Wellen zu riesigen Wasserwänden auf. Jim McManus, Chef der Trident-Flotte, zu der auch die *Golden Dawn* gehört, erinnert sich, wie er einmal in eine solche Wetterlage geriet. Es war 1979, erzählt er, eine seiner ersten Fahrten, da hatten sie einen dieser Stürme mit Windgeschwindigkeiten von hundert Knoten. Sie ankerten mit einem norwegischen Schiff vor Amak Island, als der Kapitän im Radio hörte, dass die US-Fischereibehörde die Fangsaison wegen des Ausfalls durch das schlechte Wetter um vier Tage verlängert hatte. Er befahl, sofort den Anker zu lichten, um weiter zu fischen. «Kaum waren wir aus dem Windschatten der Insel heraus», erinnert sich McManus, «brach die Hölle los.» Die riesigen Brecher von bis zu 15 Metern Höhe drückten schließlich zwei der Bullaugen auf der Brücke ein, rissen das Schott zur Nock aus den Angeln und zerstörten alle elektronischen Instrumente. Aber der norwegische Kapitän blieb ungerührt. Mit der Notsteuerung und nach dem Magnetkompass wurde unter Mühen Dutch Harbor angesteuert, der Schaden innerhalb von zwölf Stunden behoben, und dann ging es wieder hinaus. McManus grinst: «Der Kapitän hatte Recht, wir haben den Fang unseres Lebens gemacht.»

Zurück auf der *Golden Dawn*. Auf dem Monitor, der die Öffnung des Netzes anzeigt, sammeln sich leuchtende Punkte. Gary Hanson ist zufrieden. «Die Fische zeigen sich heute sehr kooperativ», lacht er, «sie wandern brav ins Netz.» Wenn ein Drittel des Netzes gefüllt ist, wird das auf dem Monitor durch eine Säule und ein rotes Blinken angezeigt. Nach einer guten Stunde ist es so weit. Der Schwarm muss riesig sein. Über Sprechfunk nimmt Hanson Kontakt zu den Kollegen auf den anderen Trawlern im Gebiet auf, um ihnen die Position des Schwarms mitzuteilen. Alle kennt er, mit einigen ist er sogar befreundet – ein Vorteil der Kooperative, in der die Fischer organisiert sind. Den größten Teil der Kooperative machen die Schiffe der Firma Trident aus. Etwas weniger als ein Drittel sind Selbständige.

Früher fischte man im harten Wettbewerb, dem «olympic fishing», jeder gegen jeden. Darunter litten die Bestände, denn aufgrund des Zeitdrucks wurden auch Jungfische mitverarbeitet. Beifang ging unkontrol-

Die Ankerklüse mit dem Anker der *Golden Dawn*

liert über Bord, und die Ausbeute pro Boot war gering. Jeder wollte so viel wie möglich für sich herausholen, bevor die Saison zu Ende war. Sicherheit wurde hintangestellt, und es kam zu unregelmäßiger Auslastung. In vielen Fischereisparten, so auch beim Alaska-Seelachs-Fang, wurde dieser Wettlauf schließlich durch ein Quotensystem pro Boot ersetzt, das auf wissenschaftlichen Datenerhebungen zu den Beständen beruht. Fischer und offizielle Stellen begannen zusammenzuarbeiten. Die neuerdings gegründeten Kooperativen haben den Vorteil, dass sie Quotenzuteilungen pro Schiff sammeln, intern kontrollieren und deshalb flexibel verteilen können. Damit sind erste Voraussetzungen für eine nachhaltige Fischerei gegeben. Für die Männer auf den Schiffen bedeutet dies mehr Zeit beim Fang einer Fischart und daraus resultierend die Möglichkeit, in Ruhe die Gebiete aufsuchen zu können, wo der Fisch unvermischt mit anderen

Links: Aus dem geöffneten Netz fließen die Fische in die Öffnung des Meerwasserkühltanks

Rechts: Schließen der Auslassöffnungen des Netzes

Fischarten steht. Außerdem gehen die Männer kein unnötiges Risiko für Leib und Leben mehr ein, um die Laderäume möglichst schnell voll zu bekommen. Ist die Quote für ein bestimmtes Fischereigebiet ausgeschöpft, können die Boote zudem koordiniert in anderen Fanggebieten eingesetzt werden, in denen das festgesetzte Limit noch nicht erreicht ist, ohne Einkommensverluste befürchten zu müssen. Das Resultat ist optimal: eine bessere Ausnutzung der Fischressourcen und zugleich ihre Schonung.

Es ist inzwischen hell geworden. Fünf Stunden nach Ausbringen des Netzes ist es so weit. 150 Tonnen Alaska-Seelachs sind im Netz der *Golden Dawn*. Jetzt heißt es das Netz einholen und die Tanks mit dem Fisch füllen. Dann noch einen vollen Hol, und die *Golden Dawn* kann nach Akutan zurücklaufen. Zu viert holen die Männer achtern das knapp 240.000 Dollar teure Fanggeschirr ein. Jeder Griff sitzt. Seit sieben Jahren fährt man schon zusammen. Ganze Schwärme von Vögeln haben sich über dem Netz eingefunden, das jetzt wie ein langer dicker Schlauch im Kielwasser auftaucht. Dann ist der erste Teil an Bord. Mit einer Schlinge wird das vordere Ende unterfasst und hochgehievt. Mit einer Art Reißleine öffnet ein Mann den Bauch, der auf die Schlippe in der Mitte des Decks herunterhängt. Eine Flut von Fischen ergießt sich über das Deck und gleitet in die Löcher der Meerwassertanks. Wo der Fang sich nicht aus dem Netz löst oder auf Deck liegen bleibt, helfen die Männer mit Wasser aus dicken Schläuchen nach. Die Tanks der *Golden Dawn* können 330 Tonnen Frischfisch fassen. Damit der Fang nicht verdirbt, wird er auf eine Temperatur zwischen zwei und vier Grad Celsius heruntergekühlt. Noch mehrere Male wiederholt sich die Prozedur des Hochhievens und Öffnens. Zwischendurch springt ein junger Mann mit einem Plastikkorb an die Schlippe und fängt darin ein paar herausgleitende Fische auf. Karlis Ogle ist der Beobachter der Fischereibehörde. Alle Fischereifahrzeuge über 38,1 Meter Länge müssen einen ständigen Beobachter an Bord haben, der laufend Fangproben entnimmt. Oft sind es Studenten der Meeresbiologie, die für den Master-Grad Feldforschungen betreiben oder die Zeit an Bord als Praktikum nutzen. Auf einem kleinen Tischchen am Schanzkleid misst Ogle die Länge der Probeexemplare und schneidet sie auf, um das Geschlecht festzustellen. Dann trägt er die Daten sorgfältig in ein Formular ein.

Vermessen der Probeentnahme aus dem Fang durch den Regierungsinspektor

Die nordpazifische Fischerei Alaskas ist eine der bestgeführten der Welt. Der North Pacific Fisheries Management Council, der Rat, in dem sich Wissenschaftler, staatliche Stellen, Umweltschützer, Fisch verarbeitende Industrie und Fischer treffen, setzt strenge jährliche Fangbegrenzungen fest. Oft nach heftiger Diskussion aller Beteiligten, die auch durch die Medien geht. Ist die festgesetzte Menge für eine Fischart erreicht, wird die entsprechende Fischerei rigoros geschlossen. Für manche Gebiete kann, sehr zum Ärger der Fischer, sogar ein ganzes Jahr hindurch ein totales Fangverbot verhängt werden. Anders als beispielsweise in Europa zählt für das Erreichen eines Limits der gesammelte Beifang aller Schiffe in dem betreffenden Gebiet, ungeachtet dessen, ob deren Fischerei wirklich auf die betroffene Fischart abzielte. Außerdem muss der Beifang an Bord bleiben und nach Einlaufen im Hafen abgegeben werden. Dies hat dazu geführt, dass die Fischer von sich aus Gebiete mit hohem Beifang meiden und die Menge des Beifangs von geschützten Arten wie Heilbutt, Lachs, Hering und Krabben auf weniger als ein Prozent der Biomasse dieser Bestände gesunken ist.

Auch das Kontrollsystem ist vorbildlich. Mit Ausnahme von Fahrzeugen unter 18,2 Meter Länge müssen alle Schiffe, die Grundfischerei betreiben, auf eigene Kosten zumindest zeitweise Beobachter der US-Fischereibehörde an Bord haben. Auf Fabrikschiffen sind sogar mehrere Beobachter vorgeschrieben. Insgesamt beschäftigt der National Marine Fisheries Service fast 500 Beobachter im Bereich der nordpazifischen Fischerei Alaskas. Um die von den Beobachtern ermittelten Daten auszuwerten, unterhält die Umweltbehörde NOAA (National Oceanographic and Atmospheric Administration) außerdem in Seattle ein Forschungszentrum. Es verfügt über modernste Labore und Datenverarbeitung und schafft mit seinen Berechnungen und Prognosen die wissenschaftliche Grundlage für die Festsetzung der jeweiligen neuen Jahresquoten. Inzwischen ist auch die Fischerei-Industrie auf die Bemühungen des Councils eingeschwenkt und arbeitet aktiv durch technische Veränderungen am Gerät oder freiwillige Datenerhebung mit. Das Resultat ist überzeugend: Anders als im Bereich der EU ist keine der Grundfischarten in den Gewässern Alaskas von Überfischung bedroht. Die Bestände hier gehören zu den gesündesten der Welt.

Die strengen Auflagen der nordpazifischen Fischerei Alaskas waren einer der Gründe für den holländisch-britischen Lebensmittelriesen Unilever, von hier den Alaska-Seelachs für die Schlemmerfilets und Fischstäbchen seiner Tochter Frozen Fish International in Bremerhaven zu beziehen, die unter der Marke «Iglo» in Deutschland vertrieben werden. Die Rechnung war einfach: Wenn man weiter mit Fisch Geld verdienen wollte, dann lag die Pflege der Ressourcen und damit die Unterstützung entsprechend geführter Fischereien im eigenen Interesse. «Ohne nachhaltiges Fischereimanagement wird unsere Versorgung knapp und kann am Ende ganz ausbleiben», fasst Jörn Scabell, zuständig für den Einkauf bei Frozen Fish, das Engagement des Konzerns zusammen. «Wir haben deshalb ein vitales Interesse an gesunden Fischbeständen und einem gesunden Ökosystem. Nur so können wir langfristig unser erfolgreiches Geschäft garantieren.» 1997 hat Unilever darum gemeinsam mit dem WWF eine Organisation gegründet, die sich weltweit für bestandserhaltende Fischerei einsetzt, den Marine Stewardship Council, den Rat zum Schutz des Meeres und seiner Ressourcen. Produkte aus Alaska-Seelachs werden ab 2004 das werbewirksame blaue Öko-Siegel des MSC tragen.

Es ist Abend, als die *Golden Dawn* schließlich im kleinen Hafen von Akutan Island einläuft. Kaum hat der Trawler festgemacht, beginnt das Löschen. In die kreisrunden Luken der Meerwasserkühltanks werden Saugstutzen eingeführt, die den Fisch direkt auf das Förderband der Fabrik befördern. Von dort wird er auf die zwölf Filetiermaschinen verteilt. 1.200 Tonnen Rohmaterial verarbeitet die Fabrik an einem normalen Tag. Wenn es sein muss, kann das auf 1.500 Tonnen gesteigert werden. Das Ergebnis sind stattliche 180 Tonnen zu Blöcken tiefgefrorene Filets, 30 Tonnen Einzelfilets und 130 Tonnen Surimi. Das ursprünglich aus Japan stammende Produkt entsteht aus entgrätetem, mehrfach gewaschenem und gesiebtem Fischfleisch, das anschließend gepresst und nachbehandelt wird. Das stark eiweißhaltige Edelkonzentrat ist fast völlig geruchs- und geschmacklos. Hauptabnehmerländer von Surimi aus Alaska-Seelachs sind Japan und Korea. Dort wird es nach Zusatz von Gewürzen und Aromastoffen sowie entsprechender Einfärbung u.a. als Krebsfleischimitat verkauft.

Die rund 550 Männer und Frauen in der Fischfabrik von Akutan – zu Spitzenzeiten sind es sogar 800 Arbeiter – arbeiten, anders als ihre Kollegen auf See, in Zwölfstundenschichten. Das machen sie vier Monate lang, dann haben sie zwei Monate frei. «Manche würden am liebsten sogar zwanzig Stunden durcharbeiten. Wir haben nach den Freimonaten eine Rückkehrrate von siebzig Prozent», meint Dave Abbasian, der stellvertretende Leiter der Fabrik auf Akutan, stolz. Die Fabrik ist einer von fünf Verarbeitungsbetrieben von Trident auf den Aleuten. Dazu kommen drei Konservenfabriken für Lachs auf dem Festland. Je nach Saison werden auf Akutan neben Alaska-Seelachs noch andere Meeresprodukte verarbeitet: von Ende Januar bis Anfang April und Ende Juni bis Mitte Oktober Alaska-Seelachs, Mitte Juni Hering, von Juli bis September Heilbutt, von Ende

Die Anlagen der Firma Frozen Fish International in Bremerhaven

Januar bis April oder Mai Kabeljau, während der kurzen Fangsaison im Oktober Königskrabben und im Januar eingeschränkt auch Eismeerkrabben. Nachdem die Ware die diversen Verarbeitungsschritte und Kontrollen durchlaufen hat, wird sie tiefgefroren. 2.000 Gallonen Diesel, das sind mehr als 8.000 Liter, verbraucht die Fabrik pro Tag, um die notwendige Energie für die Produktion zu erzeugen. Hinter der Anlage befinden sich riesige, runde Tanks, in denen der Treibstoff gelagert wird. Nach dem Tiefgefrieren bringen große, seetüchtige Schuten die verpackte und in Kühlcontainern, so genannten Reefern, gestapelte Ware von Akutan nach Dutch Harbor. Von hier aus treten sie ihre lange Reise in die ganze Welt an.

Etwa vier bis fünf Monate nachdem sie die Aleuten verlassen haben, erreichen die für den europäischen Kontinentalmarkt bestimmten Kühlcontainer Bremerhaven. Da der Alaska-Seelachs noch frisch tiefgefroren wurde, spielt die Transportzeit keine Rolle. Bremerhaven ist nicht nur Deutschlands größter Fischereihafen, sondern auch das weltweit größte Zentrum für Tiefkühlfisch. In den Kühlkammern der Unilever-Tochter Frozen Fish International lagert tonnenweise Rohware für die Produktion von Fischstäbchen und Schlemmerfilets: vor allem tiefgefrorener Alaska-Seelachs, daneben Seehecht oder neuseeländischer Hoki. Unter den Markennamen «Iglo», «frudesa» und «Findus» versorgt die Firma von hier aus ganz Europa. Nur England hat aus Tradition seine eigene Tiefkühlkostverarbeitung beibehalten, deren Produkte unter dem Markennamen «Birds Eye» auf dem heimischen Markt vertrieben werden. Siebeneinhalb Kilo wiegt jeder Filetblock. Für die einzelnen Tiefkühlprodukte wird er einfach in kleinere Platten zersägt, bis hin zu den kleinen Filetriegeln der Fischstäbchen. Entgegen einem verbreiteten Vorurteil besteht vom Fleisch her zwischen Fischstäbchen und Schlemmerfilets kein Unterschied. Damit die weitere Fertigung störungsfrei verläuft, kommt es beim Auseinandersägen auf höchste Präzision an. «Obwohl der Fisch in viereckigen Blöcken angeliefert wird, ist er immer noch ein Naturprodukt», erklärt Produktionsleiter Markus Wollenweber, der für den reibungslosen Ablauf verantwortlich ist. «Außerdem soll am Ende ja jedes Fischstäbchen gleich groß sein.»

Links: Qualitätskontrolle der Filets am Leuchttisch

Rechts: Philippinische Arbeiterin

Unaufhaltsam strömen die Fischstäbchen bei Frozen Fish vom Band – in drei Arbeitsschichten rund um die Uhr, täglich fünf Millionen Stück. Das ist Weltrekord. Hintereinander gelegt würde eine Tagesproduktion die Strecke von Hamburg nach München ergeben. Aus jedem Filetblock werden 378 Stäbchen geschnitten. Sie tauchen zunächst in eine Nasspanade ein, dann folgt die Trockenpanade. Zum Schluss werden sie zwanzig Sekunden frittiert. Das ist so kurz, dass die Stäbchen innen noch tiefgefroren bleiben. Nichts fürchtet der Produktionsleiter mehr als den Stillstand der Maschinen. Täglich werden 20.000 Blöcke verarbeitet – umgerechnet 150 Tonnen Fisch. Kontrolle ist bei diesem Prozess alles. Eine computergesteuerte Kamera überwacht, ob auch in jeder Schachtel die richtige Anzahl Fischstäbchen ist. Schon die angelieferten Fischblöcke werden täglich stichprobenartig von einem Team Lebensmitteltechniker untersucht. Als Erstes wird die tiefgefrorene Ware durchleuchtet, um herauszufinden, ob nicht trotz der Kontrollen bei den Erzeugerbetrieben doch noch Gräten in den Filets verblieben sind. Auch das Aussehen des tiefgefrorenen Fischblocks muss stimmen. Vor allem dem Frostbrand, der Austrocknung bei nicht ganz luftdichter Verpackung, will man auf die Spur kommen. Daneben werden Blöcke aufgetaut und fachmännisch auseinander genommen, um die Qualität des Fischfleischs zu prüfen. Am Ende der Produktionsket-

Links: Die veredelten Endprodukte, die aus den tiefgefrorenen Filetblöcken hergestellt und in landesspezifischen Verpackungen in Europa vertrieben werden

Rechts: Kontrolle der tiefgefrorenen Filetblöcke vor ihrer Zerteilung

te und der Qualitätskontrolle steht die Verkostung der eigenen Produkte. Vierzig Proben werden täglich zubereitet, serviert und auf einer Skala von eins bis neun benotet. Goldene Regel bei der Verkostung: Nicht alles hinunterschlucken, was man zum Testen in den Mund nimmt.

Während die Fischstäbchen ein unverwüstlicher Dauerbrenner sind, stehen die Produktentwickler bei Frozen Fish unter dem Druck, immer neue Fertiggerichte auf den Markt bringen zu müssen. Dabei müssen sie sich einerseits auf ihre Erfahrung verlassen, andererseits der Kreativität freien Lauf lassen. Vier bis zwölf Monate dauert die Entstehung eines neuen Gerichts. Aus hundert Entwicklungen resultieren gerade einmal zwei neue Produkte, die aber patentrechtlich nicht geschützt sind. «Man kann davon ausgehen, daß wir sofort kopiert werden», sagt Johannes Laub, der als Produktentwickler bei Fozen Fish arbeitet. «Wir können dagegen nur bestehen, indem wir ständig neue Produkte aufs Band legen.» Auch die Fischstäbchen werden einer regelmäßigen Geschmackskontrolle unterzogen. Bei der Panade geben feinste Nuancen den Ausschlag. In der Entwicklung der knusprigen Hülle steckt manchmal mehr Arbeit als in der Kreation eines kompletten Fertiggerichts. Für den Klassiker unter den Tiefkühlgerichten gibt es zwanzig verschiedene Panaden. Wie jede Hausfrau ihre Koteletts unterschiedlich paniert, so geht man mit speziellen Rezepturen unter anderem für Deutschland, Italien, Frankreich, Portugal auf die Geschmacksvorlieben in den jeweiligen Ländern ein. Und das seit über vierzig Jahren.

Kontrolle der Fischstäbchen auf dem Band

500.000 Schachteln Fischstäbchen verlassen täglich das Band. Am Ende der Produktion werden automatisch Gewicht und Haltbarkeitsdatum überprüft. Jede Packung wird noch einmal auf Metallgegenstände hin untersucht. Da die ganze Zeit mit Maschinen gearbeitet wurde, will man sicherstellen, dass Metallteile, die während des Herstellungsprozesses in die Ware gekommen sein könnten, spätestens jetzt entdeckt werden. Schließlich dürfte der Verbraucher abgefallene Schrauben oder Metallstücke in seinem Mittagessen kaum goutieren. In einem riesigen Hochregallager wird die fertig abgepackte Ware schließlich gestapelt. Bei minus dreißig Grad können rund 7.000 Paletten gelagert werden. Von hier aus wird ganz Europa mit tiefgekühlten Fischprodukten versorgt. Über eine Kälteschleuse geht es vom Lager zu den Laderampen. Durch ein perfekt eingespieltes Gabelstaplerteam wird dort die Ware auf die wartenden Lkw der Kunden oder Spediteure verteilt. Das Lager selbst funktioniert vollautomatisch. Die so genannten Regalbedienanlagen sind computergesteuert und finden per Mausklick jede Palette in den 35 Meter hohen Metallgerüsten. Nur die Männer von der Technik müssen hin und wieder in die Kälte, etwa wenn ein Aggregat nicht funktioniert oder etwas klemmt. Schließlich sollen die Schlemmerfilets und Fischstäbchen nicht in letzter Minute noch verderben. Wie heißt es so schön in dem Werbespot? «Käpt'n Iglo – so isst man heute!»

Marine Stewardship Council (MSC)

Die weltweit zunehmende Überfischung der Bestände hat auch die mächtige Fischindustrie nachdenklich gemacht. Zwar sind lokal immer wieder erbitterte Kämpfe zu beobachten, wenn es um die Durchsetzung von empfohlenen Fangbeschränkungen geht, oft spielt dabei aber nicht nur der Eigennutz der Betroffenen, sondern auch nationales Interesse an der Stützung wirtschaftsschwacher Regionen eine Rolle. Einige große Konzerne, wie der niederländisch-britische Nahrungsmittelriese Unilever, weltweit der größte Käufer von Fisch und Meeresfrüchten, haben erkannt, dass sie bei Beibehaltung der bisherigen Praxis den Ast absägen, auf dem sie sitzen. Sich lieber jetzt bescheiden und Alternativen entwickeln, als irgendwann gar nichts mehr zu haben, ist, lax gesagt, die neue Devise.

Ein Problem besteht darin, dass die FAO zwar Richtlinien für eine nachhaltige Fischerei entwickelt hat, es aber kein weltweit anerkanntes Messverfahren für eine solche Fischerei gibt. «Nachhaltig», engl. «sustainable», bedeutet in der Fischerei, vereinfacht gesagt, die Bestände nur so zu befischen, dass sie sich im gleichen Maß regenerieren können, wie Fische aus ihnen abgeführt werden, und dabei das komplexe Ökosystem Ozean mit seinen Fischen, Wasserpflanzen, anderen Meerestieren und Vögeln so wenig wie möglich zu stören. Auf Initiative von Unilever und des World Wildlife Fund wurde darum 1997 in Parallele zum Forestry Stewardship Council (FSC), dem Rat zum Schutz der Wälder, der Marine Stewardship Council (MSC) gegründet. Dem Rat kam die Aufgabe zu, die Kriterien und Aufgaben einer nachhaltigen Fischerei zu ermitteln und als Standard zu formulieren. Bei den Beratungen wurden Umweltexperten, Meeresbiologen, Vertreter der Fischerei-Industrie und des Fischhandels, Regierungsvertreter und verschiedene andere Experten hinzugezogen. Ziel war ein Gütesiegel, mit dem Betriebe, die nachweislich nachhaltige Fischerei betreiben, ihre Produkte für den Verbraucher auszeichnen können. 1999 wurde der MSC in eine von den Gründerorganisationen unabhängige und gemeinnützige Institution umgewandelt.

Logo des MSC, mit dem Produkte von zertifizierten Betrieben ausgezeichnet werden dürfen

Heute sitzen im MSC Vertreter von Umweltorganisationen und Regierungen der betroffenen Regionen sowie der Fischerei-Industrie, um die Einhaltung des Standards und die Neuzertifizierung von Fischereien zu kontrollieren sowie über weitere Maßnahmen zu entscheiden. Grundsätzlich kann jeder in der Fischwirtschaft tätige Verband die Zertifizierung nach den Normen des MSC beantragen. Die Prüfung selbst wird von Zertifizierungsstellen vorgenommen, die vom MSC autorisiert sind, vergleichbar etwa dem TÜV beim Auto. Wenn ein Interessenverband sich dazu entschließt, für eine bestimmte Fischerei die Zertifizierung nach dem MSC-Standard für nachhaltige Fischerei zu beantragen, wendet er sich an eine dieser Stellen in seinem Land. Der Antrag wird daraufhin geprüft und eine Vorbeurteilung vorgenommen, an deren Ende ein vertraulicher Be-

Die MSC-Prinzipien für eine nachhaltige Fischerei

1. Prinzip

«Es darf nur so gefischt werden, dass es nicht zur Überfischung oder zum Raubbau an den befischten Beständen kommt. Dezimierte Bestände dürfen nur so befischt werden, dass nachweislich eine Erholung der Bestände stattfindet.»

2. Prinzip

«Die Fischerei hat dem Erhalt der Struktur, Produktivität, Funktion und Vielfalt des Ökosystems Rechnung zu tragen, auf dem die Fischerei beruht (unter Einbeziehung des Lebensraums und davon abhängiger und ökologisch damit in Zusammenhang stehender Tierarten).»

3. Prinzip

«Die Fischerei unterliegt der Kontrolle durch ein wirkungsvolles Managementsystem, das mit den örtlichen, nationalen und internationalen Gesetzen und Auflagen in Einklang steht sowie institutionelle und operative Rahmenbedingungen aufweist, die einen verantwortungsbewussten und nachhaltigen Umgang mit der Ressource gewährleisten.»

richt mit einer Einschätzung der Erfolgsaussichten sowie eventuell noch zu behebender Mängel steht. Will der Verband seinen Antrag aufrechterhalten, wird eine Prüfungskommission zusammengestellt, die die eigentliche Zertifizierung einleitet – ein Prozess, der je nach Größe der Fischerei mehrere Jahre dauern kann. Geprüft wird das gesamte System der Fischereiverwaltung und -durchführung, inklusive Forschung, Quotenermittlung und -zuteilung an die angeschlossenen Betriebe, Gesetzgebung und Kontrolle der Durchführung in der Praxis. Über den Abschlussbericht wird dann innerhalb eines speziellen Ausschusses des MSC abgestimmt, der die weiteren Schritte wie Festlegung regelmäßiger Kontrollen und Verleihung des Gütesiegels in die Wege leitet.

Der Umweltschutzorganisation Greenpeace, die die Initiative des MSC zunächst begrüßt hatte, gehen die MSC-Standards allerdings nicht weit genug. Greenpeace bemängelt eine zu schwache Formulierung des Vorsorgeansatzes für die Ökosysteme und wendet sich gegen die Vergabe des Gütesiegels bei Befischung bereits stark dezimierter Bestände. Hier seien Erholungsprogramme nur wirksam, wenn die industrielle Fischerei zeitweilig ganz eingestellt würde. Kritisiert wird auch, dass die MSC-Entscheidungsgremien nicht wirklich unabhängig seien, da im Vorstand, der zugleich Kontrollorgan ist, Industrie und Fischwirtschaft stark vertreten sind. Letztlich kontrollierten sich Industrie- und Fischwirtschaft damit selbst. Ungeachtet dieser Kritik finden sich jedoch Greenpeace- und MSC-Vertreter jährlich zu Gesprächen am Runden Tisch zusammen.

Großbritannien

Makrelen vor Cornwall

Nachhaltige Handleinenfischerei im Südwesten Englands

Das Warnschild hat seine besten Tage hinter sich. «Wegen anlegender Fahrzeuge ist das Baden von der Pier aus gefährlich», steht in ausgeblichenen Lettern auf einem Untergrund, der irgendwann einmal rot war. Um sechs Uhr morgens kommt in St. Ives am Westende von Cornwall allerdings niemand auf die Idee, schwimmen zu gehen. Die kleinen Läden und Restaurants am idyllischen Hafen liegen noch im Dunkeln. Der schmale Strand ist leer, und auf dem Kai glänzen Pfützen im Licht der Laternen. Die Touristen, die sich hier sonst in Massen entlangschieben, sind noch in ihren Betten. Auf der über hundert Jahre alten Granitmole hat sich eine Hand voll Fischer versammelt, die meisten bereits älter, nur wenige junge Gesichter sind dabei. Im Windschutz der Autos wird ein letzter Becher Kaffee aus der Thermoskanne getrunken, eine Ölhose angezogen, noch eine Zigarette geraucht. Man unterhält sich bedächtig über das Wetter. Ab morgen soll es schlechter werden. Die Atmosphäre ist entspannt, wie jeden Morgen.

Der Hafen von St. Ives in Cornwall

Auch John Stevens macht sich fertig. Das kleine Boot des Dreißigjährigen liegt festgemacht an der Steintreppe, die von der Mole mit dem hohen Wellenbrecher und den altertümlichen Laternen ins Wasser führt. Der Motor tuckert bereits, die Positionslichter brennen. Am Mast scheint es rot über weiß über rot – die Lichterführung eines Fischereifahrzeuges bei der Arbeit. Auch wenn die *Janet Anne* wie ein besseres Ruderboot aussieht, ist alles an Bord, was John braucht: Plastikkörbe für den Fang, Gummihandschuhe, eine Pütz zum Sauberspülen des Fangs, die sorgfältig aufgerollte Nylonleine mit dem Senkblei am Ende. Auf der Bordwand an Backbord ist eine hydraulische Winde befestigt, mit der ein Netz eingeholt werden kann. Aber das wird John nicht brauchen. Denn er will vor der Küste Makrelen fischen, und die werden hier mit der Handleine gefangen, das heißt mit einer geflochtenen Schnur oder einer etwa einen Millimeter starken Nylonleine, an der in Abständen von etwa 30 Zentimetern zwischen 25 und 30 Edelstahlhaken hängen, die mit kleinen bunten Federn oder farbigem Plastik versehen sind. Das ist Köder genug, denn die Makrelen halten die sich durch das Wasser bewegenden und im Licht glänzenden Haken für junge Sardinen und schnappen danach. «Morgens, im ersten Licht des Tages, steigen sie auf und wollen frühstücken», erklärt John. «Dann muss man die Leine immer in Bewegung halten, und sie beißen. Später, wenn es ganz hell ist, ziehen sie sich wieder auf den Grund zurück.»

Als John Stevens die Leinen loswirft und sich an die Pinne setzt, beginnt der Morgen zu dämmern. Schon während des Auslaufens wird die Leine ausgelassen. Als das Boot die Landzunge nordwestlich von St. Ives umrundet und die Fanggründe erreicht, sind keine zwanzig Minuten ver-

Auslaufen aus dem Hafen bei Tagesanbruch

gangen. Gefischt wird dicht unter der Küste. Auch die anderen Fischerboote sind inzwischen angelaufen. Ein halbes Dutzend von ihnen wiegt in der leichten Dünung. Meist ist nur ein Mann an Bord. Wenn es zwei sind, erleichtert das zwar die Arbeit, halbiert aber auch den Gewinn. Und jetzt im Frühherbst sind die Erträge ohnehin nicht groß. Zumindest mit dem Wetter haben die Fischer heute Glück. Zwar fallen ein paar Regentropfen, aber der Wind kommt von Norden. Die auflaufende Flut treibt die Boote auf die Küste zu und macht die Arbeit angenehm. Das könnte auch anders sein. Besonders wenn es von Südwesten, vom Atlantik her, weht und der Wind gegen die Tide steht, baut sich eine heftige Dünung mit steilen Wellen auf und macht den kleinen Booten zu schaffen. Viele bleiben da lieber zu Hause. «Aber dann», meint John und zuckt mit den Achseln, «lohnt sich das Hinausfahren am meisten. Man kriegt mehr für den Fang.» Angebot und Nachfrage bestimmen auch hier den Preis.

Dann ist es so weit. Bei seinen Ziehbewegungen hat John bemerkt, dass sich die Handleine deutlich träger anfühlt. Die ersten Makrelen haben angebissen. An der Backbordseite des Bootes ist ein kurzer Tampen mit einem Auge am Ende befestigt. Die kleine Schlinge schiebt John jetzt über den Griff der Ruderpinne, das Boot fährt im Kreis, und er hat die Hände frei für das Einholen des Fangs. Mit einer fließenden Bewegung beginnt er, die Handleine einzuziehen. Und tatsächlich tauchen nach ein paar Sekunden die silbrig schimmernden Leiber der ersten Makrelen aus dem Wasser auf. Stück für Stück wird die Leine weiter eingeholt. Ein schneller Ruck über der Bordkante löst die Fische vom Haken und befördert sie in das Innere des Bootes. Die freien Haken lässt John Stevens hinter dem Boot sofort wieder ins Wasser gleiten. Allmählich wird der Boden bedeckt mit um sich schlagenden, nach Luft schnappenden Makrelen. John ist zufrieden. Der Tag lässt sich gut an, unter den gefangenen Tieren sind etliche größere Fische. Die kleineren Exemplare gehen nach dem Einlaufen sofort an die örtliche Fischfabrik und werden dort zu hochwertigem Köderfleisch weiterverarbeitet. Beim Hummerfang werden gern Makrelenstücke als Lockmittel eingesetzt, und auch bei den Sportanglern ist das stark ölhaltige Fleisch als Köder beliebt. Man friert die frischen Makrelen tief, schweißt sie für den Verkauf in Plastik ein und reicht sie an die entsprechenden Spezialgeschäfte weiter. Die größeren Exemplare sind für die Restaurants und zum Weiterverkauf ins In- und Ausland bestimmt. Sie werden in Eis gelagert und am nächsten Morgen auf der Fischauktion in Newlyn an der Südküste meistbietend versteigert.

Bis zum Tourismus der Gegenwart war die Seefahrt, neben der Landwirtschaft, die Haupterwerbsquelle für die Menschen von Cornwall. Bereits 1582 fuhren in Cornwall an die 2.000 Männer zur See, mehr als in jeder anderen Grafschaft des Königreichs mit Ausnahme von Devon. Die Anfänge der Fischerei sind nicht überliefert, aber schon 1602, als Richard Carew seinen *Survey of Cornwall* veröffentlichte, versorgten die Fischer von Cornwall ganz England mit Fisch. Man fing vor allem Sardinen und Seehecht. Getrocknete und gepökelte Sardinen wurden in Fässern bis nach La Rochelle und Bordeaux, nach Livorno, Genua und in andere me-

Die aufgewickelte Handleine mit federbewehrten Haken und Senkblei

diterrane Häfen verschifft. Durch den Golfstrom, dessen Ausläufer der Südwestecke der britischen Insel ein gemäßigt warmes Klima bescheren, kühlen sich die Gewässer um Cornwall auch im Winter nur wenig ab. Einzig die atlantischen Herbst- und Winterstürme, die die Wellen mit donnernder Gewalt gegen die felsigen Küsten treiben und sie in einen Schleier von Gischt und Regen hüllen, erschweren die Ausfahrt. Die betriebsamsten Häfen in Cornwall waren St. Ives und Padstow im Norden sowie Looe an der Südküste. Die Makrelenfischerei begann im März, wenn das Wetter besser wurde, und hielt bis in den August an. Zwischen September und Dezember, dem Zeitraum, in dem heute der Beginn der Hauptsaison liegt, wurde nur vereinzelt gefischt.

In den Küstenhäfen waren die Bewohner entweder in der Fischerei selbst oder in der Verarbeitung an Land tätig. Auch der Vater von John Stevens war Fischer – wie sein älterer Bruder, bis die Regierung im Rahmen der EU-Bemühungen begann, die Fischerei einzuschränken, und Gelder dafür zahlte, dass die Männer in einen anderen Beruf wechselten. «Mein Vater ist weit über sechzig und isst noch heute zu allen Mahlzeiten Fisch», erzählt John. Er selbst sei gar nicht unbedingt scharf darauf, das auf dem Teller zu haben, was er fängt. Aber das Fischen selbst, das sei etwas anderes. Schon als kleiner Junge sei er mit dem Vater hinausgefahren, und da habe es ihn gepackt, erzählt er weiter. Nur die Schule, die habe doch manchmal sehr darunter gelitten. Andererseits, als die anderen als Studenten noch bescheiden lebten, fuhr er schon ein schickes Auto. Nur heute bereue er manchmal, dass ihm eine gute Ausbildung fehle. Und als Erwachsener das Versäumte nachzuholen sei zu mühsam. «Aber die Fischerei würde ich um nichts aufgeben», sagt er, «den Kick, die richtige

John Stevens schafft seinen Fang an Land

Stelle zu finden, wenn die Fische gut beißen und der Boden des Bootes sich füllt, die Freiheit, selbst zu entscheiden, ob und wann ich hinausfahre.» Für John Stevens und seine Kollegen ist es das perfekte Leben, jedenfalls bis auf weiteres. Johns Frau garantiert als Sozialarbeiterin ein verlässliches Einkommen für die Familie. Gleichzeitig ist er in seiner Arbeitszeit so flexibel, dass er für seine Kinder, einen Jungen und ein Mädchen, sorgen kann, wenn seine Frau zu Klienten fahren muss, die weiter entfernt wohnen. Und die Schwankungen in seinem Einkommen, die stören ihn wenig. Denn manchmal, sagt er und grinst, da verdient man richtig gut.

Im Jahr 2001 erhielt die Südwest-Makrelenfischerei mit der Handleine als erste Fischerei Großbritanniens das Nachhaltigkeits-Zertifikat des Marine Stewardship Council. Prinz Charles, dem als Thronfolger und Herzog von Cornwall große Ländereien in dem Landesteil gehören, übernahm höchstselbst die Verleihung der Urkunde. Schon 1981 hatte der International Council for the Exploration of the Seas (ICES) ein Gebiet vor der Küste Cornwalls, genannt «South West Mackerel Box», für die Makrelenfischerei mit Trawlern oder Ringwadennetzen gesperrt und dort nur noch die Handleinenfischerei erlaubt. Nach dem Einbruch der Makrelenbestände in der Nordsee wollte man Ähnliches in den Gewässern um Südwest-

Makrelen der Zwischengröße «ML»

england verhindern, und aus Erfahrung wusste man, dass sich in diesem Gebiet bevorzugt junge Makrelen bis zur Geschlechtsreife aufhielten, sodass die Netzfischerei die Bestände stärker als anderswo schädigte. 1989 wurde die «Box» auf ihre heutige Größe erweitert.

Die Methode, mit der Handleine zu fischen, ist vor allem aufgrund ihrer Überschaubarkeit vorteilhaft. Fischer wie John Stevens fahren an guten Tagen ein- oder zweimal pro Tag aus und kommen so auf einen Tagesfang von etwas über 200 Kilogramm. Etwa hundert Fischer sind in der Handleinenfischerei in Cornwall tätig. Die Hauptfangsaison liegt zwischen September und April. Die Sommerfischerei ist auf die Küstengewässer um die Halbinsel von Land's End begrenzt. Da nur Makrelen auf die nackten Haken der Handleine ansprechen und sich in der Regel keine anderen Fischarten unter die Makrelenschwärme mischen, ist die Beifangrate gering. Andere Bestände bleiben praktisch unberührt. Auch Jungtiere kommen selten an den Haken. «Junge Makrelen fressen noch nichts, sie ernähren sich von ihrem Fett», erklärt Andrew Pascoe, stellvertretender Vorsitzender der South West Handline Fishermen's Association. «Außerdem schwimmen in den Schwärmen die großen Tiere, an denen wir interessiert sind, quasi als Schutz außen, sodass wir den Fang von Jungtieren und von kleinen Exemplaren unter zwanzig Zentimetern Länge sehr einfach vermeiden können.» Für die Fischer ist das Öko-Siegel des MSC weniger als Nachweis einer nachhaltigen Fischerei interessant, ihr Interesse gilt vor allem der Möglichkeit, durch seine Werbewirkung mehr Geld zu verdienen. «Der Verbraucher heute ist umweltbewusst und legt großen Wert darauf, dass die Makrelen ökologisch verträglich gefangen sind», sagt Jim Muirhead, Sekretär und Anwalt der Association. «Das erlaubt uns einen guten Zugang zum Markt und garantiert uns vernünftige Prei-

**Bei Ebbe im Hafen von
St. Ives trocken-
gefallene Fischerboote**

se.» Aber auch wenn man vor allem den pekuniären Vorteil zu schätzen weiß, ein bisschen stolz auf die ökologische Seite am eigenen Handwerk ist man doch.

Die Höchstquote für die zulässigen Fangmengen an Makrelen wird in Großbritannien von der Behörde für Umwelt, Fischerei und ländliche Angelegenheiten DEFRA (Department of Environment, Fisheries and Rural Affairs) festgelegt. Die Beamten führen Buch über die Anlandungen und leiten die Daten wöchentlich an eine zentrale Datenerfassung weiter. Dieses Vorgehen ermöglicht den unmittelbaren Stopp des Makrelenfangs, sobald die festgelegte Höchstquote erreicht ist. Zusammen mit Kollegen vom Cornish Sea Fisheries Committee kontrollieren die Beamten außerdem die Einhaltung verschiedener Verordnungen für die Makrelenfischerei, wie etwa die Beachtung der Mindestfanggröße von zwanzig Zentimetern. Um den Fischern die Rentabilität des Fangs mit der Handleine zu garantieren, hat die DEFRA eine feststehende jährliche Fangquote für die Region festgelegt: 1.750 Tonnen beziehungsweise 0,83 Prozent der nationalen Fangquote, je nachdem, welche Menge größer ist. Außerhalb der Makrelensaison beziehungsweise wenn die Höchstquote erreicht ist, fangen die Fischer andere vor der Küste Cornwalls vorkommende Arten – und zwar mit dem Netz.

John fischt dann von Newlyn aus. Dort findet in den Markthallen direkt am Kai auch die tägliche Fischauktion für die Makrelen statt. Anders als in Bremerhaven oder auf dem Tokioter Fischmarkt geht es hier eher geruhsam zu. Britisches Understatement ist angesagt. Kurz vor acht Uhr morgens, während die letzten Kutter von der morgendlichen Ausfahrt zurückkommen, schlendern die Aufkäufer durch die Hallen, in denen noch mit Handgabelstaplern die Kisten mit dem Fang des Vortages aufgestellt werden. Die Auktionatoren machen sich erste Notizen und legen die Reihenfolge der Versteigerung fest. Auch ein paar Touristen haben sich in die Hallen verirrt und schauen neugierig zu. Der Boden ist nass, die meisten Pfützen stammen vom herabgefallenen Eis der Ware, die über Nacht im Kühlraum zwischengelagert war. Der Dresscode ist entsprechend: dicker Pullover und Gummistiefel. Die Fischchargen, die verkauft werden sollen, sind in kleinen Gruppen roter Plastikkisten über die Halle verteilt: verschiedene Plattfische, etwas Kabeljau, Rotbarsch und andere Arten. Die Kisten mit Makrelen stehen in der Mitte der Halle und sind jeweils mit Schildern versehen, auf denen der Name des Bootes, das Gewicht und die Größe der Fische notiert ist – «M» für «Medium», «L» für «Large» und «ML» für die Zwischengrößen.

Als kurz nach acht Uhr die Auktion beginnt, scharen sich kleine Gruppen von Menschen um die Auktionatoren. Dass hier hart gehandelt wird, ist kaum zu merken. Ein sparsames Nicken oder kaum merkliches Kopfschütteln reicht, um Zustimmung oder Ablehnung zu signalisieren. Sind die Kisten nicht gestapelt, sondern stehen auf dem Boden, wird manchmal als Zeichen des Gebots ein Fuß auf den Kistenrand gestellt und wieder heruntergenommen, wenn der Aufkäufer nicht länger mitbieten will. Die Versteigerung der gesamten Ware dauert nicht viel länger als

Fischauktion in Newlyn

eine Stunde. Die Makrelen sind eine der letzten Chargen. Auch *Janet Anne*, der Name von John Stevens' Boot, steht auf einigen Kisten. Es sind die großen und mittelgroßen Exemplare, die John am Vortag gefangen hat. Nach knapp zehn Minuten ist alles vorbei. Für seine ML-Makrelen bekommt John umgerechnet 66 Cent pro Kilogramm und für die großen Exemplare 1 Euro, 15 Cent. Aufkäufer wie Auktionator sind zufrieden.

Zwar kein besonders reichhaltiges Angebot und keine bemerkenswerten Mengen heute, aber dafür akzeptable Preise, stellt man einstimmig fest.

Fisch und Meeresprodukte sind eine der Hauptnahrungsquellen der Weltbevölkerung. Millionen von Menschen arbeiten in der Fischerei und in der Fisch verarbeitenden Industrie. Allein in der Europäischen Union waren 1998 nach einem Bericht der Generaldirektion Fischerei der EU aus dem Jahr 2000 geschätzte 550.000 Arbeitsplätze von der Fischerei abhängig und erzeugten Meeresprodukte im Wert von rund zwanzig Milliarden Euro. Für Europa insgesamt errechnet der Bericht der FAO aus dem Jahr 2002 sogar rund 800.000 Beschäftigte. Weltweit sind 2,6 Prozent der 1,3 Milliarden Männer und Frauen, die in der Landwirtschaft tätig sind, mit der Fischerei oder der Verarbeitung von Meeresprodukten beschäftigt, das sind immerhin 33,8 Millionen Menschen – mit steigender Tendenz vor allem in Asien. Gleichzeitig hat die Ausbeutung der Meere ihre Grenze erreicht. Moderne Technologien haben in der Vergangenheit eine enorme Steigerung der Erträge möglich gemacht und so den Anstieg der Weltbevölkerung ausgleichen können. Denn der Pro-Kopf-Verbrauch von Fisch und Meeresfrüchten ist, wie ein Blick auf die Statistik der FAO zeigt, ungefähr gleich geblieben. Die heutige Ausbeute von neunzig Millionen Tonnen im Jahr markiert jedoch die absolute Obergrenze der Be-

Versorgung mit Fisch und anderen Meerestieren in den Ländern der Welt

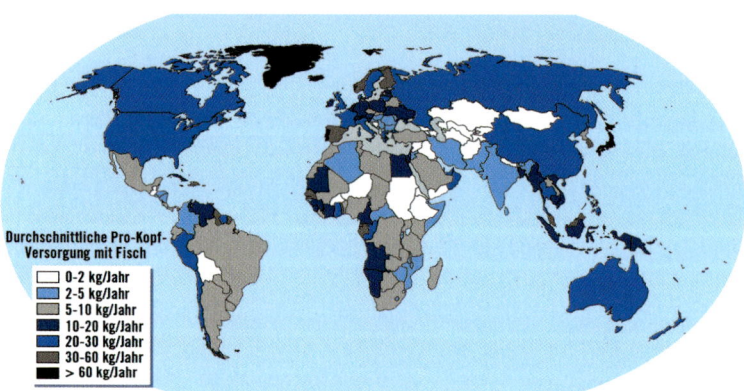

wirtschaftung der Meere. Nachhaltigkeit erweist sich vor diesem Hintergrund als Überlebensstrategie, sonst ist eine stetige Verminderung der marinen Ressourcen zu befürchten. Beispiele wie die Makrelen-Handleinenfischerei in Cornwall sind nur ein kleiner Schritt, aber wenn sich in Europa und Amerika allmählich die Idee einer nachhaltigen Fischerei ausbreitet, geht es zumindest in die richtige Richtung.

Dass die internationalen Einigungsprozesse auf dem Weg zu einer nachhaltigen Fischereiwirtschaft langwierig sein werden, zeigt die Europäische Union. Das Hauptproblem dabei sind die Fische selbst: Sie verhalten sich sozusagen nicht fangkonform. Gerade in den europäischen Gewässern existieren die verschiedensten Fischarten räumlich dicht nebeneinander oder leben vermischt im selben Habitat. Obwohl die Fischer aufgrund ihrer Spezialisierung und durch die Besonderheit ihres jeweiligen Fanggerätes an Artenreinheit beim Fang interessiert sind, kommt es immer wieder zum Problem des unbeabsichtigten Beifangs anderer Fischarten. Die Spezialisierung auf bestimmte Fische hat sich im Laufe der Geschichte bei den verschiedenen Nationen unterschiedlich ausgebildet. In den Niederlanden gibt es aufgrund der großen Wattgebiete eine Konzentration auf Plattfische. Ein erheblicher Teil der dänischen Flotte in der

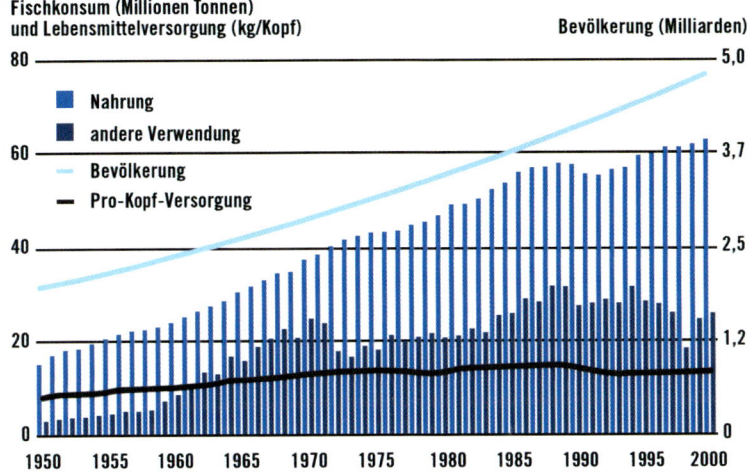

Fischkonsum (Millionen Tonnen) und Lebensmittelversorgung (kg/Kopf)

Bevölkerung (Milliarden)

Weltverbrauch an Fischen und Meerestieren

- Nahrung
- andere Verwendung
- Bevölkerung
- Pro-Kopf-Versorgung

Nordsee ist auf Seeaal spezialisiert. Die deutsche Küstenfischerei fischt vor allem Plattfische und Granat, die Hochseefischerei Seelachs und Kabeljau. Fast zwangsläufig kommt es so zu Konflikten zwischen den Ländern innerhalb der EU, wenn Schutzmaßnahmen für eine bedrohte Fischart durch Beschränkungen des Beifangs oder die Schließung von Gebieten nationale Fanginteressen tangieren, zumal wenn sie sich auf eine nicht bedrohte Fischart beziehen. Es geht den Blockierern meist nicht darum, grundsätzlich Vorsorge- und Bestandsschutzmaßnahmen zu torpedieren, sondern man hat das Gefühl, Maßnahmen, die der Fischerei eines anderen Landes dienen, zum Nachteil der eigenen Fischindustrie mittragen zu müssen.

Fest steht jedoch, dass die historische Praxis des heimlichen Laisserfaire und der politischen Verwässerung der Expertenempfehlungen aus kurzsichtigen nationalen Interessen heraus viele Fischvorkommen der Ausrottung bedenklich nahe gebracht hat. Die Erholung der Heringsbestände in den 1980er Jahren hat zugleich gezeigt, dass ein gezieltes internationales Fischereimanagement mit durchgreifenden Maßnahmen auch Erfolg haben kann. Der Preis für die nachhaltige Fischerei sind Mehrkosten für den Verbraucher, das steht schon jetzt fest. Aber es ist ein Preis, der bezahlt werden muss, wenn zukünftige Generationen ein auch nur annähernd so vielfältiges Angebot an Fisch auf dem Speisezettel vorfinden sollen, wie wir es heute noch haben.

243

Makrele

Makrelen leben in riesigen Schwärmen, die bis zu 100 Meter breit und 200 Meter lang sein können. Sie sind in zwei Hauptgebieten zu finden,

Nordostatlantische Makrele

zwischen denen wenig oder gar kein Austausch stattfindet: einmal im nordwestlichen Atlantik mit der kanadischen und der US-amerikanischen Küste, zum anderen im Bereich des Nordostatlantiks mit der Westküste Europas, der Nord- und Ostsee sowie dem Schwarzen und dem Mittelmeer.

Die Makrele hat einen lang gestreckten torpedoförmigen Körper, der von kleinen Schuppen bedeckt ist, und wird bis zu fünfzig Zentimeter lang und bis zu einem Kilogramm schwer. Ihr Rücken ist stahlblau bis grünlich mit dunklen, zebraartigen Querstreifen, Seiten und Bauch sind silbrig weiß. Das Fleisch hat eine rötliche Färbung und ist stark ölhaltig. Dadurch eignet es sich besonders zum Räuchern und Braten. Geräuchert wird der Fisch oft als Lachsmakrele oder Lachsforelle vertrieben. Im Rheinland verwendet man die Bezeichnung Makrele oft irreführend für die Nase, einen Weißfisch aus der Familie der Karpfen, auch Näsling und Schnabel genannt.

Die Makrele ist ein ausdauernder Schwimmer, der Geschwindigkeiten bis zu fünfzig Stundenkilometern erreichen kann. Sie hat keine Schwimmblase. Ihre Nahrung besteht aus kleinen Fischen, Mollusken und Krebsen. Die nordwestatlantische Art beginnt im Frühjahr in den südlichen Küstengebieten zu laichen und wandert dann während des Sommers nach Norden. Die Laichzeit der nordostatlantischen Art ist im Mittelmeer zwischen März und April, in der Nordsee zwischen Mai und Juni und in Kattegat und Skagerrak zwischen Juni und Juli. Die Tiere entlassen beim Laichen in mehreren Schüben zwischen 200.000 und 450.000 schwimmende Eier ins offene Meer. Die Jungtiere ernähren sich zunächst von Zooplankton, bevor sie anfangen, kleinere Fische zu jagen. In einem Alter von zwei bis drei Jahren werden sie geschlechtsreif, und der Zyklus beginnt von neuem.

Makrelen halten sich dicht unter der Wasseroberfläche auf. Nach der Überwinterung in den tieferen Bereichen der Meere wandern sie im Frühjahr bei Temperaturen zwischen 11 und 14 Grad Celsius in das flachere Wasser der Schelfgebiete, da sie das wärmere Wasser dort bevorzugen.

In den 1970er Jahren brach der Nordseebestand an Makrelen zusammen. Gründe waren Überfischung und Nahrungsmangel – weil die Heringsbestände durch Überfischung ausgedünnt waren, fehlte den Makrelen ihre wichtigste Beute. Bis heute haben sich die Makrelenbestände in der Nordsee von diesem Einbruch nicht vollkommen erholt. Man vermutet, dass die Hauptursache dafür eine Veränderung im Wanderungsverhalten der Makrelen ist. Die Tiere schließen sich lieber den großen Atlantikschwärmen weiter westlich an, als in ihrem angestammten Gebiet für

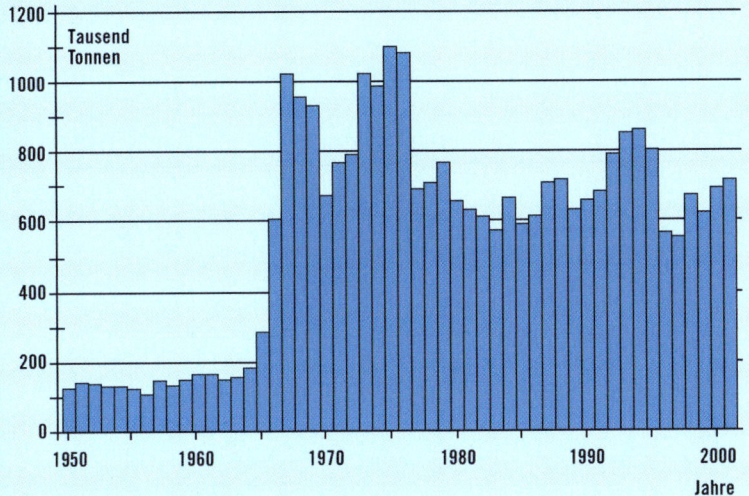

Anlandung von Makrelen

Nachwuchs zu sorgen. Glücklicherweise ist die Situation im Atlantik stabil. Im Jahr 2001 wurden auf 17 Fahrten im nordöstlichen Atlantik 1.900 Planktonproben genommen und daraus die Makreleneier aussortiert, um auf dieser Grundlage die Menge geschlechtsreifer Fische hochzurechnen. Man kam auf eine Zahl von etwa 2,6 Millionen Tonnen Makrelen im Nordostatlantik. Das verweist, auch wenn die Bundesforschungsanstalt für Fischerei in ihrem Jahresbericht 2002 die Zahl etwas nach unten korrigieren musste, durchaus auf einen «gesunden» Bestand.

Deutschland

Hummer vor Helgoland

Edles aus deutschen Landen, mühsam gezüchtet

Es gab einmal Zeiten, da krochen die Hummer in solchen Massen vor der europäischen und der amerikanischen Atlantikküste über den Meeresboden, dass sie als Plage galten. Die ersten Siedler an der kanadischen Ostküste verachteten die Schalentiere als Arme-Leute-Essen und pflügten sie als Dünger auf den Äckern unter, wie es bereits die ansässigen Indianer getan hatten. Aber mittlerweile ist «Lobster» auch in Amerika heiß begehrt und sein Fang streng reglementiert. Denn aus dem Handel mit den Tieren, die die Küstenbewohner einmal achtlos bei Ebbe aufklaubten, ist längst ein weltweites und lukratives Geschäft geworden. Nach Angaben des kanadischen Fischereiministeriums wurden im Jahr 2000 allein an den atlantischen Küstenprovinzen Neuschottland, Neubraunschweig, Prinz-Edward-Insel, Neufundland und Quebec 43.500 Tonnen Hummer mit einem Wert von rund 355 Millionen Euro gefangen. Anfang 2002 machte eine Bande von sich reden, die in großem Umfang Schwarzhandel mit den Schalentieren betrieb. Nachprüfungen bei Fischern, Zwischenhändlern und Endabnehmern ergaben, dass systematisch illegal gefangener Hummer unter dem Ladentisch verkauft worden war – für einen Betrag zwischen 35 und 140 Millionen Euro. Die Fahnder der kanadischen Bundespolizei hatten bei einer Bank in Halifax eine lange Liste dubioser Bargeldtransaktionen entdeckt und zunächst geglaubt, Geldwäschern eines Drogenrings auf die Spur gekommen zu sein.

Helgoländer Kliffküste

Und die Nachfrage ist ungebrochen, trotz der wirtschaftlichen Flaute dies- und jenseits des Atlantiks. Die Preise sind gut, und die Hummerfischer holen aus dem Wasser, was die Ozeane hergeben. In Deutschland ist das allerdings inzwischen nicht mehr viel. «Man sagt immer, wenn es ein kalter Winter war, dann gibt es ein paar Hummer mehr, wenn wir einen warmen Winter hatten, haben wir ein paar Hummer weniger. Pro Jahr liegt das so bei fünfzig, sechzig Hummern», rechnet Dedlev Haas vor, einer von drei verbliebenen Hummerfischer auf Helgoland. Von dem Boom, den seine amerikanischen Kollegen erleben, kann Haas nur träumen. Im Gegensatz zu ihnen kann er von den spärlichen Fängen nicht existieren und arbeitet deshalb nebenberuflich als Maschinist im Schichtdienst. Sein norddeutsch trockener Kommentar, während er in seinem schwankenden Boot die Körbe einholt: «Mal hat man zwei am Tag, mal zwei Wochen gar keinen Hummer, da muss man mit leben.» Die Zahl der letzten frei lebenden Hummer in der Nordsee ist drastisch zurückgegangen. Die Biologische Anstalt auf Helgoland (BAH) hat deswegen begonnen, die Tiere zu züchten. Vorerst nur zu wissenschaftlichen Zwecken, um den Bestand in der Natur wieder aufzustocken, irgendwann später vielleicht auch einmal für die kommerzielle Nutzung. Aufgabe der BAH ist die Erforschung der Grundlagen des Lebens im Meer mit den Schwer-

Links: Exkursion nach Helgoland, 1865

Rechts: Verkauf von Helgoländer Hummer, 1953

punkten Nordsee und Wattenmeer. Der Standort Helgoland bietet dafür ideale Voraussetzungen, denn die sechzig Kilometer vom Festland entfernte Insel ist nicht nur ein beliebtes Erholungsziel, sie ist in meeresbiologischer Hinsicht einzigartig. Das Felswatt und die über 35 Quadratkilometer umfassende unterseeische Felslandschaft rund um das Eiland aus rotem Buntsandstein beherbergen die reichste Meeresfauna und -flora an der deutschen Küste. Schon in den 1830er Jahren hatte diese Vielfalt marinen Lebens Wissenschaftler auf die – zu dieser Zeit britisch besetzte – Felseninsel gelockt. Zu den ersten wichtigen Ergebnissen gehörte die Aufklärung des Meeresleuchtens, als dessen Ursache Christian Gottfried Ehrenberg 1835 mikroskopisch kleine Dinoflagellaten erkannte. Zehn Jahre später entdeckte Johannes Müller die Wunderwelt des Planktons, als er ein besonders feinmaschiges Netz hinter seinem Boot herzog, in dem sich die Mikroorganismen verfingen. Klangvolle Namen, von Alexander von Humboldt bis Ernst Haeckel, schmücken die Liste der wissenschaftlichen Helgoland-Besucher. Unter dem Einfluss der Ideen Darwins entstanden auf der Insel grundlegende Studien zur Entwicklungsgeschichte der Organismen, bei denen Beobachtungen unmittelbar am lebenden Objekt reichlich Anschauungsmaterial lieferten. 1892, zwei Jahre nachdem das Deutsche Reich im viel geschmähten «Hosenknopfvertrag» mit England das kleine, aber strategisch wichtige Helgoland im Tausch gegen Sansibar zurückerhalten hatte, wurde unter dem preußischen Kultusministerium die Vorläuferinstitution der heutigen BAH gegründet, die Königliche Biologische Anstalt auf Helgoland. Hauptaufgabe des Instituts war die Erforschung der Flora und Fauna des Helgoländer Meeresgebiets mit Berücksichtigung der Nutztiere. Tatsächlich dehnte sich das Arbeitsgebiet jedoch schließlich über die Nordsee hinaus auf die Ostsee und bis in die arktischen Meeresgebiete aus. Im Jahre 1920 absolvierten dreißig Teilnehmer den ersten meeresbiologischen Lehrgang auf Helgoland. Seit Januar 1998 gehört die Station mit rund sechzig Mitarbeitern zur Stiftung Alfred-Wegener-Institut für Polar- und Meeresforschung in Bremerhaven.

Heute betreibt die Biologische Anstalt Helgoland sowohl ökologische Grundlagenforschung als auch anwendungsbezogene Untersuchungen in der Nordsee. Schwerpunkt der Forscher sind die Lebenszyklen von Algen und Meerestieren im flachen Schelfmeer, ihre Anpassung an den extremen, felsigen Lebensraum sowie die Wechselwirkungen zwischen den Arten und die Wanderungen der Organismen zwischen offener See und Küste. Hinzu kommt die Zucht und Haltung von Hummern, anderen Krebsen oder Meereswürmern für Laborversuche und zur behutsamen Aufstockung der durch die jahrelange rücksichtslose Überfischung in Bedrängnis geratenen Bestände. Die Wissenschaftler arbeiten eng mit deutschen und internationalen Kollegen zusammen, um die physiologischen und ökologischen Prozesse in den Schelfmeeren weltweit zu vergleichen und zu bewerten. Die Seite des Instituts im Internet verweist nicht ohne Stolz darauf, dass die Helgoländer Projekte immer wieder wesentliche Impulse für die internationale Forschung und die angewandten Wissenschaften geliefert haben. Zusätzlich unterhält die BAH ein Forschungsschiff, einen Forschungskutter und zwei Motorboote für die inselnahen Gewässer, um biologisches Untersuchungsmaterial und Futter für die in der Station gehaltenen beziehungsweise gezüchteten Meerestiere und Algen zu beschaffen.

Vielleicht ist es eine Reaktion auf die intensive Beschäftigung mit den Folgen menschlicher Ignoranz für die Meere – über die Jahre haben die Forscher ein fast persönliches Verhältnis zu den Tieren in ihrer Anstalt entwickelt. Michael Janke, technischer Assistent an der BAH, erläutert die Hummerzucht. Er greift sich einen Hummer und nimmt ihn vorsichtig aus dem Plastikbecken. «Das ist eins von drei Hummermännchen. Den halten wir zum Zweck der Verpaarung vor.» Er zeigt auf die sorgsam zusammengebundenen Scheren, eine prophylaktische Maßnahme, die weniger dem Schutz der Forscher dient als dem Schutz der Tiere selbst: «Die Weibchen sind nur empfängnisbereit, während sie sich häuten. Die Scheren sind zugebunden, weil es vorkommen kann, dass bei der Aufregung der Paarung das Weibchen vom Männchen verletzt wird.» Eier tragende Weibchen dürfen nicht verkauft werden. Alle Exemplare, die den Hummerfischern in die Körbe gehen oder zufällig gefangen werden, müssen im Institut abgegeben werden. Sie sind der Grundstock für die Hummerzucht der Anstalt. Da die Tiere äußerst sensibel auf Verschmutzungen sowie Veränderungen von Temperatur und Salzgehalt innerhalb ihres Lebensraums reagieren, ist die Qualität des Wassers in den großen Meerwasserbecken entscheidend für den Erfolg der Zucht. Im Helgoländer Institut werden Labors und Züchtungshalle sowie etliche Freiflächen für Experimente größeren Umfangs durch eine Pumpanlage ständig mit frischem Meerwasser versorgt. Auf diese Weise können die Tiere in ihrem natürlichen Lebenselement beobachtet werden, und auch die Haltung und Zucht anderer empfindlicher Meeresorganismen wird möglich. Bis zu 500 Hummer leben, streng voneinander getrennt, in einem Becken. Es ist nicht ohne Ironie, dass aufwendig nachgebildet werden muss, was die Natur einmal von selbst hervorgebracht hat. Noch in den 1950er Jahren wurden vor Helgoland jedes Jahr Hummer mit einem Gesamtgewicht von bis zu fünfzig Tonnen aus der Nordsee gefischt. Jetzt sind es gerade einmal ein paar hundert Kilo.

Um die Bestände zu sichern oder neu aufzubauen, muss erst erforscht werden, welche Umweltfaktoren das Leben der Hummer beeinflussen und, neben der Überfischung, zum Rückgang der Art beigetragen haben könnten – eine Basisarbeit, die den wissenschaftlichen Alltag des Instituts ausmacht. Geleitet wird das Projekt von Prof. Friedrich Buchholz, der an der Universität Hamburg lehrt und gleichzeitig der Biologischen Anstalt vorsteht. Die Hummer selbst betreut seit Juli 2000 die Meeresbiologin Folke Mertens. Die dreißigjährige Doktorandin hat sich schon in ihrer Diplomarbeit mit den Entwicklungsbedingungen der kostbaren Krustentiere in europäischen Gewässern beschäftigt. «Die Gründe für den massiven Rückgang der Bestände sind so vielfältig, wie das Ökosystem komplex ist», erklärt die Biologin und betont, dass nicht die Überfischung allein schuld sei am Hummermangel rund um Helgoland. Zum Kreis der Verdächtigen gehören auch der rege Schiffsverkehr in der Deutschen Bucht und die Ölproduktion in der Nordsee. So reagierten die rar gewordenen Krebstiere äußerst empfindlich auf Erdölkomponenten im Wasser, vermutlich weil ihr Geruchssinn dadurch beeinträchtigt wird. Fast noch schwerwiegender aber, erklärt Mertens, sei die Vermehrung des Taschenkrebses. Der Konkurrent des Hummers habe diesen praktisch verdrängt und ihn seiner Nahrung und Lebensräume beraubt. Warum es allerdings zu diesem Artenwechsel gekommen ist, das muss noch geklärt werden.

Hummerkopf in Großaufnahme

Um genaue Aussagen über solche Milieuveränderungen und ihre Folgen für die marine Fauna und Flora machen zu können, werden an der BAH in langen Versuchsreihen die Reaktionen von Algen und Meerestieren auf diverse natürliche oder vom Menschen verursachte Veränderungen getestet: Lärm durch Schiffe, Abwassereinleitungen in die Nordsee, Störung der Nahrungskette durch die Fischerei usw. Man hofft unter anderem, zuverlässigere Prognosen etwa beim zukünftigen Bau von Windparks in den Wattgebieten erstellen zu können. Viele Phänomene, wie Umweltveränderungen und Artenverschiebungen, sind gerade auf der «marinen Oase» Helgoland besonders gut zu beobachten. Zu diesen Arbeiten der Meeresstation ist seit neuestem ein eng mit dem ökologischen Erkenntnisgewinn verbundener Arbeitsbereich hinzugekommen – die

Professor Friedrich Buchholz von der BAH mit Eier tragendem Hummerweibchen

marine Naturstoff-Forschung. Mit einigen der Pflanzen und Tiere, die auf Helgoland gezüchtet oder gehalten werden, leben Mikroorganismen in einer Nutzgemeinschaft, die als mögliche Produzenten neuer Arzneimittel wie Antibiotika gelten. Gelingt es, diese Organismen in größerem Ausmaß zu kultivieren, könnten dringend benötigte neue Ressourcen für nachwachsende Rohstoffe entwickelt werden. In Zusammenarbeit mit verschiedenen Partnern aus der pharmazeutischen Industrie werden darum zurzeit in einem ersten Schritt die verschiedenen Naturstoffe in den Meeresorganismen genau beschrieben, um später im Einzelnen analysiert und auf eine mögliche Nutzung hin getestet zu werden. Ziel dieser Forschungen ist es, herauszufinden, wie man die biotechnologische Ressource Meer schonend und nachhaltig nutzen könnte.

Hummer und andere Meerestiere als natürliche Apotheke der Zukunft? Das ist noch Zukunftsmusik. Vorerst droht den Hummern nach wie vor der Kochtopf. Kaum zeigen sich die ersten Erfolge der mühsamen «Wiederbesiedlung», freut sich eine zahlungskräftige Kundschaft mit verwöhntem Gaumen auf die Delikatesse, Ökologie hin oder her. Ihrem Verlangen nach den Schalentieren kommt zugute, dass auch die natürlichen Feinde des Hummers im Laufe der letzten Jahrzehnte dezimiert wurden. Durch die weitgehende Ausrottung des Kabeljaus sind die Überlebens-

Dedlev Haas ist in dritter Generation Hummerfischer

chancen der Larven und Jungtiere in der freien Natur deutlich gestiegen. Das Aufstockungsprojekt auf Helgoland gibt es seit 1999. Hummer können nicht wie Garnelen oder Lachse in Aquakulturen gezüchtet werden. Als Einzelgänger dulden Hummer keine Konkurrenz, und eine Zucht in Massenkulturen wie bei Muscheln würde mit größter Wahrscheinlichkeit in einem Unterwassermassaker enden. Da Hummer sehr langsam wachsen, stünde außerdem der zeitliche und finanzielle Aufwand in keinem Verhältnis zum Ertrag. Deshalb werden die auf der BAH-Station gezüchteten und aufgezogenen Hummer als Einjährige im Naturschutzgebiet «Helgoländer Felssockel» ausgesetzt, immerhin 1.200 Stück pro Jahr. Auch wenn die «aktive Wiederbesiedlung», wie es im Wissenschaftsjargon heißt, nur anhand von Fangzahlen nachgewiesen werden kann und die Tiere erst nach einigen Jahren ihre Geschlechts- und damit Marktreife erreichen, scheinen die vorläufigen Ergebnisse auf einen Erfolg des Projekts hinzuweisen. Etwa zehn Prozent der ausgesetzten und markierten Zuchthummer landen als kapitale Exemplare bereits wieder in den Netzen der Helgoländer Fischer. Finanziell werden die Helgoländer Arterhaltungsmaßnahmen vom Landwirtschafts- und Fischereiministerium des Landes Schleswig-Holstein getragen – die Insel gehört zum dortigen Landkreis Pinneberg. Jedes Mal, wenn eine Anglerlizenz verlängert wird, wandert ein Teil der Gebühren direkt in das Hummerprojekt.

Zweimal am Tag tuckert Dedlev Haas mit seinem kleinen Holzboot hinaus aufs Meer und kontrolliert seine Hummerkörbe. Achtzig von ihnen hat er auf dem Grund der Nordsee ausgelegt. Eine bescheidene Zahl im Vergleich zu den US-amerikanischen oder kanadischen Kollegen. In Maine legt ein Hummerfischer bis zu 400 Hummerkörbe aus. Die Reusenkäfige werden, seitdem man Hummer fängt, nach dem gleichen Prinzip gebaut: Ein Köder in der hinteren von zwei Kammern lockt den Hummer an. Auf der Suche nach Nahrung kriecht er durch den trichterförmigen Zugang in die erste Kammer, die «Stube», und findet nicht mehr den Weg hinaus. Er ist gefangen, ohne dass er den Köder in der zweiten Kammer, der «Küche», fressen kann. Die Stelle, wo der Korb auf dem Meeresboden liegt, ist mit einer Boje an der Wasseroberfläche markiert. Beim Einsammeln wird der Korb an die Wasseroberfläche gehievt, das Tier wird herausgenommen, und die Scheren werden ihm zusammengebunden. Dedlev Haas ist Hummerfischer in der dritten und, nach Stand der Dinge, wohl auch letzten Generation. Heute hat er Glück. Neben einigen durchschnittlichen Exemplaren ist ein besonders großes Tier in einen Korb gegangen. Er schätzt das Gewicht auf etwa vier Pfund, und von den Restaurants nehmen er und seine Kollegen 38 Euro pro Kilogramm. Vorsichtig setzt Haas das graugrünliche Tier in einen mit Meerwasser gefüllten Behälter. Strahlend blau sind die Hummer meist nur kurz nach einer Häutung. Die Qualität des Wassers ist für die Färbung unerheblich. Die Farbstoffe setzen sich durch Verdauungsprozesse im Panzer ab. Ein Hummer, wie Dedlev Haas ihn gefangen hat, ist weit über zwanzig Jahre alt, hat sich rund dreißigmal gehäutet – und: Er ist garantiert vorbestellt. Denn Helgoland-Hummer sind heiß begehrt.

Noch am selben Abend landet der Fang in der Küche des Helgoländer

Restaurants «Insulaner». Koch Jörg Rätsch hat wenig Arbeit mit der Zubereitung der Delikatesse: «Da der Hummer ja einen ausgeprägten Eigengeschmack hat, der auch rüberkommen soll, kochen wir ihn einfach in Wasser mit etwas Meersalz. Das ist es dann auch schon.» Hummer werden in Deutschland nach wie vor lebend gekocht. Ganz herzlos mag Rätsch aber auch nicht sein. Bevor die grausame Prozedur beginnt, hebt er den Hummer hoch und hält ihn kurz mit dem Kopf nach unten. «Das löst bei dem Hummer so etwas wie eine Ohnmacht aus, er kriegt dann nicht mehr alles mit», erklärt er und zeigt auf die schlaff herabhängenden Scheren. «Man merkt das daran, dass er sich nicht weiter bewegt.» Weniger als eine Viertelstunde später ist das Tier bereits tafelfertig und liegt auf einer silbernen Vorlegeplatte. Die klassische Beilage besteht aus Kartoffelpüree und einigen frisch aufgeschlagenen Saucen auf Sahne- oder Mayonnaisebasis. Puristen bevorzugen allein Weißbrot als Beilage. Dazu gehört ein trockener Weißwein wie ein Chardonnay, Weiß- oder Grauburgunder.

Ein zubereiteter Hummer ist immer leuchtend rot, da beim Kochen die im Panzer enthaltenen Stoffe einen chemischen Verwandlungsprozess durchlaufen. Beim lebenden Tier ist das Astaxanthin, ein karotinähnlicher Farbstoff, mit Eiweißmolekülen verbunden und erscheint als graue bis blaue Färbung. Die Hitze beim Kochen bricht diese Verbindung auf, und

Aussetzen der Hummerkörbe mit dem Köder

das Astaxanthin tritt in reiner Form als leuchtendes Rot auf. Die anderen Farbpigmente werden zerstört. Das Exemplar von Dedlev Haas hat sich ein einheimisches Ehepaar bestellt. Anlass ist ihr Hochzeitstag – Liebe geht eben auch hier durch den Magen.

Der Hummer, den die beiden für ihre Feier auserkoren haben, hat noch Glück im Unglück gehabt. Sein Leiden war kurz. Die Vorstellung, dass ein Hummer nach einem freien Leben auf kürzestem Weg frisch auf den Tisch kommt, trifft für die meisten der in den Restaurants der Welt verspeisten Tiere nicht zu. Bevor sie zum Verkauf kommen, werden die Tiere nach dem Fang meist wochenlang auf engstem Raum vorgehalten und über weite Entfernungen transportiert. Stress pur für den Einzelgänger Hummer, der mit zusammengebundenen Scheren seines Schicksals

Links: Die kräftigen Scheren müssen vor dem Transport zusammengebunden werden

Rechts: Zum Verzehr angerichteter gekochter Hummer

harrt. Das Wasser wird zwar gut durchlüftet, damit die Tiere nicht sterben, aber eine ausreichende Fütterung ist selten. Erhalten sie pelletiertes, das heißt zu kleinen Kügelchen gepresstes Krebsfutter, entwickeln sie abnorme und viel zu dünne Panzer, die anfällig sind für die Infektion durch Pilze und Bakterien. Als besonders vorteilhaft für die Verkäufer gelten Tiere, die sich während der Lagerung noch einmal häuten. Die so genannten Wasserreißer pumpen ihren neuen Panzer vor der Aushärtung mit Wasser voll, um Platz für die später nachwachsende Muskelmasse zu schaffen, und bringen mehr Gewicht auf die Waage. Allerdings schmecken sie entsprechend fade. Hartnäckig hält sich das Gerücht, dass europäische Hummer besser schmecken als amerikanische. Aber das ist ein Vorurteil. Beide Arten sind sich sehr ähnlich. Der Unterschied liegt allein darin, dass die nordamerikanische Art mit hochseegängigen Booten das ganze Jahr über gefangen wird, die europäische wegen der traditionell kleineren Schiffe der Fischer nur vom Sommer bis zum Frühherbst. Außerdem kommen die europäischen Exemplare schneller in den Handel, während der amerikanische Lobster oft monatelang in Unterwasserkäfigen auf seinen Versand warten muss.

Während sich die beiden Ehejubilare genüsslich über ihren Hummer hermachen, wartet in der BAH bereits neue Arbeit auf die staatlich geförderten Hummerzüchter. Ein Fischer hat ein Tier abgegeben, das noch nicht groß genug für den Verkauf ist. Mindestens 13 Zentimeter Länge und 500 Gramm Gewicht muss ein Hummer aufweisen, wenn er in den Handel kommen soll. Als Michael Janke das abgelieferte Tier auf die Waage legt, zeigt die gerade einmal 380 Gramm an. Der kleine Hummer ist buchstäblich im letzten Moment dem Kochtopf entkommen. Nun werden seine Daten erfasst, und er gilt als Forschungsobjekt. Nach dem Wiegen und Messen bekommt er eine Markierung. Werden markierte Tiere gefangen, bringen die Fischer sie zum Registrieren zurück ins Institut. Erst danach geht der Hummer in den Handel. Nur so ist eine Langzeitbeobachtung möglich. Anstatt den Hummer auf dem Rücken zu markieren, spritzt Folke Mertens eine Farbkombination ins Muskelfleisch des Tieres. «Die Tiere außen auf dem Panzer zu markieren bringt nichts, weil die Markierungen dann bei der nächsten Häutung verloren gehen», erklärt sie. Nach der Datenerfassung und Markierung darf der Hummer zurück in seinen natürlichen Lebensraum. Vorsichtig setzt Michael Janke das Tier zwischen den Felsen wieder ins Wasser.

Auch Dedlev Haas wünscht sich einen großen Hummerbestand. Obwohl es, genau genommen, sein Beruf ist, den Bestand zu verkleinern. Trotzdem sieht er sich und seine Kollegen nicht als Gefahr für die Tiere. «Die Menge von Hummern, die wir fangen, ist nicht groß. Geschrumpft ist vor allem die Zahl der Fischer. Nach meinen Fängen im letzten Jahr zu urteilen, wächst der Bestand wieder.» Mit Verschwinden des Kabeljaus ist als einziger Feind des Hummers vor Helgoland der Mensch geblieben. Doch dem größten Hummer, den Dedlev Haas je aus dem Meer geholt hat, so erzählt er, hat er das Leben geschenkt. Wer von der Natur lebt, weiß, was er ihr schuldet. Nicht immer ist der Appetit des Menschen das Maß aller Dinge.

Hummer

Hummer zählen zu den so genannten Krustentieren. Während der Sommermonate leben sie in flachen, küstennahen Gewässern mit kühlen Temperaturen, wobei sie felsenreiche Gebiete bevorzugen. In den Wintermonaten ziehen sie sich meist in Meeresregionen mit bis zu fünfzig Metern Wassertiefe zurück. Die Allesfresser gelten als «Staubsauger» der Meere. Von Aas bis zu Pflanzen und Kleingetier wird alles vertilgt; ein hungriges Männchen frisst selbst den eigenen Nachwuchs.

Die Rückenfarbe der Hummer ist camouflageartig dem jeweiligen Untergrund angepasst und reicht von blauen, grünblauen zu schwarzviolet-

**Hummer im Schutz
einer Felsenhöhle**

ten Schattierungen, während Seiten und Unterseite meist braun bis orangegelb und mit dunklen Punkten versehen sind. Die beiden Scheren der Hummer sind auffallend ungleichmäßig ausgebildet. Die rechte Schere ist im Allgemeinen deutlich größer und dient der Verteidigung und dem Festhalten von Nahrung. Die kleinere und auch schlankere andere Schere hat die Funktion, die Nahrung zu zerkleinern und zum Mundapparat zu führen. Hummer haben lange Fühler, die der Orientierung in der dunklen Umgebung dienen, in der sie leben.

Hummer können bis zu siebzig Zentimeter groß werden, ein Gewicht von neun Kilogramm und ein Alter von fünfzig Jahren erreichen. Da ihr Panzer starr ist und nicht mitwächst, müssen sie sich in bestimmten Abständen häuten. Im ersten Lebensjahr geschieht dies bis zu neunmal. Ausgewachsene Tiere häuten sich dann nur noch alle zwei Jahre. Vor der Häutung bildet sich unter dem alten Panzer eine ledrige Haut. Hat sich der Hummer seines Panzers entledigt, verfestigt sich diese Haut innerhalb von etwa drei Wochen zu einem neuen Panzer. In dieser Zeit muss sich das Tier, seines natürlichen Schutzes beraubt, einen geschützten Platz in einer Felsspalte oder Höhle suchen. Die Tiere fressen nur einmal am Tag. Ihre Höhle verlassen sie nur zur Jagd und zur Paarung. Mit etwa fünf Jahren und bei einem Gewicht von etwa einem Pfund erreichen sie die Geschlechtsreife, wobei die Weibchen größer sind als die Männchen. Die Weibchen laichen alle zwei Jahre und produzieren dabei bis zu 100.000 Eier, die sie mit ihren platten Hinterleibsbeinen unter ihrem Schwanz anheften. Die Entwicklungszeit vom Ei zur Larve und zum kleinen Hummer hängt von der Wassertemperatur ab. Hummer sind langsam wachsende Tiere. Je kälter das Wasser, desto länger die Entwicklungszeit.

Der europäische Hummer lebt im Nordatlantik zwischen den Lofoten und Norwegen, um England, Schottland und Irland herum, der amerikanische Lobster vor den Küsten der kanadischen Atlantikprovinzen und der Neuenglandstaaten. Nach der Überfischung der Nordseehummer liegen heute die ergiebigsten Fanggründe vor der US-amerikanischen Ostküste im Bundesstaat Maine. Dort gibt es seit 1840 kommerziellen Hummerfang. Um eine gleichmäßige Versorgung der Märkte mit frischen Hummern das gesamte Jahr über zu garantieren, werden die amerikanischen oder kanadischen Hummer gelagert. Dies geschieht in Lattenkisten aus Holz oder Plastik mit einigen Dutzend Hummern oder in Tanks und Meerwasserbassins mit einem Fassungsvermögen von bis zu 4.000 Tieren. Die käfigartigen Behältnisse mit den Tieren werden vor der Küste unter Wasser ausgelegt, sodass die Hummer während der Vorhaltezeit mit frischem Meerwasser versorgt sind. Zum Versand werden sie aus diesen Käfigen genommen und in Kisten gelegt, die mit Holzwolle oder Stroh gepolstert und darunter mit einer Feuchtschicht versehen sind. Um die Tiere am Leben zu erhalten, verwendet man bei sehr langen Transportzeiten geschlossene Behälter mit chemisch präpariertem Wasser, das kontinuierlich Sauerstoff abgibt.

Drei Viertel des amerikanischen Hummerfangs gehen nach Europa, 15 Prozent bleiben in Nordamerika, zehn Prozent gehen nach Japan und

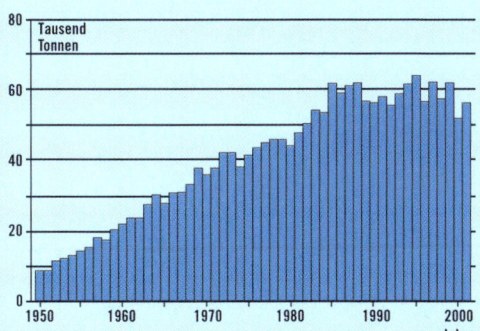 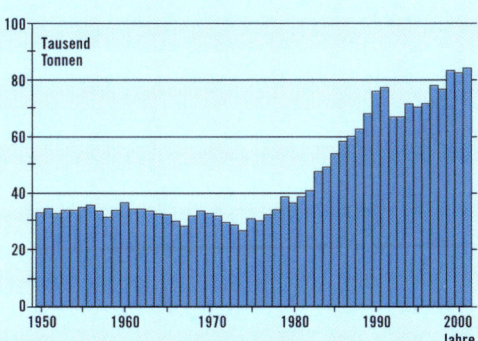

Korea. Eine besondere Gefahr für die Bestände droht in Kanada, wo der Staat riesige Verarbeitungsfabriken subventioniert. Die Hummer werden hier gefroren und dann in Gänze als Tiefkühlkost verschifft, oder sie werden zerlegt und zu Salat oder Ravioli-Füllung für die innovationshungrige Food-Industrie verarbeitet. Diese Fabriken schlucken über sechzig Prozent des Fangs, sodass ständig Überfischung droht.

Fangmengen europäischer (links) und amerikanischer Hummer (rechts)

Antarktis

Nachschub aus dem Polarmeer

Die Erforschung des Krills

Die Eingangshalle des Alfred-Wegener-Instituts für Polar- und Meeresforschung in Bremerhaven sieht wieder einmal eher aus wie eine Packhalle als wie der Empfang einer der angesehensten Forschungseinrichtungen Deutschlands. Überall stehen Kisten, Kartons, glänzende Metallzylinder in Holzverschlägen. In den Laborräumen der gleiche Anblick. Mikroskope und andere wissenschaftliche Instrumente werden vorsichtig in Dämmmaterial aus Plastik eingeschlagen. Man packt für die nächste Expedition. Das Ziel: die Antarktis.

Eisbrücke in der Antarktis. Diese Formationen entstehen durch Abschmelzung und Witterungseinflüsse

Die Antarktis eine Eiswüste zu nennen wäre untertrieben. Kälterekorde sind in dieser Region sozusagen an der Tagesordnung. Die bisher niedrigste registrierte Temperatur liegt bei minus 89,2 Grad Celsius, gemessen am 21. Juli 1983 an der russischen Forschungsstation Wostok. Es ist ein Kontinent der frostigen Superlative. In der Antarktis befinden sich neunzig Prozent des zu Eis gefrorenen Wassers unseres Planeten. Sie ist das abgelegenste Gebiet der Erde – bis Neuseeland und Australien sind es 2.500 beziehungsweise 3.000 Kilometer, nach Afrika 4.000 Kilometer. Vergleichsweise nah liegt die Spitze Südamerikas mit 1.000 Kilometern Entfernung. Eis, wohin der Blick schweift. Endlos, bodenlos. Im Durchschnitt beträgt die Eisdicke der antarktischen Einöde 2.500 Meter. An den höchsten Stellen des Kontinents sind es sogar mehr als 4.700 Meter. Der unter dem Eis liegende Festlandsockel ist mit einer Fläche von 12,4 Millionen Quadratkilometern ungefähr eineinhalbmal so groß wie Australien. Eis befindet sich auch rund um den gefrorenen Megaklotz – Meereis. Im Februar sind es fast vier Millionen Quadratkilometer, im September, wenn die kalte Jahreszeit auf der Südhalbkugel ihren Höhepunkt erreicht hat, über zwanzig Millionen Quadratkilometer.

Als einziger Kontinent hat die Antarktis keine permanente Besiedlung durch den Menschen aufzuweisen. Der hält es hier auf Dauer nicht aus. Dennoch haben verschiedene Nationen versucht, Teile der Region für sich zu reklamieren. Den Anfang machte 1917 Großbritannien. Sechs Jahre später vergaß das Commonwealth-Mitglied Neuseeland jedes britische Understatement und erklärte seine Oberhoheit über «alle Länder und Inseln zwischen dem 160. östlichen und 150. westlichen Längengrad südlich des 60. Breitengrades». Vor allem die Bodenschätze unter dem ewigen Eis, die vermutlich den Bedarf der gesamten Menschheit für mehrere Jahrhunderte abdecken, haben immer wieder Begehrlichkeiten geweckt. Beflügelt von der Aussicht auf ungeheure Gewinne, wurden plötzlich alle nur denkbaren «historischen» Ansprüche zur Begründung angeführt, um einen Teil des unbewohnten Gebietes einem bestimmten Staat zuzurechnen. Bis heute haben neben Großbritannien und Neuseeland auch Frankreich, Norwegen und die «Anliegerstaaten» Australien, Argentinien und Chile territoriale Ansprüche angemeldet. 1959 hat man im «Antarktisvertrag», der 1991 überarbeitet wurde, die Klärung der Gebietswünsche der an der Antarktis interessierten Staaten auf das Jahr 2041 vertagt.

Aber die Antarktis ist nicht nur wegen der in ihr vermuteten Bodenschätze für den Menschen interessant. Im Eis selbst und im nährstoffreichen Südpolarmeer wimmelt es von Leben, denn im Verlauf der Evolution

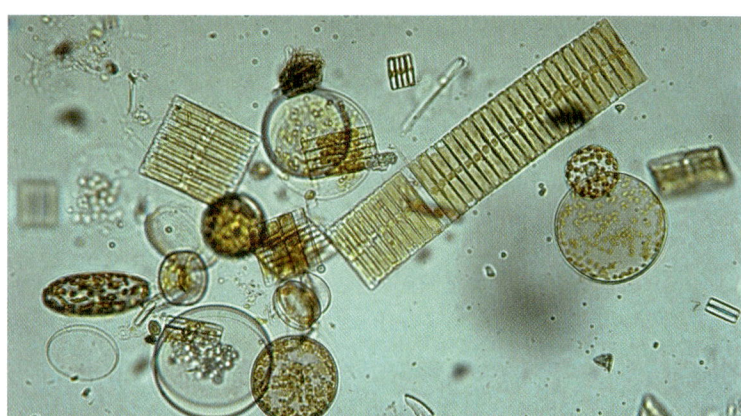

Links: Solekanäle im Eis

Rechts: Phytoplankton unter dem Mikroskop

hat sich eine spezielle Artengemeinschaft für dieses überaus dynamische Ökosystem gebildet. Die geschlossene Eisdecke ist nicht nur Lebensraum für Tiere, die halb auf dem Eis, halb im Wasser leben, wie Pinguine und Robben, sondern auch für Kleinstorganismen. Gefriert Meerwasser, bilden sich die Eiskristalle allein aus Wassermolekülen. Das gelöste Meersalz kann aufgrund der größeren Salzionen nicht in das Kristallgitter eingebaut werden. Die Salze konzentrieren sich im verbliebenen Meerwasser, und es bildet sich die so genannte Sole. Aufgrund ihrer höheren physikalischen Dichte ist die Sole schwerer als das umgebende Meerwasser und sinkt während der Eisbildung in tiefere Wasserschichten ab, um dort das schwerste Meerwasser der Erde zu bilden, das so genannte Antarktische Bodenwasser. Ein anderer Teil verbleibt in kleinen Poren im Eis. Dabei entsteht ein langes, vertikales Kanalsystem in der Eisdecke, in dem sich Algen und besonders Kieselalgen ansiedeln können. Zuweilen vermehren sich die meist stäbchenförmigen, nur wenige Mikrometer großen Einzeller in den Solekanälen so stark, dass das Eis an den besiedelten Stellen eine braune Färbung annimmt. Am häufigsten ist diese Braunfärbung, die sich als Mischfarbe aus roten, gelben und grünen Photosynthese-Pigmenten zusammensetzt, an der Eisunterseite, da hier das Solekanalsystem direkt mit dem Meerwasser und den darin vorhandenen Nährstoffen in Verbin-

dung steht, die die Algen für ihr Wachstum brauchen. Im Frühjahr und Sommer beginnt das Meereis zu schmelzen, und die Algen gelangen vermehrt ins freie Wasser, wo sie ihr Wachstum fortsetzen, Grundlage der Phytoplanktonblüte werden und im Herbst wieder vom neu entstehenden Eis eingeschlossen werden – womit sich der Kreislauf schließt.

Die Algen und ihr Kreislauf sind vor allem für den Krill wichtig, kleine Leuchtkrebschen, an denen auch die Fischerei interessiert ist. Da es in der Antarktis keine Fische gibt, die größere Schwärme bilden, kommt dem Krill hier eine ähnliche Rolle zu wie dem Hering in den Gewässern der Nordhalbkugel – er ist eine wichtige Nahrungsgrundlage für andere Meeresbewohner. Die Krilltierchen sind etwa sechs Zentimeter groß und ernähren sich überwiegend von den Mikroalgen des Phytoplanktons, aber auch von kleinen Ruderfußkrebschen, die zum Zooplankton gerechnet werden. Der oft in riesigen Schwärmen als «Krillwolken» auftretende Krill ist eine ideale und leicht erreichbare Nahrungsquelle für Meeresbewohner und Vögel. «Wale müssen nur ihr Maul aufsperren und durch die Krillschwärme schwimmen», sagt Prof. Ulrich Bathmann, Meeresbiologe am Alfred-Wegener-Institut, und führt aus, dass die ebenfalls Krill fressenden Fische und Tintenfische ihrerseits die Nahrungsgrundlage für Raubfische, Delphine und Robben sind. Auf Grundlage der reichhaltigen Vorkommen an Krillkrebsen hat sich ein kompliziertes, mehrfach verwobenes Nahrungsnetz herausgebildet.

Dass auch der Mensch den Krill als potenzielle Nahrungsquelle der Zukunft entdeckt hat, hängt paradoxerweise mit den Auswirkungen des Walfangs auf das Ökosystem der Polarmeere zusammen. Nachdem die arktischen Walbestände drastisch zurückgegangen waren, konnten sich die Krillkrebschen außergewöhnlich stark vermehren. Auf der Suche nach einem neuen Tätigkeitsfeld kamen die ehemaligen Walfänger auf den Gedanken, das fortzuführen, was die Wale vorher getan hatten, und nun ihrerseits die brachliegende Eiweißquelle zu nutzen. Krill sollte zu einer essbaren Paste mit hohem Nährwert verarbeitet werden. Schnell errechnete man Anfang der 1970er Jahre, dass eine solche Produktion der damaligen Weltfischproduktion von etwa sechzig Millionen Tonnen gleichkommen könnte. Neben der kommerziellen Ausbeutung der antark-

Kopf des Krills mit
Facettenaugen, Kau-
magen und Filterborsten
zur Nahrungsaufnahme

tischen Bodenfischbestände bei Südgeorgien sowie auf dem Kerguelen-Pla-
teau begann man daher mit der Krillfischerei. Vor allem die schnell wachsenden sowjetischen und japanischen Fischereiflotten suchten Ersatz für
die weniger ergiebig werdenden Fangplätze in Nordatlantik und Nordpazifik. Die Gewässer der Antarktis unterlagen keinen nationalen Beschränkungen, und eine Überfischung schien hier nicht möglich – Bestandsschätzungen gingen von mehr als 400 Millionen Tonnen antarktischem
Krill aus.

Um mit genaueren Zahlen operieren zu können, beauftragte das internationale Komitee zur Erforschung der Antarktis SCAR (Science Committee of Antarctic Research) eine interdisziplinäre Wissenschaftlergruppe,
den aktuellen Wissensstand über das Ökosystem zusammenzutragen. Ihr
erster Bericht, der 1974 erschien, zeigte jedoch, dass über die ökologische
und damit auch potenzielle wirtschaftliche Rolle des Krills so wenig bekannt war, dass fundierte Aussagen zu seiner fischereiwirtschaftlichen
Ausbeutung unmöglich waren. In den folgenden Jahren intensivierten daher einzelne Länder ihre Bemühungen zur Erforschung des Krills. Neben
der Sowjetunion und Japan führten Polen, die Bundesrepublik und die
DDR Expeditionen in die Antarktis durch. 1975/76 gingen die beiden
Forschungsschiffe *Walther Herwig* und *Weser* der in Hamburg ansässigen
Bundesforschungsanstalt für Fischerei mit deutschen, argentinischen, britischen, französischen und südafrikanischen Wissenschaftlern an Bord auf
ausgedehnte Fahrten ins Südpolarmeer. Versuche zum Fang und zur Verarbeitung des Krills wurden dabei verbunden mit eingehender biologi-
scher Forschung. Das Ergebnis der Fahrt war zunächst ermutigend: Offensichtlich konnten mit vertretbarem technischem Aufwand große Mengen
von Krill gefangen werden. In der Folge ging die Fischerei-Industrie daran,
Verfahren zu entwickeln, um den Krill zu einem für Menschen geeigneten
Nahrungsmittel und zu Tierfutter zu verarbeiten.

Für die deutsche Polarforschung war die Expedition der beiden Ham-
burger Schiffe nicht die erste Fahrt in die Antarktis. Zwar hat Deutschland
– sieht man einmal von einem absurden Zwischenspiel während des
«Dritten Reichs» ab – im Unterschied zu seinen europäischen Nachbarn
nie ernsthaft Gebietsansprüche in der Region geltend gemacht. Dennoch

blickt die deutsche Antarktisforschung zurück auf eine Tradition, die bis ins 19. Jahrhundert reicht. Bereits 1873 fuhr im Auftrag der kurz zuvor gegründeten Deutschen Polarschifffahrtsgesellschaft das Dampfsegelschiff *Grönland* unter dem ehemaligen Walfangkapitän Eduard Dallmann in die Region. Unter anderem wurden dabei die Kaiser-Wilhelm-Inseln am westlichen Ausgang der Bismarckstraße entdeckt. Eifrigster Protagonist der frühen Südpolarforschung war der später geadelte Georg Neumayer, der 1879 den Vorsitz der Internationalen Polarkommission übernahm und 1901 die erste offizielle deutsche Antarktisexpedition mit dem Forschungsschiff *Gauß* initiierte. Ihr Auftrag war das prestigeträchtige Erreichen des Südpols. Aber dem Leiter der Expedition, Erich von Drygalski, war das Erreichen eines rein geographischen Zielpunktes nicht genug, er richtete die Fahrt im Gegensatz zu den Expeditionen anderer Staaten, die

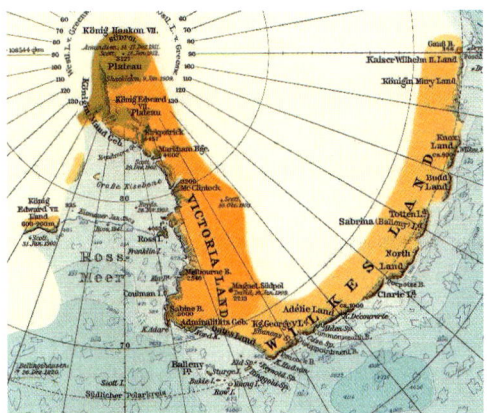

Links: Karte der Antarktis, rechts oben das nach Kaiser Wilhelm II. benannte Gebiet

Rechts: Erich von Drygalski, Leiter der ersten deutschen Antarktisexpedition

unter militärischem Kommando standen, ganz auf wissenschaftlichen Erkenntnisgewinn aus. Das Ergebnis füllte zwanzig Bände und zwei Atlanten. So wurde viel über das Leben der Pinguine und die Zusammensetzung der Fauna bekannt. Aber Drygalski kam auf diese Weise nur bis zu einer südlichen Breite von 66 Grad 2 Minuten – die konkurrierenden Briten drangen bis 82 Grad 17 Minuten vor. Und so blieb die Anerkennung Kaiser Wilhelms II. aus. Der antarktisbegeisterte Kaiser war weniger an wissenschaftlichen Fachbeiträgen interessiert als an Schlagzeilen und verweigerte 1903 das Geld für eine zweite Überwinterung.

Als 1911 der Norweger Roald Amundsen das Rennen zum geographischen Südpol gewonnen hatte, rückte auch vonseiten der deutschen Behörden wieder die Wissenschaft in den Vordergrund. 1911/12 entdeckte die zweite deutsche Antarktisexpedition unter Wilhelm Filchner das später nach ihm benannte Filchnerschelf, und nach dem Ersten Weltkrieg sammelte das deutsche Forschungsschiff *Meteor* parallel zur britischen *Discovery* systematisch Plankton in der Antarktis, um umfassende Informationen über die antarktische Lebensgemeinschaft zu gewinnen. Auf diesen Reisen erkannte man erstmals, welcher Artenreichtum und welche Formenvielfalt das Plankton innerhalb der Zone vor der so genannten Antarktischen Konvergenz ausgebildet hatte, einem rund fünfzig Kilome-

Das 1982 in Dienst ge-
stellte Forschungsschiff
Polarstern des Alfred-
Wegener-Instituts für
Polar- und Meeresfor-
schung an der antarkti-
schen Schelfeiskante

ter breiten Saum, an dem das von Süden kommende kalte Oberflächenwasser der Antarktis in die Tiefe sinkt. Erste Untersuchungen zum Krill
führte Deutschland kurz vor dem Zweiten Weltkrieg im Rahmen seines
Walfangs durch.

Nach dem Zweiten Weltkrieg dauerte es drei Jahrzehnte, bis die deutsche Polarforschung wieder international Geltung erlangte. Als 1959 die
zwölf in der Antarktisforschung führenden Nationen den Antarktisvertrag
beschlossen, war Deutschland nicht dabei. (Die Bundesrepublik wurde
erst 1981 nach Gründung der Georg-von-Neumayer-Station auf dem Ek-
ström-Schelfeis in den Kreis der Antarktisvertrags-Staaten aufgenommen.)
Als jedoch 1976 in Nachfolge des SCAR-Berichts das bis dahin größte internationale Forschungsprogramm in der Antarktis in Auftrag gegeben
wurde, beteiligten sich auch deutsche Wissenschaftler in großem Rahmen.
Das Projekt unter dem Namen BIOMASS (Biological Investigations of Marine Antarctic Systems and Stocks) sollte auf fünf Säulen ruhen: Beobachtungen auf See, Experimente im Labor, Fischereistatistiken, Datenanalyse
und theoretische Erarbeitung von Modellen, die dann zu Bewirtschaftungs-
empfehlungen führen sollten. Es war auf zehn Jahre ausgelegt.

FIBEX (First International BIOMASS Experiment), die erste Phase des
Unternehmens 1981, konzentrierte sich vor allem auf den Krill. Ziel war
eine Art «Volkszählung» sowie eine genauere Untersuchung der Struktur
der Krillwolken. Grundlage der Zählung waren großräumige Echolot-Auf-
nahmen der Gebiete des Westatlantiks und des Indischen Ozeans, die an
die Antarktis grenzen. Die Seegebiete wurden in rechteckige Sektoren ge-
gliedert, die unter die Forschungsschiffe der beteiligten Staaten aufgeteilt
wurden: Argentinien, Australien, Chile, Deutschland, Frankreich, Großbritannien, Japan, Polen, Südafrika und Sowjetunion. Wie beim Minensu-

chen fuhr jedes Schiff innerhalb des ihm zugewiesenen Sektors eine Serie präzise festgelegter Nord-Süd-Kurse ab und zeichnete die von den Krill-schwärmen auf dem Echolot empfangenen Signale auf. Computer rechneten die Echosignale in Krillmenge pro Seemeile um. Später sollten die auf den einzelnen Schiffen erhobenen Daten zusammengeführt und zu einem Gesamtbild der Krillvorkommen zusammengesetzt werden.

Bei diesen Fahrten war die Erfindungsgabe der Wissenschaftler gefordert. Teilweise standen die Krillschwärme so dicht unter der Wasserober-fläche, dass das Echolot sie nicht erfassen konnte. Manchmal waren die Krillwolken so dicht und umfangreich, dass der Schall des Echolots nicht bis zur unteren Begrenzung des Schwarms durchdrang. Fehler in der Ein-schätzung von Struktur, Dynamik und Kontinuität der Schwärme schie-nen unvermeidbar. Hinzu kam, dass die vom Krill reflektierten Echos von denen anderer Meerestiere unterschieden werden mussten. Die Forscher lösten diese Probleme einerseits durch gezielte ergänzende Netzfänge in verschiedenen Wassertiefen, zum anderen, indem sie die Echolote ein-fach in verschiedene Wassertiefen senkten. Zusätzlich griffen sie auf ein in der Wissenschaft sonst eher geschmähtes Medium zurück: Mit Unter-wasserkameras und Unterwasserfotografie beobachteten sie das Verhalten des Krills und den Abstand zwischen den Tieren.

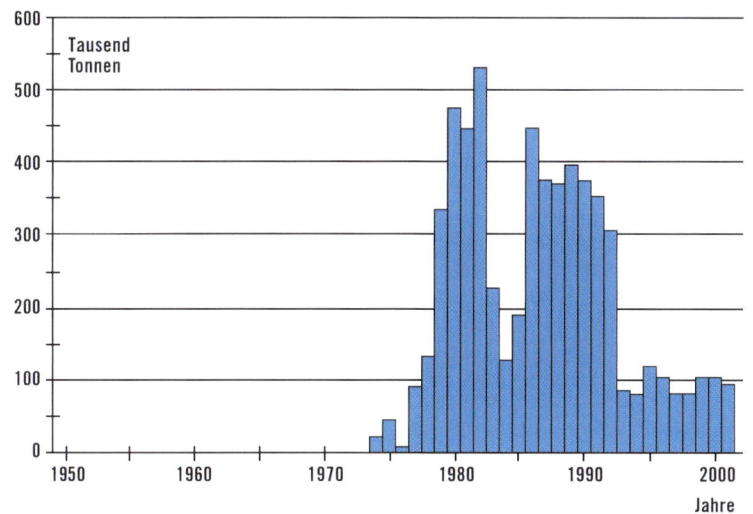

Fangmengen an Krill

Die Ergebnisse der ersten Phase und der sich anschließenden weite-ren Untersuchungen im Rahmen des Projekts BIOMASS lieferten völlig neue, umfassende Einsichten in die Biologie des Krills und seine Funktion im Biosystem Antarktis. Für die Fischereiwirtschaft waren diese Erkennt-nisse jedoch eine Enttäuschung. Zunächst wurde deutlich, dass die Be-stände hemmungslos überschätzt worden waren. Auf dem Höhepunkt der Euphorie war man von 400 Millionen Tonnen antarktischem Krill ausgegangen. Im Rahmen von BIOMASS konnten nur 35 Millionen Ton-nen für den atlantischen Bereich festgestellt werden, und es war höchst unwahrscheinlich, dass sich die Zahlen für die anderen Gebiete drastisch von denen des Atlantiks unterscheiden würden. Seit den 1970er Jahren war es sogar zu einer Abnahme der Bestände gekommen. Laboruntersuchungen zeigten zudem, dass Krill in hohen Mengen Fluor speichert. Ein herber Rückschlag, da dies seinen Einsatz als Nahrungsmittel für den Menschen stark einschränkte.

Forscher wie Prof. Bathmann und seine Kollegin Dr. Bettina Meyer von der Universität Bremen gehen heute von einer Menge zwischen 60 und 150 Millionen Tonnen Krill aus. Zum Vergleich: Der jährliche Gesamtertrag an Meeresfrüchten weltweit beträgt derzeit 90 Millionen Tonnen. Allerdings hält sich ein großer Teil des Krills aller Wahrscheinlichkeit nach an den schwer zugänglichen Stellen unter dem antarktischen Eis auf. Britische Forscher vom Ozeanographischen Zentrum der Universität Southampton in England sind deshalb 2002 auf die Idee gekommen, einen umgebauten Torpedo unter das Eis zu lenken, um dort mit akustischen Aufnahmen die Krillvorkommen näher zu bestimmen. Auch die Industrie ist nach den ersten Rückschlägen erfindungsreicher geworden. Man hatte feststellen müssen, dass der Krill sich aufgrund seines hohen Enzymgehalts nach dem Fang sehr schnell selbst verdaute und dadurch verdarb; deshalb trennt man heute noch an Bord den eiweißhaltigen Körper vom Magen-Darm-Trakt. An die Stelle der Verwertung als Nahrung ist der höherwertige Einsatz in Kosmetik und Medizin getreten. Der Cocktail von Enzymen im Verdauungstrakt des Krills ist höchst effektiv bei der Wundheilung – und bis heute kaum synthetisch herstellbar. Schon die Wikinger, erzählt Bathmann, wussten um seine heilende Wirkung und behandelten Verletzungen mit Krillmus, um dem Wundbrand vorzubeugen. Das Chitin des Krillpanzers dient zur Herstellung von Salbengrundstoffen in der Kosmetik und wird als fettbindendes Chitosan in der Schlankheitsindustrie eingesetzt. Der Algenfarbstoff Astaxanthin, der den Krill rosa färbt, gilt als äußerst effektives Antioxydationsmittel, das stärker noch als Vitamin C Sauerstoffradikale im Körper binden und damit früher Zellalterung und Krebs vorbeugen soll. Den im Krill konzentrierten Omega-3-Fettsäuren schließlich sagt man nach, beim Menschen das Risiko der Arterienverkalkung herabzusetzen.

1980 wurde in der «Konvention zum Schutz des antarktischen Meereslebens» durch die Antarktisvertrags-Staaten in Canberra ein besonderer Schutz des gesamten antarktischen Meeresökosystems vereinbart, der wissenschaftlich abgesicherte Fangquoten für den Fisch- und Krillfang vorschrieb. Aufgrund der bisherigen Bestandszählungen des Krills in der Antarktis gelten für den Atlantik als jährliche Höchstfangmenge 1,5 Millionen Tonnen Krill. Augenblicklich werden davon aber tatsächlich nur knapp über 100.000 Tonnen gefangen. Dies hat vor allem mit der Umstrukturierung der russischen Fangflotten nach der Auflösung der Sowjetunion zu tun. Russland und Japan waren die Hauptfangnationen in der Krillfischerei.

Neben den kommerziellen Begehrlichkeiten der Fischerei-Industrie macht den Wissenschaftlern vor allem die weltweite Klimaerwärmung ernsthaft Sorgen. Eine wichtige Eigenschaft des antarktischen Eises und des darauf liegenden Schnees ist das hohe Rückstrahlungsvermögen, «Albedo» genannt. Das einfallende Sonnenlicht wird nicht in Form von Wär-

Der Eisberg B 15 bricht im März 2000 vom Ross-Eisschelf ab

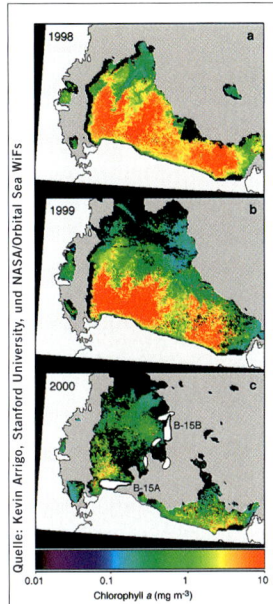

Quelle: Kevin Arrigo, Stanford University, und NASA/Orbital Sea WiFs

0.01   0.1   1   10
Chlorophyll *a* (mg m⁻³)

Die nebenstehende Serie von NASA-Satellitenaufnahmen des Rossmeers zeigt anhand des Chlorophyllgehalts des Meerwassers, wie die durch Bruchstücke des Eisbergs B 15 gebildete Barriere die Phytoplanktonbildung beeinträchtigt hat. Das Phytoplankton braucht das Chlorophyll, das mit Spezialkameras per Satellit zu erkennen ist, für die Photosynthese.

Die weißgrauen Flächen markieren das Festland und das Schelfgebiet. Die sechs größten Bruchstücke des Eisbergs sind auf der untersten Satellitenaufnahme als weiße Flecken zu erkennen. Das Meereis erscheint als dunkles Grau. Hohe Werte an Chlorophyll sind durch eine rote Färbung, geringe Werte durch lila und blaue Farben dargestellt. Die schwarzen Flecken sind offenes Wasser, das zum Zeitpunkt der Aufnahme gerade von Wolken abgedeckt wurde.

Die Bilder sind jeweils im Dezember 1998, 1999 und 2000 aufgenommen worden, dem Monat mit der höchsten Planktonblüte.

Auf dem letzten Satellitenbild ist gut zu erkennen, wie die losgebrochenen Eisberge als Barriere wirken und das Meereis daran hindern, nach Nordwesten zu treiben. Die Folge ist eine deutlich geringere Menge an Phytoplankton, wie an dem Chlorophyllgehalt des Wassers zu sehen ist.

me aufgenommen, es wird reflektiert. Zieht sich das Eis aufgrund der Erwärmung der Ozeane zurück, wird diese Reflexion eingeschränkt, und ein größerer Anteil der Sonnenstrahlung wird als Energie vom Wasser aufgenommen. Es entsteht eine fatale Rückkopplung: Das Wasser und die Luftmassen darüber erwärmen sich stärker, und noch mehr Eis schmilzt ab. Damit wird nicht nur der Lebensraum des Krills gefährdet, sondern auch der empfindliche Kreislauf der für den Krill wichtigen Mikroalgenbildung unterbrochen.

Wie störempfindlich dieses Gleichgewicht ist, zeigte sich im Frühjahr 2000, als vor dem Ross-Eisschelf ein riesiger, 200 Kilometer langer Eisberg abbrach. Forscher der Universität Stanford beobachteten per Satellit, wie der von ihnen B 15 genannte Eisberg innerhalb weniger Monate in kleinere Teile zerbrach, die eine Barriere vor der Küste bildeten und verhinderten, dass die sommerliche Eisschmelze ins Rossmeer abfließen konnte. Das sonst frei liegende Meer blieb darum zwischen November 2000 und März 2001 von Eis bedeckt. Die Folge: Im anschließenden Frühling und Sommer blieb die wichtige Algenblüte aus. Durch eine Abfolge von eisarmen Wintern in den vorangegangenen Jahren traten die so genannten Salpen vermehrt auf, gelatinöses, zu den Manteltieren gehörendes Zooplankton, das ein ähnliches Nahrungsspektrum hat wie der Krill. Die Folge war eine deutliche Abnahme der Krillbestände. «Und ohne den Krill», so das radikale Fazit von Krillforscherin Bettina Meyer, «ist in der Antarktis Ende.»

Krill

Die Bezeichnung Krill für die in den kalten Gewässern lebenden kleinen Leuchtgarnelen kam vor mehr als hundert Jahren durch norwegische Fischer in Gebrauch. Das Verbreitungsgebiet des Nordischen Krills reicht von den arktischen Gewässern des Nordpolarmeeres über die Nordsee bis in Teile des Mittelmeers. Der wissenschaftliche Name Meganyctiphanes norvegica der etwa 3,5 Zentimeter langen Krebstierchen bedeutet übersetzt «hell in der Nacht Leuchtende aus Norwegen». Der Nordische Krill ernährt sich von Algen und Kleinstschalentieren wie Ruderfußkrebschen, die er mit einer Art Korbfilter unter dem Kopf einfängt. Dieser Filter be-

Nordischer Krill

steht aus acht Beinchen, die mit behaarten Filterborsten besetzt sind und ein feinmaschiges Netz bilden. Der Fressapparat ist so beschaffen, dass die Nahrung sowohl aus dem freien Wasser herausgefiltert als auch von der Unterseite des Eises abgeweidet werden kann. Bei der Nahrungsaufnahme wird das Plankton im hinter den Augen gelegenen Kaumagen zerkleinert. Die verwertbaren Teile werden der Mitteldarmdrüse zugeführt, die die Fermentierung und Abgabe in den Körper übernimmt. Das charakteristische rote Aussehen erhält der Nordische Krill durch Farbstoffe, die in seiner Nahrung enthalten sind und in der Drüse sichtbar bleiben.

Der Antarktische Krill (Euphausia superba – «prächtiger Leuchtkrebs», Abbildung S. 261), der eine Länge von etwa sechs Zentimetern erreicht, hat einen ähnlichen Fressapparat wie sein nordischer Verwandter, ernährt sich aber vorwiegend von pflanzlichem Plankton. Wie man herausgefun-

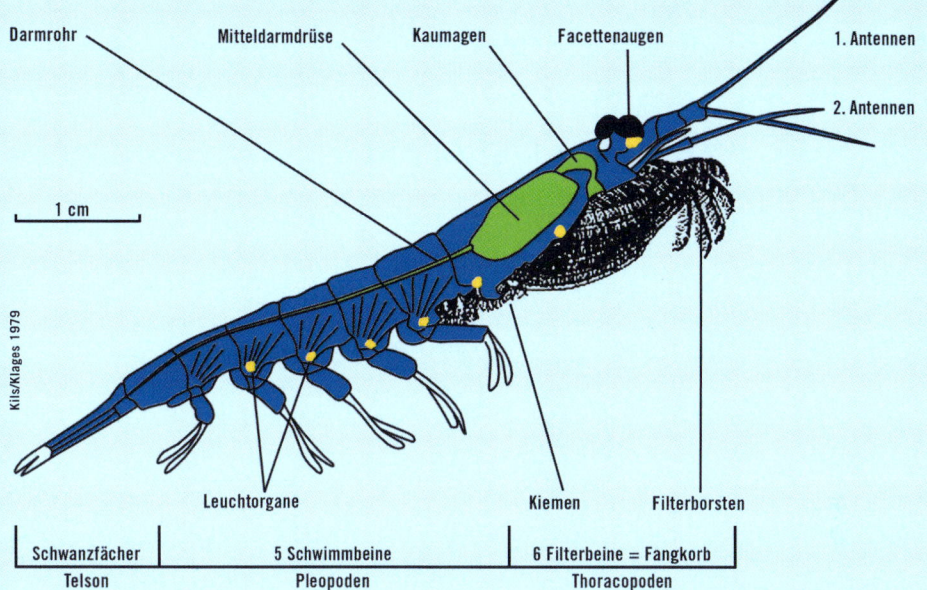

Darmrohr   Mitteldarmdrüse   Kaumagen   Facettenaugen   1. Antennen

2. Antennen

1 cm

Klis/Klages 1979

Leuchtorgane   Kiemen   Filterborsten

Schwanzfächer	5 Schwimmbeine	6 Filterbeine = Fangkorb
Telson	Pleopoden	Thoracopoden

Nachschub aus dem Polarmeer

den hat, können die Tiere beim Filtern des Meerwassers Phytoplankton von einem tausendstel bis einem zehntel Millimeter Durchmesser festhalten, eine im Tierreich ungewöhnliche Bandbreite in der Größe der aufgenommenen Nahrung. Außerdem gibt es Hinweise, dass sich der Antarktische Krill zeitweise auch als Fresser von Detritus- und Zooplankton, also tierischen Kleinstlebewesen, betätigt. Durch die gelbe, braune oder grüne Färbung seines Darms ist der Antarktische deutlich vom Nordischen Krill unterscheidbar.

Schematische Zeichnung einer Krillgarnele

Die im Vergleich zum Körper relativ großen Facettenaugen des Krills sitzen auf einem Stiel, der sie äußerst beweglich macht und eine Drehung um 360 Grad ermöglicht. Direkt über den Sehorganen und über den Beinansätzen befinden sich die insgesamt zehn Leuchtorgane. Sie senden von Zeit zu Zeit für zwei bis drei Sekunden ein gelbgrünes Licht aus und ähneln einem Scheinwerfer. Das Licht wird durch einen konkaven Reflektor im Organhintergrund gesammelt und durch eine Linse abgestrahlt. Wie die Augen kann das gesamte Organ durch Muskeln gedreht werden. Der genaue Prozess der Erzeugung des Lichtes und die biologische Funktion des Leuchtens sind wissenschaftlich noch nicht geklärt. Wie bei allen Krebsen wird auch beim Krill das Wachstum von Häutungen des Panzers begleitet. Die Spalten, Höhlen und Risse im Meereis dienen dem Krill als Zufluchtsort vor seinen Feinden. Eine ganze Reihe von Wal-, Robben-, Fisch-, Tintenfisch- und Vogelarten ist fast völlig abhängig vom Krill als Nahrungsquelle. Einzelne Schwärme haben eine Ausdehnung, die der Fläche Andorras entspricht.

Algen, der Rohstoff der Zukunft

Man kennt sie vor allem als schleimige Substanz, die in heißen Sommern den Badespaß verdirbt – Algen. Aber Mikroalgen und ihr größerer Artgenosse, der Seetang, sind organische Turbospeicher natürlicher Energie, deren Bedeutung im Ökosystem von den Wissenschaftlern gerade erst entdeckt wird. Insbesondere Meeresalgen haben eine fundamentale Bedeutung nicht nur in der ozeanischen, sondern indirekt auch in der kontinentalen Nahrungskette, an deren Ende der Mensch steht. Als Teil des Phytoplanktons bilden sie die Basis der Energieaufnahme der Lebewesen des Meeres. Der Grund liegt in ihrer Fähigkeit, durch Photosynthese Sonnenenergie in Wachstum, also biologische Energie, umzuwandeln. Erstaunlich ist dabei die Produktivität der grünen, braunen oder roten Zwerge. In Kulturen wächst ihre Masse in einem Zeitraum zwischen sechs Stunden und zwei Tagen bis auf das Doppelte der Ursprungsmenge. Zum Vergleich: Gras braucht dazu ein bis zwei Wochen. Algen sind die leistungsfähigsten Primärproduzenten von Biomasse.

Bereits die Azteken schätzten die Spirulina-Alge. Die spanischen Eroberer berichteten, dass die Indianer dem aus der Alge gewonnenen blaugrünen Algenkuchen – Tecutlatl genannt – geradezu magische Heilkräfte zuschrieben. Der Rest der Weltbevölkerung hat das Potenzial der Algen für die Ernährung nur zögerlich erschlossen. Einzig Japan, Korea und China haben in nennenswertem Umfang den Verzehr der Meerespflanzen salonfähig gemacht. Seetang ist reich an Phosphor, Vitamin A, Eisen und Jod sowie Proteinen. In dem von Meeresprodukten abhängigen Japan gibt es konsequenterweise eine intensive Erforschung der Möglichkeiten, die sich durch Algenzucht oder zukünftige Ausbeutung der ozeanischen Bestände als Nahrungsquelle für den Menschen ergeben. Allerdings warnen einige Ernährungsexperten vor der direkten Übertragung auf Europäer. Getrocknete Algen- und Seetangprodukte aus Japan enthalten nach einer Mitteilung des Bundesinstituts für gesundheitlichen Verbraucherschutz und Veterinärmedizin bis zu 6.500 Milligramm Jod pro Kilogramm. Gesundheitlich unbedenklich sei für Europäer, die einen Jodmangel gewohnt seien, jedoch nur der Verzehr von etwa zwanzig Milligramm Algen, damit die Tageshöchstdosis von einem halben Milligramm Jod nicht überschritten werde. Höhere Mengen könnten zu einer Überfunktion der Schilddrüse oder Hauterkrankungen führen.

Zwar standen schon bei den Wikingern Rotalgen auf dem Speiseplan, und in der irischen und französischen Küche sind die Meerespflanzen durchaus angesehen, aber die Mehrheit der westlichen Gourmands schüttelt es beim Gedanken, Seetang vorgesetzt zu bekommen. In den westlichen Gesellschaften hat man sich bisher weitgehend auf die Nutzung von Algen aus zweiter Hand verlassen – indem man Fische verzehrt, die sich von den Meeresgewächsen ernähren. Dabei ist diese Rechnung aus ener-

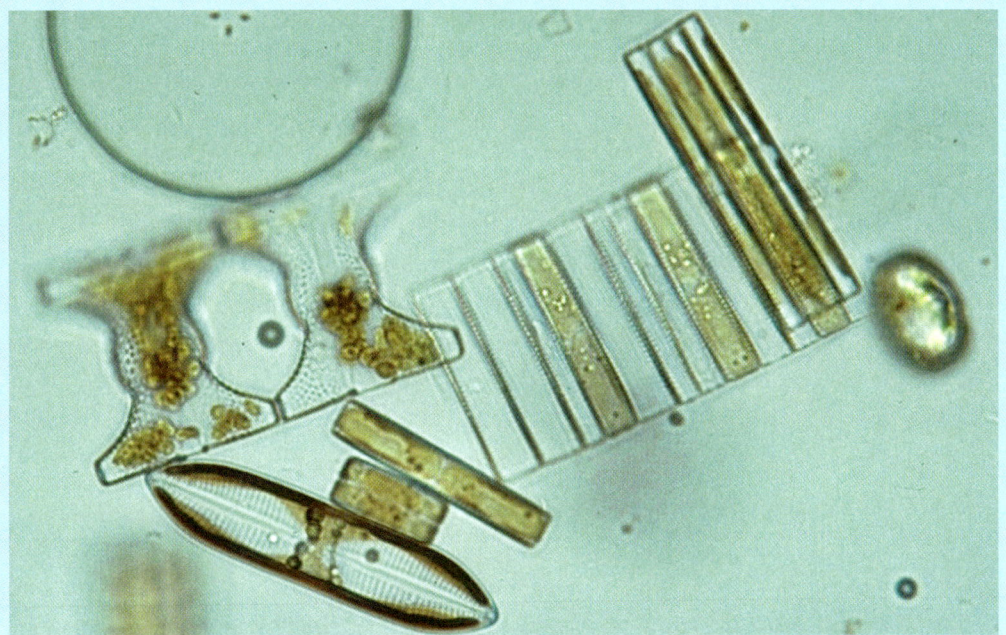

getischer Sicht eindeutig ein Verlustgeschäft. Die rund neunzig Millionen Tonnen Meerestiere, die im Jahr 2002 angelandet wurden, hatten zuvor etwa die zehntausendfache Menge Biomasse an Algen als Nahrung verbraucht. Tatsächlich ist der Nährwert eines Kilogramms Algenmasse nur unwesentlich geringer als der von einem Kilogramm Fisch. Warum nicht gleich auf die sparsamere Variante zurückgreifen? Die Ernährungsprobleme der Menschheit wären damit – zumindest rechnerisch – erledigt.

Die Europäische Union startete deshalb 1998 ein wissenschaftliches Projekt zur Erforschung der geschmähten Algen. BIOGAP (Biodiversity and Genetics of Algal Populations) bringt unter einem Dach Forscher aus den verschiedensten Fachdisziplinen zusammen, die zur Erforschung der Nutzungsmöglichkeiten der Algen beitragen können. Eines der deutschen Institute, die an dem Programm teilnehmen, ist das Biotechnologie-Centrum der Technischen Universität Berlin. In dem alten Backsteingebäude der AEG in Wedding versuchen Professoren, Doktoranden und Wissenschaftliche Mitarbeiter unter anderem herauszufinden, welchen Nutzen der unscheinbare Seetang für die menschliche Gesundheit haben könnte. Besonders die Rotalge Glacinaria interessiert die Forscher. Sie vermuten, dass die in Japan als Nahrung geschätzte Makroalge eine regulierende Wirkung auf den Blutdruck hat und bei Schmerzen, Fieber und Entzündungen als Medikament eingesetzt werden kann. Auf die Rotalge waren die Wissenschaftler durch einen Zufall aufmerksam geworden. 1993 stellte man in Yokohama bei zwei Patienten schwere Vergiftungserscheinungen nach dem Verzehr der Rotalge Ogunuri fest. Man fand heraus, dass die Algen auf Wasserverschmutzungen mit einer hohen Konzentration der hormonähnlichen Substanz Prostaglandin reagiert und damit die beiden Japaner ins Krankenhaus gebracht hatten. Prostaglandine haben eine

Stäbchenförmige Mikroalgen des Polarmeers: Phytoplankton

Algenwuchs im
antarktischen Eis

wichtige Funktion bei der Regulierung von Blutdruck, Blutgerinnung und
Magensaftproduktion. Bei den Berliner Wissenschaftlern entstand so die
Idee, durch Züchten der Makroalgen in Bioreaktoren das Prostaglandin
künstlich zu erzeugen.

Das Berliner Experiment steht noch am Anfang. In der Kosmetik- und
der Futtermittelherstellung ist man bereits weiter. Dem brandenburgi-
schen Nest Klötze in der Altmark sieht man nicht an, dass hier eine der
modernsten Biotechnologie-Anlagen der Welt steht. Die Firma «Ökologische Produkte Altmark» kultiviert die Süßwasseralge Chlorella, eine ku-
gelförmige Mikroalge. Durch unzählige armdicke Glasröhren in einem riesigen sonnendurchfluteten Glashaus strömt eine grüne Algenpampe. Computer kontrollieren die Wasserwerte, die Durchmischung mit Nährstoffen
und den Zusatz von Kohlendioxid. Die Vermehrung übernimmt die Natur
selbst durch die Sonneneinstrahlung. Das Prinzip ist denkbar einfach:
Tagsüber nehmen die Algen Kohlendioxid auf und gewinnen durch Photosynthese daraus die Energie, sich nachts zu vermehren. Nach der Ernte
werden die Algen mit der Zentrifuge vom Wasser getrennt. Am Ende steht
ein feines grünes Pulver, das als Futtermittelzusatz verkauft wird. Schweine sollen dicker, Hühner legefreudiger und Lachse gesünder werden. Vor-
untersuchungen haben ergeben, dass bei einer Zumischung von einem
halben Prozent Algenpulver die Tiere ihr Futter um zehn Prozent besser
verwerten. Außerdem stabilisieren die Wirkstoffe in den grünen Kraft-
zwergen das Immunsystem der Tiere. Angelegt ist die riesige Anlage, in
die bisher Investitionen von rund 19 Millionen Euro geflossen sind, auf
eine Jahreskapazität von 130 Tonnen Trockenmasse. Zurzeit werden
während der Sommermonate täglich zwischen 500 und 700 Kilogramm
Trockenalgen geerntet. Stolz erwähnt Geschäftsführer Michael Liwowski,

dass Europa mit dieser Anlage auf dem Gebiet der Mikroalgen-Technologie auf Platz eins gerückt ist – vor Japan und den USA.

Algen, ob nun Süßwasser- oder Meeres-, Mikro- oder Makroalgen, finden heute in immer mehr Bereichen Anwendung, ob als Feuchtigkeitsspender in Kosmetikpräparaten, die den so genannten weiblichen Problemzonen den Kampf ansagen, oder zur Gelbildung und als Quellstoffe in Wurstwaren. Die meisten dieser Alginate werden durch Auskochen der Algenmasse gewonnen. Darüber hinaus sind Algen aber auch eine potenzielle Rohstoffquelle ersten Ranges. An der Technischen Universität Darmstadt wird unter Leitung von Prof. Erich Gruber die Produktion makromolekularer Stoffe aus Algen untersucht, die als Hilfs- und Werkstoffe eingesetzt werden können. Die Darmstädter Biotechnologen machen sich dabei zunutze, dass verschiedene Algen Zellwände ausbilden, die mit Zellulose-Mikrofasern verstärkt sind. Die heute bereits wirtschaftlich wichtigsten Algenprodukte sind jedoch Hydrogele und Überzugsmassen, die aus Algen erzeugt werden. Solche Alginate werden in der Textilindustrie als Kunstseide und für Appreturen eingesetzt, in der Papierindustrie zur Veredelung von Papier oder in der Baustoffindustrie als Bitumen- und Betonzusatz.

Eine ganz andere Spur verfolgen Wissenschaftler des Alfred-Wegener-Instituts. Sie warfen im Jahr 2002 Eisen ins Meer und hoffen auf Algenvermehrung. In dem Projekt «Eisenex», dem vierten in einer 1993 begonnenen internationalen Serie von Experimenten zur Düngung der Ozeane mit Eisen, arbeiteten sie mit Physikern und Chemikern aus England, Japan, Spanien, den Niederlanden und den USA zusammen. Da Plankton in Meerwasser gelöstes Kohlendioxid durch Photosynthese in Biomasse umwandelt und so atmosphärisches Treibhausgas im Meerwasser bindet, folgerten die Forscher, dass sich dieser Prozess auch künstlich beeinflussen lassen müsse. Forschungen hatten ergeben, dass das Wasser im Bereich des so genannten Ringstroms um die Antarktis, der ungefähr bei 50 Grad Süd liegt, zwar reich an pflanzlichen Nährstoffen, aber arm an Eisen ist. Mathematische Modelle hatten zudem gezeigt, dass dieser mit 25 Kilometern pro Tag nach Osten strömende Wassergürtel eine entscheidende Rolle im globalen Kohlendioxidhaushalt spielt. Was, fragten die Wissenschaftler, passiert, wenn man in diesen Bereich gelöstes Eisensulfatsalz ausbringt? In dem dreiwöchigen Experiment konnten die Wissenschaftler nachweisen, dass das Algenwachstum erheblich zunahm. Bei einer Überproduktion sinkt ein großer Teil der Algen auf den Meeresboden ab, da er vom Plankton nicht gefressen werden kann, und bindet so dauerhaft das aufgenommene Kohlendioxid der Atmosphäre. Allerdings wirft eine im März 2004 veröffentlichte Studie der Universität von Otage in Neuseeland Zweifel an der langfristigen Perspektive dieses Verfahrens auf. Die neuseeländischen Wissenschaftler stellten fest, dass gleichzeitig eine unvergleichlich größere Menge an Silikaten ins Meer gegeben werden muss, um die Planktonblüte über einen längeren Zeitraum zu erhalten. Ob deshalb aus diesen Experimenten tatsächlich einmal eine praktische Nutzanwendung entsteht, um dem Treibhauseffekt gegenzusteuern, muss die Zukunft zeigen – ein Anfang ist es jedoch allemal.

Westpazifik

Die Rettung des Paradieses

Der Wiederaufbau der zerstörten tropischen Korallenriffe

Von der Insel her, die fast zum Greifen nahe vor der MS *Vaeanu* liegt, trägt eine leichte Brise den Duft von feuchter Erde, Hibiskus und Fangipani herüber. An Deck beginnt ein geschäftiges Treiben. Neill aus England zieht ein frisches Hemd aus dem Rucksack. Christina aus Hamburg kämmt sich übermüdet von der Nacht an Deck noch schnell die Haare. Schlafmatten werden zusammengerollt, Habseligkeiten verstaut. Dann drängen sich Touristen und Eingeborene an der Reling, während die *Vaeanu* auf das schmale weiße Band zuhält, das wie eine Barriere vor dem Schiff aufgetaucht ist. Für sie ist die Einfahrt durch die enge Passage im Riff etwas Besonderes. Dem Kapitän auf der Brücke dagegen ist keinerlei Anspannung anzumerken, während er mit schlafwandlerischer Sicherheit auf Tahitianisch seine Befehle gibt. Für ihn ist das alles Routine. Langsam dreht der rostige Bug auf die schmale, dunkle Lücke zu, dann gleitet das Schiff ruhig an den Schaumstreifen vorbei zwischen zwei Inselchen hindurch in das blaugrüne Wasser der Lagune. Die *Vaeanu* ist das Versorgungsschiff, das dreimal in der Woche von Papeete nach Bora Bora kommt. Zwar gibt es auch eine Autofähre der Compagnie Française Maritime de Tahiti, aber für den traditionellen Frachttransport sind nach wie vor die «goélettes» zuständig, die «Schoner», wie sie immer noch genannt werden, obwohl sie längst keine Segel mehr haben.

Bora Bora, Ansicht von Raiatéa aus

Die 270 Kilometer nordöstlich von Tahiti gelegene Insel Bora Bora und ihre Nachbarinseln Raiatéa und Huahiné gehören zu den so genannten Inseln unter dem Wind und bilden zusammen mit Tahiti die Gesellschaftsinseln, die wiederum mit dem Tuamotu-Archipel, den Marquesas-, den Austral- und den Gambier-Inseln Französisch-Polynesien ergeben. Der amerikanische Schriftsteller James Michener hat Bora Bora einmal die «schönste Insel der Welt» genannt. Das malerische Eiland stellt eine geologische Besonderheit dar: Bora Bora ist eine Mischung aus Insel und Atoll. In der glasklaren Lagune hinter dem Riff, das den erloschenen Vulkankegel der Hauptinsel umgibt und nur von der Durchfahrt im Westen unterbrochen wird, liegen zahlreiche kleinere Inseln oder «Motus». Auf einer von ihnen drehte Friedrich Wilhelm Murnau zusammen mit Robert Flaherty 1930 seinen berühmten Film *Tabu*. Auf Bora Bora bestimmt das Leben mit dem Meer und seinen Erträgen den Alltag der Menschen. Niemand hier, der nicht sein kleines Boot in der Lagune hat, niemand hier, der nicht von Kindesbeinen an mit dem Wasser vertraut ist. Obwohl die Haupteinnahmequelle längst der Tourismus ist – die Inseln Französisch-Polynesiens zählen zu den bevorzugten Urlaubsgebieten der Australier und Neuseeländer –, holen die polynesischen Bewohner der Insel nach wie vor einen Großteil ihres Alltagsbedarfs aus dem Meer. Die aus Frankreich importierten Nahrungsmittel sind teuer, und außerdem haben Lagune und Meer den Menschen hier seit Urgedenken als Nahrungsquelle gedient, auch wenn der Fischfang inzwischen nicht mehr vom Kanu aus, sondern mit Außenborder, Schwimmflossen und Unterwasserharpune geschieht. «Ich liebe die Unterwasserwelt. Sie ist mein Leben. Ohne sie würde ich sterben», sagt Jean-Paul, der in Paris Elektrotechnik studiert hat, aber auf seine Insel zurückgekommen ist.

Die Korallenriffe, die die Insel umgeben, bieten eine Vielfalt an Lebensräumen und beherbergen einen enormen Artenreichtum. Ohne sie würde das überquellende Buffet für die Edeltouristen im örtlichen Club Méditerranée leer bleiben, ebenso wie die Tafeln der Bistros und Restaurants für den Rest der Ferienurlauber oder die bescheidenen Tische der Ureinwohner. Doch das Unterwasser-Paradies der Riffe ist in Gefahr. Weltweit sind nach Angaben der Umweltorganisation IUCN (International Union for Conservation of Nature and Natural Resources) zehn Prozent aller Riffe bereits heute unwiederbringlich verloren, dreißig Prozent befinden sich im kritischen Zustand und werden in den nächsten zehn bis zwanzig Jahren absterben, und weiteren dreißig Prozent droht bis zur Mitte unseres Jahrhunderts das gleiche Schicksal, wenn nicht drastische Maßnahmen zu ihrer Rettung ergriffen werden.

Riffe werden häufig für Gestein gehalten. In Wirklichkeit sind sie das Werk unzähliger winziger Tiere: Korallenpolypen, die zu den Hohltieren gehören, scheiden unter sich ein Kalkskelett aus, vermehren sich durch Knospung und bilden so große Kolonien, die Korallenstöcke. Zur Ansiedlung brauchen sie festen Untergrundfelsen beziehungsweise schon vorhandene Korallenblöcke. Generation für Generation dieser winzigen Tiere lebt auf den Überresten ihrer Vorgänger und bildet so in mühevoller Kleinarbeit die phantastischen Gebilde, die mit ihrem Farben- und Formenreichtum unumstritten als Juwelen der tropischen Meere gelten. Man unterscheidet drei Arten von Korallenbauten: Saum- oder Strandriffe, Barriere- oder Wallriffe und Koralleninseln, zu denen die Atolle gehören. Saumriffe, die häufigste Form, entstehen unmittelbar an der Küste und wachsen von der Niedrigwassergrenze aus seewärts. Barriereriffe dagegen verlaufen parallel zur Küste und sind von ihr durch einen breiten Strandkanal getrennt. Beim Great Barrier Reef im Nordosten Australiens, dessen geschwungener Bogen sich vor der Küste des fünften Kontinents über eine Länge von 2.000 Kilometern erstreckt, ist dieser Strandkanal sogar 200 Kilometer breit. Atolle sind meist abgesunkene Vulkaninseln mit einem schmalen, ringförmigen Kranz aus Korallenkalk, der aus dem Wasser aufragt und eine Lagune umschließt. Man nimmt an, dass, während der ursprüngliche Inselberg langsam versank, das Wachstum der Korallen mit seinem Absinken Schritt hielt. Auf diese Weise konnten Riffe entstehen, deren abgestorbene Schichten mehrere hundert Meter tief hinabreichen.

Der Vulkankegel von Bora Bora ragt noch aus dem Wasser; ein Wallriff
hat sich um ihn herum gebildet. Andere vulkanisch entstandene Inseln in
Französisch-Polynesien wie beispielsweise Mururoa, in dessen Korallenstöcken die französischen Nuklearversuche stattfinden, sind bereits abge-
sunken und haben ein Atoll gebildet.

Wachsen können tropische Korallen nur in den lichtdurchfluteten,
obersten Wasserschichten. Sie sind auf Sonnenlicht angewiesen, weil ihre
Polypen eine Stoffwechselgemeinschaft mit winzigen Algen eingegangen
sind, die ihnen die Farbe verleihen. Diese Zooxanthellen nutzen das im
flachen Wasser einfallende intensive Sonnenlicht zur Photosynthese und
versorgen auf diese Weise die Korallenpolypen mit bis zu neunzig Prozent
ihres Nahrungsbedarfs. Auch die Kalk abscheidenden Algen, die zwischen den Korallenstöcken wachsen und wesentlich zu Verfestigung des
Riffs beitragen, brauchen Sonne. Zudem sind Riffe auf warmes und dabei
klares, salziges Wasser angewiesen. Deshalb wachsen sie nicht vor Flussmündungen mit ihren Schlammausspülungen. Wind, Wellen und Strömungen führen an den dem Wind zu- und abgewandten Seiten der Riffe
zu unterschiedlichen Wachstumsbedingungen und Wuchsformen.

Die typischen tropischen Korallenbauten gibt es nur zwischen den
Wendekreisen beiderseits des Äquators, wo die Wassertemperatur unter
normalen Bedingungen nie unter zwanzig Grad Celsius absinkt. Dabei
zeigen sich jedoch innerhalb der Verbreitungsgrenzen deutliche Unterschiede. Auffällig ist, dass Korallenriffe an den Westküsten der Kontinente
meist fehlen. Eine Erklärung hierfür sind die kalten Meeresströmungen,
die vor allem diese Regionen streifen. Zwar nehmen Riffe weltweit nur
etwa 0,2 Prozent der gesamten Meeresfläche ein, in tropischen Flachwas-
sergebieten machen sie jedoch bis zu 15 Prozent des Meeresbodens aus.

Der Pazifische Ozean umschließt den größten Lebensraum der Korallen. Besonders häufig sind hier Atollformen – typischerweise ein schmaler, sandiger Streifen, manchmal mit Kokospalmen besetzt, der sich um eine seichte Lagune zieht. Aber auch im Indischen und im Atlantischen Ozean kommen Korallenbauten vor. Im Golf von Mexiko liegen die zu Florida gehörenden Key-Inseln, eine 320 Kilometer lange Kette von Korallen-inseln. Sie sind durch Dämme miteinander verbunden, über die eine Auto-straße vom Süden der Halbinsel Florida bis nach Key West führt. Früher gab es auf der Strecke auch eine Eisenbahnlinie. Nach ihrer Zerstörung durch einen Hurrikan im Jahr 1935 wurde sie jedoch nicht wieder aufge-baut.

Korallenriffe gelten heute neben dem tropischen Regenwald als arten-reichster Lebensraum der Erde. Meeresbiologen vermuten, dass fast eine Million Arten hier leben, die meisten davon Klein- und Kleinstlebewesen. Bekannt sind heute erst 65.000 Arten. Die Korallenlandschaften sind reich an Farben und außergewöhnlichen Formen, wie den blumenähnli-chen Pilz- und Steinkorallen, den bunten Röhrenwürmern und den bizarr wachsenden Schwämmen. Die unterseeische Welt bildet mit ihren Höhlen, Nischen und Vorsprüngen einen idealen Lebensraum für Fische, Krebse, Muscheln, Schnecken, Würmer und Algen. Die kleinsten von ihnen leben zwischen den Korallenarmen oder im porösen Kalksockel selbst, wo sie sich vor größeren Fressfeinden verstecken können. Für viele Meerestiere ist das Riff die Kinderstube. Hochseefische kommen zum Ablaichen und zum Beutefang hierher. Einige Fischarten haben sich darauf spezialisiert, Algen von den Korallen abzuschaben, andere, wie die Papageienfische, brechen mit ihrem kräftigen Gebiss Stücke aus den Hartkorallen und fres-sen sie. Haben sie Algen und Polypen verdaut, scheiden sie die zermalm-ten Korallenreste als feinen Sand wieder aus, der dann an Land gespült zur Bildung der idyllischen Sandstrände beiträgt. Aber damit ist die Nah-rungskette im Riff noch lange nicht zu Ende. Viele der am und im Riff le-benden Fischarten dienen wiederum größeren Raubfischen wie Barraku-das oder Haien als Beute.

In jüngster Zeit hat zudem eine andere Gruppe von Riffbewohnern das Interesse der Wissenschaft erregt – die Schwämme. Besonders die tropischen Arten haben eine Vielzahl von chemischen Giften entwickelt, um Feinde abzuwehren. Und genau diesen Giften gilt das Interesse der Forscher. Man vermutet in ihnen natürliche Stoffe, die zur Krankheitsbekämpfung beim Menschen eingesetzt werden könnten. Bereits im klassischen Altertum war die heilende Wirkung bestimmter Schwammarten bekannt. Das Interesse wurde jedoch erst in den 1950er Jahren wieder geweckt, als man in bestimmten Schwämmen antivirale sowie entzündungshemmende Substanzen fand. Auch wenn im Einzelnen bisher noch nicht geklärt ist, wie die Schwämme diese Stoffe produzieren, vermutet man einen Zusammenhang mit den Hunderten von Bakterienarten und Mikroben, deren Lebensraum die Schwämme bilden. Besonders vielversprechend erscheinen Bakterien der Gruppe Actinomyces, die natürliche Antibiotika produzieren. Inzwischen ist es gelungen, aus Schwämmen

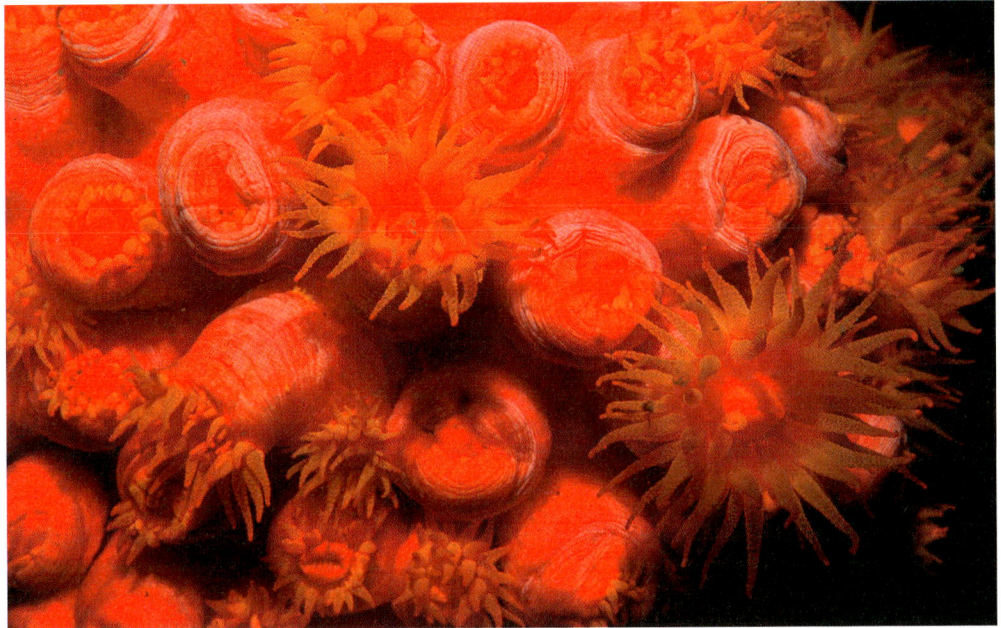

Polypen der Kelch-koralle, Wheeler-Riff

diverse weitere Antibiotika, antivirale Substanzen gegen Herpes und möglicherweise auch HIV sowie verschiedene Cytostatika zur Krebsbekämpfung zu isolieren. Einer intensiveren Nutzung der interessanten Ressource steht bisher jedoch entgegen, dass wild lebende Schwämme die chemischen Abwehrstoffe nicht in ausreichenden Mengen produzieren. Und ohne ausreichende Rohstoffversorgung zögert die pharmazeutische Industrie, in die Entwicklung der komplex zusammengesetzten Substanzen zu investieren. Einem Team des Australian Institute for Marine Science in Townsville in Queensland unter Leitung von Chris Battershill und Nicole Webster ist es jedoch gelungen, eine Methode zu finden, die hier vielleicht Abhilfe schaffen könnte. Sie schnitten die Schwämme einfach auseinander. Da Teilung der natürlichen Vermehrung der Tiere entspricht, gelang es den Australiern, innerhalb weniger Monate einen Volumenzuwachs um das Fünfzigfache zu erreichen. Denkbar wären so Schwamm-farmen, die die natürlichen Bestände schonen und auf denen durch ge-zielte Reizung der Schwämme die Grundstoffe für die Pharmaindustrie er-zeugt würden.

Weltweit sind mehrere hundert Millionen Menschen direkt oder in-direkt von den Korallenriffen abhängig. Clive Wilkinson, Hauptautor des jüngsten Reports des Global Coral Reef Monitoring Network, der Daten von 151 Wissenschaftlern aus über hundert Ländern zusammenfasst, schätzt ihre Zahl sogar auf eine halbe Milliarde. Die gesamte Wirtschaft vieler Atoll-Nationen basiert auf den Ressourcen aus dem Meer. Allein im Pazifischen Ozean, in dem Bora Bora liegt, leben über 2,5 Millionen Men-schen auf Inseln, die durch Korallenriffe entstanden oder von ihnen um-baut sind. Im Indischen Ozean sind es 300.000 Menschen, und in der Ka-ribik mit ihren 40 Millionen Menschen konzentriert sich die Mehrheit der Bevölkerung auf die Küstenregionen. Genaue Zahlen für dieses bevöl-kerungsreiche Gebiet liegen allerdings nicht vor. Korallenriffe liefern zehn bis zwölf Prozent des Fangs von Fischen und Krustentieren in tropischen Ländern, in den Entwicklungsländern unter ihnen liegt der Anteil sogar zwischen 20 und 25 Prozent des Fischfangs. 1993 stammten auf den Pazifikinseln laut Angaben der IUCN neunzig Prozent des verzehrten tie-rischen Eiweißes aus dem Meer. Experten schätzen, dass der schonende Fang von Fischen, Krebstieren und Weichtieren von den Riffen bis zu neun Millionen Kubiktonnen betragen und damit gut zwölf Prozent des welt-weiten Fischfangs der Zukunft abdecken könnte.

Trotz ihrer ökologischen Komplexität und Artenvielfalt sind Korallen-riffe erstaunlich stabile Systeme, die sich innerhalb bestimmter Rahmen-bedingungen nicht leicht aus dem Gleichgewicht bringen lassen. Weltmeis-ter sind die Riffe im Persischen Golf, die Temperaturschwankungen zwi-schen 13 Grad Celsius in kalten Wintern und bis zu 38 Grad Celsius im Sommer verkraften. In vielen tropischen Gegenden gehören Schäden durch Wirbelstürme zum Alltag und können durch ein gesundes Riff in angemessener Zeit ausgeglichen werden. Je nach Art liegt die Wachstums-rate von Korallen zwischen fünf und 25 Millimetern pro Jahr. Folgen schwere Wirbelstürme zu schnell aufeinander, bleibt dem Riff allerdings nicht genug Zeit, sich zu regenerieren. Darüber hinaus hinterlässt die zu-nehmende Klimaerwärmung gewaltige Spuren der Zerstörung. Insbeson-dere das El-Niño-Phänomen, eine Veränderung der Meeresströmungen, die warmes Wasser in Gebiete führen, die sonst durch kältere Strömungen versorgt werden, macht den tropischen Korallenriffen zu schaffen. Diese lokalen Veränderungen, die inzwischen alle drei bis fünf Jahre auftreten – oft zu Weihnachten, daher der Name «Das Kind» –, erhöhen durch den Zufluss der warmen Wassermassen die Umgebungstemperatur der Koral-len über deren Toleranzgrenze hinaus. Steigt die Temperatur des Ober-flächenwassers über 29 Grad Celsius, kann zudem die so genannte Koral-lenbleiche auftreten. Man nimmt an, dass das Photosynthesesystem der Algen dann nicht mehr funktioniert und die Polypen mit der Abstoßung ihres Partners reagieren. Da die Korallen ihre Farbe durch die Algen be-kommen, bleichen die Riffe aus und sterben bei zu langer Verbannung der

Haarstern auf einer
Drahtkoralle

Acropora-Kolonie:
Bei der Korallenbleiche
entfärben sich die Ko-
rallenpolypen durch
Abwanderung der Zoo-
xanthellen

Algen ab. Grund für die Korallenbleiche könnte auch eine höhere Anfälligkeit für Infektionen durch den Temperaturanstieg sein. 1982/83 ließ
der El Niño «Southern Oscillation» auf den Inseln vor Panama fünfzig
Prozent der Korallen absterben, 1998 waren es wegen des El-Niño-Phä-
nomens weltweit etwa 16 Prozent. Dem jüngsten Bericht des Global
Coral Reef Monitoring Network zufolge ist zwischen 1999 und 2002 die
Korallenbleiche jedes Jahr an durchschnittlich siebzig Riffen der Welt beobachtet worden. Das Great Barrier Reef vor Australien verblasste im Jahr
2002 sogar zu sechzig Prozent, hat sich mittlerweile jedoch weitgehend
erholt. Sechs Prozent seiner Korallen bleiben allerdings abgestorben.

Nicht weniger verheerend sieht es bei Belastungen durch den Men-
schen aus, ein Dauerstress für das Riff und seine Bewohner. So ist für das
Überleben der Riffe ein gesunder Fischbestand unentbehrlich. Die pro-
duktiven Riffe des Pazifiks beherbergen zwölf bis 237 Tonnen Fische pro
Quadratkilometer. Die Grenze für eine nachhaltige Bewirtschaftung ohne
Schaden für die Regenerationsfähigkeit der Bestände und für das Ökosystem liegt bei einer jährlichen Entnahmemenge von fünf Tonnen Fisch pro
Quadratkilometer. In einem überfischten Riff können sich Algen explo-
sionsartig vermehren und so die Korallen ersticken, da sie nicht von den
Fischen abgefressen werden. Welch fatale Auswirkungen ein Eingriff in
das Ökosystem Riff haben kann, zeigt auch die ungebremste Vermehrung
der Dornenkrone, eines großen Seesterns, der sich von Korallenpolypen
ernährt. Durch Zunahme des Planktons und Wegfall der natürlichen Feinde fanden die Tiere ideale Vermehrungsbedingungen. Mit fatalen Folgen
für die befallenen Riffe: Innerhalb eines Monats weidet das stachelige
Monster etwa einen Quadratmeter Rifffläche ab. Als trauriges Resultat der
Fressorgien bleiben riesige Flächen toter Korallenstöcke zurück.

**Dornenkrone beim Ver-
schlingen von Korallen**

Besonders zerstörerisch wirkt sich darüber hinaus das vor allem in Süd-
ostasien noch verbreitete Fischen mit Dynamit aus, das zwar billig und
effizient ist, aber die Korallenriffe nachhaltig in ihrer Substanz schädigt.
Meist wird das Dynamit nicht einfach ins Wasser geworfen, man sprengt
das Riff selbst. Dadurch sterben nicht nur die Korallenpolypen, sondern
auch die überlebenden Meeresbewohner verlieren ihr Habitat. Ähnlich fatal ist das Fischen mit Zyanid. Die Taucher gießen das Gift auf das Riff und
brechen dann die Korallenstöcke mit Brecheisen auf, um die gelähmten
Fische einzusammeln. Ebenfalls zu schaffen macht den Korallenriffen die
wachsende Bevölkerungsdichte an den Küsten. Die Flüsse schwemmen
Sedimente, die durch Brandrodung, die Anlage von Monokulturen und intensive Viehzucht entstanden sind, ins Meer. Dazu kommen die Entsorgung des Mülls, Probleme der Abwasserreinigung, Nährstoffeintrag, Ölver-
schmutzungen aus Leckagen. Direkte Eingriffe in die Riffe gibt es durch
Kalkabbau, Zuschüttungen für Straßenbau und die Anlage von Flugplätzen
am Meer. Mit zunehmender Verschlechterung der wirtschaftlichen Lage
vieler Küstenbevölkerungen in der Dritten Welt hat zudem deren Bereit-
willigkeit abgenommen, sich mit den Problemen der Korallenriffe auseinander zu setzen.

Dabei sind die Riffe nicht nur eine für den Menschen unersetzliche
Nahrungsquelle, sie bilden mit Mangroven und Seegras auch einen natürlichen Schutz vor starken Ozeanwellen, die schwere Verwüstungen an
den Siedlungen anrichten können. Ohne Riffe würden Inseln und Strände
kontinuierlich abgetragen. Außerdem spielen die Korallenriffe eine bedeu-
tende Rolle im Klimasystem unseres Planeten. Sie dienen, durch einen
komplizierten chemischen Prozess, als Klimastabilisatoren: Vereinfacht gesagt, wird Kohlendioxid aus der Atmosphäre im Meer gelöst und verbin-
det sich dort mit Kalzium-Ionen zu Bikarbonat, das wiederum eine Puffer-
wirkung in Bezug auf den Säuregehalt des Meeres hat. Bei diesem Prozess
wird etwa doppelt so viel Kohlendioxid gebunden, wie neu entsteht. Das
neu entstandene Kohlendioxid wird durch Photosynthese von den Zooxanthellen, den Algen, die mit den Korallenpolypen in Symbiose leben, direkt verbraucht. Die Zooxanthellen wirken also wie eine flexible Pumpe,
die Kohlendioxid absaugt: Steigt der Kohlendioxidgehalt der Atmosphäre,

beschleunigt sich die Kalkbildung der Korallen. Korallen sind ein wichtiger Faktor, der dem gefürchteten Treibhauseffekt entgegenwirkt.

Versuche einer künstlichen Reparatur und Regeneration geschädigter Korallenriffe befinden sich noch im Anfangsstadium, zeigen aber ermutigende Resultate. Ihr Gelingen setzt allerdings voraus, dass die schädigenden Einflüsse durch Eingriffe des Menschen und Umweltbelastungen auf ein Minimum herabgesetzt werden. Seit den 1970er Jahren ist bekannt, dass Korallen das Abbrechen kleiner Teile, etwa durch Wellenschlag, problemlos verkraften und dass diese Teile unter günstigen Bedingungen auf dem Untergrund sogar wieder anwachsen und neue Korallenstöcke bilden. Dies macht man sich auf so genannten Korallenfarmen zunutze. 1998 startete die Universität von San Carlos in Cebu City auf den Philippinen unter Leitung des deutschen Meeresbiologen Prof. Thomas Heeger

Taucherin beim Auslegen von intakten Korallenstücken, Salomon-Inseln

auf Marigondon und den Camotes-Inseln ein solches Projekt. In Kooperation mit der Universität Kiel und finanziell unterstützt durch die Deutsche Gesellschaft für technische Zusammenarbeit, ging es darum, die ortsansässigen Fischer zu Korallenfarmern umzuschulen, um die durch die Dynamitfischerei angerichteten Schäden an den Korallenriffen wieder auszugleichen. Aus geeigneten Mutterkolonien entnehmen Taucher großflächig und in geringen Mengen vorsichtig etwa acht bis zehn Zentimeter große Korallenstücke und befestigen sie dann mit Draht auf flachen Kalksteinstücken. Diese lässt man auf einer Zuchtstation unter geschützten Bedingungen in etwa neun Metern Wassertiefe drei Monate unberührt. Nach rund vier Wochen sind die «Sprösslinge» auf ihrem Untergrund festgewachsen, nach zwei weiteren Monaten haben sie eine Größe von sechs bis acht Zentimetern erreicht. Dann erfolgt die eigentliche «Transplantation». Die Korallenfarmer stecken die gesunden «Setzlinge» auf einem abgestorbenen oder geschädigten Riff in Bruchkanten oder Spalten und verkeilen sie dort. Den Rest erledigt die Natur. Ende 2002 hatten die philippinischen Korallenfarmer bereits 3.000 Quadratmeter beschädigtes Korallenriff mit Neuanpflanzungen versehen – bei einer Überlebensrate von 84 Prozent. Von dem Projekt profitieren Natur und Fischer gleichermaßen. Als Korallenfarmer verdienen die Fischer im Durchschnitt 120 US-Dollar pro Monat. Zusätzlich bekommen ihre Frauen etwa 60 US-Dollar dafür, dass sie die Korallen auf den neuen Unterlagen befestigen. Damit sind etwa drei Viertel des notwendigen Unterhalts für einen Fünfpersonenhaushalt auf den Philippinen abgedeckt, sodass der Fischfang deutlich reduziert werden kann.

Einen anderen Weg geht ein interdisziplinäres Team des Instituts für Ökologie der Universität Essen unter Leitung von Prof. Helmut Schuhmacher und Dr. Peter van Treeck. Bei der von ihnen angewandten Methode wird durch Elektrolyse ein naturähnlicher Untergrund geschaffen. Entwickelt wurde dieses Verfahren von dem deutschen Architekten Wolf Hilbertz, der mit dieser Methode ursprünglich Baustoffe für entlegene Regionen gewinnen wollte und das Verfahren dann in Zusammenarbeit mit dem amerikanischen Biogeochemiker Thomas J. Goreau auf die Riffkon-

Unterwassertisch mit den «Setzlingen»

struktion übertrug. Am Meeresboden verankern die Wissenschaftler dazu Matten aus Drahtnetzen, die als Kathode dienen. Als Anode wird darüber in etwa zehn Zentimetern Abstand ein weiteres Drahtgitter montiert, das aus einer korrosionsfreien Titanlegierung besteht. Einfache Solarzellen erzeugen den nötigen Gleichstrom, der die Elektrolyse in Gang setzt. Dabei wandern im Meerwasser gelöste Mineralien wie Kalzium und Magnesium als Ionen zum Maschendraht und schlagen sich dort als harte Krusten nieder, die dem natürlichen Korallenkalk sehr ähneln. Diese Krusten, die vorwiegend aus Brucit, $Mg(OH)_2$, und Aragonit, $CaCO_3$, bestehen, sind ökologisch unbedenklich und zugleich ein kostengünstiges Material für Unterwasserbauten, da sie gänzlich «vor Ort» mit Sonnenenergie aus dem Meerwasser gewonnen sind. Der in dem elektrochemischen Prozess gewonnene Verbundwerkstoff wird – im Gegensatz zu Fremdmaterialien –

Elektrochemische Mineralakkretion im Meerwaser

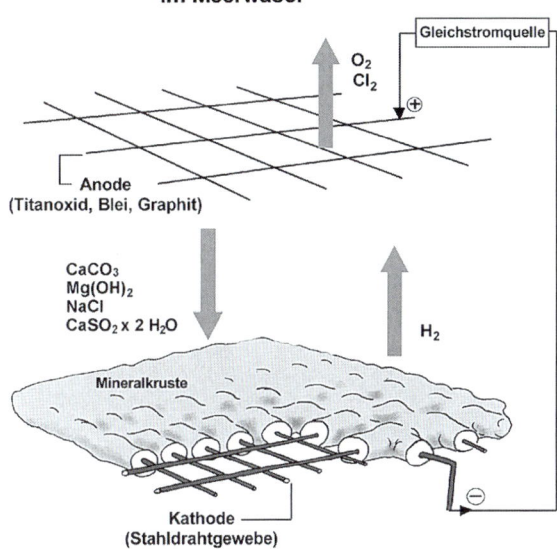

unmittelbar von einer Vielzahl festhaftender Arten besiedelt: Auf dem Untergrund aus Aragonit siedeln rasch Kalkskelette bildende Tiere und Algen. Nach etwa drei Monaten lassen sich auch Bruchstücke lebender Korallen in die vorgegebene Matrix einfügen. Diese «Korallenstecklinge» werden im weiteren Verlauf der Entwicklung allmählich an ihrer Basis von dem Verbundstoff einzementiert, während sie an den Enden weiterwachsen. Sie ziehen wiederum die zur weiteren Riffbildung nötigen Schwämme, Polypen, Moostierchen und Kleinorganismen an. ERCON (Electrochemical Reef Construction) heißt das Projekt: Elektrochemischer Riffaufbau.

Vorteile des Vorgehens der Essener Wissenschaftler, das sie im Roten Meer vor Ägypten erproben: Es müssen keine milieufremden Rohstoffe oder sperrige, vorfabrizierte Teile über lange Transportwege herbeigeschafft werden, die Maschendrahtgitter sind flexibel und leicht herstellbar, und die Titangitter, die als Anode dienen, können jederzeit wiederverwendet werden. Etwaige Schäden an der Unterwasserkonstruktion können durch erneuten Anschluss an die Stromquelle einfach repariert werden, und bei Bedarf lässt sich die Anlage als Ganzes durch Umpolung des Stromes wieder auflösen. Besondere Bedeutung könnte die Methode von Schuhmacher und seinen Kollegen im Küstenschutz erhalten. Bisher wurden, beispielsweise auf den Malediven, nach Abbaggerung des vorgelagerten Riffes zur Kalkgewinnung die Sandstrände durch kostspielige Molen aus Beton-Tetrapoden vor Erosion geschützt. Dies können die künstlich aufgebauten Riffe übernehmen, deren Entstehungskosten deutlich unter den bisherigen Aufwendungen liegen.

Daneben gibt es die Möglichkeit, die Kunstbauten in der Fischerei als Habitat zum Anlocken von Fischen, so genannte FADs (Fish Aggregation

Devices), einzusetzen. Gerade auf weiten Sandflächen könnten die künstlichen Hartbodeninseln für die Fischer interessante Arten auf vorgeplante Stellen konzentrieren und so den Fischereidruck auf natürliche Riffe und andere schützenswerte Lebensräume mindern helfen. Ursprünglich hatte man dies mit Altmaterialien wie Autoreifen und -wracks versucht, war dann aber wegen der mangelnden Akzeptanz durch die Meerestiere und das Problem der Schadstoffabsonderung zum Einsatz eigens dafür konstruierter Stahl- und Betonfertigteile übergegangen. Auch hier ist das elektrochemisch mit regenerativen Energiequellen wie Sonnen- oder Windenergie aufgebaute Riff sowohl von der Energiebilanz als auch von seiner Effektivität her überlegen. Hafen- und Molenbauten wären weitere Beispiele für den Einsatz der Methode. Inzwischen sind mit Förderung der Global Reef Alliance, einer internationalen, gemeinnützigen Vereinigung zum Schutz der Korallenriffe, die von den Erfindern des Biorock-Verfahrens, Wolf Hilbertz und Thomas J. Goreau, gegründet wurde, Riffe vor Bali, Jamaika, den Malediven, den Seychellen, Mexiko, Panama, Papua-Neuguinea und Thailand angesiedelt worden.

Aber die Essener Wissenschaftler gehen noch weiter. Sie träumen von künstlichen Unterwasserparks, die, ausgebaut zu Tauchparadiesen für Freizeitaquanauten, die natürlichen Riffe schützen. Denn Korallenriffe, bis

Gitterbesiedlung nach eineinhalb Jahren

vor wenigen Jahrzehnten unbeachtet und kaum zugänglich, sind ins Visier des Massentourismus geraten. «Jeder verantwortungsbewusste Taucher mit einschlägiger Erfahrung», so Schuhmacher und van Treeck in der Projektbeschreibung, «wird zähneknirschend bestätigen, dass die ökologisch vertretbare Kapazität an Tauchtourismus vielerorts deutlich überschritten wird.» Selbst guter Wille und ausreichende Ausbildung, das hat die Erfah-

Durch Fremdeinwirkung
abgebrochene Stylaster-
Koralle, Lizard Island,
Australien

rung inzwischen gelehrt, schützen nicht vor Flurschaden im «Porzellan-
laden der Natur». Zwar hat allmählich ein Umdenken im Umgang mit der
kostbaren Ressource Riff eingesetzt: Ökologische Inhalte sind inzwischen
Bestandteil der meisten Tauchausbildungen. Zunehmend werden statio-
näre Ankerbojen ausgebracht, um Schäden an den Riffen durch das stetige
Ankern der Boote mit den Tauchern zu vermeiden. Fest ausgewiesene
Schnorchelgänge werden eingerichtet, die mit Ruhebojen zum Festhalten
ausgestattet sind. Dennoch hinterlässt die Sporttaucherei in vielen Riffen
unübersehbare Spuren der «Übernutzung».

Dabei ist der Tourismus angesichts des Rückgangs der traditionellen
Fischerei nicht nur in vielen Ländern der Dritten Welt eine Haupteinnahmequelle. Die Korallenriffe von Florida beispielsweise bringen Schätzungen zufolge durch Naherholungsbesucher etwa 1,6 Milliarden Dollar
jährlich ein. Für viele karibische Länder ist der Tourismus ein wirtschaftlicher Schlüsselfaktor, der mehr als fünfzig Prozent ihres Bruttosozialpro-
dukts ausmacht – Tendenz steigend. 1990 verdienten die karibischen
Länder am Tourismus fast neun Milliarden US-Dollar. Über 35.000 Arbeitsplätze hingen davon ab. In Thailand sind etwa 5.000 kleine Boote und
Tauchunternehmen vom Rifftourismus abhängig, dies umso mehr, als im
Golf von Siam die Fischereierträge durch Überfischung drastisch zurückgegangen sind.

Die Zahlen zeigen, dass der Rifftourismus eine ernst zu nehmende
Einkommensquelle für viele tropische Länder sein kann, solange die Entwicklung und die Aktivitäten in diesem Gebiet aufmerksam kontrolliert
werden. Das Dilemma, dass Naturschutz und diese berechtigten individu-
ellen und kommerziellen Interessen nur bedingt miteinander vereinbar
sind, zwingt alle Beteiligten, sich zum Schutz der Natur Alternativen zu

Modell des SCORE-Un-
terwasserparks für Tau-
cher, Projekt der Univer-
sität Essen

SCORE, Universität Essen

überlegen, die eine vergleichbare Erlebnisqualität liefern. Nach Meinung
der Essener Forscher bietet die Schaffung künstlicher Unterwasserparks
abseits der empfindlichen Riffzonen einen solchen Ausweg.

SCORE haben die Essener Meeresbiologen ihren futuristischen Lö-
sungsvorschlag für den Tauchtourismus genannt – Save Coral Reefs. Wie
bei ERCON schlagen sie als Matrix für die elektrolytische Kalkabschei-
dung ein Grundgerüst aus Stahl beziehungsweise Draht vor. Unter besonderen Bedingungen könnten auch Altmaterialien wie Stahlschrott für diese Zwecke recycelt werden. Ist die Beschichtung mit naturidentischem
Karbonat abgeschlossen, lassen sich hieraus Bauteile zur Errichtung künstlicher Rifflandschaften für den Aquatourismus herstellen. Kombiniert man
die neuartige, umweltfreundliche Technologie des künstlichen Riffaufbaus
nun mit einem Design, das speziell auf die Bedürfnisse des Tauchsports
zugeschnitten ist, so die Vision der Essener, entstehen selbstwachsende
Strukturen, die nicht nur attraktive Erlebnisräume für die Freizeitaquanauten bilden, sondern auch zum Lebensraum vieler Rifforganismen werden könnten. Durch die Installation der Strukturen in ökologisch unbe-
denklichen Gebieten wie Sandflächen oder bereits stark geschädigten Area-
len ließen sich an vielen Orten ansprechende Alternativen zu natürlichen
Korallenriffen schaffen.

Neben dem offenkundigen Nutzen für den Naturschutz durch die Re-
duzierung des Tauchaufkommens in den natürlichen Riffen versprechen
sich die Wissenschaftler um Schuhmacher und van Treeck von solchen Unterwasserparks auch eine positive Wirkung in Bezug auf die Renaturierung
geschädigter Gebiete. «Unterwasserparks, richtig betrieben», sagt van
Treeck, «können ein Beitrag in Richtung sanfter Tourismus sein.» Zurzeit
bemüht sich die Initiative von der Universität Essen um die Bildung einer

Interessengemeinschaft, die Ökologen, Sponsoren, Tauchsport- und Behördenvertreter an einen Tisch bringt und die Realisierung eines Pilotprojektes begleitet. Es scheint, als wenn der Mensch endlich zu erkennen beginnt, welche wertvolle Ressource er in den Ozeanen mit ihren tierischen und pflanzlichen Bewohnern hat – eine Ressource, die er, will er auf diesem Planeten überleben, mit Vorsicht und Respekt behandeln muss.

Korallen

Die ersten Korallenriffe entstanden vor zwei Milliarden Jahren im Präkambrium. Die heute vorherrschenden «Scleractinen», oder auch «Steinkorallen», also Verhärtungen bildenden Korallen tauchten erstmals vor 190 Millionen Jahren im Jura auf. Es handelt sich bei ihnen um kleine Polypen, die zu den Nesseltieren gerechnet werden. Sie werden noch einmal in Blumentiere und Hydrozoen unterteilt. Die Blumentiere sind die ursprünglichste und artenreichste Form. Zu ihnen gehören die Blauen Korallen, die Hornkorallen, die Seefedern, die Steinkorallen und die Seeanemonen. Steinkorallen leben in Kolonien, die durch ungeschlechtliche Vermehrung

Spermien ausstoßende Pilzkoralle auf dem australischen Wheeler-Riff

entstehen, oder pflanzen sich durch Eier und Spermien fort, die ins Wasser abgegeben werden. Einige Seeanemonen sind sogar lebend gebärend: Sie entlassen fertige Polypen ins Wasser. Hydrozoen sind sehr vielfältig. Die Kalk bildende Feuerkoralle beispielsweise bildet den Stock durch Knospung neuer Polypen, wobei diese in Verbindung miteinander bleiben.

Ihren Namen beziehen die Nesseltiere von den in ihrer Außenhaut liegenden Nesselzellen, die dem Beutefang dienen. Jede dieser Zellen enthält Nesselkapseln, die auf das Opfer geschossen werden, an ihm festkleben oder sich um es wickeln. Am interessantesten ist die Durchschlagskapsel, die einen am Ende mit Stiletten bewehrten Schlauch enthält. Bei Berührung werden die Stilette mit einer Beschleunigung, die fast die einer Gewehrkugel im Lauf erreicht, ausgefahren und durchschlagen die Haut der Beute. Dann ziehen sich die Nadeln zurück, und das Nesselgift tritt aus. Die Polypen, die in der Regel auf einer Fußscheibe festsitzen, sind sackförmige Organismen, die am oberen Ende eine als Mund und After fungierende Körperöffnung haben, die von Tentakeln umgeben ist. Mit diesen Schlingarmen wird die an den Nesselzellen hängende Beute zur Körperöffnung geführt. Da der gesamte Polyp sehr dehnbar ist, können auch vergleichsweise große Stücke verschlungen werden. Unverdauliche Reste werden durch die Körperöffnung später wieder ausgeschieden.

Die Korallenpolypen machen unter ein Prozent des Lebendgewichts einer Koralle aus, da sie sozusagen nur deren Hülle bilden. Sie leben in einer Nutzgemeinschaft mit fadenförmigen Grünalgen und den photosynthetisch aktiven Zooxanthellen, denen sie erlauben, sich direkt in ihren Zellen einzulagern. Beide Algenarten führen ihrem Wirtstier Nahrungsenergie, insbesondere Sauerstoff, aber auch Glyzerin, Glukose und Aminosäuren zu. Nachts ernähren sich die Korallen auch von Zooplankton, das sie mit ihren Fangarmen einfangen. Dabei fressen die Korallen Zooplankton weniger wegen der Kalorienzufuhr, sondern vor allem wegen des darin enthaltenen Phosphors, den sie nach der Verdauung an die Algen weitergeben.

Tiefseekoralle

Korallen existieren nicht nur in den Tropen, obwohl sie dort am reichhaltigsten vorkommen und ideale Bedingungen vorfinden. So genannte Kaltwasser-Korallenriffe findet man auch im Nordatlantik. Bereits 1869 war eine Expedition der Royal Irish Academy und der Royal Dublin Society auf Tiefseekorallen vor der irischen Westküste aufmerksam geworden. Mitte der 1990er Jahre entdeckten Wissenschaftler dann in 800 Metern Tiefe ein 64 Kilometer langes und bis zu 350 Meter hohes Riff. Forschungen achtzig Kilometer vor der norwegischen Küste bei Trondheim ergaben in etwa 300 Metern Tiefe auf Geröllerhebungen wachsende, bis zu vier Kilometer lange und 45 Meter hohe Korallenhügel. Die Wissenschaftler vermuten, dass die beiden Riffe zu einem gewaltigen Riffgebiet gehören, das sich vom Nordkap bis zu den Kanarischen Inseln erstreckt, da man dort ebenfalls Hinweise auf Tiefseekorallen gefunden hat.

Das Alter der Kaltwasserkorallen wird auf über 4.500, teilweise sogar über 8.000 Jahre geschätzt. Damit bilden sie für die Wissenschaft ein hochinteressantes Archiv für die Veränderungen des Nordatlantiks in den letzten Jahrtausenden. Nach Angaben von Prof. André Freiwald von der Universität Tübingen, der ein Projekt zur Erforschung der atlantischen Korallen leitet, sind die Korallengärten in den kalten Tiefen wie ihre tropischen Verwandten Lebensraum für eine Vielzahl von Meereslebewesen und wachsen bis zu zwei Zentimeter pro Jahr. Weitgehend ungeklärt ist bisher noch, wie es zu diesem Wachstum kommt. Denn im Gegensatz zu ihren tropischen Vettern kommen die Tiefseekorallen ohne die Zooxanthellen aus. Eine Annahme ist, dass die Korallen von dem abgestorbenen Plankton zehren, das jeweils in Frühjahr und Herbst in die Tiefe sinkt. Im Juni 2003 hat das deutsche Forschungsschiff *Polarstern* im Rahmen eines deutsch-französischen Forschungsprojekts die Riffe vor Irland besucht. Ergebnisse stehen aber noch aus. Sorge macht den Wissenschaftlern, dass die Fischerei mit den modernen Grundschleppnetzen, die bis auf 1.500 Meter Wassertiefe gehen, an den Riffen verheerende Schäden anrichtet. Ein Team um Dr. Jason Hall-Spencer von der Universität Glasgow entdeckte Kaltwasserkorallenbruchstücke von bis zu einem Quadratmeter Größe in solchen Netzen. Eine Bedrohung könnte auch von den Erdölkonzernen ausgehen. Die Umweltorganisation Greenpeace hat deshalb in England versucht, die Erschließung der submarinen Gas- und Öllager per Gerichtsurteil untersagen zu lassen. Allerdings ohne Erfolg.

Danksagung

Dieses Buch beruht auf der Vor- und Zuarbeit vieler Menschen: Natascha Adler, Marco Berger, Francis J. Berrigan, Patrick Boitet, Marc Brasse, Helmar Büchel, John Dollar, Christopher Gerisch, Jan Hinz, Michael Jürgens, Matthias Kopfmüller, In-Ah Lee, Udo Maurer, Torsten Mehltretter, Mathias Michael, Frode Mo, Tanja Purwein, Ralph Quinke, Anna Sadovnikova, Kathrin Schnoor, Tillmann Scholl, Mathias Spielkamp, Nanja Teuscher, Marc Voitier, Ira Wilke.

Für die freundliche Unterstützung sei besonders gedankt: dem Deutschen Schiffahrts-Museum Bremerhaven; dem Alfred-Wegener-Institut für Polar- und Meeresforschung, Bremerhaven; der Biologischen Anstalt Helgoland; Jim Milford von der National Oceanic and Atmospheric Administration, Long Beach; der Scripps Institution of Oceanography der University of California at San Diego; Frozen Fish International, Bremerhaven; Trident Seafoods International, Kodiak Island; und ganz herzlich den Besatzungen der *Golden Dawn* und der *Kodiak Enterprise*.

Ohne Cassian von Salomon und Dagmar Behrmann bei *Spiegel TV* schließlich, die dieses Projekt, das sich weit über das ursprünglich geplante Maß ausweitete, mit Geduld und Einsatz weiter verfolgten, wäre das vorliegende Buch nicht realisiert worden.

Abbildungsnachweis

Ajinomoto Co., Inc.: 81; Alfred-Wegener-Institut für Polar- und Meeresforschung (AWI), Bremerhaven: 247–48, 260; 251 (© Jan Meier); 250 (© Olaf Goemann); 256 (Udo Schilling); 259 (M. Tilzer); 271 (F. Hinz); 264 (A. Marques); 272 (G. Dieckmann); Kevin Arrigo/Stanford University, NASA/Orbital SeaWiFs: 267; Baader GmbH & Co. KG: 219; BASF: 71; Sabine von Berlepsch: 292; Patrick Boitet: 130–131; CORBIS: 41 (Brian A. Vikander); 69 (Alen MacWeeney); 73–74 (Paul A. Sonders); 76 (James L. Amos); 77 (Niall Benvie); 88, 146 (Jeffrey L. Rotman); 163, 165 (Caroline Penn); 175 (Roger Ressmeyer); 212 (Tim Thompson); 253 (Bob Krist); Augusto Correia: 147; Deutsches Schiffahrts–Museum Bremerhaven: 16 (Gerhard Binanzer), 116 (G. Hilgerdenaar), 118 (FIMA), 120–121 (Hans Wölbing, FIMA), 249 (Schröder); FAO/FIGIS: 79, 101, 197, 242–243, 245, 257, 265; FAO Media Base: 99; André Freiwald: 291; Frozen Fish International: 228, 230–231; Greenpeace: 34, 109 (Culley); 35, 37 (Morgan), 37, 106 (Grace); 50, 52–54 (Bernd Euler); 51 (Klaus Radetzki; 70, 150 (Christian Kaiser), 84–85 (Sutton-Hibbert), 102 (Rowlands), 103 (Dorreboom); Greenpeace Grafik: 38; Greenscreen: 207–209, 213 (Roy Nher); Gary W. Hanson: 223; John Harvey: 179, 183, 185, 189, 192–193; IBIS Bildarchiv: 45 (Hans D. Dossenbach), 69 (Michel Roggo); ICES, Grafik: 22–23, 114, 191, 250–251; John F. Kennedy Library, Boston: 194–195; Thomas Keller (www.thompictures.de): 152–156; Sascha Kellersohn: 184; Ivar Killi: 124; Uwe Kils: 261, 268–269; Traudl Kupfer: 190; NASA: 271; Project AWARE Foundation: 86–87, 89–91; Privatarchiv Deutsche Hochseefischerei Eduard Hoffmann: 24–25 (Johannes Fleck); ReefBase (www.reefbase.org): 277–281, 287, 290 (James Oliver); 282 (John McManus); 283–284 (Jane Harris); Otto Reuber: 210–211; Hans-Peter Rodenberg: 6, 57, 60–64, 78, 94, 105, 113, 200–203, 205, 215–218, 222–228, 235–241, 244, 275; Spiegel TV: 9–15, 19–21, 28–29, 32, 49–51, 52–59, 60, 65–66, 70, 72, 75, 95, 98, 110–111, 120, 127–129, 132, 134, 136–137, 139–141, 143, 149–150, 161–62, 164, 166–174, 204, 252, 254–255; Peter von Sengbusch: 180,182; Norbert Suchanek: 157–159; Universität Essen, ERCON/SCORE: 285–286, 288; U.S. Coast Guard: 92–93, 199; U.S. Geological Survey: 100 (Dann Blackwood); Marc Voitier: 40, 43–44; alle anderen Abbildungen: Public Domain.

Quellen

Allgemeines

Bundesforschungsanstalt für Fischerei: Jahresbericht 2002. Hamburg: BFAfF, 2003.
Dayton, Paul K.: «The Importance of the Natural Sciences to Conservation». *American Naturalist* 162:1, 2003, 1-13.
Downes, David R., Brennan Van Dyke: Fisheries Conservation and Trade Rules. Ensuring That Trade Promotes Sustainable Fisheries. Washington, D. C.: Center for International Environmental Law, Greenpeace, 1998.
Europäische Union: Bericht der Europäischen Kommission über die Beschäftigungslage in den Küstengebieten der EU.
europa.eu.int/comm/fisheries/greenpaper/green/volume2b_de.pdf. o.D.
FAO Fisheries Department: The State of World Fisheries and Aquaculture 2002. Prep. by U. Wijkström, A. Gumy, R. Grainger. Rom: FAO, 2002.
Fisch-Informationszentrum: Fisch – Was Sie schon immer wissen wollten. Hamburg: Fisch-Informationszentrum e.V., 2003.
Greenpeace: «Fisch & Facts». Greenpeace Magazin 02/2002 und 03/03.
PEW Oceans Commission: America's Living Oceans. Charting a Course for Sea Change. Recommendations for a New Ocean Policy. Arlington VA, PEW Oceans Commission, 2003.
www.lebensmittellexikon.de.

Kapitel 1: Kurs Nordmeer

Adler, Natascha: «In rauher See – Unterwegs mit einem deutschen Hochseekutter». Spiegel TV Extra, 2.5.2002.
Benscheid, Anja, Alfred Kube: *Hochseefischerei – Bilder aus einer vergangenen Arbeitswelt*. Bremerhaven: Wirtschaftsverlag/Verlag für neue Wissenschaft, 1996.
Rätz: «Erholung des Seelachsbestandes». In: Bundesforschungsanstalt für Fischerei: Jahresbericht 2002. Hamburg: BFAfF, 2003, 15.

Kapitel 2: Gejagt, geschützt, geliebt – die Wale

Altherr, Sandra: «Norwegens Walfang». Pro Wildlife.
www.prowildlife.de/Projekte/Delfine-Wale/Walfang-Norwegen.html. 21.7.2003.
Ellis, Richard: *Mensch und Wal. Die Geschichte eines ungleichen Kampfes*. München: Droemer Knaur, 1993.
Gläßer, Ewald, Martin W. Schmied, Johann Schwankenburg, Axel Seidel, Maren Weps: *Die Fischwirtschaft in Deutschland. Eine wirtschaftsgeographische Analyse*. Saarbrücken: Verlag Rita Dadder, 1994.
Greenpeace: «Wale – geliebt, bedroht, gejagt». Hintergrundpapier 4/2001.
Greenpeace-Internet-Redaktion: «Auf der IWC tobt der Kampf um die Wale». Greenpeace, 19.6.2003. www.greenpeace.org/deutschland/news/meere/auf-der-iwc-tobt-der-kampf-um-die-wale.
Greenpeace Österreich: «Die 54. IWC-Konferenz». Hintergrundpapier Mai 2002.

Maurer, Udo, Frode Mo: «Walfang in Norwegen». Spiegel TV Special, 23.8.1997.

Mawer, Granville Allen: *Abab's Trade: The Saga of South Seas Whaling*. New York: St. Martin's Press, 1999.

Mo, Frode, Mathias Spielkamp: «Auslieferung Paul Watson, Walfang». Spiegel TV Magazin, 8.6.1997.

Omura, Hideo: «History of Right Whale Catches in the Waters around Japan». In: International Whaling Commission: Right Whales: Past and Present Status. Hg. Robert L. Browne II, Jr., Peter B. Best, John H. Prescott. Cambridge, Mass., 1986, S. 35–41.

Starbuck, Alexander: *History of the American Whale Fishery*. 1876, Reprint Secaucus, N. J.: Castle, 1989.

Stein, Marilyn: *Kval! Die Walfänger der Lofoten*. Zürich: U. Bär Verlag, 1990.

Tønnessen, Johan N., A. O. Johnsen: *The History of Modern Whaling*. London: C. Hurst & Co., 1982.

Voitier, Marc: «Whale Strandings». Dt.: «Wale in Neuseeland». Bearb. Kathrin Schnoor. Spiegel TV Special, 21.6.1997.

– , Marco Berger, Mathias Michael: «Walfang in der Antarktis». Spiegel TV Magazin, 21.5.1995.

Weidlich, Knut (Hg.): *Von Walen und Menschen*. Hamburg: Historika Photoverlag, o. D.

Kapitel 3: Fische für die Fische

Brasse, Marc, Helmar Büchel: «Gammelfischer». Spiegel TV Magazin, 7.7.1996.

Kapitel 4: Scampi für den Westen

Angeltreff: «Shrimps: ein teures Vergnügen». 20.2.2002. www.angeltreff.org/natur/fischzucht/shrimpszucht/shrimpszucht.html.

Brück, Ulricke: «Shrimps & Co: Meeresfrüchte mit Geheimnissen». ServiceZeit Kost-Probe, 20. Dezember 1999. www.wdr.de/tv/service/kostprobe/kp_sar-chiv/1999/12/20_1.html.

Conference on Aquaculture in the Third Millennium: «Aquaculture Beyond 2000: The Bangkok Declaration and Strategy». Bangkok, Rom: NACA, FAO, April 2000.

de la Torre, Isabel: Soziale und ökologische Kosten der Shrimps-Aquakultur. FoodFirst 4/1999. www.trend.partisan.net/trd0300/t220300.html.

FIAN-Deutschland: «Krabbenzucht – Eine schöne Bescherung». 18.11.2002. www.fian.de/foodfirst/food994.htm.

GESAMP (IMO/FAO/UNESCO-IOC/WMO/WHO/IAEA/UN/UNEP Joint Group of Experts on the Scientific Aspects of Marine Environmental Protection): Planning and management for sustainable coastal aquaculture development. Rep. Stud. GESAMP 68, 2001.

Greenpeace: «Delikatesse im Norden – Zerstörung im Süden». Meldung 9/2000. www.greenpeace.org/deutschland/fakten/meere/fischerei/delikatesse-im-norden---zerstoerung-im-sueden.

– : «Was sind Shrimps?» www.greenpeace.at/umweltwissen/meer/download_pdf/Was_sind_Shrimps.pdf.

Quinke, Ralph: «Vorsicht Mahlzeit». Spiegel TV Extra, 27.6.2002.

Reuthers: «Krebsverdächtiges Mittel in Thai Krabben». 18.3.2002. thailand-community.de/news180302.htm.

Scriptoria: «Fische als Frühwarnsystem gegen verseuchtes Wasser». pressetext.austria
     vom 9. Dezember 2001.
     www.scriptoria.de/umwelt/artikel/fische-fruehwarn.php.
Webb, Alex: «Krieg in den Mangroven». *mare* 20, 2000, S. 6–24.

Kapitel 5: Lachs für Aldi

FIGIS: «Salmo salar Linnaeus, 1958», «Oncorhynchus tsawytscha (Walbaum, 1792)».
     FAO – Species Identification Sheets. www.fao.org.
Luyken, Reiner: «Anglers Albtraum – Der atlantische Wildlachs ist vom Aussterben
     bedroht». *Die Zeit* 13, 2002.
Myrstad, Bjarne: «Fischerei und Aquakultur in Norwegen». Königreich Norwegen,
     Ministerium für Auswärtige Angelegenheiten: Oktober 2000.
     odin.dep.no/odin/tysk/om–odin/p10000982/032091-990894/index-dok000-
     b-n-a.html.
Olbrich, Peter: «Lachsfarming – die Gefahren der Netzhegezucht». Lachs- und Mee-
     resforellen-Sozietät e. V. 7/94. www.lms.online.de/laxfarm.htm.
Quinke, Ralph: «Vorsicht Mahlzeit». Spiegel TV Extra, 27.6.2002.

Exkurs: Etikettenschwindel beim Food-Design

Ajinomoto Co., Inc.: «Activa (TG Series)».
     www.ajinomoto.co.th/en_product_g_073.shtml.
Fuchs, Richard: «Die Appetitverderber – GENFood: Die Ernährung der Zukunft».
     Medico Rundschreiben 1/1999. www.medico-international.de.
Branscheidt, Hans, Christoph Goldmann: «Über den Verlust der Sinne – Die endgülti-
     ge Vertreibung aus dem Paradies». Medico Rundschreiben 1/1999. www.medi-
     co-international.de.
Quinke, Ralph: «Vorsicht Mahlzeit». Spiegel TV Extra, 27.6.2002.

Kapitel 6: Flossen für die Potenz

Baum, Julia K., Ransom A. Myers, et al.: «Collapse and Conservation of Shark Popu-
     lation in the Northwest Atlantic». *Science* 299. 17. Januar 2003, 389–392.
Dollar, John, Francis J. Berrigan: «Shark Wars», Channel 4, 1994. Dt.: «Shark Wars –
     Der Tod der Haie». Spiegel TV Reportage, 4.10.1994.
FAO: «FAO concerned about Severe Declines in Shark Stocks». FAO Press Release
     98/61. Rom, 21. Oktober 1998.
Groß, Onno: «Die scheuen Räuber der Meere». *mare* 14, 1999, S. 64–71.
Handwerk, Brian: «Asian Shark-Fin Trade May Be Larger Than Expected». National
     Geographic News. 28. April 2003.
Klink, Vincent: «Gottschalk-Locken in Béchamel». *mare* 14, 1999, S. 60–61.
Knight, Peter: «Sharks at Risk». *Defenders Magazine*. Winter 2002/03.
Raloff, Janet: «Clipping the Fin Trade». Science News Online. 162:15, 12.10.2002.
     www.sciencenews.org/articles/20021012/bob10.asp.
National Marine Fisheries Service: «Report to Congress Pursuant to the Shark Finning
     Prohibition Act of 2000 (Public Law 106-557)». December 2002.
Revkin, Andrew C.: «Atlantic Sharks Found in Rapid Decline». *New York Times*.
     17. Januar 2003.

Shark Info: «Fishing, fins and the lack of sufficient international controls». Shark Info 2/01. International Media Services. 6.7.2001.
www.sharkinfo.ch/Sl2_01e/regulation.html.
– : «The decline of traditional shark fishing». Shark Info 2/01. Shark Info International Media Services. 6.7.2001. www.sharkinfo.ch/Sl2_01e/decline.html.
U. S. Coast Guard: «Coast Guard intercepts illegal shark-finning vessel». Coast Guard News Release 04-02, 30. Juli 2002.
www.uscg.mil/pacarea/news/newsreleases/2002/aug/0402sd.htm.
WWF, IUCN: «Traffic Network Factfile: An Overview of World Trade in Sharks and Other Cartilaginous Fisches», Dezember 1996.
www.traffic.org/factfile/factfile_sharks_fisheries.html.

Kapitel 7: Delphine und Thunfische, die tödliche Kombination

Bonanno, Alessandro, Douglas Constance: Caught in the Net: The Global Tuna Industry, Environmentalism and the State. Lawrence, KS: Univ. of Kansas Press, 1996.
Doulman, D. J. (Ed.): Tuna Issues and Perspectives in the Pacific Islands Region. Honolulu: Pacific islands development program, East-West-Center, 1987.
pidp.eastwestcenter.org/pidp/pubs1.htm.
Earth Island Institute: «Secret Dolphin Study Released!». San Francisco, 5.12.2002.
www.earthisland.org/news/new_news.cfm?newsID=292.
Europäische Kommission: «Kontrollmaßnahmen für Thunfisch». Dezember 2000.
europa.eu.int/comm/fisheries/news–corner/press/in00_12_de.htm.
FIGIS: «Thunnus albacares (Bonnaterre, 1788)». FAO – Species Identification Sheets.
www.fao.org.
Germanwatch. ICTSD: «Neuer Thunfisch-Delphin-Streitfall möglich». Brücken 2:4. 2000. www.ictsd.org/monthly/brucken/Brucken2-4.pdf.
Greenpeace: «Thunfischfang – nur ein Problem für Delphine?». Hintergrundinformation Mai 1998.
– : «Piratenfischerei auf der Jagd nach Tunfisch», 4/2000.
– : «Pirate Fishing Plundering the Oceans». Amsterdam: Greenpeace International, 2001.
Kirby, Alex: «‹Undersea mobile› to save dolphins». BBC online, 20. März 2003.
news.bbc.co.uk/1/hi/sci/tech/2864613.stm.
Marine Mammal Fund: «Where Have All The Dolphins Gone?». Prod.: John F. Kullberg, 1994. Dt.: «Todeskampf im Thunfischnetz». Bearb. In-Ah Lee, Nanja Teuscher. Spiegel TV Special, 14.10.1995.
NOAA, National Marine Fisheries Service: «Fact Sheet: History of Reducing Dolphin Mortality in the ETP Tuna Purse Seine Fishery». 2001.
www.nmfs.noaa.gov/prot_res/readingrm/ tunadolphin/historical_events.pdf.
NOAA Fisheries, Southwest Fisheries Science Center: «Report of the Scientific Research program under the International Dolphin Conservation Program Act. 23.8.2002. www.earthisland.org/immp/secret_report.pdf.
Randall R. Reeves, Brian D. Smith, et al. (Comp.): Dolphins, Whales and Purposes. 2002–2010 Conservation Action Plan for the World's Cetaceans. Gland, Switzerland; Cambridge, UK: IUCN/SSC Cetacean Specialist Group, 2003.
WCDS Deutschland: «Beweise für die Ursache der Delfintode». 19.11.2002.
www.wdcs-de.org/dan/de-publishing.nsf/0/ADC61C3A12524CD6C1256B58 00517C84?opendocument.
– : «Das internationale Abkommen zum Schutz von Delfinen (IDCPA)».
www.beifang.de/dan/de-publishing.nsf/0/8F061BE7C6F56134C1256A0D 000CED01?opendocument.

– : «Das La-Jolla-Abkommen: Internationale Schritte zur Kontrolle des Beifangs von Delfinen». www.delfine.org/dan/de-publishing.nsf/0/E2C2B3A8DF64B22CC 1256A0D000D86A0?opendocument.

– : «Thunfisch-Etikettierung in Europa in Bezug auf den Beifang von Delfinen». www.beifang.de/dan/de-publishing.nsf/0/9D9D4B96EFA05FB9C1256 A0D000D0B4F?opendocument.

Kapitel 8: Kabeljau – Der Fisch, der Geschichte machte

ICES: Environmental Status of the European Seas. Berlin: Bundesrepublik Deutschland, Bundesministerium für Umwelt, Naturschutz und Nukleare Sicherheit, 2003.

Glantz, Michael H.: «Global warming impacts on living marine resources: Anglo-Icelandic Cod wars as an analogy». In: Michael H. Glantz (Hg.): *Climate Variability, Climate Change and Fisheries.* Cambridge: Cambridge University Press, 1992, S. 261–290.

Kurlansky, *Mark: Kabeljau – Der Fisch, der die Welt veränderte.* München: List, 2000.

Museum für Hamburgische Geschichte: Die Hanse. Lebenswirklichkeit und Mythos. Ausstellungskatalog. Hamburg: Museum für Hamburgische Geschichte, 1989.

Urquhart, Frank: «Fisheries ministers face quota roasting». *The Scotsman,* 18.2.2003.

– : «Fears over human cost of cod crisis». *The Scotsman,* 12.2.2003.

Kapitel 9: Überleben am Beringmeer

Boitet, Patrick: «Les Seigneurs du Bering». Dt. «Wale». Bearb. Sibylle Cochrane. Spiegel TV Special, 3.8.1996.

High North Alliance: «Die Jäger des Meeres: Walfänger und Robbenjäger im Nord Atlantik». 1997. www.highnorth.no/deutsch/Jager/ma-mo-pr–de.htm.

Jurij Rytchëu: «Die Zukunft der Erinnerung – Die dritte Dimension des Menschen». *ifa – Zeitschrift für Kulturaustausch* 4, 1999. www.ifa.de/zfk/themen/99_4_erinnerung/drytcheu.htm.

Sadovnikova, Anna: «Der urzeitliche Walfang der Tschuktschen». Spiegel TV Special, 5.1.2002.

Exkurs: Die Fischer von Aran

Farrell, Jim: Robert Joseph Flaherty in Northwestern Ontario. Exhibition Catalogue. Thunder Bay, Ontario: Thunder Bay Historical Museum Society, 1973.

Flaherty, Frances Hubbard: «The Odyssey of a Film-Maker». In: Beta Phi Mu Chapbook 4, 1960, S. 9–18.

McMahon, Joe: «The Making of the Man of Aran». In: John Waddell, J. W. O'Connell, Anne Korff (Hg.): *The Book of Aran.* Newtownlynch, Kinvara, C. Galway: Tír Eolas, 1999.

Kapitel 10: Die Letzten ihrer Art

Aragão, José Augusto Negreiro, René Schärer: Study on the Impact of International Trade in Fishery Products on Food Security and Artisanal Fishery in Ceará. Unveröff. FAO-Studie. Fortaleza/Prainha do Canto Verde, 22.6.2003.
Hollender, Neil, Harold Mertens: «The Last Sailors». Dt. «Solange sie noch fahren – Die letzten Arbeitssegler». Bearb. Hans-Peter Rodenberg. NDR, 25./26./27.12.1998.
Russell, Lawrence: *It's All True*. Film Court, 2002. www.culturecourt.com/F/Hollywood/AllTrue.htm.
Scholl, Tillmann: «Robben». Spiegel TV, 3.6.1990.
Suchanek, Norbert: «Der Nordosten Brasiliens: Stippvisite bei den Fischern von Prainha do Canto Verde». www.schwarzaufweiss.de/brasilien/prainha1.htm.
Wandrey, Uwe: «Boten eines fernen Windes». *mare* 3, 1997, S. 72–77.

Kapitel 11: Das graue Gold

Brasse, Marc. Matthias Kopfmüller: «Die letzten Giganten des Donaudeltas». Spiegel TV Special, 5.1.2002.
FishBase: Species Summaries – «Huso huso», «Acipenser sturio», «Acipenser medirostris», «Acipenser nudiventris», «Huso dauricus», «Acipenser stallatus». www.fishbase.org/search.cfm.
Hochleitner, Martin: *Störe. Verbreitung – Lebensweise – Aquakultur*. Klosterneuburg: Österreichischer Agrarverlag, 1996.
Wilke, Ira: «Kaviarernte in Russland». Spiegel TV/TM 3, 23.6.1996.

Kapitel 12: Sushi und Kugelfisch

Chamberlain, Basil Hall: *ABC der japanischen Kultur – Ein historisches Wörterbuch (Things Japanese)*. 1904, Reprint Zürich: Manesse, 1990.
Baumgärtner, Michael: Der Sushi-Tsu. www.sushi-tsu.de
Detrich, Mia: *Sushi*. San Francisco: Chronicle Books, 1983.
Fahr-Becker. Gabriele (Hg.): *Japanische Farbholzschnitte*. Köln: Benedikt Taschen Verlag, 1993.
Grenald, Bethany Leigh: «Women Divers of Japan». *Michigan Today* 30:2, 1998. www.umich.edu/~newsinfo/MT/98/Sum98/mt1sm98.html.
Hearn, Lafcadio: *Nippon – Leben und Erlebnisse im alten Japan 1890–1904*. Köln: DuMont, 1981.
Hockey, Corran: «The Female Divers of Wajima». www.wajima-city.or.jp/english/newessay/DIVERS.htm.
Nicolaysen, Lars: «Das Klagelied des Meeres – Auf Muschelfang mit Japans Taucherinnen». Stuttgarter Zeitung online. 7.8.2003. www.stuttgarter-zeitung.de/page/detail.php/ 476386/artikel_bildlinks_druck_teile.
Quinke, Ralph: «Vom Essen und Gegessenwerden». Spiegel TV Extra, 19.2.2004.
Ruddle, Kenneth: Administration and conflict management in Japanese coastal fisheries. FAO Fisheries Technical Paper 273, 1987. www.fao.org/DOCREP/003/T0510E/T0510E00.htm.
Wilhelm, Johannes H.: Ressourcenmanagement in der japanischen Küstenfischerei. dlc.dlib.indiana.edu/documents/dir0/00/00/ 12/41/dlc-00001241-00/Wilhelm2001.pdf.

Wolf, Reinhart, Angela Terzani: *Japan – Kultur des Essens*. München: Wilhelm Heyne, 1987.
Worm, Thomas: «Der Bauch von Tokio». *mare* 11, 1989/90, S. 6–23.

Exkurs: Hemingway, die Portugiesen und der Schwertfischfang

Chambers, Jim: «Going, Going, Gone». *The Big Game Fishing Journal*. Jan./Feb. 2001. www.ecoworld.org/water/articles/articles2.cfm?TID=256.
FIGIS: «Xiphias gladius Linnaeus». FAO – Species Identification Sheets. www.fao.org.
Gardieff, Susie: «Biological Profiles: Swordfish». Florida Museum of Natural History, www.flmnh.ufl.edu/fish/Gallery/Descript/Swordfish/Swordfish.html.
Hemingway, Ernest: *Der alte Mann und das Meer*. Reinbek: Rowohlt, 1962.
– : *Selected Letters 1917–1961*. Ed. Carlos Baker. New York: Charles Scribner's Sons, 1981.

Kapitel 13: Rückkehr aus der Tiefe

Blau, S. Forrest: «Alaska King Crab». Alaska Department of Fish and Game. www.adfg.state.ak.us/pubs/notebook/shellfsh/kingcrab.php.
Gamillscheg, Hannes: «Aufmarsch der Riesenkrabben». Kölner Stadt-Anzeiger online, 29.3.2003. www.ksta.de/servlet/CachedContentServer?pagename=ksta/page&atype=ksArtikel&aid=1048187082366&openMenu=992283260424&calledPageId=992283260424&listid=994945489953.
Gay, Joel: «Commercial Fishing in Alaska». *Alaska Geographic* 24:3, 1997, Special Issue.
Kirby, Alex: «King crabs conquer new realms». BBC News online, 31.8.2000. news.bbc.co.uk/1/hi/sci/tech/904323.stm.
Kopfmüller, Matthias: «Der Fjord der Riesenkrebse». Spiegel TV Montagsreportage, 29.7.2002.
Minister of Supplies and Services, Canada, Communications Directorate, Department of Fisheries and Oceans, «King Crab». Ottawa, Ontario. Cat. No.: Fs 41-33/6-1990E. Repr. 1993.
N. N.: «King crabs march into Norway». BBC News online, 29.11.2002. news.bbc.co.uk/1/hi/world/europe/2526755.stm.
Türkay, Michael, Forschungsinstitut Senckenberg: «Monsterkrabben im Anmarsch auf die deutsche Küste? Fakten und Märchen zu Riesenkrabben». www.senckenberg.uni-frankfurt.de/sm/monsterkr.htm.
Walker, Spike: *Working on the Edge: Surviving in the World's Most Dangerous Profession: King Crab Fishing on Alaska's High Seas*. New York: St. Martin's Press, 1993.

Kapitel 14: Fischstäbchen vom Ende der Welt

FIGIS: «Pollachius virens (Linnaeus, 1758)». FAO – Species Identification Sheets. www.fao.org.
Gerisch, Christopher: «Fischlogistik». Spiegel TV, 18.10.2003.
North Pacific Fisheries Management Council: «Responsible Fisheries Management into the 21st Century». Anchorage, AK: NPFMC/NOAA, 2002.

Kapitel 15: Makrelen vor Cornwall

FIGIS: «Scomber scombrus Linnaeus, 1758». FAO – Species Identification Sheets.
www.fao.org.
Bundesforschungsanstalt für Fischerei: Jahresbericht 2002. Hamburg: BFAfF, 2003.
Smart, Dave: *The Cornish Fishing Industry – A Brief History.* Penryn, Cornwall: Tor
Marl Press, 1992.

Kapitel 16: Hummer vor Helgoland

FIGIS: «Homarus americanicus». FAO – Species Identification Sheets. www.fao.org.
FIGIS: «Nephrops norvegicus». FAO – Species Identification Sheets. www.fao.org.
Hossli, Peter: «Das Lobster-Wunder von Maine – Das große Krabbeln».
www.hossli.com/2001/lobster.html.
Mehltretter, Torsten: «Delikatessen aus Deutschland». Spiegel TV Special,
18.10.2003.

Kapitel 17: Nachschub aus dem Polarmeer

Alfred-Wegener-Institut für Polar- und Meeresforschung: «Das Meereis».
www.awi-bremerhaven.de/ClickLearn/Buch/meereis-d.html.
Arrigo, Kevin R., Gert L. van Dijken, David G. Ainley, Mark A. Fahnestock: «Ecologi-
cal impact of a large Antarctic iceberg». Geophysical Research Letters 29:7, 1104,
doi: 10.1029/2001GL014160, 2002.
– , Gert L. van Dijken: «Impact of iceberg C-19 on Ross Sea primary production».
Geophysical Research Letters 30:16, 1836, doi: 10.1029/2003GL017721, 2003.
Buchholz, Friedrich, Reinhard Soborowski, Markus Salomon: «Der etwas andere Krill
– Leben im kalten wie im warmen Wasser». EU: MAST III – PEP. In: S. 41–45.
Hattwig, Lars: «Schnee und Eis – Eisverhältnisse Südhemisphäre».
www.hattwig.com/EisSued.html.
Hempel, Gotthilf: «BIOMASS – Erforschung der antarktischen Lebensgemeinschaft».
In: *Umschau in Wissenschaft und Technik/Scientific European* 13. 1981,
S. 401–405. www.ecoscope.com/umschau.htm.
Kappeler, Markus: «Sturmvögel der Antarktis».
www.markzskappeler.ch/tex/texs/sturmvoegel.html.
– : «Sind die Meere noch zu retten?» *St. Gallener Tageblatt*, 2. und 8.8.1985.
www.markuskappeler.cj/tex/texs/meere.html.
Kils, Uwe, Norbert Klages: «Der Krill». *Naturwissenschaftliche Rundschau* 32:10.
1979, S. 397–402.
NASA, Goddard Space Flight Center: «Massive Icebergs May Effect Antarctic Sea Life
And Food Chain». 22.4.2002.
www.gsfc.nasa.gov/topstory/2002/20020416iceberg.html.
Shwartz, Mark: «Satellite imagery shows how icebergs affect Antarctica's food chain».
Stanford Report, April 24, 2002.
www.stanford.edu/dept/news/report/news/april24/icebergs-424.html.
Siegel, Volker: «Fischereiforschung im Atlantik: Grundlagen für die Nutzung und Si-
cherung lebender mariner Ressourcen». Bundesforschungsanstalt für Fischerei,
Hamburg. Institut für Seefischerei.
www.verbraucherministerium.de/forschungsreport/rep2-96/fisch.htm.
VistaVerde: «Antarktis – Eisschollen stören Meeresfauna». 24.4.2002.
www.vistaverde.de/news/Nature/0204/24_antarktis.htm.

Exkurs: Algen, der Rohstoff der Zukunft

Agence France-Press: «Seeding oceans with iron won't stop global warming».
   The Nation, 20.3.2004.
Arndt, Ulrich: «Lichtvolle Ursubstanz aus dem Sodasee».
   www.spirulina.ch/nbk/texte/ursubst2.htm.
Bethge, Philip: «Die Kraft der grünen Pampe». *Der Spiegel* 34, 21.8.2000,
   S. 172–175.
Bundesinstitut für gesundheitlichen Verbraucherschutz und Veterinärmedizin: «Ge-
   trockneter Seetang und getrocknete Algenblätter mit überhöhtem Jodgehalt. Stel-
   lungnahme des BgVV v. 3.1.2001. www.bfr.bund.de/cms/media.php./70/
   getrockneter_seetang_und_getrocknete_algenblaetter_mit_ueberhoehtem_
   jodgehalt.pdf.
Europäische Kommission: «Planet Ozean – Das Leben im Meer – ein wertvoller
   Schatz». FTE info 19, Juni–Juli 1998.
   europa.eu.int/comm/research/rtdmfsup/de/index_de.htm
– : Final Paper Biogap Project. O. E. Gaggiotti, Laurent Excoffier. Luxembourg: Office
   for Official Publications of the European Communities, 2000.
ExpeditionZone: «Schlüssel gegen Treibhauseffekt gefunden?».
   www.expeditionzone.com/story_drail.cfm?story_id=2632.
Gruber, Erich: «Unterlagen zur Vorlesung ‹Makromolekulare Chemie, Ökologie und
   Ökonomie der Nachwachsenden Rohstoffe›». Technische Universität Darmstadt,
   WS 1999/2000. www.cellulose-papier.chemie.tu-darmstadt.de/.../
   Nachwachsende_Rohstoffe/PDF/06_Speichermaterialien%20.pdf
Hilma: «Iron Fertilisation of the Oceans». Experiments to date (2003).
   www.bbm.me.uk/FeFert/expSummary.htm.
Kutz, Detlef: «Algen im Fotoreaktor».
   www.kutz.de/spuren/algen_im_fotoreaktor.htm.
UPI Umwelt- und Prognose-Institut e.V.: «Leistungen und Funktion der Biosphäre –
   Ein Systemvergleich mit der menschlichen Zivilisation». UPI-Bericht 25.
   www.upi-institut.de/upi15.htm.

Kapitel 18: Die Rettung des Paradieses

Australian Institute for Marine Science: «AIMS and Palm Islanders join forces to farm
   sponges and soft corals».
   www.aims.gov.au/news/pages/media-release-20010705b.html.
Paul Costello: «Sponges». Quantum abc television. 17.8.2000.
   www.abc.net/quantum/s161787.htm#transcript.
Dennis, Carina: «Reef under Threat». *Nature* 415, 2002, S. 947.
Freiwald, André: «Tiefwasser-Riffe».
   www.pal.uni-erlangen.de/exp/dw-reefs/index.html.
Heeger, Thomas: «A Coral Farm in the Philippines». 21/08/200.
   mars.reefkeepers.net/Articles/CoralFarm/CoralFarmUS.html.
IUCN – The World Conservation Union: «Reefs at Risk: A Program for Action»,
   IUCN, Rue Mauverney 28, CH-1196, Gland, Switzerland: 1993.
Klaus, Gregor: «Korallenriffe mit ungewisser Zukunft». *Neue Zürcher Zeitung*.
   11. Juni 2003. l006sys0.nzz.ch/2003/06/11/ft/page-article8PWAJ.html.
Koch, Isabel, Franz Brümmer: «Korallenriffe – Paradiese unter Wasser – Entstehung,
   Ökologie und Bedrohung». Futura 4/1996, Boehringer Ingelheim Fonds.
   141.84.51.10/riffe/futura/futura1a.html.

Mangini, Augusto, André Freiwald: «Tiefseekorallen – Archive für die Ventilation des tiefen Atlantiks während der letzten 30 000 Jahre». www.cool-corals.de.

N. N.: «Korallenriffe im Atlantik». www.getoese.de.

Oertl, Marianne: «Die Korallenklinik». *P. M. Magazin*, Dezember 2002, S. 116–122.

Proksch, Peter: «Nährstoffe aus Meerestieren – von der Ökologie zur Anwendung als Arzneimittel». Jahrbuch der Heinrich-Heine-Universität Düsseldorf. Düsseldorf: Universität Düsseldorf, 2002.
www.uni-duesseldorf.de/HHU/Jahrbuch/2002/Proksch.

Rößinger, Monika: «Die tödliche Bleiche im Paradiesgarten». *mare* 23, 2000, S. 130–37.

U. S. National Oceanic and Atmospheric Administration (NOAA): «State of the Reefs: Regional and Global Perspectives». Background Paper. Ed. Stephen C. Jameson, John W. McManus, Mark D. Spalding. NOAA, International Coral Reef Initiative Executive Secretariat: May 1995.

van Treeck, Peter: «Die ‹Apotheke› aus dem Meer».
www.uni-essen.de/fet-web-tv/Vtag/f04/0402_treeck.pdf.

Worm, Genia: «Pharma-Forscher stechen in See». *mare* 19, 2000, S. 60–63.

Die Deutsche Bibliothek verzeichnet diese Publikation
in der deutschen Nationalbibliografie;
detaillierte bibliografische Daten sind im Internet unter
http://dnb.ddb.de abrufbar.

1. Auflage 2004
© 2004 by **mare**buchverlag, Hamburg
Alle Rechte vorbehalten,
auch das der fotomechanischen Wiedergabe

Lektorat Christian Weller, Hamburg
Bildredaktion Dagmar Behrmann, Spiegel TV, Hamburg
Grafiken Jan Hinz, Spiegel TV, Hamburg
Umschlaggestaltung Ⓢ sans serif, Berlin
Typografie und Einband Gudrun Pawelke, Hamburg
Herstellung Büro für Ausdrucksfindung, pawelke.com, Hamburg
Schrift ITC Weidemann und Trade Gothic
Litho Einsatz Creative Production, Hamburg
Papier Luxosamt, aus 100% chlor- und säurefrei gebleichtem Zellstoff
Druck J. P. Himmer, Augsburg
Bindung Oldenburg Buchmanufaktur, Monheim
Printed in Germany
ISBN 3-936384-49-5

Von **mare** gibt es mehr als Bücher:
www.mare.de